机电工程系列教材

机械工程材料

JIXIE GONGCHENG CAILIAO

（第二版）

主编　梁耀能

参编　梁思祖　李伯林　罗堪昌

主审　黄拿灿

华南理工大学出版社

·广州·

内 容 简 介

本书主要内容包括：金属学基本知识、热处理基本原理及工艺、机械工程常用金属材料、无机非金属材料及有机高分子材料、机械零件选材及工艺路线分析等。

本教材主要面向机械冷加工，兼顾机械热加工。常用工程材料以金属材料为主，本教材介绍时注重工程应用，注意内容更新，反映材料领域的新发展，对广东地区使用较多的外国材料也作了介绍。本教材适用于机械工程及自动化、材料成型及控制工程、机械电子工程等专业使用，也可作为相关技术人员参考。本教材参考教学学时为48~64学时。

图书在版编目（CIP）数据

机械工程材料/梁耀能主编. —2版. —广州：华南理工大学出版社，2011.1
（2023.7重印）
（机电工程系列教材）
ISBN 978-7-5623-3397-5

Ⅰ.①机…　Ⅱ.①梁…　Ⅲ.①机械制造材料　Ⅳ.①TH14

中国版本图书馆CIP数据核字（2011）第015526号

机械工程材料
梁耀能　主编

出 版 人：柯　宁
总 发 行：华南理工大学出版社（广州五山华南理工大学17号楼，邮编510640）
　　　　　发行电话：020-87113487　87111048（传真）
　　　　　E-mail：scutc13@scut.edu.cn　　http://hg.cb.scut.edu.cn
责任编辑：吴兆强
责任校对：袁桂香
印 刷 者：广州小明数码印刷有限公司
开　　本：787×1092　1/16　印张：18.25　字数：467千
版　　次：2011年1月第2版　2023年7月第12次印刷
定　　价：29.50元

版权所有　盗版必究

编辑委员会

顾　问：刘正义　李元元　黄石生　谢存禧
　　　　陈统坚　郑时雄
主　任：朱　敏
副主任：曾志新　梁耀能　林　颖
委　员：夏　伟　李杞仪　朱文坚　黄　平
　　　　邹日荣　李尚周　曾美琴　肖晓玲
　　　　刘桂雄　王丹平　张　铁　汤　勇
　　　　黄镇昌　阮　锋　许　纪
策划编辑：赖淑华　吴兆强

出版说明

为了适应高等学校专业调整后教学改革的需要，我社在华南理工大学机电工程系的协助下，组织出版了这套"机电工程系列教材"。根据教育部新实施的引导性专业目录，按照拓宽专业口径、增强适应性的原则，采用重组、整合、交叉、优化等手段，对本系列教材的课程体系、教学内容、教学方法进行了改革和探索，重构 21 世纪机电类专业人才应具备的能力与知识结构，以适应社会主义市场经济和科学技术发展的需要。

首批出版的教材有：
《机器人学》（张铁主编）
《机械工程材料》（梁耀能主编）
《机械原理》（李杞仪主编）
《机械设计》（朱文坚主编）
《机械设计基础》（黄平主编）
《创新思维与实践》（李杞仪主编）
《ISO9000 族系列标准与实施》（李杞仪主编）
《机械控制工程基础》（许纪、汤勇主编）
《互换性与测量技术》（黄镇昌主编）
《几何量公差设计与检测》

华南理工大学出版社
2011 年 1 月

前　言

根据1998年教育部颁布的本科引导性专业目录，"机械工程及自动化"专业涵盖了机械设计制造及其自动化、材料成型及控制工程、机械电子工程等专业，是一个机电结合、冷热加工结合的机械类大专业。

《机械工程材料》是机械工程及自动化专业的主干课程之一。针对该专业的特点，本课程在阐述材料科学基本理论及热处理基本原理的同时，着重研究材料的成分、组织结构与性能之间的相互关系及其变化规律，指出材料强韧化的途径，使学生能根据机械零件、工程构件和工模具的使用条件及性能要求，合理选用材料，合理制订热处理技术要求，选定热处理工艺方法，正确安排冷热加工工艺路线，并为从事机械设计与制造、材料加工、机械产品质量控制以及后继课程的学习奠定必要的基础。

本教材的定位是：主要面向机械冷加工，兼顾机械热加工；常用工程材料以金属材料为主，注重工程应用。本教材注意内容的更新，反映材料领域的新发展，在介绍常用金属材料分类与编号时，采用了最新的国家标准，并附上新旧钢号对照表，便于读者对照，同时对近年来广东地区使用较多的外国材料也作了介绍。书中收集了一些常用材料的基本数据，对常用工模具钢的金相标准也作了简要介绍，供专业人员参考。

本书共十一章。其中第一、二、三、四、五章由梁耀能编写；第六、十章由李伯林编写；第七章由罗堪昌编写；第八、九、十一章由梁思祖编写。本书第二版是曾美琴老师在原教材的基础上，依照新的教学大纲做了重新全面的修订。

限于编者水平，书中如存在某些缺点与错误，敬请读者批评指正。

编　者

2011年1月

目 录

绪论 ··· (1)

第一章　金属的晶体结构 ··· (3)
　　第一节　金属的晶体结构 ·· (3)
　　第二节　实际金属的晶体结构 ·· (12)

第二章　纯金属的结晶 ··· (21)
　　第一节　纯金属的结晶 ·· (21)
　　第二节　铸锭的组织与缺陷 ··· (28)

第三章　金属的塑性变形与再结晶 ·· (31)
　　第一节　金属的变形特性和常用力学性能指标 ······························ (31)
　　第二节　金属的塑性变形 ··· (38)
　　第三节　塑性变形对组织和性能的影响 ·· (43)
　　第四节　回复与再结晶 ·· (45)
　　第五节　金属的热加工 ·· (49)

第四章　合金的相结构与二元合金相图 ·· (52)
　　第一节　合金的相结构 ·· (52)
　　第二节　二元合金相图的建立 ·· (56)
　　第三节　匀晶相图 ··· (59)
　　第四节　共晶相图 ··· (62)
　　第五节　包晶相图 ··· (66)
　　第六节　形成稳定化合物的相图 ··· (69)
　　第七节　合金的性能与相图的关系 ··· (70)

第五章　铁碳合金 ·· (72)
　　第一节　铁碳合金的组元及基本相 ··· (72)
　　第二节　$Fe-Fe_3C$ 相图分析 ·· (74)
　　第三节　铁碳合金的平衡结晶过程及组织 ···································· (78)
　　第四节　含碳量对铁碳合金平衡组织和性能的影响 ······················· (84)
　　第五节　碳钢 ·· (87)

第六章　钢的热处理 ·· (95)
　　第一节　钢在加热时的组织转变 ··· (97)
　　第二节　钢在冷却时的组织转变 ··· (101)
　　第三节　钢的退火与正火 ··· (114)
　　第四节　钢的淬火 ··· (116)

第五节	钢的回火	(123)
第六节	钢的表面淬火	(127)
第七节	钢的化学热处理	(130)
第八节	其他热处理工艺简介	(137)

第七章 合金钢 (141)
第一节	概述	(141)
第二节	合金元素在钢中的作用	(142)
第三节	合金结构钢	(147)
第四节	轴承钢	(157)
第五节	合金工具钢	(160)
第六节	不锈耐蚀钢和耐热钢	(179)
第七节	粉末冶金材料	(189)

第八章 铸铁 (197)
第一节	概述	(197)
第二节	普通灰铸铁	(202)
第三节	可锻铸铁	(205)
第四节	球墨铸铁	(207)
第五节	蠕墨铸铁	(211)
第六节	特殊性能铸铁	(214)

第九章 有色金属及其合金 (217)
第一节	铝及其合金	(217)
第二节	铜及其合金	(224)
第三节	镁及其合金	(229)
第四节	轴承合金	(232)

第十章 机械工程非金属材料 (236)
第一节	概述	(236)
第二节	高分子材料	(236)
第三节	陶瓷材料	(250)
第四节	复合材料	(253)

第十一章 机械零件选材及加工路线分析 (257)
第一节	机械零件的失效形式	(257)
第二节	选材的基本原则	(258)
第三节	热处理方案的选择及热理技术条件的标注	(263)
第四节	预防和控制热处理变形的方法及措施	(265)
第五节	典型零件选材与工艺分析	(268)

附表1 国内外常用钢号近似对照表 (278)

附表2 洛氏、布氏、维氏硬度及强度对照表 (282)

参考文献 (283)

绪　论

材料是人类赖以生活和生产的物质基础。生产技术的进步是和新材料的应用密切相关的，历史学家往往用制造工具的原材料来作为社会发展的标志。从原始社会以来，人类经历了石器时代、青铜器时代、铁器时代。如今，我们已经跨进按照人们的需要设计材料、合成材料的新时代。

工程材料通常可按成分特点分为金属材料、无机非金属材料和高分子材料三大类。复合材料则是由两种或两种以上的基本材料组成。按性能特点，工程材料可分为结构材料和功能材料两大类。结构材料以力学性能为主，兼有一定的物理、化学性能；功能材料以特殊的物理、化学性能为主，如超导、激光、半导体、形状记忆和能量转换等材料。工程材料的研究对象主要是结构材料。在各种机械设备中，目前应用最广、最多的仍然是金属材料，占整个材料的80%~90%，这是由于金属材料具有比其他材料远为优越的使用性能和工艺性能。无机非金属材料和有机高分子材料用于机械工程也越来越多，并逐步显示出广阔的发展前景。本书主要研究金属材料，并对无机非金属材料和有机高分子材料作简要介绍。

金属材料在工程上表现出来的力学性能，是由金属内部的组织、结构所决定的。在金属学中，组织是指用肉眼或借助各种不同放大倍数的显微镜所观察到的金属材料内部的情景，包括晶粒的大小、形状、种类以及各种晶粒之间的相对数量和相对分布。习惯上用放大几十倍的放大镜或用肉眼所观察到的组织，称为低倍组织或宏观组织；用放大100~2 000倍的光学显微镜所观察到的组织，称为显微组织；用放大几千倍到几十万倍的电子显微镜观察到的组织，称为电镜组织或精细组织。而结构是指原子集合体中各原子的具体组合方式。

生产实践告诉我们：不同化学成分的金属材料，性能迥然不同。例如，低碳钢软而韧，高碳钢硬而脆。金相分析表明，这是由于它们的组织不同所致。相同化学成分的金属材料，经过不同的加工过程，其性能也有很大差别。通过合理的加工方法来进一步提高金属材料的性能，是充分发挥金属材料潜力的重要方法之一。

机械产品（或系统）从构思到实现要经历设计和制造两个阶段。机械工程科学是研究机械产品（或系统）的性能、设计和制造的基础理论和技术的科学。机械冷加工和机械热加工是机械制造学科的两大分支。机械冷加工主要是指利用切削的原理使工件成形而达到预定设计要求的方法，这种方法能获得很高的精度和很低的粗糙度。机械热加工则是利用熔化、结晶、塑性变形、扩散、相变等各种物理化学变化使工件成形而达到预定的设计要求。从加工方法来说，热加工可分为铸造、塑性加工、焊接、热处理、表面改性等。

铸造是指将材料（包括金属、合金以及复合材料）熔化成液体，浇注于具有一定型腔的模具内，凝固成形。

塑性加工是指将钢锭或棒材、板材在一定温度下，通过锻压机械施加压力使之成形。

锻压工艺也包括在室温下使棒料或板料成形。

焊接是指将几个零件拼接成大的复杂的零件或构件。通过零件连接处的局部熔化或相互扩散，使零件紧密结合成一个整体。

热处理是指通过不同的加热和冷却方式使零件内部组织结构发生变化，从而得到所需的各种力学、物理及化学性能，它的特点是只改变或提高零件的性能而尽量避免改变零件的形状。

表面改性技术是改变零件表面的成分或组织结构，以提高机器零件的性能，包括化学热处理，物理、化学气相沉积，热喷涂等。

21世纪机械制造工业中，高效益及市场快速反应将是一个发展趋势。热加工方法具有少、无切削的优点，容易实现快速制造，因而仍是一个很有发展前景的学科领域。

机械产品的质量和可靠性与零件的材料成分、组织与制造质量密切相关。机械产品的失效往往是由其中某个零件的失效引起的。工程设计人员在设计时，除进行结构设计和计算外，还应考虑选用何种材料、具备何种组织。零件在制造过程中会穿插多种冷热加工工序，这些加工工艺过程直接影响零件的表面质量（如尺寸精度、形状精度和粗糙度）以及内在质量（如显微组织、力学性能、显微缺陷、残余应力、微裂纹等）。

《机械工程材料》是机械类各专业的重要技术基础课，本课程的任务就是：学习金属学及热处理的理论基础；掌握常用工程材料的成分、组织结构、性能及用途；学会根据零件的工作条件和失效形式，合理选材，制订热处理技术要求和正确安排冷热加工工艺路线；通过本课程的学习，为从事机械设计与制造、机械产品质量控制以及后续课程的学习奠定必要的基础。

学习本课程前，学生应先学完材料力学，参加过金工实习，对机械工程材料的加工过程及其应用有一定的感性认识。学习时要注意理论联系实际，特别要重视综合实验与生产实践。

第一章　金属的晶体结构

第一节　金属的晶体结构

一、金属原子间的结合

结构是决定金属材料性能的内在基本因素之一。要了解金属和合金的性能，就必须先了解固态金属和合金中原子的聚集状态和分布规律、原子间的相互作用和结合方式，以及原子结合体的结构。

1. 金属键

金属原子构造的特点是：其最外层电子数目很少，一般为 1~2 个，最多不超过 4 个，且与原子核结合力较弱，很容易脱离原子核的束缚变成自由电子，带负电荷。失去外层电子的金属称为正离子，带正电荷。在固态金属中，正离子按一定的规律在空间排列着，自由电子则在各离子之间自由地运动，为整个金属共有，形成所谓"电子气"。由于正离子和自由电子间的正负电荷产生吸引力，使金属原子结合成整体的金属晶体。金属原子的这种结合方式叫"金属键"结合（图 1-1）。

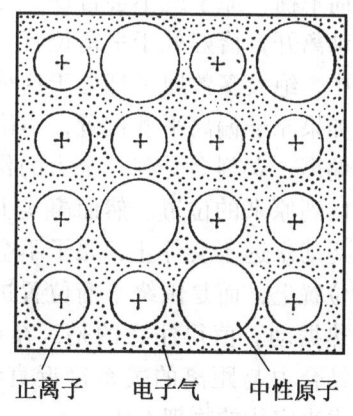

图 1-1　金属键的模型

根据金属键的本质，可解释金属的一些特性。例如，由于金属中自由电子的存在，在外加电场作用下，自由电子能够沿着电场方向作定向运动，形成电流，从而显示出良好的导电性。温度升高时，金属中离子的热振动加剧，阻碍着自由电子的流动，所以随着温度的升高，金属的电阻增大，表现为正的电阻温度系数，这是金属所固有的一种特性。自由电子的运动和正离子本身的热振动，使金属具有较大的导热率。由于金属键没有饱和性和方向性，所以在外力作用下金属的两部分发生相对移动时，正离子仍和自由电子保持着金属键结合，这样，金属就能经受变形而不断裂，使其具有良好的塑性。

2. 结合力与结合能

如上所述，在固态金属中，原子依靠金属键牢固地结合在一起，原子（或正离子）按一定规律规则地排列。下面从原子间的结合力与结合能来说明，沉浸于电子云中的金属原子（或正离子）为什么会像图 1-1 那样有规则地排列着，并往往趋于紧密的排列。

为简便起见，首先分析两个原子之间的相互作用情况（即双原子作用模型）。当两个原子相距很远时，它们之间实际上不发生相互作用，但当它们相互逐渐靠近时，其间的作用力就会随之显示出来。分析表明，固态金属中两原子之间的相互作用力包括：①正离子与自由电子之间的引力（图1-2）；②正离子之间各自内部已满额的电子层间的斥力；③正离子之间的斥力。吸引力力图使两原子靠近，而排斥力却力图使两原子分开。如图1-3所示，上图为A原子对B原子的吸引力和排斥力曲线，两原子的结合力为吸引力与排斥力的代数和。吸引力是一种长程力，排斥力是一种近程力，当两原子间距较大时吸引力大于排斥力，两原子自动靠近。原子靠近到一定距离以后，排斥力急剧增长，当原子过分靠近时，排斥力大于吸引力，原子便互相排斥，自动离开。当原子间距为 D_0 时，吸引力与排斥力恰好相等而平衡，原子既不会自动靠近，也不会自动离开，恰好处于平衡位置。在固态金属中，绝大多数原子都处于这种平衡位置。如果原子偏离平衡位置，不论向哪个方向偏离，立刻会受到一个力的作用，促使它回到原来的位置。然而事实上，原子的热运动永远不会停止，原子不会静止在平衡位置上，而是围绕平衡位置进行着无序的热振动。值得注意的是，在点 D_0 附近，结合力与距离的关系接近直线关系，这是虎克定律的物理本质。

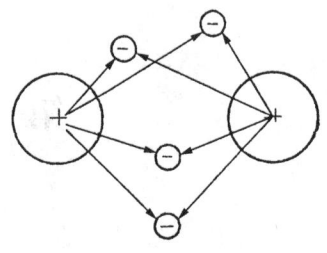

图1-2 正离子与自由电子之间的吸引力

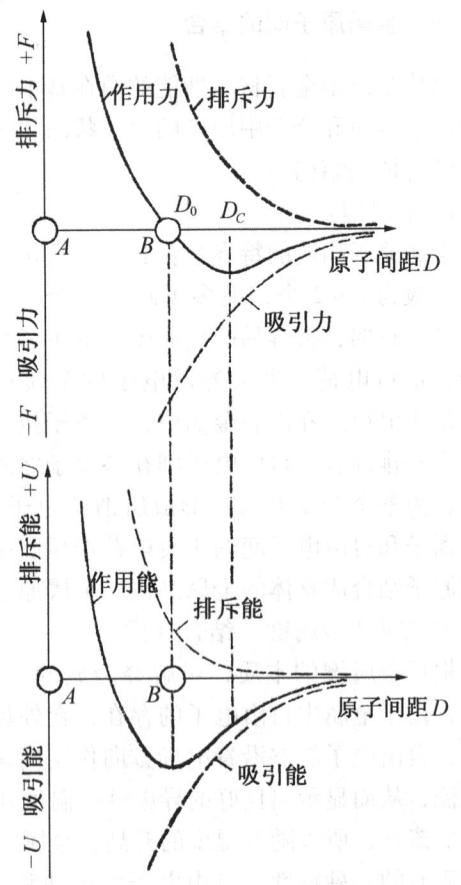

图1-3 双原子作用模型

图1-3的下半部分是吸引能和排斥能与原子间距离的关系曲线，结合能是吸引能与排斥能的代数和。当原子处于平衡距离 D_0 时，其结合能达到最低值，即此时原子的势能最低，最稳定。任何对 D_0 的偏离，都会使原子的势能增加，从而使原子处于不稳定状态，原子就有力图回到低能状态，即恢复到平衡距离的倾向。

将上述双原子作用模型加以推广，不难理解，当大量金属原子结合成固体时，为使固态金属具有最低的能量，以保持其稳定状态，大量原子之间也必须保持一定的平衡距离，这就是固态金属中的原子趋于规则排列的原因。

图1-4是三原子作用模型，分别绘出A原子和C原子对B原子的作用能曲线 U_A 和 U_C，以及由它们合成的总作用能曲线 U_{A+C}。由图可见，由于两侧原子的共同作用，使B

原子处于一个对称的势能谷中，而且势能谷更深了。如果 B 原子周围最近邻的原子数越多，原子间的结合能就越低。能量最低的状态是最稳定的状态，而任何系统都有自发地从高能状态向低能状态转化的趋势。因此，常见金属中的原子总是自发地趋于紧密的排列。

当原子间以离子键或共价键结合时，原子达不到紧密排列状态，这是由于这些结合方式对周围的原子数有一定的限制之故。

二、晶体

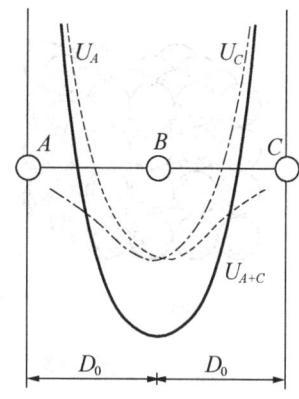

图 1-4 三原子作用模型

从双原子作用模型可知，金属中原子的排列是有规则的，而不是杂乱无章的。人们把这种原子在三维空间作有规则的周期性重复排列的物质称为晶体。像食盐、冬天下的雪花、水凝成的冰块，以及金属和合金都是晶体。而在非晶体中，原子则是紊乱地分布着，至多有些局部地方呈现规则排列，像玻璃、松香、木材等是非晶体。

1. 晶体的特性

由于晶体中的原子呈一定规则重复排列着，这就使晶体在性能上存在区别于非晶体的一些重要特点。首先，晶体具有一定的熔点，非晶体则没有。在熔点以上，晶体变成液体，处于非结晶状态；在熔点以下，液体又变成晶体，处于结晶状态。从晶体至液体或从液体至晶体的转变是突变的。

晶体的性能（如强度、弹性模量、导电性、热膨胀性等）在不同方向上具有不同的数值，即具有各向异性。而非晶体则是各向同性。另外，许多晶体的天然外形呈现出规则的几何外形，保持一定的晶面角，具有一定的对称性，例如天然金刚石、水晶、结晶盐等，而非晶体则没有这个特点。

2. 晶格与晶胞

在晶体中，原子排列的规律不同，则其性能也不同。为了研究原子的排列规律，假定理想晶体中的原子都是固定不动的刚球，那么晶体即由这些刚球堆垛而成，图 1-5a 即为这种原子堆垛模型，从中可以看出，原子在各个方向的排列都是很规则的。这种模型的优点是立体感强，很直观；缺点是每个刚球密密麻麻地堆集在一起，很难看清内部排列的规律和特点，不便于研究。

为了清楚地表明原子在空间排列的规律性，常常将构成晶体的实际质点（原子、分子或离子）忽略，而将它们抽象为纯粹的几何点，称之为阵点或结点。这些阵点可以是原子或分子的中心，也可以是彼此等同的原子群或分子群的中心，但各个阵点的周围环境都必须相同。为使观察方便，可做许多平行的直线将这些阵点连接起来，构成一个三维的空间格架，如图 1-5b 所示，这种用以描述晶体中原子（离子或分子）排列规则的空间格架称为空间点阵，简称点阵或晶格。

由于晶格具有周期性的特点，因此，可以从晶格中选取一个能够完全反映晶格特征的最小的几何单元，来分析晶体中原子排列的规律性，这个最小的几何单元称为晶胞（图 1-5c）。晶胞的大小和形状常以晶胞的棱边长度 a，b，c 及棱边夹角 α，β，γ 表示。晶

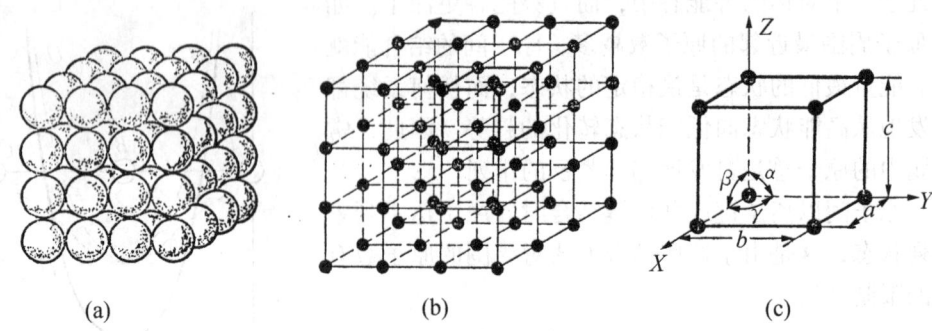

图1-5 简单立方晶体(a)、晶格(b)及晶胞(c)的示意图

的棱边长度一般称为晶格常数或点阵常数,晶胞的棱边夹角称为晶轴间夹角。

三、三种常见的金属晶体结构

自然界中的晶体有成千上万种,它们的晶体结构各不相同。但根据"每个阵点周围具有相同的环境"的要求,用数学的方法可推出空间点阵共有14种,而且也只能有14种。在晶体学中,根据晶胞棱边长度 a, b, c 是否相等、晶轴间夹角 α, β, γ 是否相等、是否为直角等因素,又可以把这14种空间点阵归纳为七个晶系。表1-1列出了晶体七个晶系的名称、点阵参数及晶胞参数的几何关系。

表1-1 晶体七个晶系的点阵参数

晶系名称	点阵参数	轴间夹角/(°)
立方晶系	$a = b = c$	$\alpha = \beta = \gamma = 90$
正方晶系	$a = b \neq c$	$\alpha = \beta = \gamma = 90$
正交晶系	$a \neq b \neq c$	$\alpha = \beta = \gamma = 90$
六方晶系	$a = b = c$	$\alpha = \beta = 90, \gamma = 120$
菱方晶系	$a = b = c$	$\alpha = \beta = \gamma \neq 90$
单斜晶系	$a \neq b \neq c$	$\alpha = \gamma = 90, \beta \neq 90$
三斜晶系	$a \neq b \neq c$	$\alpha \neq \beta \neq \gamma \neq 90$

由于金属原子趋向于紧密排列,所以工业上使用的金属元素中,除了少数具有复杂的晶体结构外,绝大多数都具有比较简单的晶体结构,其中最典型、最常见的金属晶体结构有三种类型,即体心立方、面心立方和密排六方结构,前两种属于立方晶系,后一种属于六方晶系。

1. 体心立方晶格

体心立方晶格的晶胞如图1-6所示。晶胞的八个角上各有一个原子,在立方体的中心还有一个原子,因其晶格常数 $a = b = c$,故通常只用一个常数 a 即可表示。

由图1-6可见,在体心立方晶胞的立方体对角线上,原子是彼此紧密相接触排列的,相邻原子的中心距离恰好等于原子直径。立方体对角线的长度是 $\sqrt{3}a$,等于4个原子半径,

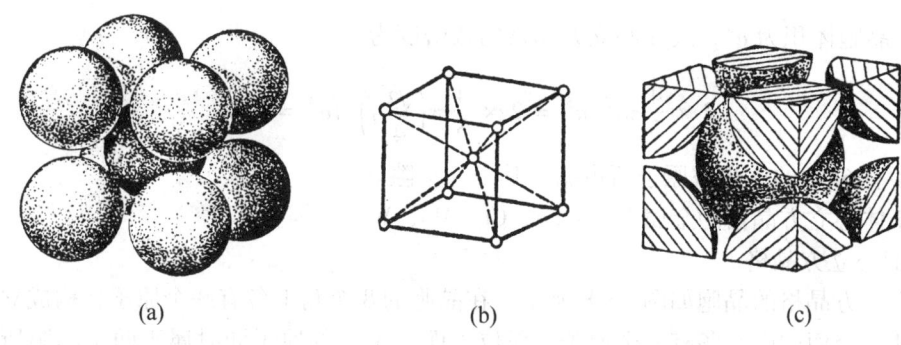

图 1-6 体心立方晶胞示意图
(a) 刚球模型；(b) 晶胞模型；(c) 晶胞原子数

所以体心立方晶胞的原子半径为$\frac{\sqrt{3}}{4}a$。

在立方晶胞中，每个顶点上的原子同时属于 8 个晶胞所共有，故只有 1/8 个原子属于这个晶胞。晶胞中心的原子完全属于这个晶胞，所以体心立方晶胞中的原子数为：$8 \times 1/8 + 1 = 2$。

晶胞中原子排列的紧密程度可以用两个参数来反映：一个是配位数，一个是致密度。所谓配位数是指晶体结构中与任一个原子最近邻且等距离的原子数目。显然，配位数越大，原子排列便越紧密。在体心立方晶格中，以立方体中心的原子来看，与其最近邻且等距离的原子数有 8 个，所以体心立方晶格的配位数为 8（图 1-7a）。

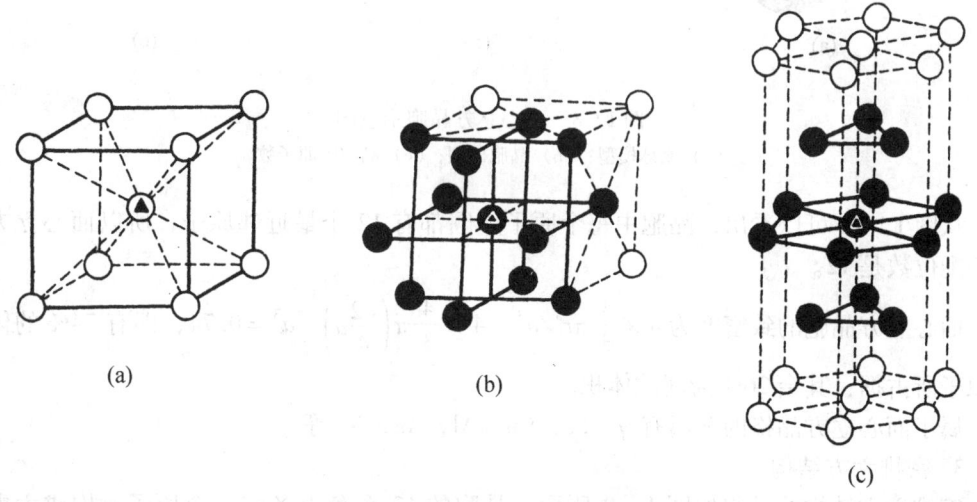

图 1-7 三种晶体结构配位数示意图
(a) 体心立方晶体结构；(b) 面心立方晶体结构；(c) 密排六方晶体结构

由于原子是球体，所以，即使是一个挨一个地最紧密排列着，原子之间仍有空隙。致密度就是晶胞中原子所占体积与晶胞体积之比。体心立方晶胞含有两个原子，原子半径

$r=\frac{\sqrt{3}}{4}a$,晶胞体积为 a^3,故体心立方晶格的致密度为:

$$2\times\frac{4}{3}\pi r^3/a^3 = 2\times\frac{4}{3}\pi\left(\frac{\sqrt{3}}{4}a\right)^3 \Big/ a^3 = 0.68$$

即晶格中有68%的体积被原子所占据,其余为空隙。

属于体心立方晶格的金属有 α-Fe,Cr,Mo,W,V 等。

2. 面心立方晶格

面心立方晶格的晶胞如图1-8所示。在晶胞的8个角上各有一个原子,构成立方体,在立方体6个面的中心各有一个原子。而位于面心位置的原子同时属于两个晶胞所共有,因此,面心立方晶胞中的原子数为 $\frac{1}{8}\times 8+\frac{1}{2}\times 6=4$。

在面心立方晶胞中,每个面的对角线上原子彼此相互接触,而对角线的长度为 $\sqrt{2}a$,等于4个原子半径,所以面心立方晶胞的原子半径 $r=\frac{\sqrt{2}}{4}a$。

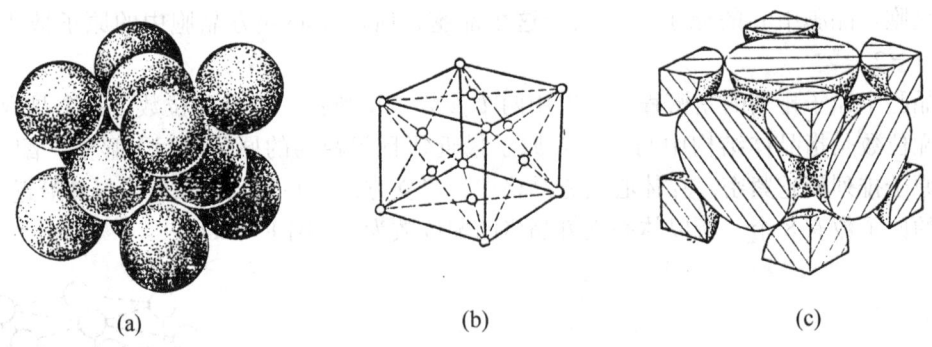

图1-8 面心立方晶胞示意图
(a) 刚球模型;(b) 晶胞模型;(c) 晶胞中原子数

从图1-7b可以看出,晶胞中每个原子周围都有12个最近邻原子,所以面心立方晶胞的配位数是12。

面心立方晶胞的致密度为 $4\times\frac{4}{3}\pi r^3/a^3 = 4\times\frac{4}{3}\pi\left(\frac{\sqrt{2}}{4}a\right)^3\Big/a^3 = 0.74$,即有74%的体积为原子所占据,其余26%为间隙体积。

属于面心立方晶格的金属有 γ-Fe,Cu,Al,Ag,Ni 等。

3. 密排六方结构

密排六方结构的晶胞如图1-9所示。晶胞的12个角上各有一个原子,构成六方柱体,上下底面的中心各有一个原子,晶胞内还有3个原子。

密排六方晶胞的晶格常数有两个:一是正六边形的边长 a,另一个是上下两底面之间的距离 c,c 与 a 之比 $c/a\approx 1.63$,此时原子半径为 $\frac{1}{2}a$。晶胞原子数为 $\frac{1}{6}\times 12+\frac{1}{2}\times 2+3=6$,配位数为12,致密度为0.74。

属于密排六方结构的金属有 Zn,Mg,α-Ti 等。

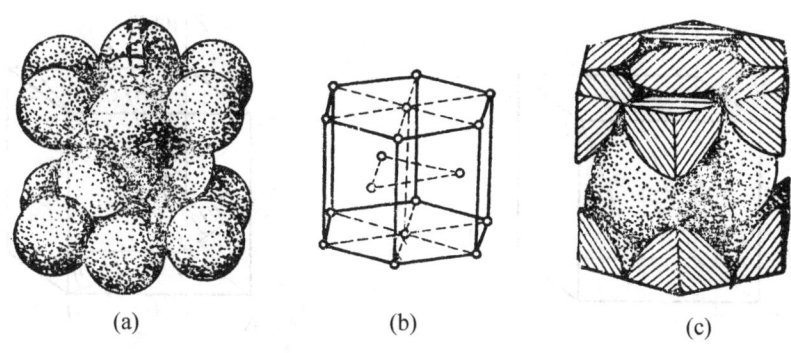

图 1-9 密排六方晶胞示意图
（a）刚球模型；（b）晶胞模型；（c）晶胞原子数

可见，密排六方结构的致密度和配位数与面心立方完全相同，两者都是最紧密的排列方式，所不同的是两种结构中的最密排面的堆垛次序不同。

致密度不同的结构互相转变时，会造成体积的膨胀或收缩。

四、晶向指数和晶面指数

在晶格中，由一系列原子所组成的平面称为晶面。任意两个原子之间连线所指的方向称为晶向。在研究金属晶体结构的细节及其性能时，往往需要分析它们的各种晶面和晶向中原子分布的特点，因此有必要给各种晶面和晶向定出一定的符号，以便于分析。晶面和晶向的这种符号分别叫"晶面指数"和"晶向指数"。

1. 晶向指数

晶向指数的确定步骤如下：

（1）以晶胞的三条棱边为坐标轴 X，Y，Z，以棱边长度（即晶格常数）作为坐标轴的量度单位。从坐标轴的原点引一有向直线平行于待定晶向；

（2）在所引的有向直线上任取一点（为方便起见，通常取距原点最近的阵点），求出该点在三个坐标轴的坐标值；

（3）将三个坐标值按比例化为最小简单整数，并加上方括号［ ］，即为所求的晶向指数。

例如，确定图 1-10 中的 AB 的晶向指数。从坐标原点 O 引 AB 平行线，交顶面于 C 点，C 点的坐标是 $\frac{1}{2}$，$\frac{1}{2}$，1，按比例化为最小整数则为 1，1，2，所以 AB 的晶向指数为［1 1 2］。

在立方晶胞中，通常以［u v w］作为晶向指数的通式。图 1-11 示出立方晶胞中最常用的晶向指数，X 轴方向为［1 0 0］，Y 轴方向为［0 1 0］，Z 轴方向为［0 0 1］，面对角线 OA 方向为［1 1 0］，立方体对角线 OB 方向为［1 1 1］，原点至面心 C 的 OC 方向为［1 1 2］。

由晶向指数确定步骤的第一步可知，所有互相平行且同向的晶向，都具有相同的晶向指数。同一直线有相反两个方向，其晶向指数的数字和顺序都相同，只是符号完全相反。

原子排列相同但空间位向不同的所有晶向称为晶向族，以尖括号〈u v w〉表示。在

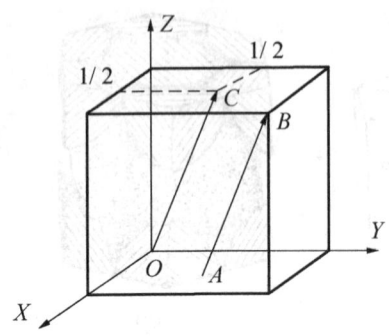 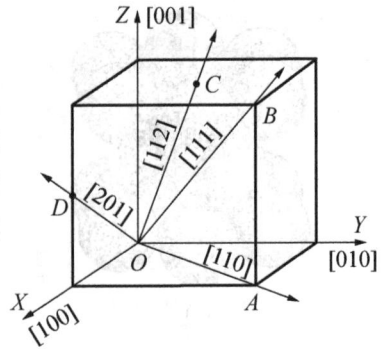

图1-10 确定晶向指数的示意图　　图1-11 立方晶胞中最常用的晶向指数

立方晶系中，指数数字相同，数字顺序和正负号不同的所有晶向，原子排列情况完全相同，属于同一个晶向族。如 [1 1 1]，[$\bar{1}$ 1 1]，[1 $\bar{1}$ 1]，[1 1 $\bar{1}$]，[$\bar{1}$ $\bar{1}$ 1]，[1 $\bar{1}$ $\bar{1}$]，[$\bar{1}$ 1 $\bar{1}$]，[$\bar{1}$ $\bar{1}$ $\bar{1}$] 属于同一晶向族，用 〈1 1 1〉 表示。

2. 晶面指数

晶面指数的确定步骤如下：

(1) 以晶胞的三条棱边为坐标轴 X, Y, Z, 以晶格常数作为坐标轴的量度单位，求出待定晶面在各坐标轴上的截距（见图1-12）；

(2) 取各截距的倒数；

(3) 将各倒数按比例化为最小简单整数，并加上圆括号，即为所求晶面指数。

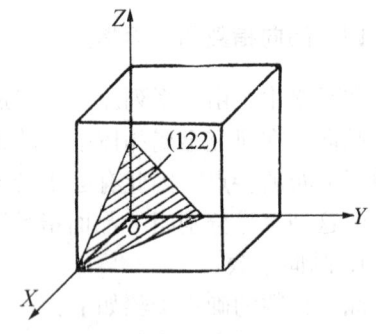

图1-12 晶面指数表示方法

现以图1-12的晶面为例予以说明。该晶面在 X, Y, Z 轴上的截距分别为 1, $\frac{1}{2}$, $\frac{1}{2}$，取其倒数为 1, 2, 2，已是最简整数，故其晶面指数为 (1 2 2)。

晶面指数的一般形式为 (h k l)。在立方晶系中，最常用的晶面指数是 (1 0 0), (1 1 0), (1 1 1) 等（图1-13）。

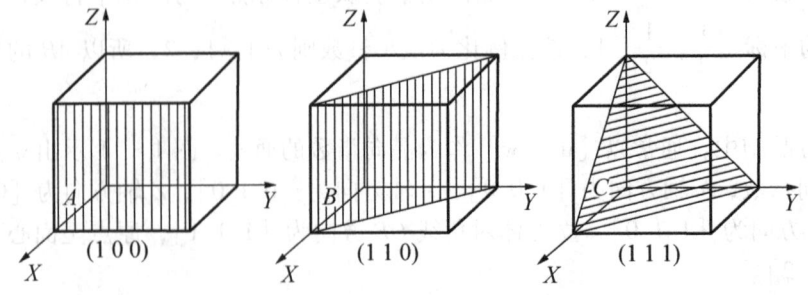

图1-13 立方晶系的 (1 0 0), (1 1 0), (1 1 1) 晶面

由晶面指数确定步骤的第三步可知，所有互相平行的晶面都具有相同的晶面指数，或者晶面指数的数字和顺序完全相同而符号完全相反。因此，某一晶面指数并不只是代表某一具体晶面，而是代表一组相互平行的晶面。

在同一种晶体结构中，有些晶面虽然在空间的位向不同，但其原子排列情况完全相同，这些晶面均属于同一个晶面族，其晶面指数用大括号 $\{h\ k\ l\}$ 表示。例如在立方晶系中：

$\{1\ 0\ 0\} = (1\ 0\ 0) + (0\ 1\ 0) + (0\ 0\ 1)$

$\{1\ 0\ 1\} = (1\ 1\ 0) + (1\ 0\ 1) + (0\ 1\ 1) + (\bar{1}\ 1\ 0) + (\bar{1}\ 0\ 1) + (0\ \bar{1}\ 1)$

$\{1\ 1\ 1\} = (1\ 1\ 1) + (\bar{1}\ 1\ 1) + (1\ \bar{1}\ 1) + (1\ 1\ \bar{1})$

可见，在立方晶系中，$\{h\ k\ l\}$ 晶面族所包括的晶面可以用 h，k，l 数字的排列组合和改变符号的方法求出。

对比图 1-11 与图 1-13 可以看出，在立方晶系中，指数相同的晶向与晶面是互相垂直的。例如 $[1\ 0\ 0] \perp (1\ 0\ 0)$，$[1\ 1\ 1] \perp (1\ 1\ 1)$，$[1\ 1\ 0] \perp (1\ 1\ 0)$。

五、晶面及晶向的原子密度

所谓某晶面的原子密度是指其单位面积中的原子数，而晶向的原子密度则是指其单位长度上的原子数。在各种晶格中，不同晶面和晶向上的原子密度是不同的。例如，在体心立方晶格中的各主要晶面和晶向的原子密度见表 1-2。

表 1-2　体心立方晶格中各主要晶面和晶向的原子密度

晶面指数	晶面示意图	晶面密度 （原子数/面积）	晶向指数	晶向密度 （原子数/长度）
(1 0 0)		$\dfrac{\dfrac{1}{4} \times 4}{a^2} = \dfrac{1}{a^2}$	⟨1 0 0⟩	$\dfrac{\dfrac{1}{2} \times 2}{a} = \dfrac{1}{a}$
(1 1 0)		$\dfrac{\dfrac{1}{4} \times 4 + 1}{\sqrt{2}a^2} = \dfrac{1.4}{a^2}$	⟨1 1 0⟩	$\dfrac{\dfrac{1}{2} \times 2}{\sqrt{2}a} = \dfrac{0.7}{a}$
(1 1 1)		$\dfrac{\dfrac{1}{6} \times 3}{\dfrac{\sqrt{3}}{2}a^2} = \dfrac{0.58}{a^2}$	⟨1 1 1⟩	$\dfrac{\dfrac{1}{2} \times 2 + 1}{\sqrt{3}a} = \dfrac{1.16}{a}$

从表 1-2 可见，在体心立方晶格中，具有最大原子密度的晶面是 $\{1\ 1\ 0\}$，具有最大原子密度的晶向是 ⟨1 1 1⟩。

六、晶体的各向异性

晶体的性能在不同方向上具有不同的数值,这种现象称为各向异性现象。它是区别晶体与非晶体的一个重要特征。

晶体的各向异性在单晶体中表现得最突出,例如,体心立方晶格的 α-Fe 单晶体,其弹性模量 E 就是各向异性的:在 $\langle 111 \rangle$ 方向,$E = 28\,400 \times 10^7 \mathrm{Pa}$,而在 $\langle 100 \rangle$ 方向,$E = 13\,200 \times 10^7 \mathrm{Pa}$。应当注意,单晶体是由一个晶粒组成,其晶格位向完全一致(图 1-14a),故单晶体的各向异性,是因为不同晶面和晶向上的原子排列情况不同,因而原子间距不同,原子作用强弱也不同,所以宏观性能就出现了方向性。

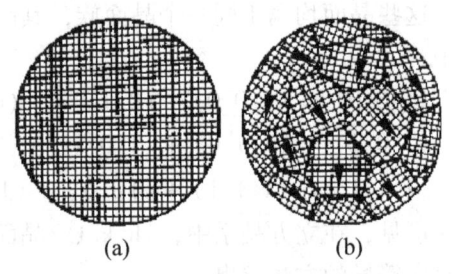

图 1-14　金属单晶体 (a) 和多晶体 (b) 结构示意图

实际使用的金属材料一般为多晶体,它是由许多晶粒组成,在每个晶粒内部晶格位向完全一致,而各个晶粒之间则彼此位向不同(图 1-14b),其性能是各个晶粒性能的统计平均值,这使得多晶体中各向异性表现得很不明显。

多晶体中各向异性表现得很不明显,例如 α-Fe 多晶体从各方向测出的弹性模量 E 几乎都是 $20\,600 \times 10^7 \mathrm{Pa}$,看不出方向性,仿佛是各向同性。实际上,在多晶体中,每个晶粒本身都是各向异性的,但是由于各个晶粒的位向都是散乱无序分布的,因此晶体的性能在各个方向上互相影响,再加上晶界的作用,就完全掩盖了每个晶粒的各向异性,所以也称为多晶体的伪各向同性。

第二节　实际金属的晶体结构

上一节所讲的晶体结构都是理想的情况,在实际晶体中,不但结构上是多晶体,而且晶体内部总是不可避免地存在着一些原子偏离规则排列的不完整性区域,这就是晶体缺陷。一般说来,金属中这些偏离其规定位置的原子数目很少,但对金属的许多性能有很大的影响。晶体缺陷有多种,按其几何形态,可以分为三大类:点缺陷、线缺陷和面缺陷。

一、点缺陷

点缺陷是指在三维尺度上都很小,不超过几个原子直径的缺陷。常见的点缺陷有三种,就是空位、间隙原子和置换原子,如图 1-15 所示。

空位是由于原子被激活,跳离自己平衡位

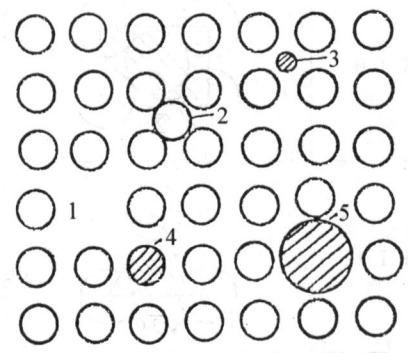

图 1-15　晶体中的各种点缺陷
1—空位；2—同类原子的间隙原子；
3—异类原子的间隙原子；4,5—置换原子置而形成的。如果原子跳到晶格间隙处，同时就出现一个间隙原子。当异类原子溶入金属晶体时，如果占据在原来基体原子的平衡位置上，则称为置换原子。

不管是哪类点缺陷，都会造成晶格畸变，这将对金属的性能产生影响，如使屈服强度升高、电阻增大、体积膨胀等。此外，点缺陷的存在，将加速金属中的扩散过程，因而凡是与扩散有关的相变、化学热处理、高温下的塑性变形和断裂等，都与空位和间隙原子的存在和运动有密切的关系。

二、线缺陷

晶体中的线缺陷就是各种类型的位错，它是在晶体中某处有一列或若干列原子发生了有规律的错排现象，使长达几万个原子间距、宽约几个原子间距范围内的原子偏离其平衡位置，产生晶格畸变。虽然位错有多种类型，但其中最简单、最基本的类型有两种：一种是刃型位错，另一种是螺型位错。这里主要介绍位错的基本类型和基本概念。

1. 刃型位错

刃型位错的模型如图1-16所示。设有一简单立方体，某一原子面在晶体内部中断，这个原子平面中断处的边缘就是一个刃型位错，犹如用一把锋利的钢刀将晶体上半部分切开，沿切口插入一额外半原子面一样，将刃口处的原子列称之为刃型位错线。

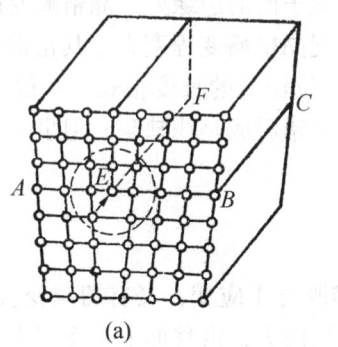
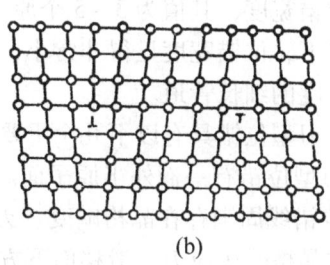

(a)　　　　　　　　　　　　(b)

图1-16　刃型位错模型图
(a) 立体示意图；(b) 垂直于位错线的原子平面

刃型位错有正负之分，若额外半原子面位于晶体的上半部，则此位错线称为正刃型位错，以符号"⊥"表示；反之，若额外半原子面位于晶体的下半部，则称为负刃型位错，以符号"⊤"表示。实际上，刃型位错的正负是相对的，并无本质上的区别，只是为了表示两者的相对位置，便于讨论而已。

事实上，晶体中的位错并不是由于外加额外半原子面造成的，它的形成可能是由于多种原因，液态金属结晶或晶体塑性变形都可能形成位错。例如图1-17所示，晶体在塑性变形时，由于局部区域的晶体发生滑移即可形成位错。设想在晶体右上部施加一切应力，促使右上部晶体中的原子沿着滑移面ABCD自右至左移动一个原子间距（图1-17 a）；由于此时晶体左上部的原子尚未滑移，于是在晶体内部就出现了已滑移区和未滑移区的边界，在边界附近，原子排列的规律性遭到了破坏，此边界线EF就相当于图1-16 a中额外半原子面的边缘，其结构恰好是一个正刃型位错。因此，可以把位错理解为晶体中已滑移区与未滑移区的边界线。

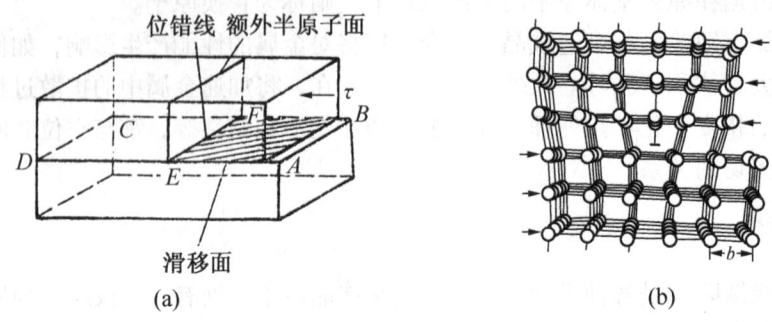

图 1-17　晶体局部滑移造成的刃型位错

从图 1-17 b 可以看出，在刃型位错周围一个有限区域内，原子偏离了原来的平衡位置，即产生了晶格畸变，并且在额外半原子面左右两侧的畸变是对称的。就好像通过额外半原子面对周围原子施加一弹性应力，这些原子就产生一定的弹性应变一样，所以可以把位错线周围的晶格畸变区看成是存在一个弹性应力场。就正刃型位错而言，滑移面上方的原子间距小，晶格受压应力；滑移面下方的原子间距变大，晶格受拉应力；而在滑移面上，晶格只受切应力。在位错中心，即额外半原子面的边缘处，晶格畸变最大，随着距位错中心距离的增加，畸变程度逐渐减小。通常把晶格畸变程度大于其正常原子间距 1/4 的区域称为位错宽度，其值为 3~5 个原子间距。位错线的长度很长，一般为数万个原子间距，相比之下，位错宽度显得非常小，所以把位错看成是线缺陷，但事实上，位错是一条具有一定宽度的细长管道。

可见，刃型位错具有以下几个重要特征：

(1) 刃型位错有一额外半原子面。

(2) 位错线周围存在晶格畸变。刃型位错既有正应变，又有切应变。对正刃型位错，滑移面上方晶格受压应力，滑移面下方晶格受拉应力，滑移面上只受切应力。负刃型位错与此相反。

(3) 刃型位错线与晶体滑移方向垂直，位错线运动的方向垂直于位错线。

2. 螺型位错

螺型位错的模型如图 1-18 所示。设想在简单立方晶体右上端施加一切应力，使右端上下两部分沿滑移面 ABCD 向前后方向发生一个原子间距的相对滑移，已滑移区与未滑移区的边界 BC 就是螺型位错线。从滑移面上下相邻两层晶面上原子排列的情况可以看出（图 1-18 b），在 aa' 的右侧，晶体的上下两部分相对错动了一个原子间距，不会产生晶格畸变，但在 aa' 和 BC 之间，上下两层相邻原子发生了错排和不对齐现象，这一地带称为过渡地带，此过渡地带的原子被扭曲成了螺旋形。如果从 a 开始，按顺时针方向依次连接此过渡地带各原子，每旋转一周，原子面就沿滑移方向前进一个间距，犹如一个右螺纹一样（图 1-18 c）。由于位错线附近的原子是按螺旋形排列的，所以这种位错叫做螺型位错，但位错线仍是一条直线。

根据位错线附近呈螺旋形排列的原子的旋转方向的不同，螺型位错可分为左螺型位错和右螺型位错。通常用大拇指代表螺旋的前进方向，以其余四指代表螺旋的旋转方向，凡

第一章　金属的晶体结构

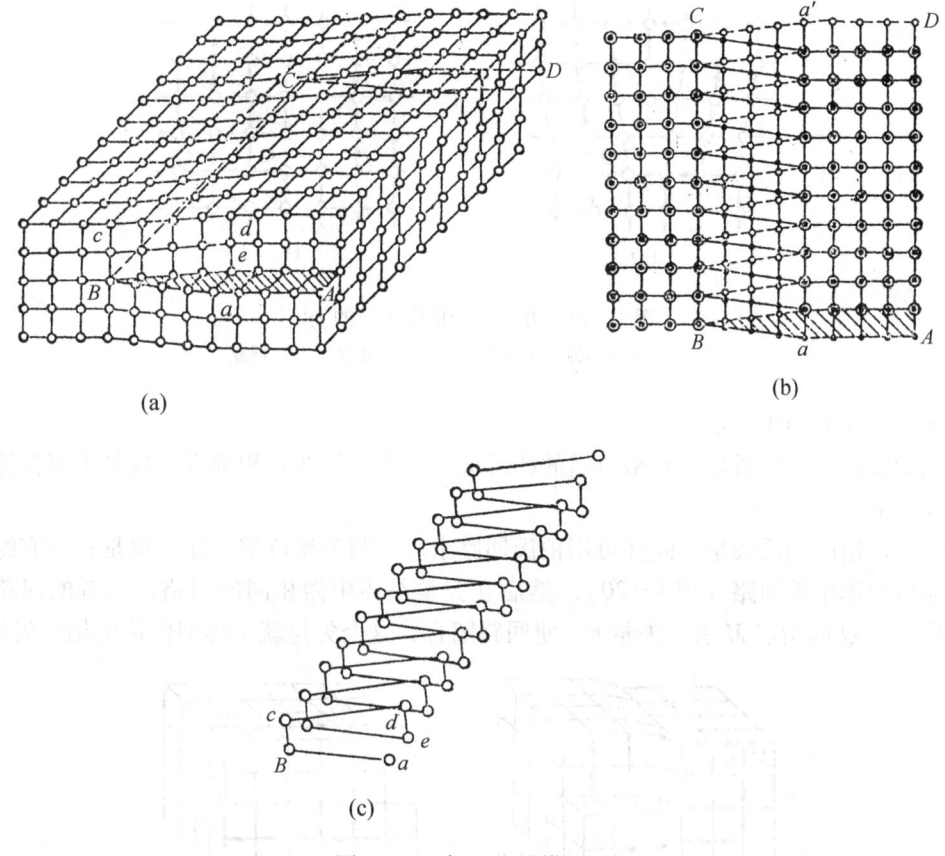

图1-18　螺型位错模型图

符合右手法则的称为右螺型位错，符合左手法则的称为左螺型位错。

可见，螺型位错具有以下几个重要特征：

（1）螺型位错没有额外的半原子面，但位错线附近原子呈螺旋形排列。

（2）螺形位错线是一个具有一定宽度的细长的晶格畸变管道，它只有切应变而无正应变，其应力场呈轴对称分布。

（3）螺型位错线与晶体滑移方向平行，位错线运动方向与位错线垂直。

3. 柏氏矢量

从上面介绍的两种基本类型的位错模型得知，在位错线附近的一定区域内，均发生了晶格畸变，位错的类型不同，则位错区域的原子排列情况与晶格畸变的大小和方向都不相同。人们设想最好能有一个量，用它不但可以表示位错的性质，而且可以表示晶格畸变的大小和方向，这个量就是柏氏矢量。现以刃型位错为例，说明柏氏矢量的确定方法（图1-19）。

（1）在实际晶体中（图1-19 a）从距位错一定距离（避开原子畸变区）的任一原子 M 出发，以至相邻原子为一步，沿逆时针方向环绕位错做一闭合回路，称之为柏氏回路。

（2）在完整晶体中（图1-19 b）以同样的方向和步数做相同的回路，此时的回路没有封闭。

（3）由完整晶体的回路终点 Q 到起点 M 引一矢量 **b**，使该回路闭合，这个矢量 **b** 即

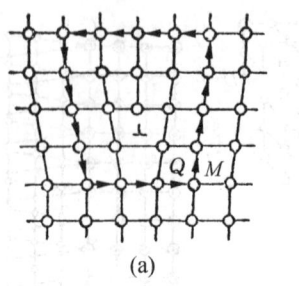 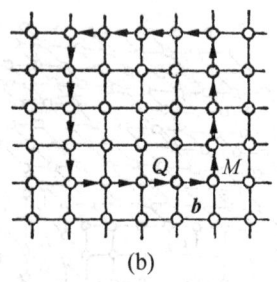

图 1-19　刃型位错柏氏矢量的确定
(a) 实际晶体的柏氏回路；(b) 完整晶体的相应回路

为这条位错线的柏氏矢量。

从柏氏回路可以看出，刃型位错的柏氏矢量与其位错线互相垂直，这是刃型位错的一个重要特征。

螺形位错的柏氏矢量，同样可用柏氏回路求出。与刃型位错一样，也是在含有螺型位错的晶体中作柏氏回路（图 1-20），然后在完整晶体中做相同的回路，后者的回路不闭合，自终点 Q 向始点 M 引一矢量 b，使回路闭合，这个矢量就是螺型位错的柏氏矢量。

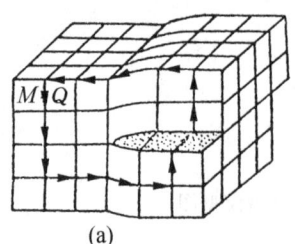 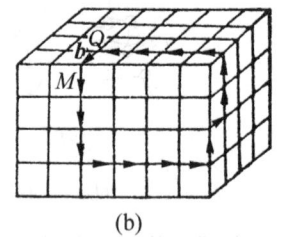

图 1-20　螺型位错柏氏矢量的确定
(a) 实际晶体的柏氏回路；(b) 完整晶体的相应回路

螺型位错的柏氏矢量与其位错线平行，这是螺型位错的重要特征。

柏氏矢量是描述位错实质的一个很重要标志，它反映了位错区域内畸变总量的大小和方向，现将它的一些重要特性归纳如下：

（1）用柏氏矢量可以判断位错的类型，不需要再去分析晶体中是否存在额外半原子面等原子排列的具体细节。如位错线与柏氏矢量垂直就是刃型位错，位错线与柏氏矢量平行就是螺型位错。

（2）柏氏矢量是一个反映位错引起的晶格畸变大小的物理量。位错周围的所有原子，都不同程度地偏离其平衡位置，位错中心的原子偏移最大，离位错中心越远的原子偏离量越小。通过柏氏回路将这些畸变叠加起来。显然，柏氏矢量越大，位错周围的晶格畸变越严重。

（3）用柏氏矢量可以表示晶体滑移的方向和大小。位错线运动时扫过滑移面，晶体即发生滑移，其滑移量的大小即柏氏矢量 b，滑移方向即柏氏矢量的方向。位错线扫出晶体，会在柏氏矢量方向上形成柏氏矢量大小的台阶。

（4）一根位错线具有唯一的柏氏矢量。

（5）位错线与柏氏矢量所构成的平面就是滑移面。刃型位错的滑移面只有一个。由于螺形位错与其柏氏矢量互相平行，可以构成无限个平面，所以螺型位错可以在更多的滑移面进行滑移。

4. 混合位错

前面描述的刃型位错和螺形位错都是一条直线，这是一种特殊情况。在实际晶体中，位错线一般是弯曲的，具有各种各样的形状。当柏氏矢量与位错线既不平行又不垂直而是交成任意角度时，则位错是刃型和螺型的混合类型，因而称为混合位错（图 1-21）。

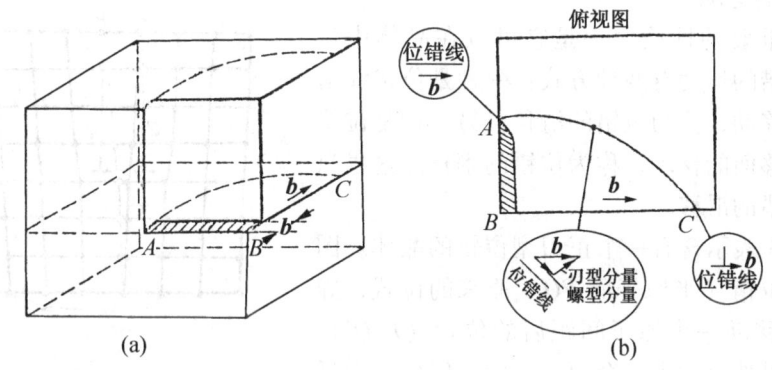

图 1-21 混合位错的产生

从图 1-21 可以看出，晶体右上角在外力作用下发生切变时，其滑移面 ABC 的上层原子相对于下层原子移动了一段距离（其大小等于 b）之后，就出现了已滑移区与未滑移区的边界线 AC，这条边界线就是一条位错线。若它的柏氏矢量为 b，那么可以看出，位错线上的不同线段与柏氏矢量具有不同的交角，在 A 点附近，位错线与柏氏矢量平行，是螺型位错；C 点附近位错线与柏氏矢量垂直，是刃型位错；其余部分与柏氏矢量斜交，因而是混合位错。混合位错可分解为刃型位错分量和螺型位错分量，它们分别具有刃型位错和螺型位错的特征。图 1-22 给出了混合位错滑移面上下层原子的排列情况。

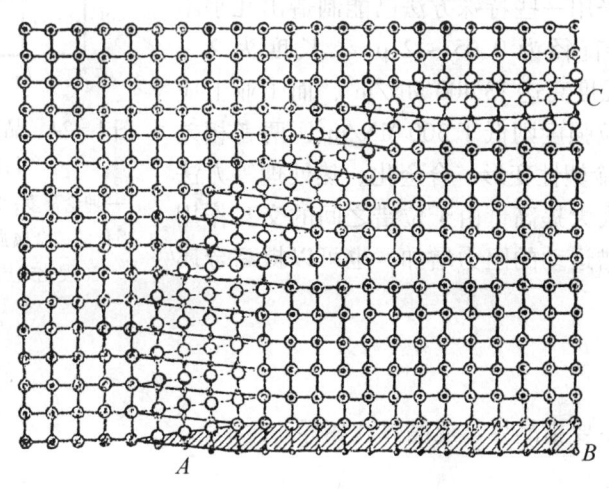

图 1-22 混合位错的结构

5. 位错密度

在单位体积晶体中所包含的位错线长度定义为位错密度，用下式表示：

$$\rho = \frac{L}{V}$$

式中，L 为在体积 V 中的位错线的总长度，ρ 的单位为 m/m^3 或 $1/m^2$。

位错密度的另一个定义是：穿过单位截面积的位错线数目，单位也是 m^{-2}。可通过测量单位面积的位错线露头数求得。在充分退火的金属晶体中，位错密度一般为 $10^{10} \sim 10^{12}$ m^{-2}，而经剧烈塑性变形的金属，位错密度高达 $10^{15} \sim 10^{16}$ m^{-2}。

6. 位错的运动

位错最重要的性质之一是它可以在晶体中运动。刃型位错的运动有两种方式：一种是位错线沿着滑移面的移动，称为位错的滑移；另一种是位错线垂直于滑移面的移动，称为位错的攀移。这里只讨论刃型位错的滑移。

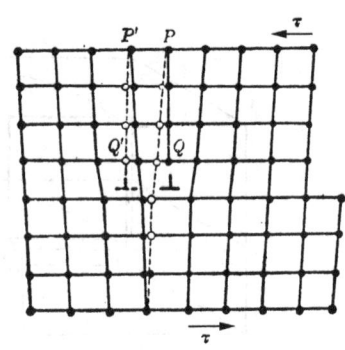

图 1-23 刃型位错的滑移

图 1-23 表示含有一个正刃型位错的晶体。图中实线表示位错（半原子面 PQ）原来的位置，虚线表示位错移动一个原子间距后的位置（$P'Q'$），可见，位错虽然移动了一个原子间距，但位错附近的原子却只有很小的移动，远远小于一个原子间距，而且只需位错线周围少量原子移动，其余大部分原子并未偏离其平衡位置，这样的位错运动只需加一个很小的切应力就可以实现，这叫做位错的易动性。这就是为什么实际晶体的强度远远低于理论强度的原因。

位错的存在，对金属材料的力学性能、扩散及相变等过程有着重要的影响。金属强度与位错密度之间的关系如图 1-24 所示。如果金属中不含位错，那么它将有极高的强度，目前采用一些特殊方法已能制造出几乎不含位错的小晶体：直径为 $0.05 \sim 2$ μm、长度为 $2 \sim 10$ mm 的晶须，其强度高达 13 400 MN/m^2，而工业上应用的退火纯铁，抗拉强度则低于 300 MN/m^2，两者相差 40 多倍。如果采用冷塑性变形、合金化、热处理等方法使金属的位错密度大大提高，由于位错之间的交互作用和相互制约，使位错运动的阻力增加，也可以提高金属的强度。

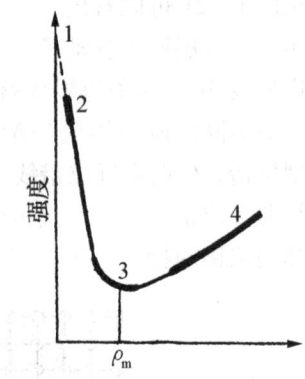

图 1-24 晶体的塑性变形抗力与位错密度的关系
1—理论强度；2—晶须强度；3—未强化的纯金属强度；4—合金化、加工硬化或热处理的合金强度

三、面缺陷

晶体的面缺陷主要指晶界、亚晶界和相界。

1. 晶界

金属材料一般为多晶体。晶体结构相同但位向不同的晶粒之间的界面称为晶界。当相

邻晶粒的位向差小于10°时，称为小角度晶界；位向差大于10°时，称为大角度晶界。晶粒的位向差不同，则其晶界的结构和性质也不同。小角度晶界的一种简单形式是对称倾侧晶界，如图1-25所示，对称倾侧晶界是由一系列相隔一定距离的刃型位错所组成，有时将这一列位错称为"位错墙"。

一般认为，大角度晶界可能接近于图1-26所示的模型，即相邻晶粒在邻接处的形状是由不规则的台阶所组成。界面上包含有不属于任一晶粒的原子A，也含有同时属于两晶粒的原子D；既包含有压缩区B，也含有扩张区C。总之，大角度晶界中的原子排列比较紊乱，但也存在一些比较整齐的区域。因此可以把晶界看成是原子排列紊乱的区域（简称坏区）与原子排列较整齐的区域（简称好区）交替相间而成。晶界很薄，纯金属中大角度晶界的厚度不超过三个原子间距。

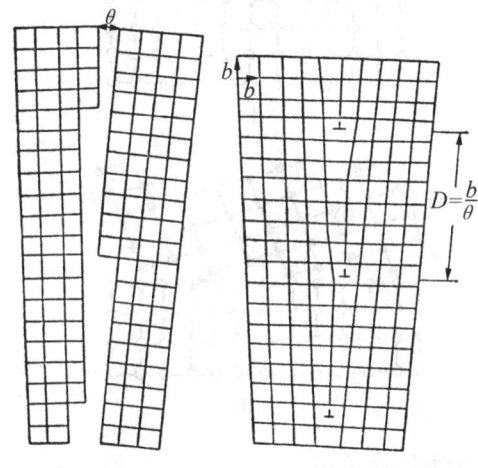

图1-25 对称倾侧晶界

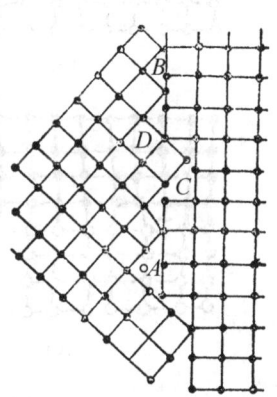

图1-26 大角度晶界模型

2. 亚晶界

在多晶体金属中，每个晶粒内的原子排列并不是十分整齐的，其中会出现位向差极小的（通常小于1°）亚结构（或亚组织），在亚结构之间就具有亚晶界，如图1-27所示。亚结构可能在凝固、形变、回复再结晶或固态相变时形成。亚晶界为小角度晶界，这点已被实验所证实。

3. 相界

具有不同晶体结构的两相之间的分界面称为相界。相界的结构有三类，即共格界面、半

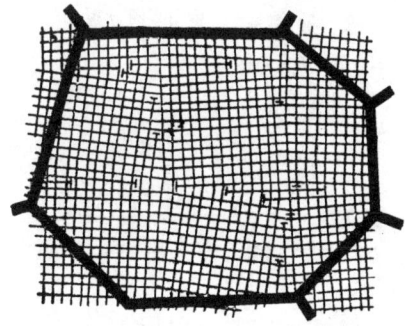

图1-27 金属晶粒内的结构示意图

共格界面和非共格界面（图1-28）。所谓共格界面是指界面上的原子同时位于两相晶格的结点上，为两种晶格所共有。图1-28 a是一种具有完善共格关系的相界，在相界上，两相原子匹配得很好，几乎没有畸变，显然，这种相界的能量最低，但这种相界很少。一般两相的晶体结构或多或少有所差异，因此在共格晶面上两相晶体的原子间距存着差异，

从而或多或少存在着弹性畸变，使相界一侧的晶体（原子间距大的）受到压应力，而另一侧（原子间距小的）受到拉应力（图1-28 b）。界面两边原子排列相差越大，则弹性畸变越大，这时相界的能量提高，当相界的畸变能高至不能维持共格关系时，则共格关系破坏，变成一种非共格相界（图1-28 d），介于共格与非共格之间的是半共格相界（图1-28 c），界面上的两相原子部分地保持着对应关系。其特征是沿相界面每隔一定距离即存在一个刃型位错。非共格界面的界面能最高，半共格界面的次之，共格界面的界面能最低。

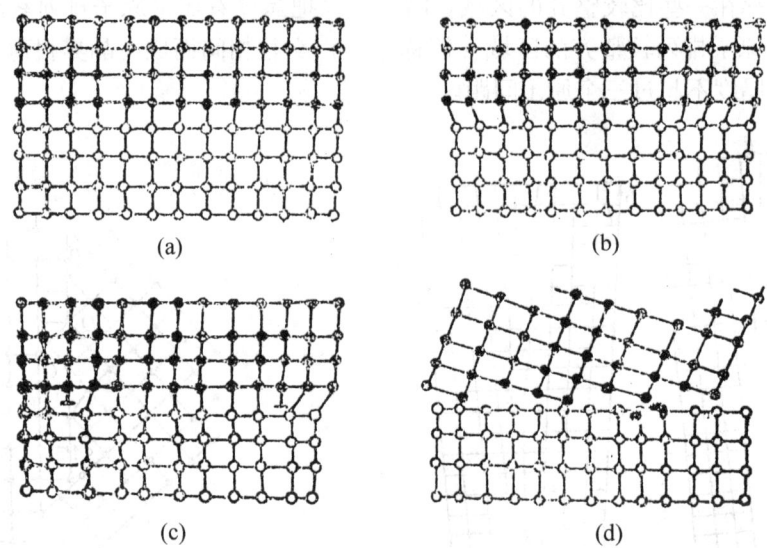

图1-28 各种相界面结构示意图
(a) 具有完善共格关系的相界；(b) 具有弹性畸变的共格相界；
(c) 半共格相界；(d) 非共格相界

第二章 纯金属的结晶

第一节 纯金属的结晶

金属由液态转变为固态的过程称为凝固，由于凝固后的固态金属通常是晶体，所以又将这一转变过程称之为结晶。金属制品都要经过熔炼和铸造，也就是说都要经历液态转变为固态的结晶过程。金属在焊接时，焊缝中的金属也要发生结晶。金属结晶后所形成的组织，包括晶粒的形状、大小和分布，将极大地影响到金属的加工性能和使用性质。研究和控制金属的结晶过程，是提高金属力学性能和工艺性能的重要手段。

一、过冷现象与过冷度

利用图2-1所示的装置，将金属加热熔化成液态，然后缓慢冷却。在冷却过程中每隔一定时间记录一次温度，将实验结果绘制成温度与时间的关系曲线，如图2-2所示，这条曲线称为冷却曲线，这种测定冷却曲线的方法叫做热分析法。

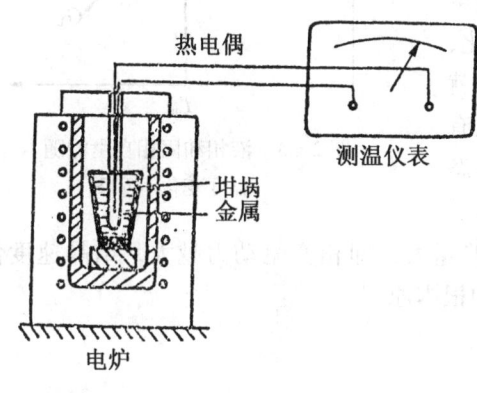
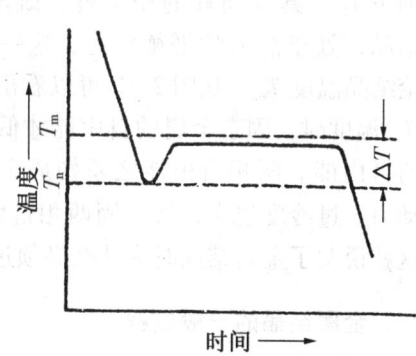

图2-1 热分析装置示意图　　　　　图2-2 纯金属的冷却曲线

从这条冷却曲线可以看出，在液态金属缓慢冷却的过程中，温度降至熔点以下某一温度时开始结晶，这个温度叫做金属的实际开始结晶温度 T_n；随后温度迅速回升，温度回升的原因是大量结晶潜热的释放多于金属向外界散失的热量。当温度回升至接近熔点时，不再上升，也不下降，出现恒温结晶阶段，即曲线上出现"平台"。此时结晶潜热等于金属向外界散失的热量。结晶终止后，温度继续均匀下降。

纯金属的实际开始结晶温度总是低于理论结晶温度，这种现象称为过冷。理论结晶温度 T_m 与实际开始结晶温度 T_n 之差称为过冷度，即 $\Delta T = T_m - T_n$。因此，过冷度越大，即实际开始结晶温度越低。

纯金属的过冷度不是一个恒定值，它的大小一方面取决于金属的性质和纯度，另一方面取决于冷却速度。对同一种纯金属熔液，冷却速度越大，过冷度也越大。

过冷现象是金属结晶的重要宏观特征。金属要结晶，必须过冷，不过冷就不能结晶，过冷是结晶的必要条件。

为什么液态金属在理论结晶温度不能结晶，而必须在一定的过冷条件下才能进行呢？这是由热力学条件决定的。热力学第二定律指出：在等温、等压条件下，物质系统总是自发地从自由能较高的状态向自由能较低的状态转变。自由能可用下式表示：

$$G = H - TS$$

式中，G 为自由能，H 为焓，T 为热力学温度，S 是熵。或写成：

$$dG = VdP - SdT$$

式中，V 为体积，P 为压力。由于结晶一般在等压条件下进行，即 $dP = 0$，所以上式可写成：

$$\frac{dG}{dT} = -S$$

因 S 恒为正数，即自由能 - 温度曲线的斜率为负。图 2-3 是纯金属液、固两相自由能随温度变化的示意图。由图可见，液、固两相的自由能都随温度的升高而降低，但液相自由能曲线的斜率较固相大（因 $G_L > G_S$），两条曲线必然在某一温度相交，此时 $G_L = G_S$，它表示两相可以同时共存，具有同样的稳定性，既不熔化，也不结晶，处于热力学平衡状态，这一温度就是理论结晶温度 T_m。从图 2-3 可以看出，只有低于 T_m 温度时，固态金属的自由能才低于液态金属的自由能。两相自由能之差构成金属结晶

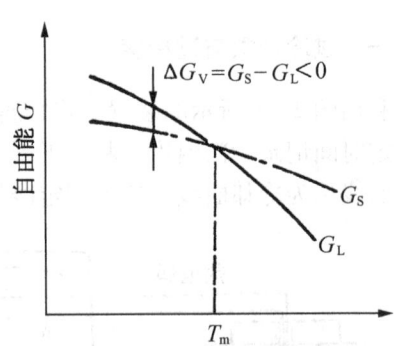

图 2-3 液相和固相自由能随温度变化示意图

的驱动力。过冷度越大，液、固两相自由能差越大，即相变驱动力越大，结晶速度便越快。这就说明了金属结晶时为什么必须过冷的根本原因。

二、金属结晶的一般过程

实际金属一般是由许多不同位向的晶粒构成，那么晶粒是如何形成的呢？图 2-4 示意地表明了金属结晶的基本过程：将液态金属过冷到熔点以下某个温度停留，液态金属并不立即开始结晶（图 2-4a），而是经过一段孕育期后才能觉察到，在液体中形成一些极微小的晶体（图 2-4b），这些小晶体称为晶核。晶核形成后便不断长大（图 2-4c），同时又有新的晶核形成和长大（图 2-4d）。这样不断形核，晶体不断长大，液态金属越来越少，最后各个长大的晶体彼此相接触（图 2-4e），液态金属消失，结晶过程即已完成。

如上所述，金属结晶过程都是形核与长大的过程，而且两者交错重叠进行，这是结晶过程遵循的基本规律。结晶终止获得的多晶粒组织，其中一个晶粒是由一颗晶核形成的，由于各个晶核随机生成，所以各个晶粒的位向各不相同。如果在结晶过程中只有一颗晶核长大，而不出现第二颗晶核，那么由这一颗晶核长大的金属，就是一块金属的单晶体。

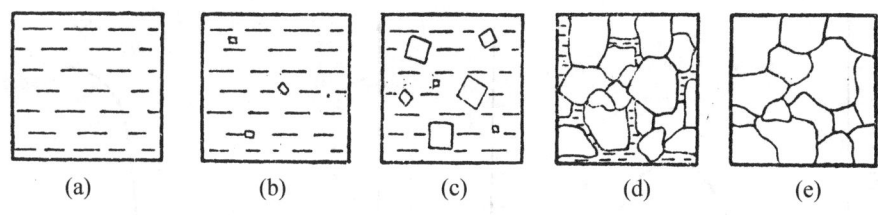

图 2-4 金属结晶过程示意图

三、晶核形成

金属凝固是晶核形成与晶核生长的过程。形核可能有两种方式：一种是均匀形核，又称均质形核或自发形核；另一种是非均匀形核，又称非均质形核或非自发形核。均匀形核是指晶核在均匀液相中由液相的一些原子集团直接形成，不受杂质粒子或外表面的影响；非均匀形核是指液相依附于杂质或外表面形成晶核。实际金属熔液中不可避免地存在杂质和外表面，因而其凝固主要是非均匀形核。

1. 均匀形核

液态金属的 X 射线研究结果表明，液态金属在大范围内原子是无序分布的，但在微小范围内，存在着紧密接触规则排列的原子集团，称近程有序。液态金属中近程有序排列的原子集团并非固定不动、一成不变的，而是处于瞬间出现、瞬间消失、此起彼伏、变化不定的状态之中，这种不断变化着的近程有序原子集团称为结构起伏或称相起伏。

当温度降至熔点以下时，在过冷液相中时聚时散的近程有序原子集团，就可能成为均匀形核的"胚芽"或称晶胚。但并不是所有的晶胚都可以作为晶核，只有尺寸大于此过冷度相应临界尺寸的晶胚才能作为自发形核的核心。

单位时间单位体积液相中形成的晶核数目称形核率，用 N 表示，单位是 $cm^{-3} \cdot s^{-1}$。形核率对于实际生产十分重要，形核率高意味着单位体积内的晶核数目多，凝固后可以获得细小晶粒的金属材料。细晶粒材料不但强度高，塑性、韧性也好。

均匀形核的形核率主要取决于实际过冷度，其关系如图 2-5 所示。过冷度等于零时，形核率为零，随过冷度的增加，形核率增大，并在一定的过冷度时达到最大值。而后当过冷度再进一步增大时，形核率又逐渐减小，直至在很大过冷度的情况下，形核率又趋于零。过冷度对形核率的这些影响，主要是因为在结晶过程中有两个互为矛盾的因素在起作用：一是固相与液相的自由能差（ΔG），它是形核的驱动力；二是液相中原子迁移能力或扩散系数（D）。随着过冷度的增加，晶体与液体的自由能差便愈大，而液相中的原子扩散系数却迅速减小。在过冷度较小时，虽然原子的扩散系数较大，但因作为结晶驱动力的自由能差较小，所以形核率较小；在过冷度较大时，虽然作为驱动力的自由能差很大，但由于原子的扩散相当困难，故也很难成核；只有两种因素在中等过冷度情况下都不存在明显不利影响时，形核率才会达到最大值。

应该指出，上述规律是对一般晶体而言的。对于金属材料，其均匀形核率与过冷度的关系如图 2-6 所示。在达到某一过冷度前，液态金属中基本不形核，而当温度降至某一过冷度时，形核率骤然增加，此时的过冷度称为有效过冷度 ΔT_p。由于金属的凝固倾向极

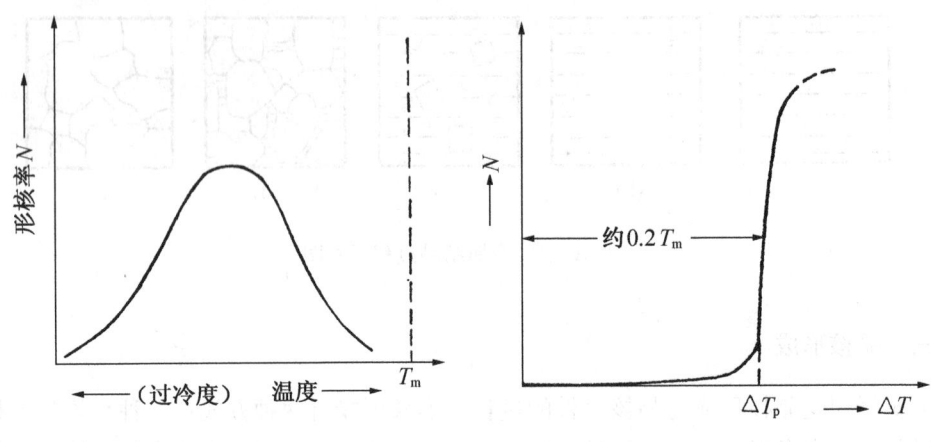

图 2-5 形核率与温度的关系　　图 2-6 金属的形核率与过冷度的关系

大，在达到很大过冷度前，液态金属已经凝固完毕，因此不存在曲线的下降部分。

2. 非均匀形核

如前所述，液态金属均匀形核所需要的过冷度很大，例如纯铝为 130℃，纯铁为 295℃，在实际生产中这样大的过冷度是达不到的，一般不超过 20℃，那么，为什么金属凝固形核的过冷度远远低于均匀形核的过冷度呢？这是由于非均匀形核的缘故。晶核依附于固体杂质或模壁上形成，可以降低表面能，降低形核阻力，使得形核在较小的过冷度下进行。

作为非均匀形核核心的固相（杂质）粒子与晶核之间要符合点阵匹配原则，即符合"结构相似，尺寸相当"的条件，其"相似""相当"程度越大，促进形核的作用便越显著。点阵匹配原则有时会出现例外情况，其原因尚待进一步研究。工业生产中往往在浇注前加入"形核剂"，就是增加非均匀形核的形核率，以达到细化晶粒的目的。非均匀形核的形核率除受过冷度影响外，还受固相杂质的数量、结构、表面形貌以及熔炼时液态金属的过热度影响。

四、晶体长大

1. 晶体长大的条件

过冷液相中晶核出现后，便立即进入长大阶段。晶体的长大从宏观上看，是晶体的界面向液相逐步推移的过程；从微观上看，则是依靠原子逐个由液相中扩散到晶体表面上，并按晶体点阵规律要求，逐个占据适当的位置而与晶体稳定牢靠地结合起来的过程。由此可见，晶体长大的条件是：第一，液相的温度要足够高，以使液态金属原子具有足够的扩散能力；第二，晶体长大时体积自由能的降低应大于晶体表面能的增加。因此，晶体长大必须在过冷的液相中进行，只不过所需的过冷度远比形核时小得多而已。

2. 晶体长大速度

单位时间内晶体表面沿其法线方向向前推进的距离称为长大线速度，用 G 表示，单位是 mm/s。大量研究表明，晶体长大速度与过冷度的关系如图 2-7 所示，为一山形曲线，具有一个极大值。显然，这也是受固液相自由能差（结晶驱动力）和原子扩散系数 D 两个相反因素共同作用的结果。

金属结晶时，其过冷能力小，其长大速度一般都不超过极大值，即只有曲线的前半部分。

3. 晶体长大的方式（界面形态）

（1）固液界面前沿液相的温度梯度：固液界面前沿液相的温度梯度是影响晶体长大方式的一个重要因素。它可分为正温度梯度和负温度梯度两种，如图 2-8 所示。

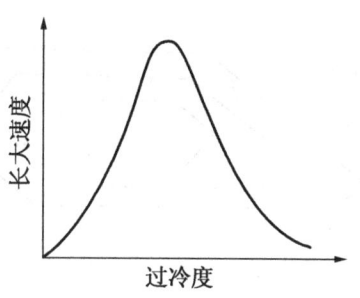

图 2-7 晶体长大速度与过冷度的关系

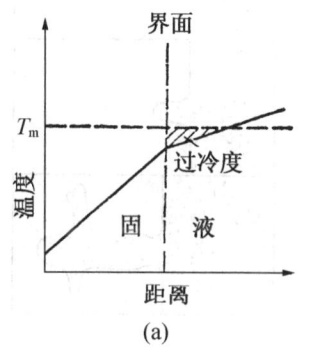 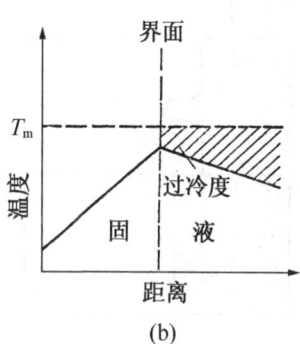

(a) (b)

图 2-8 两种温度分布方式
(a) 正温度梯度；(b) 负温度梯度

正温度梯度是指液相中的温度随至界面距离的增加而提高的温度分布状态，一般的液态金属均在铸型中凝固，金属结晶时放出的结晶潜热通过型壁传导散出，故靠近铸壁处的液体温度最低，而越接近熔液中心处的温度越高，这种温度分布即为正温度梯度，其结晶前沿液体中的过冷度随至界面距离的增加而减小。

负温度梯度是指液相中的温度随至界面距离的增加而降低的温度分布状况，结晶前沿液相过冷度随至界面距离的增加而增大。此时所产生的结晶潜热既可通过已结晶的固相和型壁散失，也可通过尚未结晶的液相散出。

（2）平面状长大：所谓平面状长大，就是液、固界面始终保持平直的表面向液相中长大。在正的温度梯度条件下，当界面上局部微小区域有偶然突出而伸入到过冷度较小甚至熔点 T_m 以上的液体中去，它的长大速度就会减慢甚至被熔化，周围的部分就会赶上来，所以液固界面始终可以近似地保持平面的稳定状态（图 2-9）。

晶体以平面方式长大时，晶体各表面的长大速度遵守表面能最小法则，即晶体生长的规则形状应使总的表面能趋于最小。因此，晶体各表面的长大速度应当与各表面的比表面能成正比。越是密排的晶面，比表面能越小，其法向长大速度也越小，结果，长大快的非密排面逐渐相对变小，甚至消失，而长大慢的密排面不断扩大，如图 2-9 所示。最后，晶体就长成主要以密排面为外表面的规则形状。许多外形规则的天然晶体就是这样形成的。合金中一些金属，在金相显微镜下观察，它们往往也具有规则的形状。

（3）树枝状长大：在负的温度梯度条件下，如果晶体表面有一晶芽凸出，必然伸到

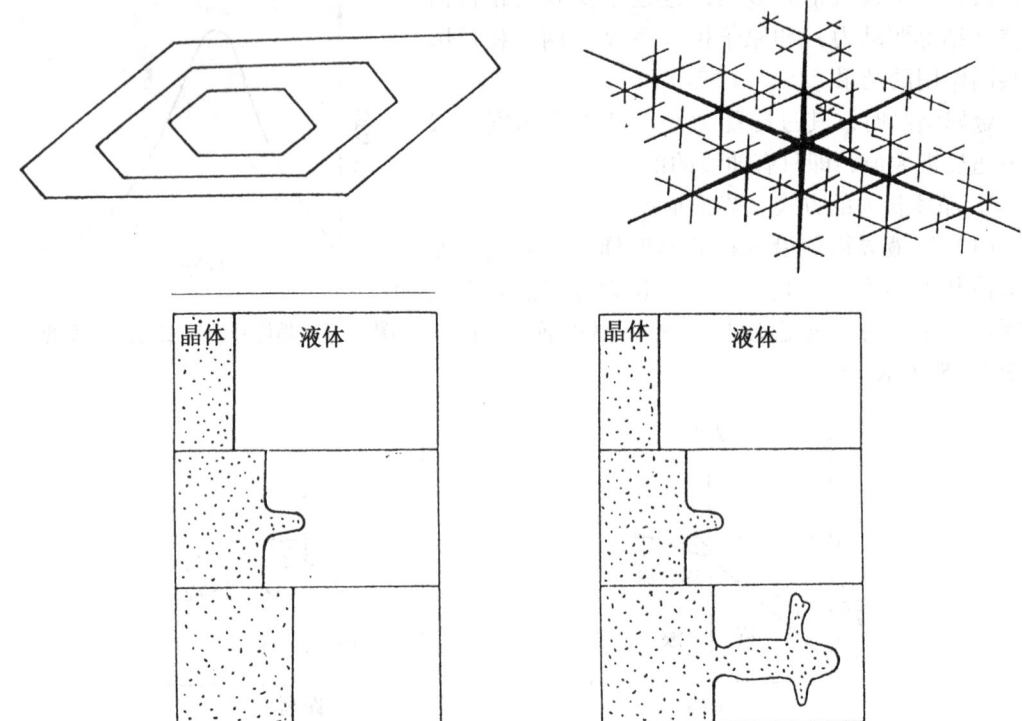

图 2-9 平面状长大方式示意图　　图 2-10 树枝状长大方式示意图

前面过冷度较大的液相中，它的长大速度将立即增大，比周围晶体更快地长大和分枝。首先形成具有一定位向的一次晶轴，在一次轴长大的同时，在它的侧面又会不断地长出分枝，称为二次轴。随后，二次轴上又会长出三次轴……如此分枝长大下去，就形成了树枝状晶体，如图2-10所示。

由于各次晶轴具有相同的固定位向，所以每一个树枝晶轴都是一个单晶体。由一个晶核发展起来的树枝晶，最后生长成一个晶粒。对纯金属来说，由于晶轴和轴间金属的成分完全一样，所以，晶粒内部看不出枝晶的样子。如果在结晶过程中间，在形成了一部分金属晶体后，立即把其余的液体金属倒掉，这时就会看到，正在长大的金属晶体确实呈树枝状。有时在金属锭的表面最后结晶终了时，由于枝晶之间缺乏液态金属填充，结果就留下树枝晶的花纹。

一般的金属结晶时，均以树枝状方式长大。对于合金来说，由于"成分过冷"的原因，即使在正的温度梯度下，也按树枝状方式长大。

结晶时冷却速度越大，则过冷度越大，晶体越呈树枝状长大，且分枝越细密。原因是过冷度越大，体积自由能降低越大，越可以补偿按树枝状长大的表面能增加。

五、晶粒大小的控制

常用的金属材料都是多晶体，是由无数个晶粒所组成的。每个晶粒的大小称为晶粒度。通常用在显微镜下晶粒的平均面积或平均直径来表示晶粒度。金属晶粒的直径一般为

$10^{-1} \sim 10^{-3}$ mm，经特殊处理后，也可变得更小或更大。

金属的晶粒大小对金属的性能有很大影响。在常温下工作的金属材料，我们总是希望它的晶粒越细越好。而在高温下工作的金属材料，晶粒过大过小都不好，而是希望得到适中的晶粒度。在某些情况下，则希望晶粒越粗越好，例如制造电机和变压器的硅钢片，晶粒越粗大，其磁滞损耗越小，效率越高。

金属晶粒的大小取决于形核率和长大速度的相对大小。形核率越大，则单位体积中的晶核数目越多，每个晶核的长大余地越小，因而长成的晶粒越细小。同时，长大速度越小，则在长大过程中将会形成越多的晶核，因而晶粒越细小。因此，晶粒度取决于形核率 N 与长大速度 G 之比，比值 N/G 越大，晶粒越细小。计算得出，单位体积中的晶粒数目 Z_V 为：

$$Z_V = 0.9\left(\frac{N}{G}\right)^{3/4}$$

而单位面积中的晶粒数目 Z_S 为：

$$Z_S = 1.1\left(\frac{N}{G}\right)^{1/2}$$

凡能促进形核、抑制长大的因素，都能细化晶粒。反之，凡能抑制形核，促进长大的因素，都能使晶粒粗化。

在工业生产中，为了细化铸态晶粒，主要采用以下几种方法。

1. 控制过冷度

形核率和长大速度都取决于过冷度。但是，随着过冷度的增大，两者的变化率并不相同，比值 N/G 增大，因而晶粒越细小（图 2-11）。增大过冷度的方法主要是提高液态金属的冷却速度，可采用金属型或石墨型代替砂型，增加金属型厚度，降低金属型的温度，局部加冷铁，以及采用水冷铸型等。

2. 变质处理

增大过冷度的方法只对小型或薄壁的铸件有效，而对厚的铸件不适用。因为当铸件截面较大时，只是表面冷得快，而心部冷却很慢，因此无法使整个体积内获得细小均匀晶粒。在工业上广泛采用变质处理的方法。

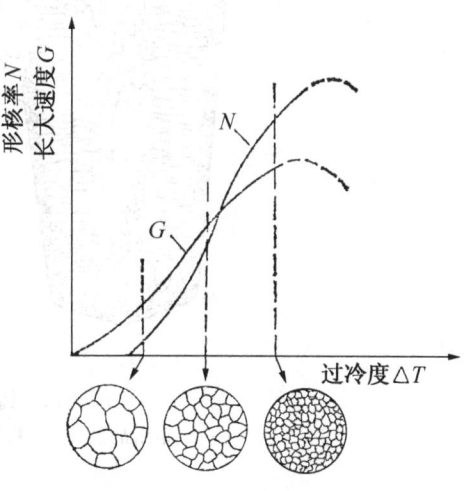

图 2-11 金属结晶时形核率和长大速度与过冷度的关系

变质处理又称孕育处理，就是在浇注前在液态金属中加入形核剂（又称变质剂），促进形成大量的非均匀晶核来细化晶粒。例如，浇铸灰口铸铁时加入石墨粉，浇铸高锰钢时加入锰铁粉，浇铸铝合金时加入钛和锆等。

3. 振动、搅拌

对即将凝固的金属进行振动或搅拌，一方面是依靠外面输入能量促进形核，另一方面是使成长中的枝晶破碎，这些破碎的小晶体可作为结晶的核心，使晶核数目增加，从而细化铸态组织。

进行振动或搅动的方法很多，例如，用机械的方法使铸型振动或变速转动；使金属液体流经浇铸槽；超声波处理；用旋转磁场造成晶体与液体的相对运动；在焊枪上安装电磁线圈，利用电磁搅拌作用细化焊缝组织；等等。

第二节 铸锭的组织与缺陷

在实际生产中，液态金属是在铸锭模或铸型中凝固的，前者得到铸锭，后者得到铸件。铸锭和铸件的结晶过程均遵循结晶的普遍规律，而且由于铸锭或铸件本身冷却条件的复杂性，因而其铸态组织有自己的特点。

1. 铸锭三晶区的形成

纯金属铸锭的宏观组织通常由三个晶区所组成，即表层的细晶区、中间的柱状晶区和心部的等轴晶区，如图2-12所示。

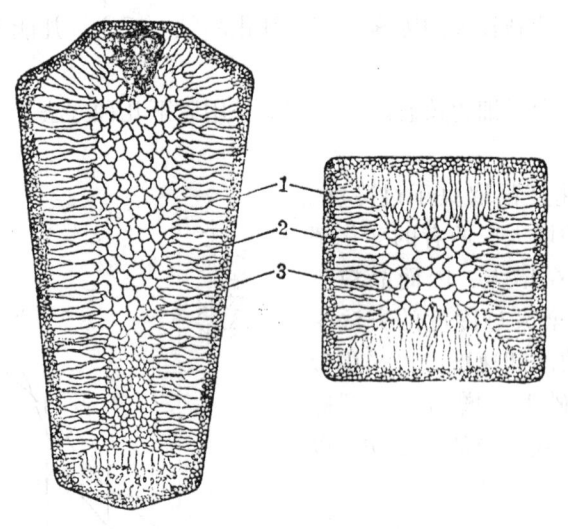

图2-12 铸锭组织的示意图
1—表面细晶粒层；2—柱状晶粒层；3—心部等轴晶粒区

（1）表层的细晶区：当高温的金属液体倒入铸模后，结晶首先从模壁处开始。由于温度较低的模壁有强烈的吸热和散热作用，靠近模壁的薄层液体产生极大的过冷，加上模壁可以作为非均匀形核的基底，因此在此薄层液体中立即产生大量晶核，形成一层很薄的细等轴晶区。

表层细晶区的晶粒十分细小，组织致密，力学性能好，但由于细晶区的厚度一般都很薄，有的只有几毫米厚，因此没有多大的实际意义。

（2）中间的柱状晶区：紧接着细晶区的是一层由相当粗大的柱状晶粒所组成的区域，称为柱状晶区。柱状晶区的形成是由于表层细晶区形成后，型壁被熔液加热而温度升高，同时由于金属的收缩，使细晶区和型壁脱离而形成一个空气层，使熔液散热更加困难，加上细晶区的结晶潜热等原因使熔液的冷却速度迅速下降，结晶区前沿液相的过冷度迅速减小，形核率也迅速下降，甚至不可能再形核，但是，在细晶区内靠近液相的某些小晶粒仍可继续长大，长大的方向与垂直于模壁的散热方向一致的小晶粒其生长速度最快，而那些斜生的晶粒则逐渐被挤掉，最后只剩下为数不多的晶粒，背着散热方向平行向液相中择优生长，这样就形成了柱状晶区。

（3）心部的等轴晶区：随着柱状晶发展到一定程度，通过已结晶的柱状晶层和模壁向外散热的速度越来越慢，剩余在锭模中部的液体温差也越来越细小，散热方向性也不明显，而趋于均匀冷却的状态，加上液态金属中未熔杂质推至铸锭中心，或柱状晶的枝晶分枝被冲断，飘移至铸锭中心，它们都可成为剩余液体的晶核，这些晶核由于在不同方向上的长大速度相同，因而便形成较粗大的等轴晶区。

2. 铸锭组织的控制

铸锭一般不希望有发达的柱状晶，因为相互平行的柱状晶接触面及相邻垂直的柱状晶区交界面较为脆弱，并常聚集易熔杂质和非金属夹杂物，所以铸锭热加工时或使用时极易沿这些弱面开裂。等轴晶无择优取向，晶粒彼此咬合，没有脆弱界面，裂纹不易扩展，但包含较多气孔和疏松。生产上常希望获得发达的等轴晶区。

但是，柱状晶组织较致密，对于塑性较好的有色金属，有时为了获得较致密的铸锭而要求获得柱状晶组织。在某些场合，例如涡轮叶片等要求沿某一方向具有优越性能的铸件，也可用一定的工艺方法使铸件全部由同一方向的柱状晶组成，这种工艺称为定向凝固。

改变浇注条件和冷却速度可以改变三晶区的相对厚度和晶粒大小。有利于柱状晶区发展的因素有：提高铸模的冷却能力，高的浇注温度，方向性的散热，减少杂质等。有利于等轴晶区发展的因素有：减慢铸模的冷却能力，低的浇注温度，均匀散热，变质处理和物理扰动等。

3. 铸锭缺陷

在铸锭或铸件中，经常存在一些缺陷，常见的缺陷有缩孔、气孔及夹杂物等。

（1）缩孔：大多数金属的液态密度小于固态密度。原来填满铸型的液态金属，凝固后就不再能填满，此时如果没有液体金属继续补充，就会出现缩孔。

缩孔分集中缩孔和分散缩孔（图2-13）。集中缩孔又有缩管、缩穴等形式。集中缩孔是由不正确的补缩造成的，可由正确的冒口设计予以消除。分散缩孔又称疏松，是由于枝晶的充分发展，以及枝间相互穿插和相互封锁作用，使一部分液体被孤立分隔于各枝晶之间，凝固收缩时得不到液体补充而形成，即使有正确的冒口设计，也会存在。分散缩孔处表面未被氧化，在热压力加工时可以焊合。

（2）气孔（气泡）：在液态金属中总会或多或少地溶有气体，而气体在固相中的溶解度往往比在液相中小得多。当液相凝固时，析出的气体富集于液固界面上，形成气泡，或称气孔。另外，气泡也可由于液体中的某些化学反应所产生的气体而造成。铸锭中的气体主要是氢，其次是氮和氧。气孔的存在不仅减少铸件的有效截面积，而且可于局部造成应力集中，成为零件断裂的裂纹源，尤其是形状不规则的气孔，不仅增加铸件的缺口敏感性，而且降低零件的疲劳强度。

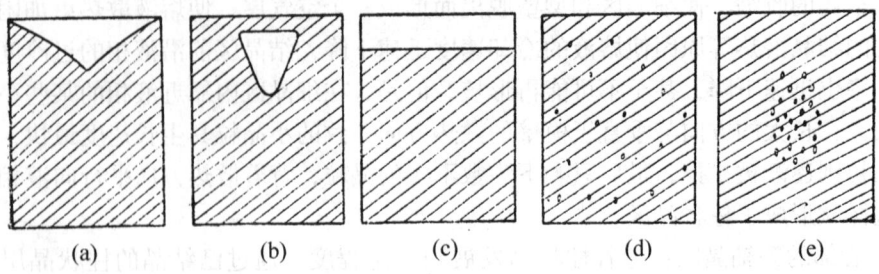

图2-13 几种缩孔形式
(a) 缩管；(b) 缩穴；(c) 单向收缩；(d) 一般疏松；(e) 中心疏松

铸锭内部的气孔在热压力加工时一般都可以焊合，而靠近铸锭表层的皮下气孔，则可能由于表层破裂而被氧化，因而在压力加工时便不能焊合，故在压力加工前必须车去，否则易在表皮形成裂纹。

（3）夹杂物：铸锭中的夹杂物，根据其来源可分为两类，一类称外来夹杂物，如在浇注过程中混入的耐火材料等；另一类称为内生夹杂物，它是在液态金属冷却过程中形成的，如金属氧化物、硫化物或其他金属化合物。夹杂物可在光学显微镜下观察到。

第三章 金属的塑性变形与再结晶

金属的铸态组织往往具有晶粒粗大、组织不均匀、成分偏析及组织疏松等缺陷,所以金属材料在冶炼浇注后大多需经压力加工(塑性变形),成为型材或预期外形的工件。塑性变形除能改变工件的形状和尺寸外,还会引起金属内部组织结构的变化,从而对力学性能产生有利或不利的影响。例如,经冷轧或冷拔加工后,金属的强度、硬度升高,但塑性下降;经热轧或锻造后其塑性、韧性较铸态大为改善。对经塑性变形的金属重新加热(回复、再结晶),可使其组织与性能得到改善。

第一节 金属的变形特性和常用力学性能指标

一、金属变形的三个阶段

金属在外力(载荷)作用下,首先发生弹性变形。载荷增加到一定大小,开始发生塑性变形,塑性变形一般都同时伴有弹性变形,所以此阶段称弹-塑性变形。继续增加载荷,达到一定大小后,便发生断裂。弹性变形、弹-塑性变形、断裂是金属变形的三个阶段。

塑性变形的三个阶段明显反映在低碳钢的拉伸曲线上,如图 3-1 所示。σ_e 以前是弹性变形阶段。当应力达到 σ_s,发生塑性变形。应力至小于 σ_b 以前,发生均匀塑性变形;应力达到 σ_b,开始发生不均匀塑性变形,产生缩颈现象。

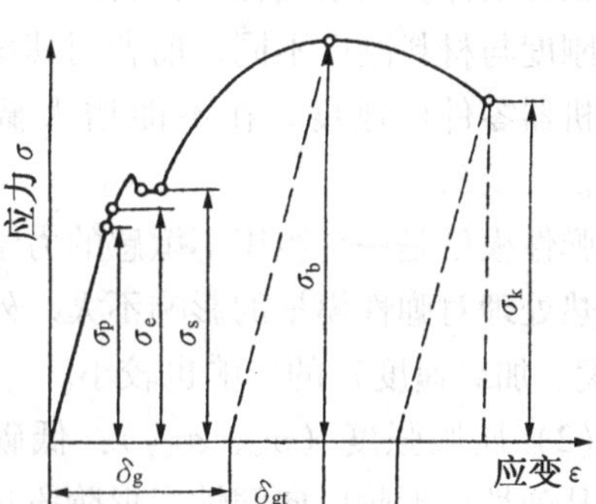

图 3-1 低碳钢的应力-应变曲线

二、常用的力学性能指标

金属的力学性能是指金属在外力作用下或外力与环境因素联合作用下所表现的行为。这种行为又称力学行为,宏观上一般表现为金属的变形和断裂。如果金属材料对变形和断裂的抗力与服役条件不相适应,就会使机件失效。常见的失效形式有过量弹性变形、过量塑性变形、断裂、磨损等。常用力学性能指标包括强度、硬度、塑性、韧性、耐磨性和缺口敏感性等。

单向静拉伸试验是工业上应用最广泛的金属力学性能试验方法之一。通过拉伸试验可以揭示金属材料在静载荷作用下常见的三种失效形式,即过量弹性变形、塑性变形和断裂。还可以标定出金属材料的最基本力学性能指标,如屈服强度 $\sigma_{0.2}$、抗拉强度 σ_b、断后伸长率 δ 和断面收缩率 Ψ。

1. 强度指标

由应力-应变（图3-1）曲线可以确定下列性能指标：

(1) 比例极限（σ_p）与弹性极限（σ_e）：比例极限σ_p是应力与应变成正比例关系的最大应力，即在拉伸应力-应变曲线上开始偏离直线时的应力；弹性极限σ_e是材料由弹性变形过渡到塑性变形的应力。应力超过弹性极限以后，材料便开始发生塑性变形。

σ_p、σ_e的实际意义是：对于要求在服役时其应力应变关系维持严格直线关系的机件，例如弹簧，应以比例极限作为选材的依据。若服役条件要求不允许产生微量塑性变形的机件，应以弹性极限作为选材的依据。

弹性变形的本质可用双原子模型解释，它是原子间距在外力下可逆变化的结果。应当指出，σ_p、σ_e虽然有明确的物理意义，但对多晶体材料来说，用工程方法很难测出准确而唯一的σ_p和σ_e值。因此，一般用试样产生规定的微量塑性伸长时的应力来表征。从这个定义来说，σ_p和σ_e与下面将要介绍的屈服强度（σ_s）的概念是一致的，都表示材料对微量塑性变形的抗力。

在弹性变形阶段，应力与应变之间符合虎克定律所表示的正比关系，如拉伸时$\sigma = E\varepsilon$，剪切时$\tau = G\gamma$。E和G分别为拉伸弹性模量和切变模量。由公式可见，弹性模量是产生100%弹性变形所需的应力。这个定义对金属而言没有任何意义，因为金属材料的最大弹性变形是很小的。

工程上弹性模量被称为材料的刚度，表征金属材料对弹性变形的抗力。机器零件或构件的刚度与材料刚度不同，前者用其截面积A与所用材料的刚度E的乘积即AE表示。欲提高机器零件的刚度，在不能增大截面积的情况下，应选用E值高的材料，如钢铁材料。

弹性模量是一个组织不敏感的力学性能指标，热处理对弹性模量的影响不大，外在因素（温度、加载速度）的影响也较小。

(2) 屈服强度（σ_s、$\sigma_{0.2}$）：低碳钢这类材料从弹性变形阶段向塑性变形阶段过渡是明显的，表现在试验过程中，外力不增加（出现平台），试样仍能继续伸长；或外力增加到一定数值时突然下降，随后，在外力不增加或上下波动情况下，试样继续伸长变形（图3-2曲线1），这便是屈服现象。把在外力不增加（出现平台）仍能继续伸长时的应力称为屈服点或屈服强度，记为σ_s；把发生屈服而力首次下降前的最大应力称为上屈服点，记为σ_{su}（图3-2曲线1上A点对应的应力）；把屈服阶段中的最小应力称为下屈服点，记为σ_{sl}（图3-2曲线1上B点对应的应力）。

金属材料在拉伸试验时如果出现屈服平

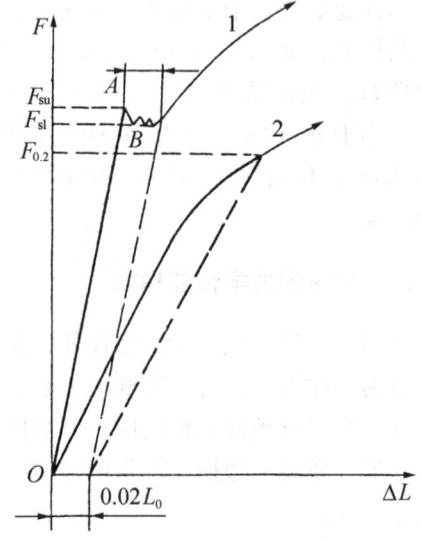

图3-2 两类不同的拉伸力-伸长曲线
1—低碳钢；2—黄铜

台，或出现拉伸力徒降的现象，那么测定屈服点或下屈服点非常方便。但是许多金属材料（例如淬火钢、铸铁）在拉伸试验时看不到明显的屈服现象，对于这类材料用规定微量塑性伸长应力表征材料对塑性变形的抗力。根据测定方法不同，又可分为三种指标：

① 规定非比例伸长应力（σ_p）。试样在加载过程中，标距部分的非比例伸长达到规定的原始标距百分比时的应力，例如 $\sigma_{p0.01}$，$\sigma_{p0.05}$，$\sigma_{p0.02}$ 等。

② 规定残余伸长应力（σ_r）。试样卸除拉伸力后，其标距部分的残余伸长达到规定的原始标距百分比时的应力。常用的为 $\sigma_{r0.2}$。

在规定塑性伸长率相同的条件下，σ_p 和 σ_r 的数值略有差别。但在不规定测定方法的情况下，可用 $\sigma_{0.01}$，$\sigma_{0.05}$，$\sigma_{0.2}$ 等表示。一般可将 $\sigma_{0.01}$ 称为条件比例极限，而将 $\sigma_{0.2}$ 称为屈服强度。

③ 规定总伸长应力（σ_t）。试样标距部分的总伸长（弹性伸长加塑性伸长）达到规定的原始标距百分比时的应力。常用的规定总伸长率为 0.5%，记为 $\sigma_{t0.5}$。

σ_p，σ_r，σ_t 和 σ_s，σ_{sl} 一样，都可以表征材料的屈服强度。其中 σ_p，σ_t 是在加载过程中测定的，试验较卸力法测 σ_r 快捷，且易于实现测量自动化，常被采用。

(3) 抗拉强度（σ_b）。抗拉强度是拉伸试验时试样拉断过程中最大试验力所对应的应力。其值等于最大力除以试样原始横截面积。

一般机器零件都是在弹性状态下工作的，不允许有塑性变形，更不允许断裂，所以机械设计时应采用 σ_s 或 $\sigma_{0.2}$ 强度指标，并加上适当的安全系数。只有对在使用中对重量限制很严而服役时间又不长的构件，例如火箭上的某些构件，为了减轻自重，有时也按 σ_b 来进行设计。

σ_b 与硬度、疲劳强度等之间有一定的经验关系，可互相换算。

(4) 疲劳强度（σ_{-1}）：金属构件在交变载荷和应变的长期作用下，由于积累损伤而引起的断裂现象称为疲劳。疲劳断裂的特点，一是断裂应力较低，通常小于 σ_b，甚至小于 σ_s；二是断口上有明显的疲劳源和疲劳扩展区。疲劳破坏在整个失效件中约占 80% 左右。

材料疲劳强度的测定，可在不同交变载荷下，作出应力和应力循环次数的曲线（即疲劳曲线），如图 3-3 所示。

由图可知，应力降低，循环次数增加。当应力降低到某一值后，曲线变成水平线，这意味着材料可经受无限次循环载荷而不发生疲劳断裂。通常把经受无限次应力循环或达到规定的次数（$10^6 \sim 10^8$ 次）仍不断裂的最大应力称为材料的疲劳强度，用 σ_{-1} 表示。

对钢来说，σ_{-1} 与 σ_b 间的经验公式为：
$$\sigma_{-1} = (0.45 \sim 0.55)\sigma_b$$

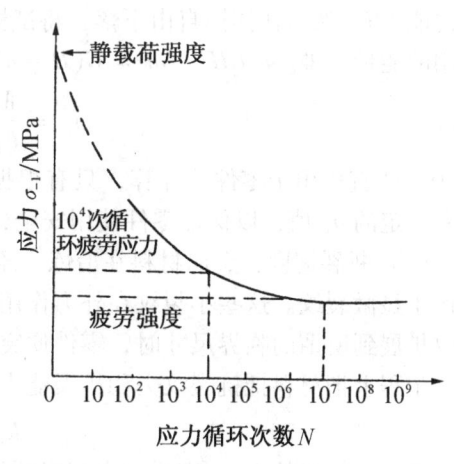

图 3-3 疲劳曲线

2. 塑性指标

塑性是指材料在载荷作用下产生塑性变形而不破坏的能力。材料的塑性指标有伸长率和断面收缩率。这两个指标都可通过拉伸试验求得。

(1) 伸长率 (δ):

$$\delta = \frac{L_1 - L_0}{L_0} \times 100\%$$

式中，L_0 为试样原标距长度；L_1 为拉断后试样的标距长度。

为了使同一金属材料制成的不同尺寸拉伸试样得到相同的 δ 值，试样长度与其直径应有一定比例关系，通常取 $L_0 = 5d_0$ 或 $L_0 = 10d_0$，这种试样称为比例试样，所得到的断后伸长率分别用符号 δ_5 和 δ_{10} 表示。

(2) 断面收缩率 (Ψ):

$$\Psi = \frac{F_0 - F_1}{F_0} \times 100\%$$

式中，F_0 为试样原来截面积；F_1 为试样断后细颈处的截面积。

金属的塑性指标通常不能直接用于机件的设计。金属有了良好的塑性才能进行轧制、挤压等冷热变形工序。塑性变形有缓和应力集中、削减应力峰的作用，可防止机件因偶然过载而产生突然破坏，从这个意义上说，金属的塑性指标是安全力学性能指标。

材料的塑性愈高，其强度一般较低。

3. 韧性指标

(1) 冲击韧度 (a_k)：冲击韧度是指材料在冲击载荷作用下吸收塑性变形功和断裂功的能力，常用标准试样的冲击吸收功表示。

$$a_k = \frac{W}{F}$$

式中，W 为冲击破坏所消耗的功；F 为标准试样断口截面积；a_k 的单位是 J/cm^2。

缺口试样冲击弯曲试验原理如图 3-4 所示。将标准试样放在试验机的支座上，放置时试样的缺口应背向摆锤的冲击方向。将重量为 G 的摆锤举至一定高度 H，使其获得一定的位能 GH，然后让摆锤自由下落，将试样冲断，摆锤剩余的能量为 Gh，则摆锤冲断试样所用的能量为 $W_k = GH - Gh = G(H - h)$

所以

$$a_k = \frac{W_k}{F_{断}} = \frac{G(H - h)}{F_{断}}$$

a_k 值不能直接用于零件的计算，只有根据实践经验确定。对承受不同截荷的零件，要求具有一定的 a_k 值，以保证零件使用安全，避免突然断裂。

(2) 断裂韧度：金属材料在冶炼、压力加工、热处理等制造过程中，可能在材料内部产生显微裂纹。这些小裂纹在外力作用下由于尖端应力集中、疲劳等原因发生扩展，当裂纹扩展到所谓的临界尺寸时，零件便突然断裂。

工程上把材料抵抗裂纹失稳扩展能力的指标称为断裂韧度，用 K_c 表示。

$$K_c = \sigma_c \sqrt{a}$$

可见，材料的 K_c 一定时，引起脆断的临界应力（断裂强度）σ_c 和裂纹深度 a 的平方根的乘积是一个常数 K_c。不同材料的 K_c 是不同的。在裂纹尺寸 a 一定的条件下，K_c 值越大，则裂纹扩展的临界应力 σ_c 就越大，因此常取 K_c 表示材料阻止裂纹扩展的能力。

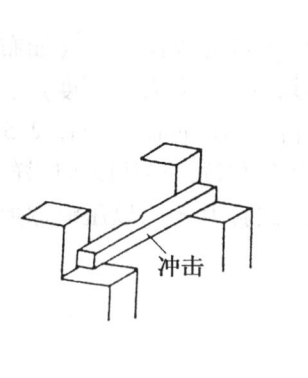
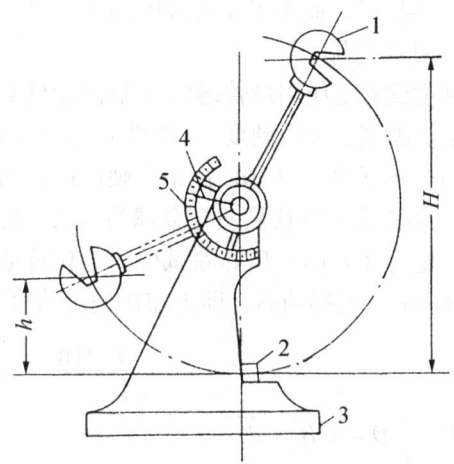

图 3-4 冲击试验示意图
1—摆锤；2—试样；3—机架；4—指针；5—刻度盘

根据外加应力与裂纹扩展面的取向关系，裂纹扩展有三种形式，即张开型（Ⅰ型）、滑开型（Ⅱ型）和撕开型（Ⅲ型）（图 3-5）。其中以张开型（Ⅰ型）最危险，因此，在研究裂纹体的脆性断裂问题时，总是以这种裂纹为对象，相应的断裂韧度记为 K_{Ic}。

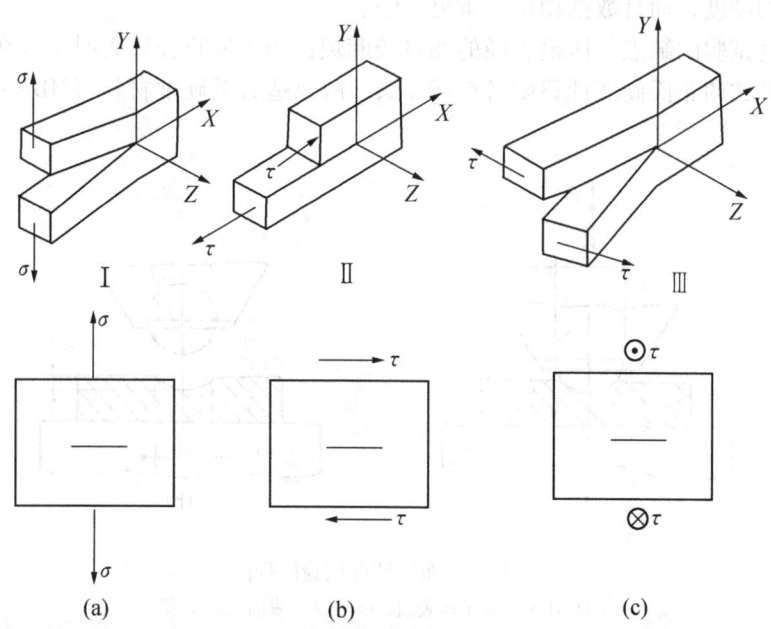

图 3-5 裂纹扩展的基本形式
(a) 张开型（Ⅰ型）；(b) 滑开型（Ⅱ型）；(c) 撕开型（Ⅲ型）

当材料的 K_c 确定，对应于一定的裂纹深度 a，有一个临界的应力值 σ_c，只有工作应力大于 σ_c 时，此裂纹才能扩展，造成断裂，如果工作应力小于 σ_c 时，裂纹不会扩展，不会发生断裂。同理，对应于一定工作应力，有一个临界裂纹尺寸 a_c，当零件的裂纹大于

a_c 时才会扩展,而小于 a_c 的裂纹是稳定的,不会扩展。

4. 硬度指标

硬度试验是应用最普遍的力学性能试验。试验方法大体上可分为压入法(如布氏硬度、洛氏硬度、维氏硬度)、弹性回跳法(如肖氏硬度)和划痕法(如莫氏硬度)三种。

(1) 布氏硬度(HB):布氏硬度试验的原理是用一定直径(10 mm,5 mm,2.5 mm,1 mm)的淬火钢球或硬质合金球为压头,施以一定的试验力 F(N),将其压入试样表面,保持一定时间 t(s)后卸除试验力,试样表面将残留压痕。试验力 F 除以压痕球形表面积 A(mm^2)所得的商,即为布氏硬度值(图3-6)

$$HB = \frac{F}{A} = \frac{F}{\pi Dh},$$

其中 $h = \frac{1}{2}D - \sqrt{D^2 - d^2}$。

卸荷后,用读数显微镜测出压痕直径,即可从专门的硬度表中查出相应的布氏硬度。

当压头为淬火钢球时,布氏硬度值记为HBS(适用于布氏硬度值在450以下的软材料);当压头为硬质合金球时,记为HBW(适用于布氏硬度值为450~650的较硬材料)。

布氏硬度试验一般采用直径较大的压头,压痕面积较大。压痕面积大的一个优点是其硬度值能反映金属在较大范围各组成相的平均性能,而不受个别组成相及微小不均匀性的影响。因此,布氏硬度试验特别适用于测定灰口铸铁、轴承合金等具有粗大晶粒或组成相的金属材料的硬度,而且数据稳定、重复性强。

布氏硬度试验的缺点是压痕直径的测量较麻烦;当压痕直径较大时不宜在成品上进行试验;由于老式的布氏硬度计只配备钢球压头,故只适宜低硬度材料(HB<450)的硬度测定。

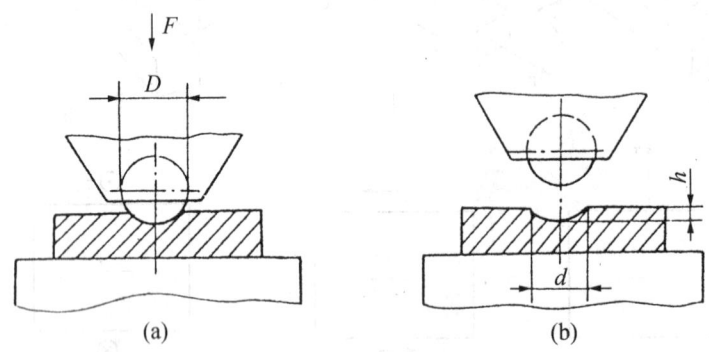

图3-6 布氏硬度试验原理图
(a) 压头压入试样表面;(b) 试样表面残留压痕

(2) 洛氏硬度(HR):洛氏硬度试验原理与布氏硬度不同,它是采用金刚石锥体或淬火钢球以规定负荷压入金属表面以测量压痕深度来表示材料的硬度值(图3-7)。

为了能在一台硬度计测定不同软、硬或厚、薄试样的硬度,可采用不同的压头和试验力,组成几种不同的洛氏硬度标尺,以字母 A,B,C,…等表示。我国规定的洛氏硬度标尺寸有9种,各标尺的试验规范、测量硬度范围及应用见表3-1。

第三章 金属的塑性变形与再结晶

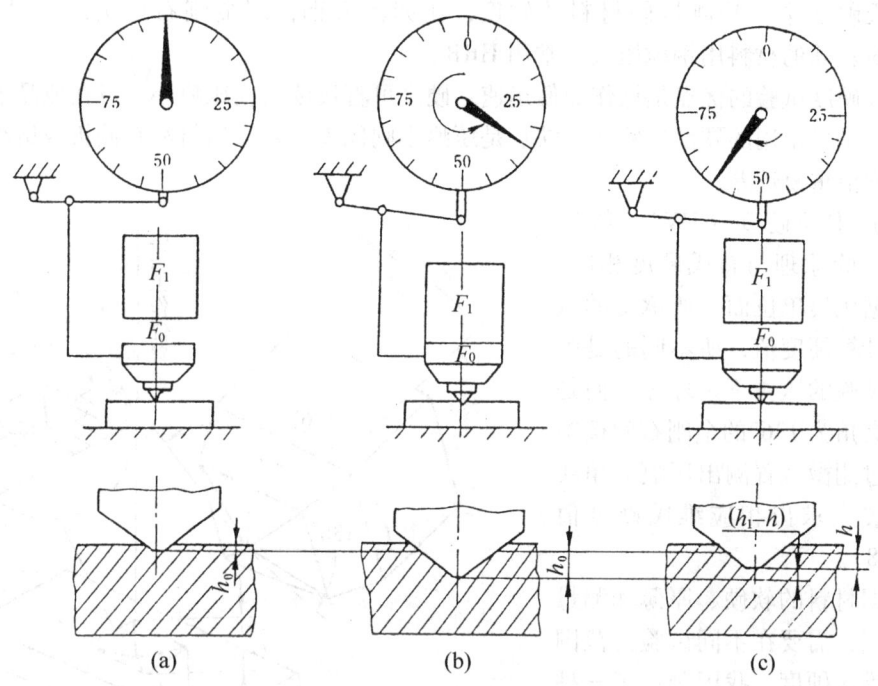

图 3-7 洛氏硬度试验过程示意图
(a) 加初始试验力 F_0；(b) 加主试验力 F_1；(c) 卸除主试验力

表 3-1 洛氏硬度试验的标尺、试验规范及应用

标尺	硬度符号	压头类型	初始试验力 F_0/N	主试验力 F_1/N	总试验力 F/N	测量硬度范围	应用举例
A	HRA	金刚石圆锥		490.3	588.4	20~80	硬质合金、硬化薄钢板、表面薄层硬化钢
B	HRB	φ1.588 钢球		882.6	980.7	20~100	低碳钢、铜合金、铁素体可锻铸铁
C	HRC	金刚石圆锥		1373	1471	20~70	淬火钢、高硬度铸件、珠光体可锻铸铁
D	HRD	金刚石圆锥		882.6	980.7	40~77	薄钢板、中等表面硬化钢、珠光体可锻铸铁
E	HRE	φ3.175 钢球	98.07	882.6	980.7	70~100	灰铸铁、铝合金、镁合金、轴承合金
F	HRF	φ1.588 钢球		490.3	588.4	60~100	退火铜合金、软质薄合金板
G	HRG	φ1.588 钢球		1373	1471	30~94	可锻铸铁、铜-镍合金、铜-镍-锌合金
H	HRH	φ3.175 钢球		490.3	588.4	80~100	铝、锌、铅
K	HRK	φ3.175 钢球		1373	1471	40~100	轴承合金、较软金属、薄材

洛氏硬度主要是测量硬材料的硬度，比如淬火钢，用金刚石压头，常用 HRC 和 HRA。对较软的材料用钢球压头，常用 HRB。

洛氏硬度试验的优点是操作简便迅速，硬度可直接读出；压痕小，可在成品上进行试验，因而是最常用的硬度试验法。缺点是压痕小则代表性差，当材料有偏析或组织不均匀时，硬度值重复性差。

（3）维氏硬度（HV）：维氏硬度的试验原理与布氏硬度相同，也是根据压痕单位面积所承受的试验力来计算硬度值，所不同的是维氏硬度试验的压头不是球体，而是两对面夹角为136°的金刚石四棱锥体。通过测微装置测出压痕对角线长度，查表求出相应维氏硬度值（图3-8）。

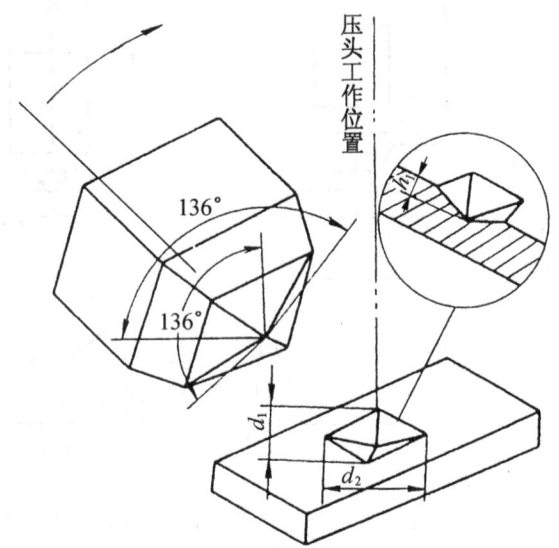

图 3-8 维氏硬度试验压头及压痕图

根据材料的软硬、厚薄和测量部位不同，需要在不同试验力范围内测定维氏硬度。我国制订了三种维氏硬度试验方法：

① 维氏硬度试验：试验力为 49.03～980.7 N，主要用于测量小件的硬度以及具有厚或中等厚度硬化层零件的表面硬度。

② 小负荷维氏硬度试验：试验力为 1.961～49.03 N，主要用于测量特小件、薄件的硬度以及具有浅硬化层零件的表面硬度。也可测量表面硬度梯度。

③ 显微维氏硬度试验：试验力为 98.07×10^{-3}～1.961 N，主要用于测量微小件，极薄件的表面硬度以及合金中各组成相的硬度。

维氏硬度试验压痕测量的精度较高，硬度值较为精确。缺点是需要测量压痕对角线长度，工作效率比洛氏硬度低。

（4）肖氏硬度（HS）：肖氏硬度试验是弹性回跳试验法的一种，其原理是将一定重量的带有金刚石圆头或钢球的重锤，从一定高度落于金属试样表面，根据重锤回跳的高度来表征金属硬度值大小，因而也称回跳硬度。

肖氏硬度计一般为手提式，较为轻便，可在现场测量大型工件的硬度。大型冷轧辊的硬度验收标准就是肖氏硬度值。其缺点是测量精度较低。

第二节 金属的塑性变形

工业用的金属材料通常都是多晶体，但多晶体的塑性变形比较复杂，为了说明多晶体的塑性变形，有必要首先了解单晶体塑性变形的一些特点。

一、单晶体的塑性变形

单晶体塑性变形的基本方式有两种,即滑移与孪生。

1. 滑移

滑移是金属中最主要的一种塑性变形方式。所谓滑移是指在外力作用下晶体的一部分相对于另一部分沿一定晶面和晶向发生相对位移。如图3-9所示。

单晶体滑移有以下特点:

(1) 滑移只能在切应力作用下发生。当对单晶体进行拉伸时(图3-10),外力(P)将在晶内一定晶面上分解为两种应力,一种是平行于该晶面的切应力(τ),一种是垂直于该晶面的正应力(σ)。正应力只能引起晶格的弹性伸长,或进一步把晶体拉断(正断),而切应力则使晶格在发生弹性歪扭之后,进一步造成滑移。

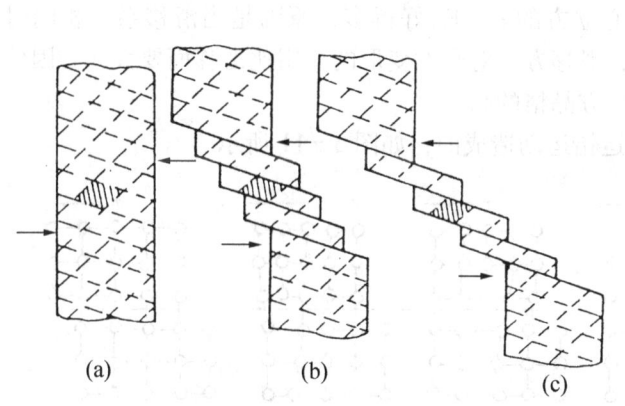

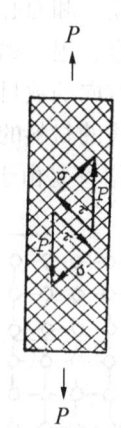

图3-9 单晶体滑移示意图　　　　图3-10 外力分解为两种应力

(2) 滑移常沿晶体中原子密度最大的晶面和晶向发生。这是因为最密排晶面之间的面间距及最密排晶向之间的原子列间距最大,因而原子结合力最弱,所以在最小的切应力下便能引起它们之间的相对滑动。

通常把一个滑移面和其上的一个滑移方向组成一个滑移系。每一个滑移系表示金属晶体在产生滑移时,滑移动作可能采取的一个空间位向。这就需要引入一个滑移系数目的概念,晶体内可能滑移的滑移面数和滑移方向数的乘积叫做滑移系数。滑移系数愈大,金属晶体滑移的可能性就愈大,其塑性就愈好。常见金属晶体的主要滑移面和滑移方向如表3-2所示。

体心立方晶体中原子密度最大的晶面是{110},在晶格中共有6个,而{110}面上的原子密度最大的晶向是⟨111⟩方向,共有两个,故其滑移系数为 $6 \times 2 = 12$。α-Fe、Cr、W都属这类结构。

面心立方晶体中原子密度最大的晶面是{111},在晶格中共有4个,而{111}面上原子密度最大的晶向是⟨110⟩方向,共有3个,故其滑移系数为 $4 \times 3 = 12$。Cu、Al、Ag、An 等属这类结构。

密排六方结构的金属中只有一个滑移面{0001},即密排六方晶格的底面,在此面上有3个滑移方向,故其滑移系数为 $1 \times 3 = 3$。属于这种晶体结构的 Mg、Zn、Cd 的塑性都很差。

表3-2　三种典型金属晶格的滑移系

晶格	体心立方晶格		面心立方晶格		密排立方晶格	
滑移面	{100}×6		{111}×4		六方底面×1	
滑移方向	⟨111⟩×2		⟨110⟩×3		底面对角线×3	
滑移系	6×2×12		4×3=12		1×3=3	

体心立方和面心立方晶体的滑移系数都等于12，塑性似乎应该相同，但事实上，面心立方的金、银、铝的塑性比体心立方的α-Fe好得多，原因是当滑移系数相同时，还应看滑移方向的数目，实验证明，滑移方向对塑性变形的作用比滑移面要大些。因此，面心立方晶格的材料的塑性比体心立方晶格的高。

（3）滑移是由于滑移面上的运错运动造成的，如图3-11所示。

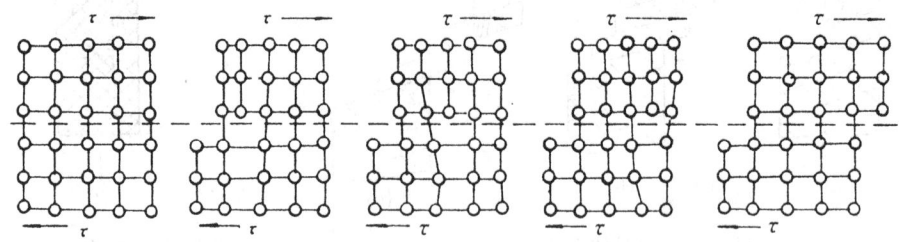

图3-11　通过刃型位错移动造成的滑移示意图

滑移线是位错运动到晶体表面所产生的台阶。当一条位错线移动到晶体表面时，便会在晶体表面上留下一个原子间距的滑移台阶，同一滑移面上若有大量的位错线不断地移出，则滑移台阶就不断增大，直至在晶体表面形成了显微观察到的滑移线，多根滑移线构成一条滑移带（图3-12）。

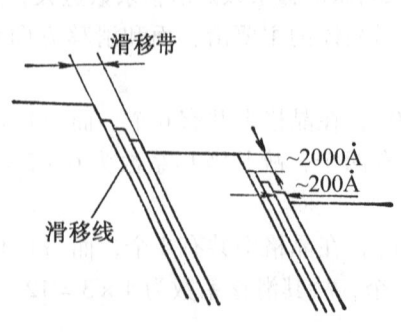

图3-12　滑移线和滑移带的示意图

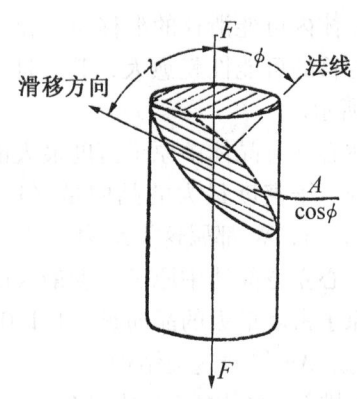

图3-13　计算分切应力的分析图

(4) 滑移的临界分切应力。设有一圆柱形单晶体受到轴向拉力 F 的作用（图3-13），晶体的横截面积为 A，F 与滑移方向的夹角为 λ，与滑移面法线的夹角为 Φ，那么，滑移面的面积为 $A/\cos\Phi$，F 在滑移方向上的分力为 $F\cos\lambda$，这样，外力 F 在滑移方向上的分切应力为：

$$\tau = \frac{F\cos\lambda}{A/\cos\Phi} = \frac{F}{A}\cos\Phi\cos\lambda$$

当外力 F 增加，使某一滑移系上的分切应力达到某一临界值，滑移就会在该滑移系上进行，此时，$F/A = \sigma_s$（屈服极限）。通常把在给定滑移系上开始滑移所需的分切应力称为"临界分切应力"，以 τ_k 表示：

$$\tau_k = \sigma_s \cos\Phi\cos\lambda$$

$$或\ \sigma_s = \frac{\tau_k}{\cos\Phi\cos\lambda}$$

$\cos\Phi\cos\lambda$ 称为取向因子。显然，当滑移面的法线、滑移方向和外力轴三者处于同一平面，且滑移面的倾斜角为 45°时，取向因子有最大值 0.5，此时的分切应力最大，所以它是最有利于滑移的取向，称为软位向。当外力与滑移面平行（$\Phi = 90°$）或垂直（$\lambda = 90°$）时，$\sigma_s = \infty$，根本无法滑移，这种取向称为硬位向。

(5) 滑移的同时伴随有晶体的转动。外力作用在单晶体上，它在某晶面上所分解的切应力使晶体发生滑移，而正应力则组成一力偶，使晶体滑移面向外力方向转动，滑移方向向最大切应力方向转动。

如果某一滑移系原来处于软位向（即滑移面法线与外力轴夹角接近 45°），在拉伸时随着晶体的转动，滑移面法向与外力轴的夹角会越来越远离 45°，从而使滑移越来越困难，这种现象称为"几何硬化"。

(6) 滑移前后晶体点阵类型不变，变形部分晶体位向也不变。

2. 孪生

塑性变形的另一种方式是孪生。当晶体在切应力的作用下发生孪生变形时，晶体的一部分沿一定的晶面（孪晶面或孪生面）和一定的晶向（孪生方向）相对于另一部分晶体作均

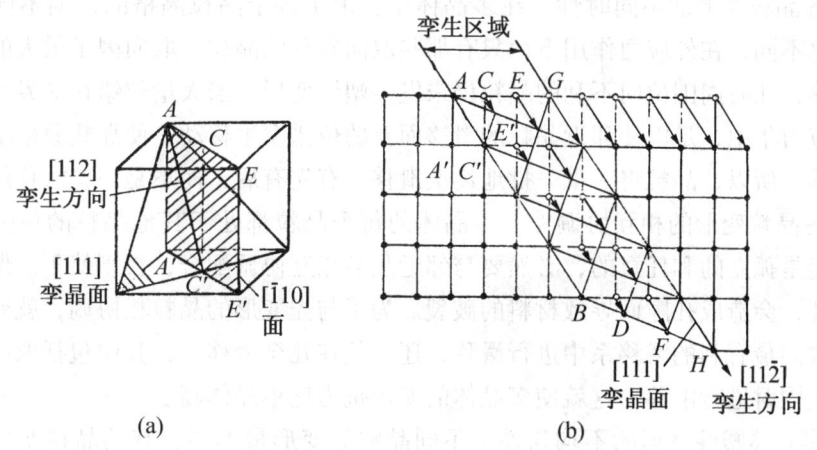

图3-14 面心立方晶体的孪生变形过程示意图
(a) 孪晶面与孪生方向；(b) 孪生变形时的晶面移动情况

匀切变，在切变区域内，与孪晶面平行的每层原子的切变量与它距孪晶面的距离成正比，并且不是原子间距的整数倍。这种切变不会改变晶体的点阵类型，但可使变形部分的位向发生变化，并与未变形部分的晶体以孪晶面为分界面构成镜面对称的位向关系（图3-14）。通常把对称的两部分晶体称为孪晶或双晶。而将形成孪晶的过程称为孪生。由于变形部分的位向与未变形的不同，因此经磨光、抛光和浸蚀之后，在显微镜下极易看出，如图3-15所示，其形态为条带状，有时呈透镜状。

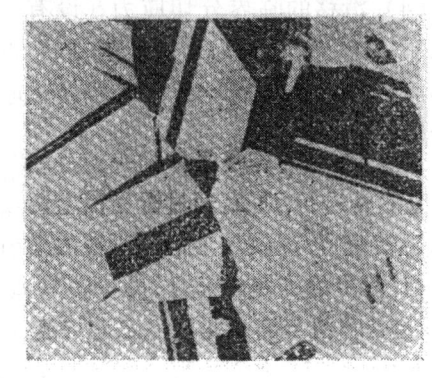

图3-15 纯铜中的孪晶带

一般说来，孪生的临界分切应力要比滑移的临界分切应力大得多，只有在滑移很难进行的条件下，才进行孪生变形。对密排六方金属如Zn，Mg等，由于它的对称性低，滑移系少，常以孪生方式进行塑性变形。体心立方金属（如α-Fe）多以滑移方式塑性变形，仅在低温或变形速度较快（如冲击）时，才发生孪生变形。面心立方金属一般不发生孪生，但铜在退火时会发生孪生，称退火孪生。

孪生对塑性变形的直接贡献很小。但是，由于孪生后变形部分的晶体位向发生改变，可使原来处于不利取向的滑移系转变为新的有利取向，这样可以激发晶体的进一步滑移，间接起到增大塑性变形量的作用。

二、多晶体的塑性变形

多晶体是由许多大小、方位和外形不同的晶粒（小单晶体）所组成的。多晶体的塑性变形也是通过滑移和孪生方式进行的，由于晶界和相邻晶粒的影响，使多晶体的塑性变形有本身的一些特点。

1. 多晶体塑性变形的特点

（1）各晶粒变形的不同时性。在多晶体中，由于各个晶粒晶格的位向不同，各滑移系的取向也不同，在外应力作用下，只有那些取向有利的晶粒，取向因子最大的滑移系首先开始滑移，此时周围位向不利的晶粒仍未发生塑性变形。当大量位错在晶界处堆积，造成足够的应力集中，足以使邻近晶粒的滑移面上的位错发生移动，使那些原来不适于滑移的晶粒滑移。所以，晶粒将一批一批地逐次滑移，有先有后，而不是一齐滑移的。

（2）各晶粒变形的相互协调性。多晶体的每个晶粒都处于其他晶粒的包围之中，它的变形不能是孤立的和任意的，必然要与邻近晶粒相互协调配合，否则就不能保持晶粒之间的连续性，会造成孔隙而导致材料的破裂。为了与先变形的晶粒相协调，就要求相邻晶粒不只在取向最有利的滑移系中进行滑移，还必须在几个滑移系，其中包括取向并非有利的滑移系上同时进行滑移。这就使多晶体的变形抗力比单晶体高。

（3）多晶体塑性变形的不均匀性。不同晶粒的变形量不同，有的晶粒变形量大，有的晶粒变形量小。对每一个晶粒来说，变形也不均匀，晶粒中心区域变形量大，晶界及其附近区域的变形量小。多晶体塑性变形的不均匀是造成内应力的原因。

2. 晶粒大小对塑性变形的影响

在多体中，晶界和周围晶粒的存在，将大大提高塑性变形的抗力，从而使金属材料的强度大大提高。显然，晶界越多，也即晶粒越细小，则其强化效果越显著。这种用细化晶粒增加晶界提高金属强度的方法称为晶界强化。

晶界强化是金属材料的一种极为重要的强化方法。细化晶粒不但可提高材料的强度，同时还可以改善材料的塑性和韧性。因为晶粒越细，在同样的变形量下，变形分散在更多的晶粒内进行，这样，变形的不均匀性便越小，引起的应力集中也越小，可以在断裂前承受较大的变形量。此外，晶粒越细，晶界的曲折越多，更不利于裂纹的传播，在断裂过程中可吸收更高的能量，表现出较高的韧性。因此，在工业生产中通常总是设法获得细晶粒组织，使材料具有良好的综合力学性能。

第三节 塑性变形对组织和性能的影响

多晶体金属经塑性变形后，其组织与性能会发生一系列重大变化。

1. 晶粒沿变形方向拉长、压扁，性能趋于各向异性

金属经塑性变形，在外力作用下，随着金属外形的变化，其内部的晶粒形状也会发生相应的变化，晶粒沿变形方向拉长、压扁，当变形量很大时，各晶粒将会被拉长成为细条状或纤维状，晶界变得模糊不清。此时，金属的性能也将会具有明显的方向性，如纵向的强度和塑性远大于横向，这种组织特征通常叫做"纤维组织"，如图3-16所示。当金属中有杂质存在时，杂质也会沿变形方向拉长为细带状（塑性杂质）或粉碎成链状（脆性杂质）。

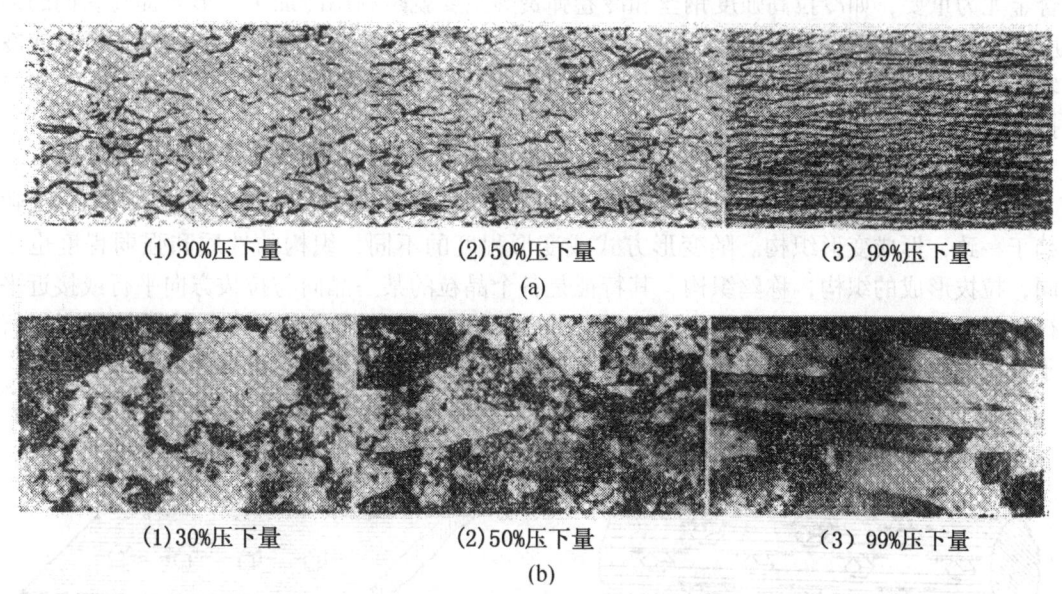

图3-16 纯铜经不同程度冷轧变形后的显微组织
（a）光学金相组织（300×）；（b）对应的薄膜透射电镜组织（40000×）

2. 亚结构细化，位错密度增加，产生加工硬化

在第一章中曾指出，实际晶体的每一个晶粒内存在着许多尺寸很小、位向差很小的亚结构，塑性变形前，铸态金属的亚结构直径约为 10^{-2} cm，冷塑性变形后，亚结构直径将细化至 $10^{-4} \sim 10^{-6}$ cm，称形变亚结构。

形变亚结构的边界是晶格畸变区，堆积有大量的位错，呈缠结状，而亚结构内部的晶格则相对比较完整，这种形变亚结构常称为胞状亚结构（图3-17）。变形愈大，晶粒的碎细程度便愈大，形变亚结构数量便愈大，位错密度便显著增大。

随着塑性变形程度的增加，金属的强度硬度增加，而塑性、韧性下降，产生所谓"加工硬化"现象。产生加工硬化的原因，与位错的运动和交互作用有关。随着塑性变形的进行，位错运动和互相交割，产生塞积群、割阶、固定位错、缠结网等，阻碍了位错进一步运动，即提高了进一步变形的抗力。

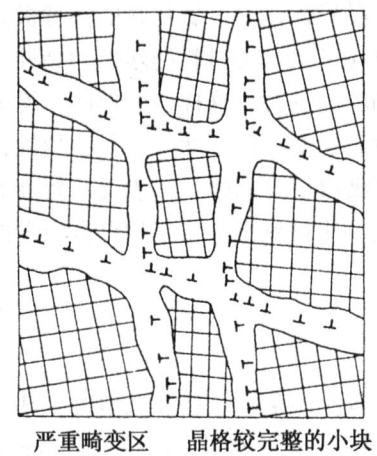

严重畸变区　　晶格较完整的小块

图3-17　金属冷加工后的亚结构示意图

加工硬化会给金属的进一步加工带来困难，例如在冷轧钢板的过程中会愈轧愈硬，以致轧制不动。为此，必须在其加工的过程中安排一些中间退火工序，通过加热消除加工硬化现象，以恢复其进一步变形的能力。

加工硬化现象虽然会给金属的进一步加工造成困难，但它却是工业上用以提高金属强度、硬度和耐磨性的重要手段之一，特别是对那些不能以热处理方法强化的纯金属和某些合金尤为重要，如冷拉高强度钢丝和冷卷弹簧等主要就是利用冷加工变形来提高它们的强度和弹性极限。塑性好但强度低的铝、铜及某些不锈钢，在生产上往往制成冷拔棒材或冷轧板材供应用户。加工硬化现象也是某些工件或半成品能够加工成形的重要因素，如冷拉、冷冲等。

3. 变形织构的产生

如前所述，金属塑性变形，伴随晶粒的转动。当变形量很大时，各晶粒的取向会大致趋于一致，形成变形织构。随变形方式或变形程度的不同，织构的性质和强弱程度也不同，拉拔形成的织构，称丝织构，其特征是各个晶粒的某一晶向与拉拔方向平行或接近平行，如图3-18a所示。轧制形成的织构，称板织构，其特征是各个晶粒的某一晶面平行于轧制平面而某一晶向平行于轧制方向，如图3-18b所示。

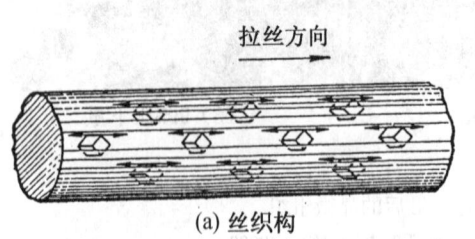
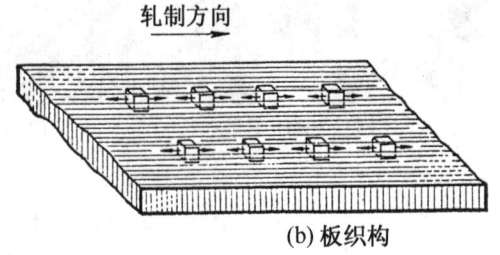

(a) 丝织构　　　　　　　　　　　　　　(b) 板织构

图3-18　铁的变形织构示意图

由于织构造成了各向异性，所以它的存在对金属材料的加工成形性和使用性能都有很大的影响。例如，当用有织构的板材冲压杯状工件时，将会因板材各方向变形性能的不均匀性，而使冲出来的工件产生波浪形的耳子，通常叫做"制耳"（图 3-19）。但是，在另一些场合下，织构的存在却是有利的，如制作变压器铁心的硅钢片，其晶格为体心立方，沿［１ ００］晶向最易磁化，如果能够采用具有［１ ０

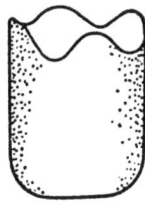

图 3-19　冷冲压件的制耳现象

０］织构的硅钢片制作，并在制作中使［１ ０ ０］晶向平行于磁场，便可使变压器铁心的导磁率显著增大，磁滞损耗大为减小，大大提高变压器的效率。

4. 残留内应力和点阵畸变

金属在塑性变形时，外力所做的功大部分转化为热能，还有一小部分（<10%）保留在金属内部，称为储存能，表现为残留内应力（宏观内应力和微观内应力）（弹性应变）和点阵畸变。

（1）宏观内应力（第一类内应力）：宏观内应力是由于物体各部分的不均匀变形所引起的。例如金属拉丝加工后，因外缘部分的变形较心部少，结果外缘受张应力，心部受压应力；弯曲一金属棒后，则上部受压应力，下部受拉应力。宏观内应力会使工件变形，或造成应力腐蚀，一般不希望金属件内部存在宏观内应力，但有时利用零件表面残留的压应力来提高疲劳寿命。

（2）微观内应力（第二类内应力）：它是由于在塑性变形时，各晶粒或亚晶粒内或之间的变形不均匀而产生的。这种内应力所占比例不大，但可能造成显微裂纹并进而导致工件的断裂。

（3）点阵畸变（第三类内应力）：塑性变形使金属内部产生大量的位错和空位，使点阵中一部分原子偏离其平衡位置，造成点阵畸变。它使金属的硬度、强度升高。在变形金属的总储存能中，点阵畸变所占绝大部分。点阵畸变能提高了变形金属的能量，使之处于热力学不稳定状态，具有转向稳定状态的自发趋势，这是"回复与再结晶"过程的驱动力。

第四节　回复与再结晶

金属材料经塑性变形后，由于储存能的存在，自由能升高，在热力学上处于亚稳定状态，它具有向形变前的稳定状态转化的趋势，但在常温下，原子的活动能力很小，使形变金属的亚稳状态可维持相当长的时间而不发生明显的变化。如果温度升高，原子有了足够的活动能力，那么，形变金属就能由亚稳状态向稳定状态转变，从而引起一系列组织和性能的变化。形变金属的退火是将金属材料加热到某一规定温度，保温一定时间，然后缓慢冷却的一种热处理工艺。事实上，形变金属的退火过程是由回复、再结晶和晶粒长大三个阶段组成的。图 3-20 为这三个过程的示意图。

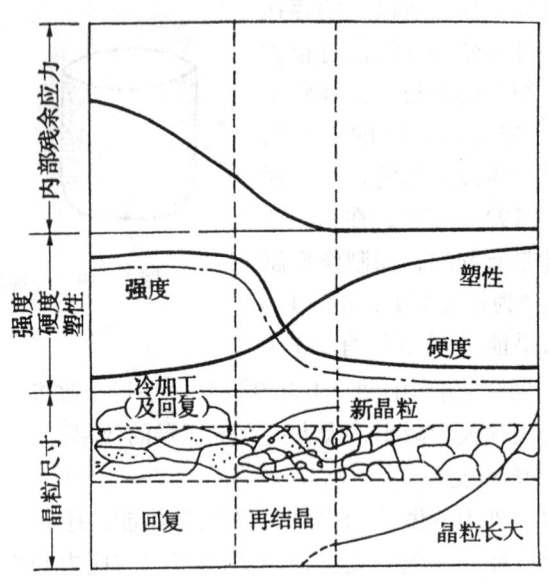

图 3-20 变形金属在加热时组织与性能变化示意图

一、回复

当加热温度不高时，原子的活动能力不大，故显微组织无明显变化，冷变形金属的晶粒外形（拉长、压扁或纤维状）仍存在，力学性能（强度、硬度）变化不大，电阻率显著减小，微观内应力显著降低。冷变形金属的这种变化过程称回复。

回复转变可分为两个阶段：第一个阶段是在温度不很高时，只有空位和间隙原子等点缺陷的运动，它们可以转移至晶界或位错处消失，或相互作用而消失，点缺陷运动的结果，使其密度大大减少，由于电阻率对点缺陷比较敏感，所以它的数值显著下降，而力学性能对点缺陷的变化不敏感。

第二个阶段是当温度继续升高，不仅原子有很大的活动能力，而且位错也开始运动：异号位错可以互相吸引而抵消，缠结中的位错进行重新组合。当温度较高时，位错不但可以滑移，而且可以攀移，产生多边形化。冷变形后，晶体中的同号刃型位错在滑移面上塞积而导致晶格弯曲（图3-21a），在退火过程中，通过位错的滑移和攀移（图3-22）会使同号刃型位错沿垂直于滑移面的方向排列成小角度的亚晶界，这一过程叫多边形化。其实质是位错从高能量的混乱排列变为低能量的规则排列。晶体多边形化以后，弹性畸变大为减小，内应力也大大下降。由于位错密度下降不多，故强度变化不大，而塑性略有升高。

回复退火在工程上称为去应力退火，使冷加工的金属件在基本上保持加工硬化状态的条件下降低内应力，降低电阻，改善塑性和韧性。例如，用冷拉钢丝卷制弹簧，在卷成之后，要在250～300℃进行回复退火，以降低应力并使之定形，而硬度和强度则基本保持不变。对于精密零件，如机床丝杠，在每次车削加工之后，都要进行消除内应力的退火处理，防止变形和翘曲，保持尺寸精度。

第三章 金属的塑性变形与再结晶

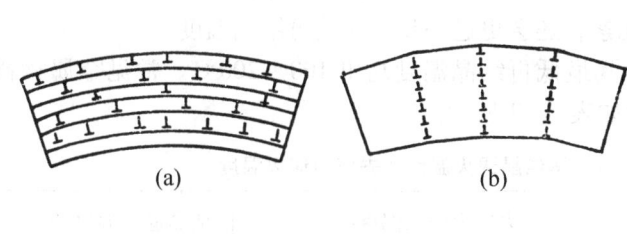

图 3-21 多边形化前、后刃型位错的排列情况
(a) 多边形化前；(b) 多边形化后

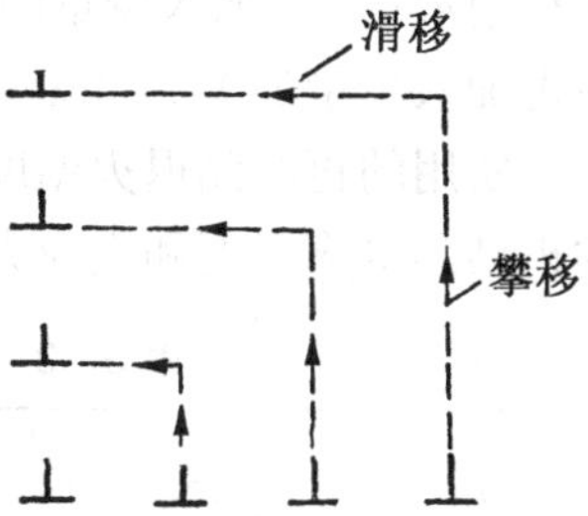

图 3-22 刃型位错的攀移和滑移示意图

二、再结晶

1. 再结晶过程

冷变形金属加热到一定温度后，由于原子获得更大活动能力，显微组织发生明显变化，在原来的变形组织中重新产生了新的等轴晶粒，加工硬化现象消除，力学性能和物理性能恢复到变形前的水平，这个过程称为再结晶。再结晶的驱动力与回复一样，也是冷变形所产生的储存能。新的无畸变的等轴晶粒的形成及长大，在热力学上更为稳定。再结晶与重结晶（即同素异晶转变）的共同点是：两者都是形核与长大的过程。两者的区别是：再结晶前后各晶粒的晶格类型不变，成分不变；而重结晶则发生了晶格类型的变化。

多道拉拔加工之间安排的中间退火，要求强度低、塑性好的冷成形件的退火，都采用再结晶退火。

2. 再结晶温度

应当指出，再结晶不是一个恒温过程，而是自某一温度开始，随着温度的升高而进行形核长大的过程。所以，通常所说的再结晶温度，是指再结晶开始温度（即能够进行再结晶的最低温度）。再结晶温度与下列因素有关：

（1）变形度：变形度越大，再结晶温度越低（图 3-23）。因为变形度越大，产生位错等晶格缺陷便愈多，组织的不稳定性便愈高，因而会较早地开始再结晶。从图 3-23 可以看出，当变形度达到一定值后，再结晶温度便趋于一定值，称"最低再结晶温度"。

纯金属的最低再结晶温度与其熔点大致有以下经验关系：

$$T_{再} \approx 0.4 T_{熔}$$

图 3-23 再结晶开始温度与变形度之间的关系

式中，各温度值应按绝对温度计算。可见，熔点愈高的金属，其再结晶温度便愈高。

（2）金属的纯度：金属中的微量杂质或合金元素，特别是那些高熔点的元素，通常会阻碍原子扩散，且杂质或合金元素原子倾向于偏聚在位错及晶界处，对位错滑移、攀移和晶界移动起阻碍作用，从而阻碍再结晶，提高再结晶温度。例如，纯铁的最低再结晶温度约为450℃，加入少量的碳变成为钢，其最低再结晶温度便会提高至500~650℃，在钢中再加入少量的W，Mo，V等合金元素，还会更进一步提高其再结晶温度。

实用的再结晶退火温度通常要比其最低再结晶温度高出100~200℃。常见金属材料的再结晶退火温度和去应力退火温度如表3-3所示。

表3-3 常见金属材料的再结晶退火温度和去应力退火温度

金属材料		去应力回火温度/℃	再结晶退火温度/℃
钢	碳及合金结构钢	500~650	680~720
	碳素弹簧钢	280~300	
铝及铝合金	工业纯铝	≈100	350~420
	普通硬铝合金	≈100	350~370
铜及铜合金（黄铜）		270~300	600~700

3. 再结晶晶粒大小的控制

变形金属经再结晶退火后，获得新的等轴晶粒，但这并不意味着晶粒大小和力学性能与变形前的金属完全相同，其核心问题是再结晶后的晶粒大小。下面讨论影响再结晶后晶粒大小的因素。

（1）加热温度与时间：加热温度越高，时间越长，晶粒就越大。

（2）变形度：如图3-24所示，当变形度很小时，畸变能很小，不足以引起再结晶，因此其晶粒保持原来的状态。当达到某一变形度（如纯铁为2%~10%）时，再结晶后的晶粒特别粗大，这个变形量称为临界变形度。金属在临界变形度下，只有部分晶粒破碎，而另一部分晶粒则不变形，此时晶粒不均匀长大，最适合大晶粒吞并小晶粒，所以晶粒粗化的倾向最大。当变形量超过临界变形度后，随着变形量的增加，晶粒破碎的均匀程度愈来愈大，再结晶后的晶粒愈来愈细。变形量达到一定程度后，再结晶晶粒度基本不变。某些金属变形量达到相当大时，再结晶后的晶粒度又出现重新粗化的现象。这与变形织构有关。

压力加工时，应避免在临界变形度范围内进行加工，以免再结晶后产生粗晶。

（3）原始晶粒尺寸和均匀度：当形变度一定时，材料的原始晶粒度越细愈均匀，则再结晶后的晶粒也越细，原因是晶界往往是再结晶形核的有利位置。

（4）合金元素及杂质：合金元素及杂质一方面增加变形金属的储存能，另一方面阻碍晶界的运动，一般起细化晶粒的作用。

4. 再结晶全图

若将上述的加热温度和变形度对再结晶晶粒度的影响合并为一图，以三度坐标（变形度、温度、晶粒度）表示，称为再结晶全图。图3-25是纯铝的再结晶全图，它对全面掌握压力加工与再结晶退火工艺有重要意义。

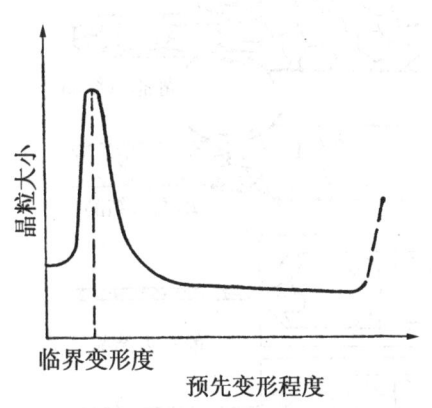

图3-24 再结晶退火时的晶粒度与预先变形程度的关系

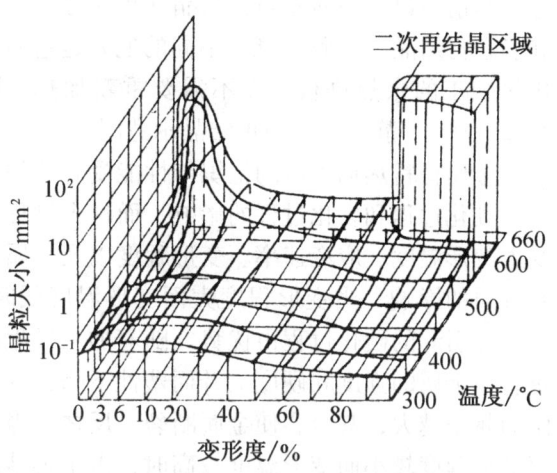

图3-25 纯铝的再结晶全图

三、晶粒长大

由再结晶后得到的细的无畸变等轴晶粒，在温度继续升高或保温时，会相互吞并长大。这个过程是总界面能减小的过程，故也是自发过程。晶粒的长大，实质上是晶粒的边界从一个晶粒向另一个晶粒中迁移，并将另一晶粒的晶格位向逐渐变成与这个晶粒相同的位向，则另一个晶粒似乎被这个晶粒"吞并"为一个大晶粒。

晶粒粗大会使金属的力学性能显著下降，即强度和塑性变坏，冲击韧性大大下降，因此，在生产上应特别注意控制再结晶后的晶粒度。

第五节 金属的热加工

一、金属的热加工与冷加工

在工业生产中，热加工通常是指将金属材料加热至高温进行锻造、热轧等压力加工过程。从金属学的角度来看，所谓热加工是指在再结晶温度以上的加工过程；在再结晶温度以下的加工过程称为冷加工。例如铅的再结晶温度低于室温，因此，在室温下对铅进行加工属于热加工。而钨的再结晶温度约为1200℃，因此，即使在1000℃拉制钨丝也属于冷加工。

如前所述，只要有塑性变形，就会产生加工硬化现象，而只要有加工硬化，在退火时就会发生回复和再结晶。由于热加工是在高于再结晶温度以上的塑性变形过程，所以因塑性变形引起的硬化过程和回复再结晶引起的软化过程几乎同时存在。由此可见，在热加工过程中，同时存在着加工硬化与回复再结晶软化两个相反的过程。不过，这时的回复再结晶是边加工边发生的，因此称为动态回复和动态再结晶，而把变形中断或终止后的保温过程中，或者是在随后的冷却过程中所发生的回复与再结晶，称为静态回复与静态再结晶。

它们与前面讨论的回复与再结晶（也属静态回复和静态再结晶）一致，唯一不同的地方是它们利用热加工的余热进行，而不需要重新加热。图3-26为动、静态回复与再结晶示意图。

金属材料热加工后的组织与性能受着热加工时的硬化过程和软化过程的影响，而这个过程又受着变形温度、应变速率、变形程度以及金属本身性质的影响。当变形程度大而变形温度低时，由变形引起的硬化过程占优势，随着加工过程的进行，金属的强度和硬度上升而塑性下降，变形阻力越来越大，甚至会使金属断裂。反之，当金属变形程度较小而变形温度较高时，由于再结晶和晶粒长大占优势，金属的晶粒会越来越粗大，使金属性能恶化。

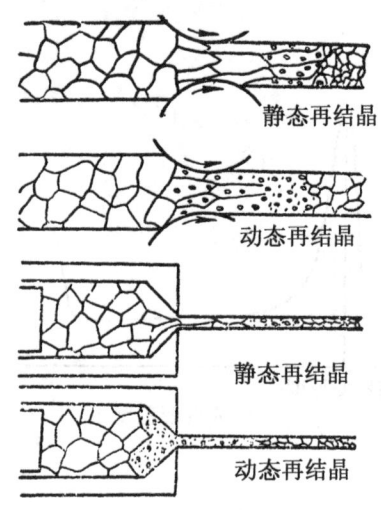

图3-26 动、静态回复与再结晶的示意图

二、热加工后的组织与性能

1. 改善铸锭组织

热加工可使铸锭的缺陷组织得到明显改善，如气孔焊合、疏松压实，使金属材料的致密度增加。铸态时粗大的柱状晶通过热加工一般都能变细，某些合金钢中的大块碳化物初晶可被打碎并较均匀分布。破碎枝晶，使偏析改善并缩短均匀退火时间。这些变化都会使材料的性能明显提高。

2. 形成热加工纤维组织

在热加工过程中，铸锭中的偏析、杂质、夹杂物等沿着变形方向延伸，例如一些脆性杂质如氧化物、碳化物、氮化物等破碎成链状，塑性的夹杂物如MnS等则变成条状、线状或片层状，形成彼此平行的宏观条纹组织，即热加工纤维组织（流线）。

纤维组织的出现，使钢的力学性能呈各向异性。沿着流线的方向具有较好的性能，而垂直于流线方向的性能较差，特别是塑性、韧性差别更为明显。为此，必须合理地控制流线的分布状态，尽量使流线与应力方向一致。如图3-27a所示的曲轴锻坯，其流线沿曲轴轮廓分布，它在工作时的拉应力将会与其流线成平行，而冲击应力与其流线垂直，于是曲轴便不易发生断裂。反之，如图3-27b所示，曲轴因是从锻钢切削加工而成，其流线分布不当，从而使曲轴在工作中极易沿其轴肩处发生断裂。

3. 带状组织

复相合金中的各个相，在热加工时沿着变形方向交替地呈带状分布，这种组织称为带状组织。在经压延的金属材料中经常出现这种组织。

不同材料产生带状组织的原因不完全相同。一种是压延时为单相，但在铸锭中存在着偏析和夹杂物，压延时偏析区和夹杂物沿变形区伸长成条带状分布，冷却时即成带状组织。例如，在含磷偏高的亚共析钢内，铸态时树枝晶间富磷贫碳，它们沿着变形方向被延伸拉长，当奥氏体冷却到析出先共析铁素体的温度，先共析铁素体就在这种富磷贫碳地带形核并长大，形成铁素体带，而铁素体两则的富碳地带则随后转变成珠光体带。若夹杂物

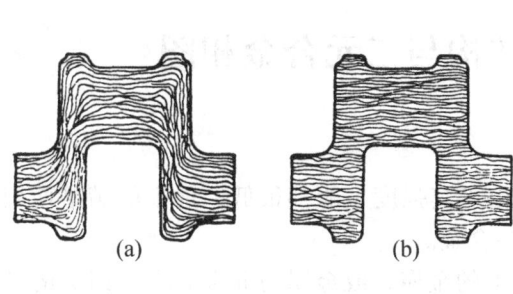

图 3-27　锻钢曲轴中的流线分布
(a) 流线分布合理；(b) 流线分布不合理

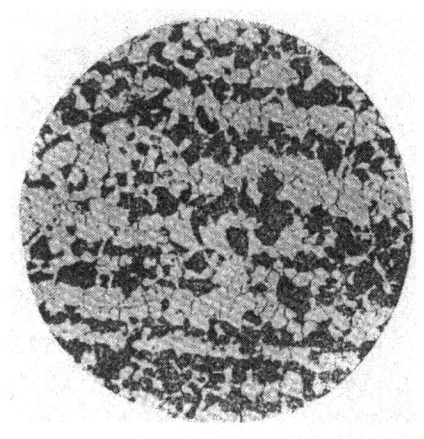

图 3-28　热轧低碳钢板的带状组织

被加工拉成带状，先共析铁素体通常依附于它们之上而析出，也会形成带状组织。图 3-28 为热轧低碳钢板的带状组织。

形成带状组织的另一种原因，是材料在压延时呈两相组织，例如 1Cr13 钢，在热加工时由奥氏体加碳化物组成，压延后奥氏体和碳化物都延长成带，奥氏体经共析转变后形成珠光体，最后形成珠光体加碳化物的带状组织。又如 Cr12 钢，在热加工时由奥氏体加碳化物组成，压延后碳化物即呈带状分布（图 3-29）。

带状组织使金属材料的力学性能产生方向性，特别是横向塑性和韧性明显降低，并使材料的切削性能恶化。

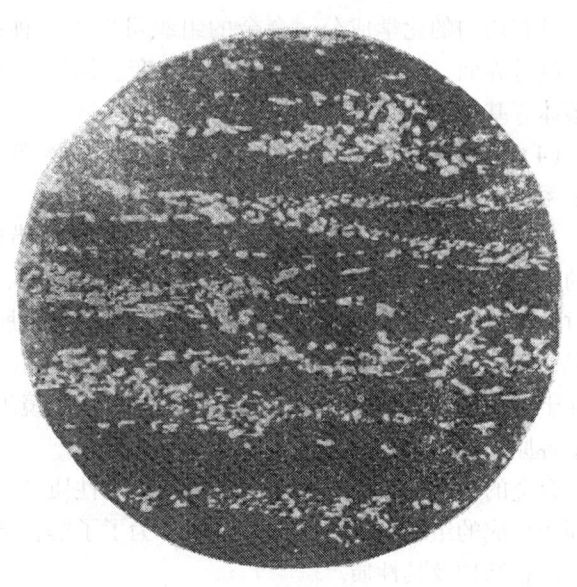

图 3-29　Cr12 钢中的带状组织

第四章 合金的相结构与二元合金相图

虽然纯金属具有高的导电、导热性，但由于其强度一般都很低，远不能满足使用要求，因此工业上广泛使用的不是纯金属，而是合金。

（1）合金：所谓合金是指两种或两种以上的金属，或金属与非金属元素组成的具有金属特性的物质。例如，应用最广泛的钢和铸铁是由铁和碳组成的合金，黄铜是由铜和锌组成的合金。

（2）组元：组成合金最基本的、独立的物质称为组元，或简称为元。一般来说，组元就是组成合金的元素，但也可以是稳定的化合物。例如，黄铜的组元是铜和锌，碳钢的组元是铁和碳，或者是铁和金属化合物 Fe_3C。由两个组元组成的合金称为二元合金，由三个组元组成的合金称为三元合金。

（3）相：固态合金中的相是合金组织的基本组成部分，它具有一定的晶体结构和性质，具有均匀的化学成分。合金的组织可以由一种或多种相组成，相与相之间由界面隔开，越过界面，结构与性质都会发生突变。例如，铁碳合金在固态下有铁素体、奥氏体和渗碳体等基本相。

（4）合金系：由给定的组元可以配制成一系列成分不同的合金，这些合金组成一个合金系统，称为合金系。

（5）组织：在金属学中，组织是指用肉眼或借助各种不同放大倍数的显微镜所观察到的金属材料内部的情景，包括晶粒的大小、形状、种类以及各种晶粒之间的相对数量和相对分布。习惯上用放大几十倍的放大镜或用肉眼所观察到的组织，称为低倍组织或宏观组织；用放大 100~2000 倍的光学显微镜所观察到的组织，称为显微组织；用放大几千倍到几十万倍的电子显微镜观察到的组织，称为电镜组织或精细组织。而结构是指原子集合体中各原子的具体组合方式。

合金的性质取决于它的组织，而组织的性质又首先取决于其组成相的性质。因此，由不同相组成的组织，具有不同的性质。为了了解合金的组织与性能，有必要首先了解合金的固态相结构及其性质。

第一节 合金的相结构

在液态下，大多数合金的组元均能相互溶解，成为均匀的液体，因而只有液相。在凝固以后，由于各组元的晶体结构、原子结构等不同，各组元之间的相互作用也不同，因此在固态合金中就可能出现不同的相结构。

根据组元之间的相互作用，固态合金中的基本相结构可分为两大类：固溶体和金属化合物，即：

第四章 合金的相结构与二元合金相图

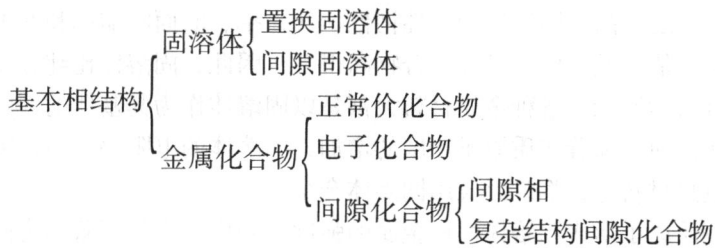

一、固溶体

固溶体是溶质原子溶入固态的溶剂中,并保持溶剂晶格类型而形成的相。工业上所使用的金属材料,绝大部分以固溶体为基体,有的甚至完全由固溶体所组成。

1. 固溶体的分类

(1) 按溶质原子在晶格中所占位置分类,可分为:

①置换固溶体:它是指溶质原子位于溶剂晶格的某些结点位置所形成的固溶体,犹如这些结点上的溶剂原子被溶质原子所置换一样,因此称之为置换固溶体,如图4-1a所示。

②间隙固溶体:当溶质原子半径很小时,它可以分布于溶剂晶格的间隙位置而形成固溶体,这种固溶体称为间隙固溶体,如图4-1b所示。

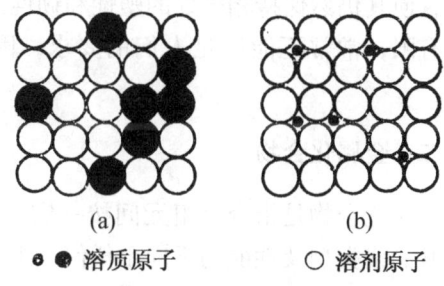

图4-1 固溶体的两种类型
(a) 置换固溶体;(b) 间隙固溶体

(2) 按固溶度分类,可分为:

①有限固溶体:在一定条件下,溶质组元在固溶体中的溶解度有一定的限度,超过这个限度就不再溶解了,这一限度称为溶解度或固溶度,这种固溶体就称为有限固溶体。大部分固溶体都属于这一类。

②无限固溶体:溶质能以任意比例溶入溶剂,固溶体的溶解度可达100%,这种固溶体就称为无限固溶体。事实上此时很难区分溶剂与溶质。通常以含量(质量分数)大于50%的组元为溶剂,含量小于50%的组元为溶质。无限固溶体只可能是置换固溶体。能形成无限固溶体的合金系不很多,Cu-Ni,Ag-Au,Ti-Zr,Mg-Cd等合金系可形成无限固溶体。

(3) 按溶质原子与溶剂原子相对分布分类,可分为:

①无序固溶体:溶质原子无规律地或随机地分布于溶剂的晶格中,这类固溶体叫做无序固溶体。

②有序固溶体:溶质原子和溶剂原子各占据溶剂晶格的一定位置,即原子由无序分布过渡到有序分布,这类固溶体称为有序固溶体。应当指出,固溶体有序化的结果,会引起结构类型的变化,因此,有序固溶体实际上是无序固溶体与金属化合物的过渡相,而更接近于化合物。

2. 固溶体的性能

一般说来,固溶体的强度、硬度总比组成它的纯金属的平均值高,随着固溶度的增加，强度硬度也随之提高。固溶体的塑性韧性如伸长率、断面收缩率和冲击韧度等比组成它的纯金属的平均值稍低，但比一般化合物高得多。因此，固溶体比纯金属和化合物具有较为优越的综合力学性能。各种金属材料大都是以固溶体作为其基体的。

在物理性能方面，随着溶质原子浓度的增加，固溶体的电阻率升高，因此工业上应用的精密电阻和电热材料等，都广泛应用固溶体合金。

通过溶入溶质原子形成固溶体而使金属的强度、硬度升高的现象称为固溶强化。造成固溶强化的原因，一是由于溶质原子周围形成了晶格畸变应力场，该应力场和位错应力场产生交互作用，使位错运动受阻；二是溶质原子会聚集于刃型位错附近，形成"柯垂尔"气团，对位错起钉扎作用。

通常，形成间隙固溶体的晶格畸变比置换固溶体大，因此，间隙固溶体的强化效果大于置换固溶体。

实践证明，适当控制固溶体中的溶质含量，可以在显著提高金属材料的强度、硬度的同时，使其仍然保持相当好的塑性和韧性。不过，通过单纯的固溶强化所达到的最高强度仍然有限，常常不能满足人们的要求，因而还需在固溶强化的基础上再进行其他强化处理。

二、金属化合物

金属化合物是指合金组元间按一定比例发生相互作用而形成的一种新相，又称中间相，其晶格类型及性能均不同于任何一组元，一般可用分子式大致表示其组成。在金属化合物中，主要以金属键结合，因而它具有一定的金属性质，所以称之为金属化合物。碳钢中的 Fe_3C、黄铜中的 $CuZn$、铝合金中的 $CuAl_2$ 等都是金属化合物。

金属化合物一般具有熔点高、硬度高、脆性大的性能特点，当合金中存在金属化合物时，将使合金的强度、硬度及耐磨性提高，但会使塑性降低。所以，金属化合物是结构材料及工具材料的重要组成相。

某些金属化合物具有特殊的物理化学性能，例如半导体材料砷化镓（$GaAs$）、形状记忆合金 $NiTi$ 和 $CuZn$、储氢材料 $LaNi_5$、核反应堆材料 Zr_3Al 等。

影响金属化合物形成及结构的主要因素有电负性、电子浓度、原子尺寸等。每一种影响因素都对应着一类化合物。

1. 正常价化合物

正常化合物通常是由金属元素与周期表中第ⅣA，ⅤA，ⅥA族元素组成。例如 Mg_2Si，Mg_2Sn，MnS 等，其中 Mg_2Si 是铝合金中常见的强化相，MnS 是钢材中常见的夹杂物。

正常价化合物具有严格的化合比，符合原子价规律，成分固定不变，可用化学式表示。这类化合物一般具有较高硬度，脆性较大。

2. 电子化合物

电子化合物是由第ⅠB族或过渡族金属元素与第ⅡB，ⅢA，ⅣA族金属元素形成的金属化合物。它不遵守原子价规律，而是按照一定电子浓度的比值形成的化合物，电子浓度不同，所形成的化合物的晶体结构也不同。例如电子浓度为3/2（21/14）时，具有体心立方结构，简称为β相；电子浓度为21/13时，为复杂立方结构，称为γ相；电子浓度为 21/12 时，则为密排六方结构，称为 ε 相。表 4-1 列出了一些铜合金中常见的电子化合物。

表 4-1 一些铜合金中常见的电子化合物

合 金 系	$\frac{3}{2}\left(\frac{21}{14}\right)$β 相 体心立方	$\frac{21}{13}$γ 相 复杂立方	$\frac{7}{4}\left(\frac{21}{12}\right)$ε 相 密排立方
Cu–Zn	CuZn	Cu_5Zn_8	$CuZn_3$
Cu–Sn	Cu_5Sn	$Cu_{31}Sn_8$	CuSn
Cu–Al	Cu_3Al	Cu_9Al_4	Cu_5Al_3
Cu–Si	Cu_5Si	$Cu_{31}Si_8$	Cu_3Si

电子化合物虽然可用化学分子式表示，但其成分可以在一定范围内变化，因此可以把它看作是以化合物为基的固溶体。电子化合物具有很高的熔点和硬度，但脆性很大。

3. 间隙化合物

间隙化合物主要是受组元的原子尺寸因素控制，通常是由过渡族金属与原子半径很小的非金属元素 H、N、C、B 所组成。根据非金属元素（以 X 表示）与金属元素（以 M 表示）原子半径的比值，可将其分为两类：具有简单结构的间隙相和复杂结构的间隙化合物。

（1）间隙相：当非金属原子半径与金属原子半径之比 r_X/r_M 小于 0.59 时，将形成具有简单结构的间隙化合物，称间隙相。

间隙相都具有简单的晶体结构，如面心立方、体心立方、密排六方或简单立方等。金属原子位于晶格的正常结点上，非金属原子则位于晶格的间隙位置。间隙相的化学成分一般能满足简单的化学式：M_4X，M_2X，MX 和 MX_2，但是它们的成分可以在一定范围内变化。钢中常见的间隙相如表 4-2 所示。

表 4-2 钢中常见的间隙相

间隙相的化学式	钢中可能遇到的间隙相	结构类型
M_4X	Fe_4N，Nb_4C，Mn_4N	面心立方
M_2X	Fe_2N，Cr_2N，W_2C，Mo_2C	密排六方
MX	TaC，TiC，ZrC，VC	面心立方
MX	TiN，WC，ZrN，VN	体心立方
MX	MoN，CrN	简单六方
MX_2	VC_2，CeC_2，ZrH_2，TiH_2，LaC_2	面心立方

应当指出，间隙相与间隙固溶体之间有本质的区别，间隙相是一种化合物，它具有与其组元完全不同的晶格结构，而间隙固溶体则仍保持着溶剂组元的晶格类型。

间隙相具有极高的熔点和硬度（表4-3），具有明显的金属特性，是高合金工具钢和硬质合金中的重要组成相。

表4-3 钢中常见碳化物的硬度和熔点

类　型	间　隙　相							复杂结构间隙化合物	
成　分	TiC	ZrC	VC	NbC	TaC	WC	MoC	$Cr_{23}C_6$	Fe_3C
硬度（HV）	2 850	2 840	2 010	2 050	1 550	1 730	1 480	1 650	800
熔点（℃）	3 080	3 472±20	2 650	3 608±50	3 983	2 785±5	2 577	1 577	1 277

（2）复杂结构的间隙化合物：当非金属元素的原子半径与金属元素的原子半径之比 r_X/r_M 大于 0.59 时，形成具有复杂结构的间隙化合物，如 Fe_3C，$Cr_{23}C_6$，Fe_4W_2C，Cr_7C_3，Mn_3C 等。

间隙化合物也具有很高的熔点和硬度，但比间隙相要低些，而且加热时也较易分解。这类化合物也是合金钢中的重要组成相。

第二节　二元合金相图的建立

相图是表示合金系中，合金的状态与温度、成分之间关系的图解，是表示合金系在平衡条件下，在不同温度和成分时各相关系的图解，因此又称为状态图或平衡图。

利用相图，可以一目了然地了解不同成分的合金在不同温度下由哪些相组成，各相的成分和相对含量如何，还能了解合金在加热和冷却过程中可能发生哪些转变。可见，相图是研究合金材料的十分重要的工具。

一、二元相图的表示方法

合金存在的状态通常由合金的成分、温度和压力三个因素确定的。由于合金的熔炼、凝固、加工处理都是在常压下进行，所以合金的状态可由合金的成分和温度两个因素确定。对二元合金来说，通常用横坐标表示成分，纵坐标表示温度，如图4-2所示。横坐标上的任一点均表示一种合金的成分，如 A，B 点分别表示两个纯组元，C 点的成分为 $w_B=40\%$，$w_A=60\%$，D 点的成分为 $w_B=60\%$，$w_A=40\%$。

在成分和温度坐标平面上的任意一点称为表象点，一个表象点的坐标值表示一个合金的成分和温度。如图4-2中的 E 点表示合金的成分为 $w_A=40\%$，$w_B=60\%$，温度为500℃。

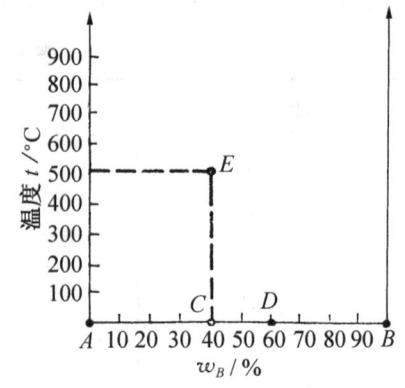

图4-2　二元合金相图的坐标

可见，二元相图是一个平面图，而三元相图是一个立体图。

二、二元相图的测定方法

目前所用的相图大部分都是用实验方法建立起来的。随着电子计算机技术的发展,也有人根据热力学函数,更加精确地计算出二元相图。通过实验测定相图时,首先配制一系列成分不同的合金,然后测定这些合金的相变临界点(温度),把这些点标在温度-成分坐标图上,把相同意义的点连接成线,这些线就在坐标图中划分出一些区域,这些区域即称为相区。将各相区所存在相的名称标出,相图的建立工作即告完成。

测定相变临界点的方法很多,如热分析法、金相法、膨胀法、磁性法、电阻法、X射线结构分析法等。下面以Cu-Ni合金为例,说明用热分析法测定二元合金相图的过程。

(1) 配制几组成分不同的Cu-Ni合金。

(2) 测出上述各合金的冷却曲线。找出各合金冷却曲线的临界点(结晶开始和结晶终了温度)的位置,如图4-3a。

(3) 将各临界点表示在成分-温度坐标系中的相应位置上,并分别把开始凝固点和凝固终了点连接起来,即得到Cu-Ni合金相图(图4-3b)。

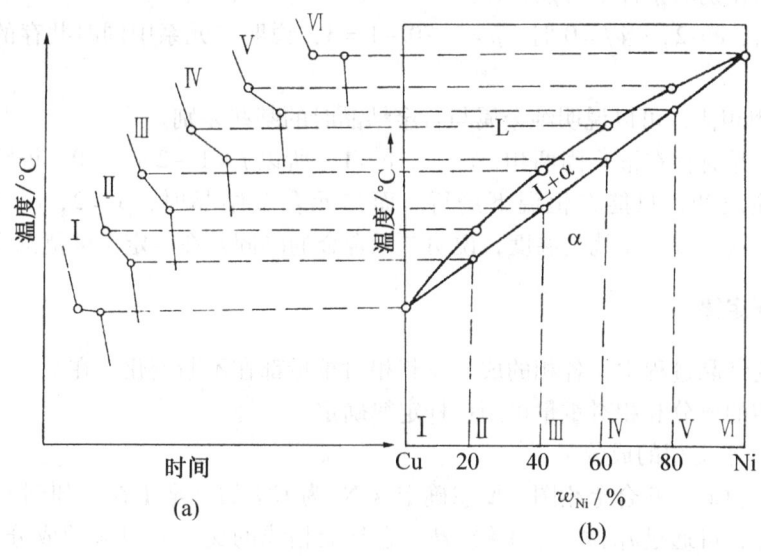

图4-3 Cu-Ni合金相图

在图4-3b中,上面一条曲线为开始结晶温度的连接线,称为液相线;下面一条曲线为结晶终了温度的连接线,称为固相线。这两条曲线把整个相图分成3个相区,在液相线以上为液相区,在固相线以下为固相区,在两线之间为液固两相区。

三、相律

相律是检验、分析和使用相图的重要工具。相律是表示在平衡条件下,系统的自由度数 f、组元数 c 和相数 p 之间的关系,是系统平衡条件的数学表达式。相律的表达式为:

$$f = c - p + 2 \tag{4-1}$$

当系统的压力为常数时,则为:

$$f = c - p + 1 \tag{4-2}$$

金属学研究的系统一般为常压,故常用式(4-2)。

所谓自由度是指在保持合金系的相的数目不变的条件下，合金系中可以独立改变的影响合金状态的内部及外部因素的数目。影响合金状态的因素有合金的成分、温度和压力，当压力不变时，则合金的状态由成分和温度两个因素确定。对纯金属而言，成分固定不变，只有温度可以独立改变，所以纯金属的自由度数最多只有一个。对二元合金来说，成分的独立变量只有一个，再加上温度，自由度数最多为两个。对三元合金，成分的独立变量为两个，加上温度，自由度数最多为三个。自由度数不可能为负数，所以自由度数最小值为零。应用相律的几个例子：

(1) 利用相律可以确定系统中最多可能有几相平衡共存。

对单元系，组元数 $c=1$，由于 f 不可能为负数，所以当 $f=0$ 时，同时共存的平衡相数 p 应具有最大值，代入相律公式（4-2），即得：

$$p = 1 - 0 + 1 = 2$$

即单元系同时共存的平衡相数不超过两个。应当注意，这并不是说单元系中能出现的相数不能超过两个，而是说，在某一温度下，单元系的各种相中只能最多有两个相同时共存，而其他各相则在别的条件下可以存在。

对二元系，$c=2$，当 $f=0$ 时，$p=2-0+1=3$，说明二元系中同时共存的平衡相数最多为 3 个。

(2) 利用相律，可以说明纯金属与合金结晶时的某些差别。

纯金属结晶时存在液、固两相，$p=2$，$c=1$，所以 $f=1-2+1=0$，说明纯金属在结晶时温度不能改变，只能在恒温下进行。而二元合金结晶时，$p=2$，$c=2$，所以 $f=2-2+1=1$，这个自由度就是温度，说明二元合金的凝固是在一定温度范围内进行的。

四、杠杆定律

在合金的结晶过程中，各相的成分及其相对重量都在不断变化。在某一温度下处于平衡状态的两相的成分和相对重量可用杠杆定律确定。

1. 确定两平衡相的成分

图 4-4 是 Cu-Ni 合金相图。要想确定含 Ni 为 $C\%$ 的合金 I 在冷却到 t_1 温度时两个平衡相的成分，可通过 t_1 做一水平线 arb，它与液相线的交点 a 对应的成分 C_L 即为此时液相的成分；它与固相线的交点 b 对应的成分 C_α 即为已结晶的固相的成分。

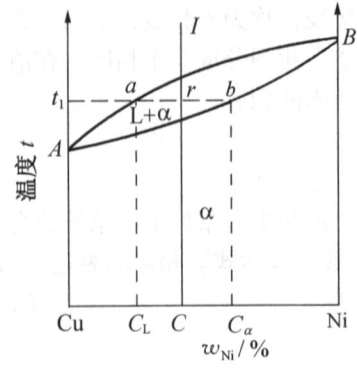

图 4-4 杠杆定律的证明

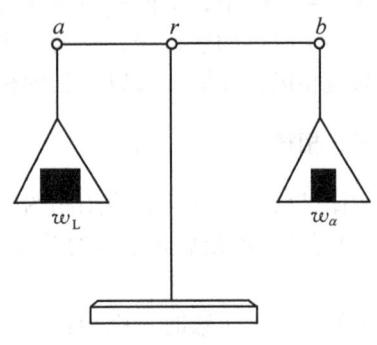

图 4-5 杠杆定律的力学比喻

2. 确定两个平衡相的相对重量

设合金 I 的总重量为 1，液相的重量为 w_L，固相的重量为 w_α，则有：
$$w_L + w_\alpha = 1$$

此外，合金 I 中的含 Ni 量应等于液相中 Ni 的含量与固相中 Ni 的含量之和，即：
$$w_L \cdot C_L + w_\alpha \cdot C_\alpha = 1 \cdot C$$

由以上两式可以得出：
$$\frac{w_L}{w_\alpha} = \frac{rb}{ar} \qquad (4-3)$$

如果将合金 I 成分 C 的 r 点看做支点，将 w_L、w_α 看作作用于 a 点和 b 点的力，则按力学的杠杆原理就可得出式 (4-3)（图 4-5）。因此将上式称为杠杆定律。

式 (4-3) 也可以写成下列形式：
$$w_L = \frac{rb}{ab} \times 100\%$$
$$w_\alpha = \frac{ar}{ab} \times 100\%$$

上两式可以直接用来求出两相的相对重量。

杠杆定律只适用于两相区，因为对单相区无需计算，而对三相区又无法确定。

第三节 匀晶相图

两组元不但在液态无限互溶，而且在固态下也无限互溶的二元合金系所形成的相图，称匀晶相图。具有这类相图的二元合金系，主要有 Cu-Ni, Ag-Au, Cr-Mo, Cd-Mg, Fe-Ni, Mo-W 等。这类合金在结晶时都是从液相结晶出固溶体，固态下呈单相固溶体，所以这种结晶过程称匀晶转变。几乎所有的二元相图都包含有匀晶转变部分，因此掌握这一类相图是学习二元相图的基础。现以 Cu-Ni 相图为例进行分析。

一、相图分析

图 4-6 是 Cu-Ni 合金匀晶相图。其中上面的一条曲线为液相线，下面的一条曲线为固相线。相图被它们划分为三个相区：液相线以上为单相液相区 L，固相线以下为单相区 α，两者之间为液、固两相共存区 L+α。

二、合金的平衡结晶过程

平衡结晶是指合金在极其缓慢冷

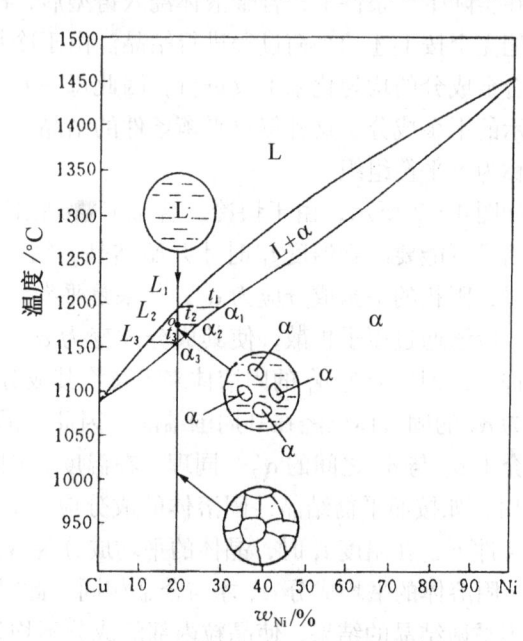

图 4-6 Cu-Ni 合金匀晶相图

却条件下进行结晶的过程。在此条件下得到的组织称为平衡组织。

以含 Ni20% 的 Cu–Ni 合金为例：

（1）当温度高于 t_1 时，合金为液相 L。

（2）当温度降到 t_1 时（与液相线相交的温度），开始从液相中结晶出 α 固溶体。这时液相的成分为 L_1，固相的成分为 α_1，利用杠杆定律计算，此时 $w_\alpha = 0\%$，而 $w_L = 100\%$。这说明固溶体结晶也需要过冷，只有冷却到液相线以下，才会真正开始结晶。

（3）随着温度的继续下降，从液相不断析出固溶体，液相成分沿液相线变化，固相成分则沿固相线变化。在一定温度下，两相的相对量可用杠杆定律求得。例如 $t = t_2$ 时，液相的成分为 L_2，固相的成分为 α_2，固相的相对重量为 $\dfrac{L_2 o}{L_2 \alpha_2} \times 100\%$，液相的相对重量为 $\dfrac{t_2 o}{L_2 \alpha_2} \times 100\%$。

（4）当温度下降到 t_3 时，液相消失，结晶完毕，最后得到与合金成分相同的固溶体。

固溶体合金结晶时所结晶出的固相成分与液相的成分不同，这种结晶出的晶体与母相化学成分不同的结晶称为异分结晶，或称选择结晶。而纯金属结晶时，所结晶出的晶体与母相的化学成分完全一样，称之为同分结晶。

固溶体合金的结晶过程也是一个形核和长大的过程。和纯金属相同，固溶体在形核时既需要结构起伏，也需要能量起伏。此外，由于固溶体的结晶属异分结晶，因此还需要成分起伏。成分起伏是由于原子热运动和扩散，每一瞬间液体中某些微小体积的成分高于或低于平均成分的现象。

三、不平衡结晶及其组织

在实际生产条件下，合金液体浇入铸型后，冷却速度一般都不是很缓慢的，因此合金不可能完全按上述的平衡过程进行结晶。由于冷却速度快，原子的扩散过程落后于结晶过程，合金成分的均匀化来不及进行，因此每一温度下的固相平均成分将要偏离相图上固相线所示的平衡成分。这种偏离平衡条件的结晶，称为不平衡结晶。不平衡结晶所得到的组织，称为不平衡组织。

如图 4–7 所示，由于快冷，合金 C■o 在冷至与液相线相交的温度时，并不开始结晶，而是可能要冷到温度 t_1 时才开始结晶，结晶出来的固溶体的成分为 α_1。当冷却到 t_2 温度时，固相的平衡成分应为 α_2，如果是平衡结晶，原先已经结晶出来的成分为 α_1 的固溶体，应该通过原子扩散，使其成分改变为 α_2。但是，不平衡结晶时，扩散过程来不及充分进行，即成分为 α_1 的固溶体来不及将其成分改变为 α_2，而在温度为 t_2 时结晶出来的成分为 α_2 的固溶体已经在其周围结晶，因此，晶体的心部与外围成分不同，其平均成分为介于 α_1 与 α_2 之间的 α_2'。同理，在温度 t_3 时，固溶体的平均成分为 α_3'。当冷却到温度 t_4 时，如按照平衡结晶，固溶体的成分应为 α_4，即合金的成分，结晶应该完成。但在快冷条件下，在温度 t_4 时，晶体的平均成分为 α_4'，说明结晶仍未结束。只有继续冷却到 t_5 时，固溶体的平均成分 α_5' 才与合金相同，此时结晶过程才告完成。

不平衡结晶的结果，使晶粒内部的成分不均匀，先结晶的晶粒心部与后结晶的晶粒表面的成分不同，由于它是在一个晶粒内的成分不均匀现象，所以称之为晶内偏析。

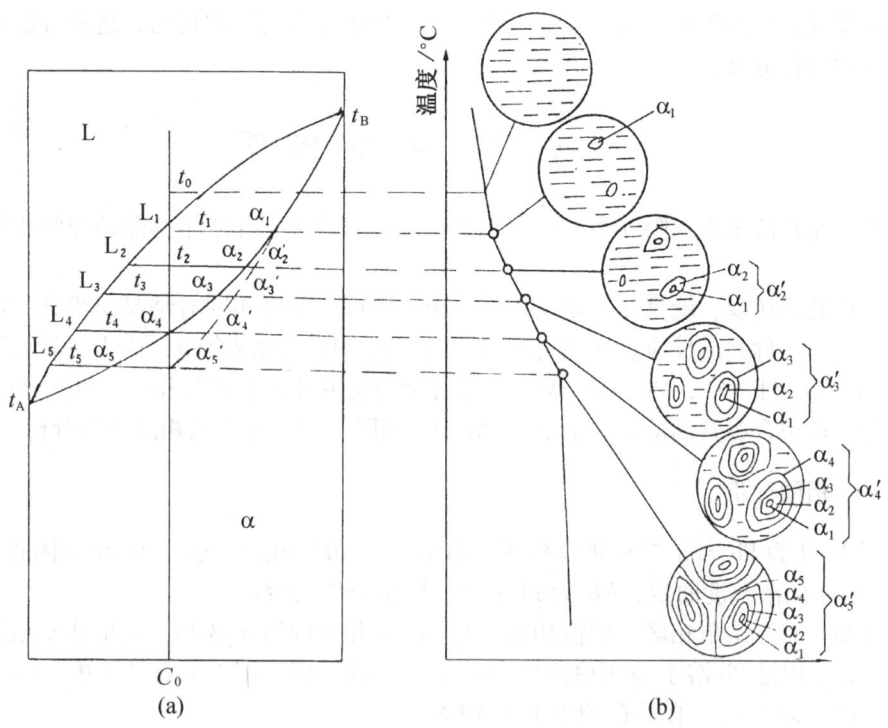

图 4-7 固溶体不平衡结晶示意图

固溶体结晶通常是以树枝状方式长大的。在快冷条件下，先结晶出来的树枝状晶轴，其高熔点组元的含量较多，而后结晶的分枝及枝间空隙则含低熔点组元较多，这种树枝状晶体中的成分不均匀现象，称为枝晶偏析。枝晶偏析实际上也是晶内偏析。

图 4-8 是 Cu-Ni 合金铸造组织的枝晶偏析，含镍量高的主干，不易被腐蚀，呈亮色；后结晶枝间，含铜量较高，易被腐蚀，呈黑色。

固溶体合金中的偏析大小，取决于相图的形状、原子的扩散能力及铸造时的冷却条件。相图中的液相线与固相线之间的水平距离与垂直距离越大，偏析越严重。偏析原子

图 4-8 Cu-Ni 合金的铸态组织

的扩散能力愈大，则偏析程度越小。在其他条件不变时，冷却速度愈大，实际的结晶温度愈低，则偏析程度愈大。

枝晶偏析会使晶粒内部的性能不一致从而使合金的力学性能降低，特别会使塑性和韧性降低，甚至使合金不易进行压力加工。因此，生产上总要想法消除或改善枝晶偏析。

为了消除枝晶偏析，一般是将铸件加热到低于固相线以下 100~200℃ 的温度进行较

长时间保温，使偏析元素进行充分扩散，以达到成分均匀化的目的，这种方法称之为扩散退火或均匀化退火。

第四节 共晶相图

两组元在液态下无限互溶，在固态下相互有限溶解，并发生共晶转变的相图称为共晶相图。

所谓共晶转变，就是在一定温度下，由一定成分的液相同时结晶出成分一定的两个固相的转变，又称共晶反应。共晶转变的产物为两个固相的混合物，称为共晶组织。

Pb-Sn，Pb-Sb，Ag-Cu，Al-Si 等合金的相图都属于共晶相图。Mg-Al，Fe-Fe$_3$C 相图中，也包含有共晶部分。下面以 Pb-Sn 相图为例，对共晶相图进行分析。

一、相图分析

图 4-9 为 Pb-Sn 二元共晶相图，图中 AE，BE 为液相线，$AMNB$ 为固相线，MF 为 Sn 在 Pb 中的溶解度曲线，NG 为 Pb 在 Sn 中的溶解度曲线。

相图中有三个单相区：即液相 L，固溶体 α 相和固溶体 β 相。α 相是 Sn 溶于 Pb 中的固溶体，β 相是 Pb 溶于 Sn 中的固溶体。有三个两相区：即 L+α，L+β，α+β。还有一个三相区，即 L+α+β 共存的水平线 MEN 线。

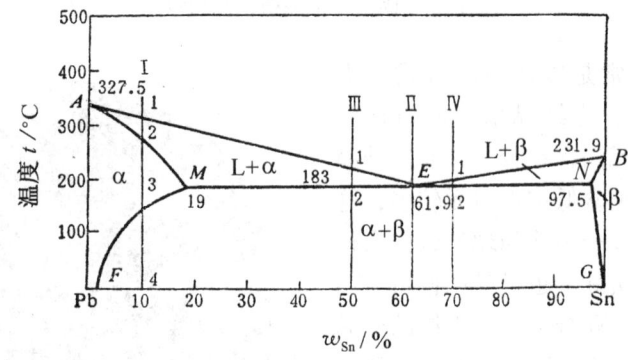

图 4-9 Pb-Sn 二元共晶相图

AE 线也可以看作是从液相中析出 α 相的开始线，EB 线是从液相中析出 β 相的开始线，AE 线与 EB 线的交点为 E，故具有 E 点成分的液相会同时结晶出 α 和 β，即：

$$L_E \xrightleftharpoons{t_E} (\alpha_M + \beta_N)$$

此转变即为共晶转变，转变的产物又称共晶体。E 点称为共晶点。

根据相律可知，二元合金在发生三相平衡转变时，自由度等于 0（$f = 2 - 3 + 1 = 0$），所以这一转变必然在恒温下进行，而且三个相的成分应为恒定值。

凡成分位于 $M \sim N$ 之间的合金，当温度降至 MEN 线时，其剩余液相的成分均会变为 E 点的成分 L_E，在 t_E 温度下发生共晶转变。成分对应于共晶点的合金称为共晶合金，成分位于 $M \sim E$ 之间的合金称为亚共晶合金，成分位于 $E \sim N$ 之间的合金称为过共晶合金。E 点对应的温度 t_E 称为共晶温度；MEN 线称为共晶线。

二、典型合金的平衡结晶过程

1. 含锡量 $w_{Sn} \leq 19\%$ 的合金（合金Ⅰ）

合金Ⅰ在1点以上为单相液相，冷到1点时开始由液相中结晶出α固溶体。随着温度的降低，α的数量不断增加，其成分沿 AM 线变化，而液相的数量不断减少，其成分沿 AE 线变化。当温度降低到2点时，液相消失，全部结晶为α固溶体。在2~3之间，合金状态不发生变化，为单相α固溶体的冷却过程。到3点时，Sn 在 Pb 中的溶解度达到饱和状态，过剩的 Sn 以β固溶体的形式从α固溶体中析出，用 $β_Ⅱ$ 表示。随 $β_Ⅱ$ 的析出，α相的成分沿 MF 线变化，$β_Ⅱ$ 的成分沿 NG 线变化。

由固溶体中析出另一相的过程称为脱溶或称为二次结晶，二次结晶析出的相称为次生相或二次相。次生的β相用 $β_Ⅱ$ 表示，以区别于从液体中直接结晶出来的初生相β。$β_Ⅱ$ 优先从α相晶界析出，其次从晶粒内的缺陷析出。

图 4-10 是含 Sn 量为 10% 的 Pb-Sn 合金平衡结晶过程示意图。

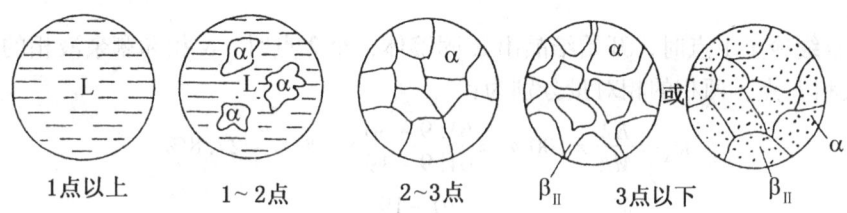

图 4-10 含 Sn 量为 10% 的 Pb-Sn 合金平衡结晶过程示意图

所有成分位于 M~F 之间的合金的平衡结晶过程与上述合金类似，它们的显微组织都是 $α+β_Ⅱ$，只是α和 $β_Ⅱ$ 的相对量不同，这可通过杠杆定律求得。

2. 共晶合金（合金Ⅱ）

合金Ⅱ（含 Sn 量 61.9%）在 E 点以上为单相液体。当温度降至 t_E 时，具有 E 点成分的液相将发生共晶转变，即：

$$L_E \xrightleftharpoons{t_E} (α_M + β_N)$$

结果得到α与β组成的共晶组织。$α_M$ 和 $β_N$ 的相对量可由杠杆定律求得：

$$w_α = \frac{EN}{MN} \times 100\% = \frac{97.5 - 61.9}{97.5 - 19} \times 100\%$$
$$\approx 45.4\%$$

$$w_β = \frac{ME}{MN} \times 100\% = \frac{61.9 - 19}{97.5 - 19} \times 100\%$$
$$\approx 54.6\%$$

继续冷却时，共晶组织中的α和β相都要发生溶解度的变化，α相成分沿 MF 线变化，β相的成分沿 NG 线变化，分别析出次生相 $β_Ⅱ$ 和 $α_Ⅱ$，这些次生相常与共晶组织中的同类相混在一起，难以在显微镜下分辨。

图 4-11 是 Pb-Sn 共晶合金的显微组织，

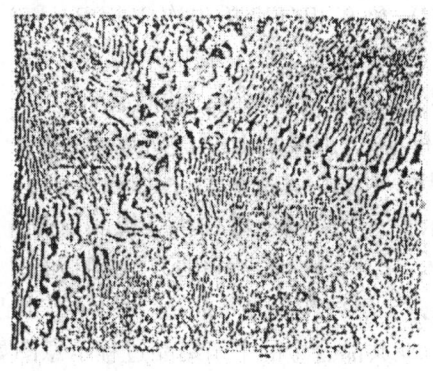

图 4-11 Pb-Sn 共晶合金的显微组织

α 和 β 呈层片状交替分布，其中黑色的为 α 相，白色的为 β 相。图 4-12 是该合金平衡结晶过程的示意图。

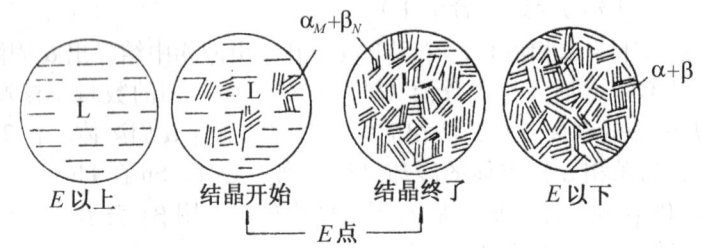

图 4-12　Pb-Sn 共晶合金平衡结晶过程示意图

3. 亚共晶合金（合金Ⅲ）

成分位于 $M \sim E$ 之间的合金叫做亚共晶合金。以含 Sn 量为 50% 的合金Ⅲ为例分析其结晶过程。

合金Ⅲ缓冷至 1 点时，开始结晶出 α 固溶体，至 2 点时，α 相和剩余液相的成分分别达到 M 点和 E 点，两相的相对量分别为：

$$w_\alpha = \frac{E2}{ME} \times 100\% = \frac{61.9 - 50}{61.9 - 19} \times 100\% \approx 27.8\%$$

$$w_L = \frac{M2}{ME} \times 100\% = \frac{50 - 19}{61.9 - 19} \times 100\% \approx 72.2\%$$

在 t_E 温度下，成分为 E 点的液相便发生共晶转变：

$$L_E \xrightleftharpoons{t_E} (\alpha_M + \beta_N)$$

这一转变一直进行到剩余液相全部形成共晶组织为止。共晶转变前形成的 α 固溶体叫做初晶或先共晶相。亚共晶合金在共晶转变刚刚结束之后的组织是由先共晶 α 相和共晶组织（α+β）所组成，其中共晶组织的量即为温度 t_E 时液相的量。

在 2 点以下继续冷却时，将从 α 相（包括先共晶 α 相和共晶组织中的 α 相）和 β 相分别析出次生相 β_{II} 和 α_{II}。在显微镜下，只有从先共晶 α 中析出的 β_{II} 可能观察到，共晶组织中的 α_{II} 和 β_{II} 一般难以分辨。所以其组织应为 $\alpha + \beta_{II} + (\alpha + \beta)$。如图 4-13 所示，图中暗黑色树枝状是初晶 α 固溶体，α 枝晶内隐约可见的白色颗粒为 β_{II}，黑白相间分布的是 (α+β) 共晶体。

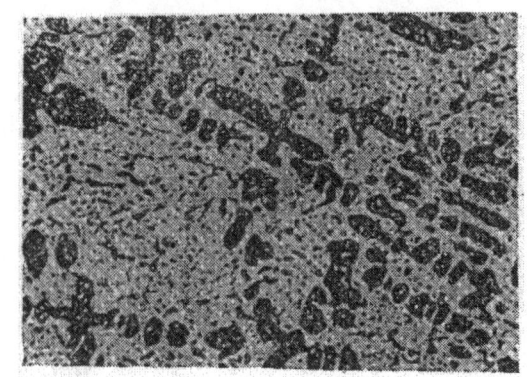

图 4-13　质量分数为 50% Sn 的 Pb-Sn 亚共晶合金组织

亚共晶合金的平衡结晶过程示意图如图 4-14 所示。

所有成分位于 $M \sim E$ 点之间的合金，其平衡结晶过程都与上述相类似，显微组织均为 $\alpha + \beta_{II} + (\alpha + \beta)$，只是不同的合金，它们各自的相对量不同罢了。

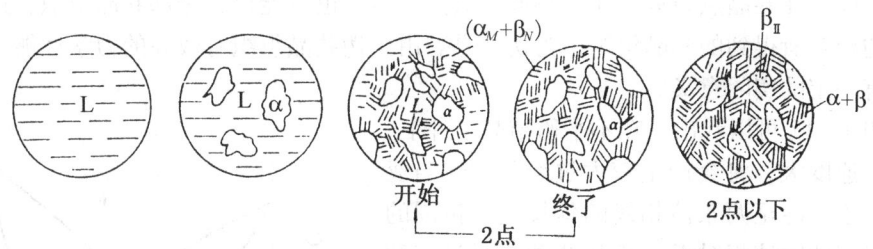

图 4-14　Sn-Pb 亚共晶合金平衡结晶过程示意图

4. 过共晶合金（Ⅳ）

过共晶合金的结晶过程与亚共晶合金相类似，不同之处只是先共晶相为 β，结晶后的组织为 β + α_Ⅱ + (α + β)，如图 4-15 所示，图中亮白色卵形为 β 固溶体，黑白相间分布的为 (α + β) 共晶体，在卵形 β 固溶体中隐约可见黑色颗粒为 α_Ⅱ。

上述组织中，α，β，α_Ⅱ，β_Ⅱ 及 (α + β) 在显微组织中均能清楚地区分开来，是组成显微组织的独立部分，称之为组织组成物。

成分位于 F 与 G 之间的合金，尽管结晶后的显微组织有所不同，但均由 α 和 β 两种基本相组成，把 α，β 称为相组成物。

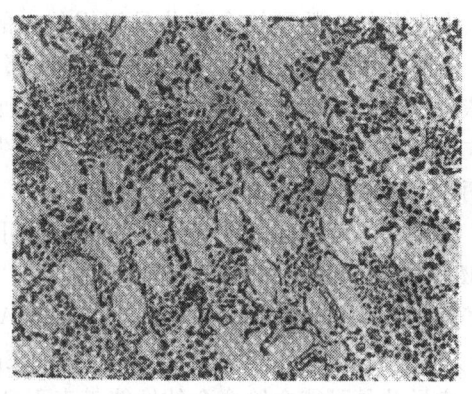

图 4-15　质量分数为 70%Sn 的 Pb-Sn 过共晶合金组织

为了分析研究组织方便，常常把合金的组织组成物标注在相图上，称组织组成物标注法（图 4-16）。

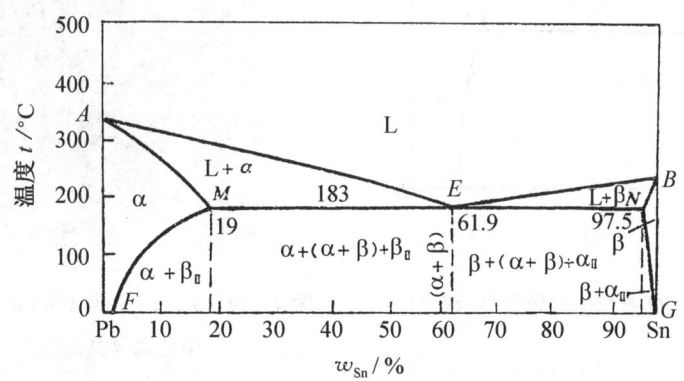

图 4-16　标明组织组成物的 Pb-Sn 合金相图

三、不平衡结晶及组织

1. 伪共晶

在平衡结晶条件下，只有共晶成分的合金才能获得完全的共晶组织。但在不平衡结晶条件下，成分在共晶点附近的亚共晶或过共晶合金，也可能得到全部共晶组织，这种非共晶成分的合金所得到的共晶组织称为伪共晶。由于伪共晶组织有较高的力学性能，所以研究它具有一定的实际意义。

从图4-17可以看出，在不平衡结晶条件下，由于冷却速度大，将会产生较大过冷，例如当亚共晶合金Ⅰ过冷至两条液相线的延长线所包围的影线区时，此时液相对于α相和β相都是过饱和的，可同时结晶出α和β，形成了共晶组织。

2. 离异共晶

在先共晶相数量较多而共晶组织甚少的情况下，有时共晶组织中与先共晶相相同的那一相，会依附于先共晶相上生长，剩下的另一相则单独存在于晶界处，从而使共晶组织的特征消失，这种两相分离的共晶称为离异共晶。

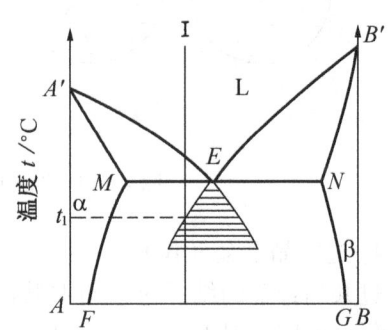

图4-17 伪共晶示意图

离异共晶可以在平衡条件下获得，也可以在不平衡条件下获得。如图4-18所示，靠近M点的合金Ⅰ在平衡条件下会产生离异共晶。M点左方的合金Ⅱ在不平衡结晶条件下会产生离异共晶。图4-19是$w_{Cu}=4\%$的Al-Cu铸造合金中的离异共晶组织。钢的Fe-FeS共晶往往是离异共晶，其中FeS分布在晶界上。

离异共晶可能会给合金的性能带来不良影响。

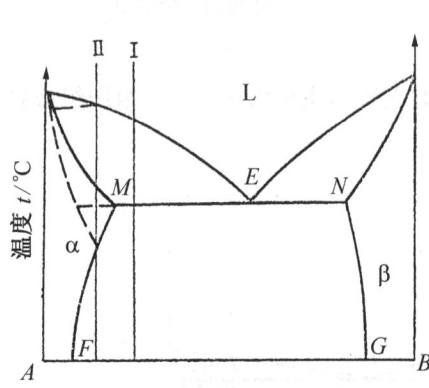

图4-18 可能产生离异共晶示意图

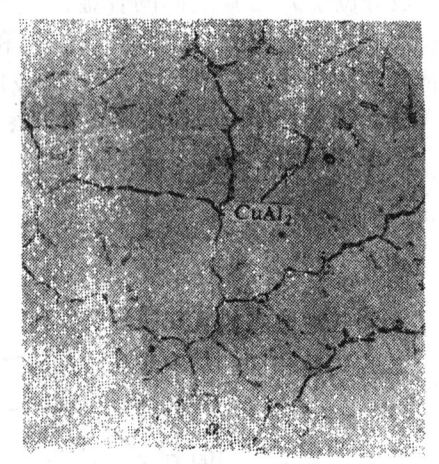

图4-19 $w_{Cu}=4\%$的Al-Cu铸造合金中的离异共晶组织（100×）

第五节 包晶相图

两组元在液态下相互无限溶解，在固态下只能有限溶解，并发生包晶转变的二元合金相图，称为包晶相图。

所谓包晶转变,是指在一定温度下,由一定成分的固相与一定成分的液相作用,生成另一个一定成分的固相的转变。

具有包晶转变二元系有 Pt‑Ag,Sn‑Sb,Cu‑Sn,Cu‑Zn 等。Fe‑Fe$_3$C 相图中也有包晶转变部分。

下面以铂‑银相图为例说明包晶相图。

一、相图分析

图 4‑20 是 Pt‑Ag 合金相图,图中 ACB 为液相线,APDB 为固相线,PE 是 Ag 在 Pt 中的溶解度曲线,DF 是 Pt 在 Ag 中的溶解度曲线。

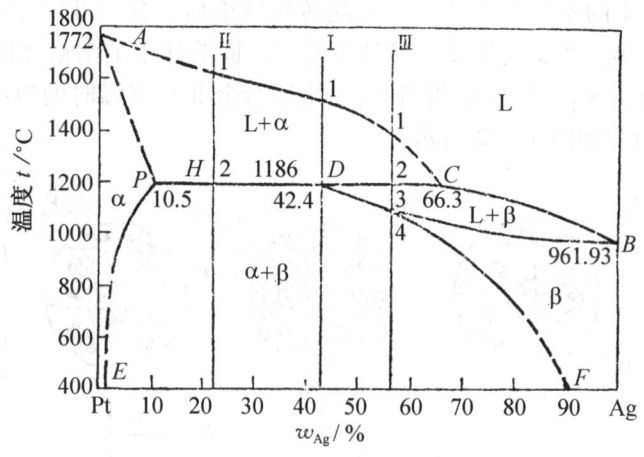

图 4‑20 Pt‑Ag 合金相图

相图中有三个单相区:L,α 和 β;三个两相区:L+α,L+β,α+β;一个三相区 (L+α+β) 即水平线 PDC。D 点为包晶点,D 点对应温度为包晶转变温度,PDC 水平线为包晶转变线。凡成分在 P~C 之间的合金,当温度降至 t_D 时均要发生包晶转变,即:

$$L_C + \alpha_P \xrightleftharpoons{t_D} \beta_D$$

二、典型合金的平衡结晶过程

1. 合金 I(含 Ag 为 42.4% 的包晶点成分的 Pt‑Ag 合金)

合金 I 在 1 点以上为液相,冷至 1 点,开始从液相中结晶出 α 相,到 t_D 时,α 的成分相当于 P 点的成分,液相的成分相当于 C 点的成分,在 t_D 温度下,α_P 与 L_C 要发生包晶转变,即

$$L_C + \alpha_P \xrightleftharpoons{t_D} \beta_D$$

转变过程中,β 固溶体包围着 α 固溶体,不断地消耗液相及 α 而进行,故称为包晶转变。这一转变,直到 α 和 L 刚好全部消耗完毕,全部转变为 β。随温度的继续下降,由于铂在 β 中的溶解度随温度的下降而减少,β 不断析出 α_{II},所以合金 I 的室温组织为 β + α_{II},其平衡结晶过程如图 4‑21 所示。

2. 合金 II(含 Ag 为 10.5%~42.4% 的 Pt‑Ag 合金)

合金 II 在 2 点以上的结晶过程与合金 I 类似。

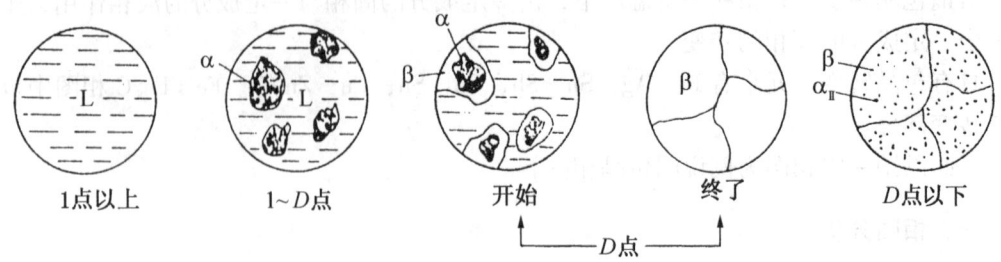

图 4-21 合金Ⅰ平衡结晶过程示意图

合金Ⅱ与合金Ⅰ的不同点在于：在包晶转变结束后，合金Ⅱ除了新相 β 固溶体外，还有剩余的 α 固溶体。当温度从 2 点继续下降时，固溶体中的溶解度随温度的下降而改变，因此从 β 中析出 $α_Ⅱ$，从 α 中析出 $β_Ⅱ$，所以合金Ⅱ在室温时的组织为 α+β+$α_Ⅱ$+$β_Ⅱ$，其平衡结晶过程如图 4-22 所示。

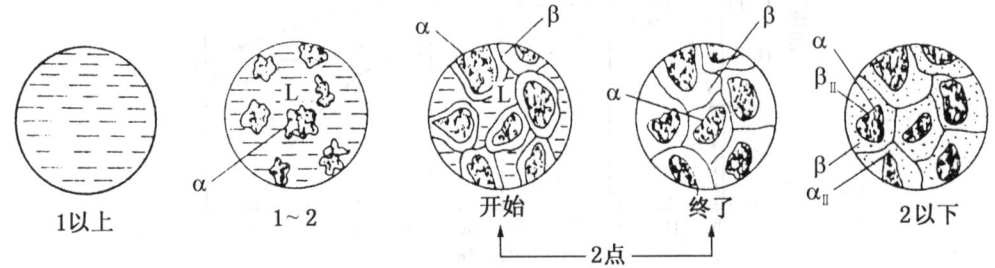

图 4-22 合金Ⅱ平衡结晶过程示意图

3. 合金Ⅲ（含 Ag 为 42.4%~66.3% 的 Pt-Ag 合金）

合金Ⅲ的结晶过程与合金Ⅱ的区别是包晶转变结束后还有剩余的液相存在，此液相后来发生匀晶转变，转变为 β。合金Ⅲ的室温组织为 β+$α_Ⅱ$。其平衡结晶过程如图 4-23 所示。

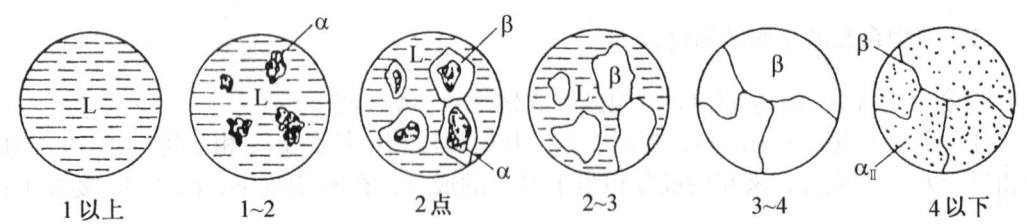

图 4-23 合金Ⅲ平衡结晶过程示意图

三、不平衡结晶与包晶偏析

发生包晶转变时，新形成的 β 固溶体将包围着原来的 α 固溶体，靠同时消耗液相及 α 固溶体而长大。由于在这三种相中的含银量不同，液相最高，β 固溶体次之，α 固溶体最低，而含铂量则以 α 固溶体为最高，β 固溶体次之，液相最低，因此，在 β 固溶体长大时，液相中的银原子必须通过 β 相扩散到 α 固溶体中去，而 α 相中的铂原子也必须通过 β 相扩散到液相中去（图 4-24）。一般情况下，原子在固相中的扩散速度要比在液相中小得多，因而包晶转变的速度往往是非常缓慢的。在实际冷却条件下，冷却速度一般都比较快，扩散往往来不及进行或进行完全，因而将得到不平衡组织。

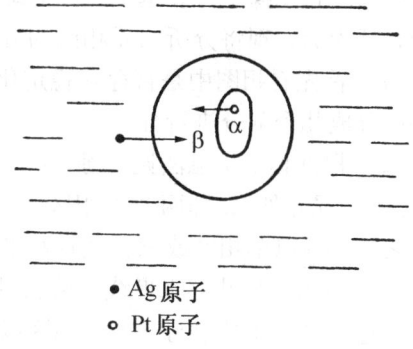

图 4-24　包晶反应时原子迁移示意图

这类合金的不平衡组织的特点是：与平衡组织相比，组织中保留有较多的 α 固溶体，α 仍保持初生相的形态。组织中的 β 相固溶体较平衡组织少，β 固溶体中存在着较大的成分偏析等。这种由于包晶转变不能充分进行而产生的化学成分不均匀的现象称为包晶偏析。

包晶偏析是由原子扩散不能充分进行而形成的。因此，可通过长时间的扩散退火来减少或消除。

第六节　形成稳定化合物的相图

稳定化合物是具有一定熔点，而且在熔点以下都能保持其本身结构而不发生分解的金属化合物。如 Mg 和 Si 即可形成分子式为 Mg_2Si 的稳定化合物，Mg-Si 合金相图就是形成稳定化合物的二元相图（图 4-25）。

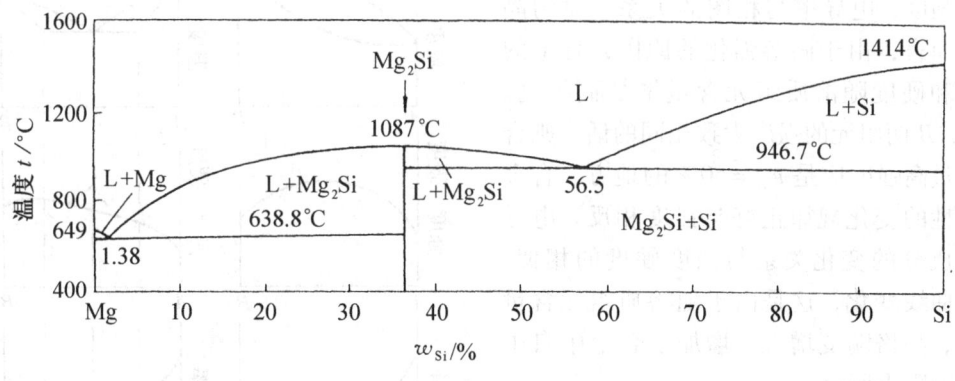

图 4-25　Mg-Si 合金相图

这类相图的主要特点是在相图中有一条代表稳定化合物的垂直线，垂线的垂足代表化合物的成分，顶点代表它的熔点。十分明显，若把稳定化合物 Mg_2Si 视为一个组元，即可认为这个相图是由左、右两个简单共晶相图组成（Mg-Mg_2Si 和 Mg_2Si-Si）。为此，有关相区及合金结晶过程与前述的共晶相图相同，故不再重述。

至此，我们已经学习了三种基本相图，即匀晶相图，共晶相图，包晶相图。事实上，任何复杂的相图都是一些基本相图的综合,只要掌握了这些基本相图的特点和转变规律,就能化繁为简,现将分析二元相图的方法归纳如下:

(1) 首先看相图中是否存在稳定化合物,如存在的话,则以稳定化合物为独立组元,把相图分成几个部分进行分析。

(2) 根据相区接触法则区别各相区。相区接触法则是指相邻相区的相数相差一个(点接触情况除外),即两个单相区之间必定有一个由这两个相所组成的两相区,两个两相区之间必须以单相区或三相共存水平线隔开。

(3) 找出三相共存水平线,分析这些恒温转变的类型。二元相图的三相区是一条水平线,这条水平线必定与三个单相区以点接触,三个点分别代表三个平衡相的成分。三相平衡必然两两平衡,故三相平衡水平线必定与三个两相区以线接触。如果在水平线上方有两个两相区,下方有一个两相区,则属共晶转变,即由上方两个两相区的共有相生成下方两相区的两个相。如果在水平线的上方有一个两相区,下方有两个两相区,则属包晶转变,即由上方两个相反应生成下方两个两相区的共有相。

第七节 合金的性能与相图的关系

合金的性能取决于合金的化学成分与内部组织。相图可以反映出在一定温度下合金的成分与其组织的关系,相图还反映了不同合金的结晶特点,所以可以根据相图判断合金的力学性能、物理性能和铸造性能。

一、根据相图判断合金的力学性能和物理性能

图 4-26 是匀晶系和共晶系合金的硬度、强度、电导率与相图的关系。对匀晶合金而言,由于固溶强化的原因,合金的强度和硬度随溶质组元含量增加而提高。若 A,B 两组元的强度大致相同的话,则合金的最高强度应是 $w_B = 50\%$ 的地方。合金的塑性的变化规律正好与强度相反。电导率与成分的变化关系与强度硬度的相似,均呈曲线变化,这是由于随溶质组元含量增加,晶格畸变增大,增加了合金中自由电子的阻力所致。

共晶相图的端部为固溶体,其成分与性能的关系如上所述。相图的中间部分为两相机械混合物,在平衡状态下,当两相的大小和分布都比较均匀时,合金的性能大致是两相性能的算术平均值,即合金的力学性能和物理性能与成分呈直线关系变化。但是应当指出,当共晶组织十分细密,其强度和硬度

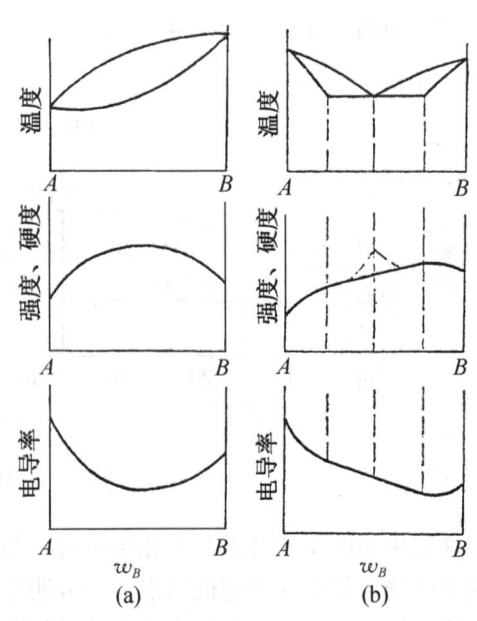

图 4-26 相图与合金硬度、强度及电导率之间的关系

(a) 匀晶系合金;(b) 共晶系合金

将偏离直线关系而出现峰值,如图 4-26b 中虚线所示。

二、根据相图判断合金的铸造性能

合金的铸造性能主要表现为流动性、缩孔及热裂倾向等,这些性能主要取决于相图上液相线与固相线之间的水平距离与垂直距离,即结晶的成分间隔与温度间隔。

图 4-27 是匀晶系及共晶系合金的铸造性能与相图的关系。从图看出,当结晶的成分间隔与温度间隔愈大,则愈有利于树枝晶的发展,流动性也就愈差。而树枝晶愈发展,液体被枝晶分的越开,枝晶间的液体在凝固收缩时,由于得不到液体的补充,将形成较多的分散缩孔,集中缩孔则较小。

合金的结晶温度间隔很大时,将使合金在较长时间内处于半液体、半固体状态。这时合金强度很低,在收缩应力作用下,就有可能产生裂纹,即热裂倾向较大。

对于共晶系合金,共晶成分的合金熔点低,并且是恒温凝固,故液体的流动性好,凝固后容易形成集中缩孔,而分散缩孔少,热裂倾向也小。因此,铸造合金宜选择接近共晶成分的合金。

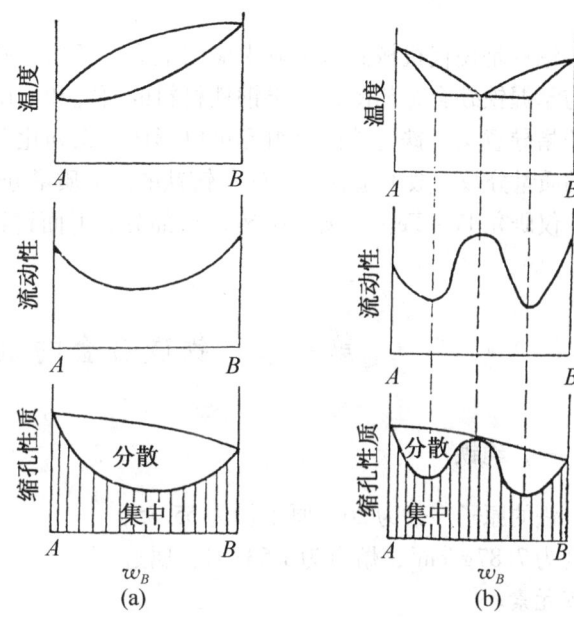

图 4-27 相图与合金铸造性能的关系
(a) 匀晶系合金;(b) 共晶系合金

第五章 铁碳合金

钢铁是现代机械制造工业中应用最为广泛的金属材料。碳钢和铸铁都是铁碳合金，了解与掌握铁碳合金相图，对于钢铁材料的研究和使用，各种热加工工艺的制订等都具有重要的指导意义。铁与碳两个组元可以形成一系列化合物：Fe_3C，Fe_2C，FeC 等，由于钢中碳的质量分数一般不超过 2.11%，铸铁的碳的质量分数一般不超 5%，所以在研究铁碳合金时，仅研究 $Fe-Fe_3C$（$w_C = 6.69\%$）部分。下面讨论的铁碳相图，实际上是 $Fe-Fe_3C$ 相图。

第一节　铁碳合金的组元及基本相

一、纯铁

铁的原子序数为 26，原子量为 55.85，密度为 7.87g/cm³，熔点为 1 538℃，属过渡族元素。

铁的一个重要特性是具有同素异构转变。许多金属在固态下只有一种晶体结构，但也有少数金属在固态下存在两种或两种以上的晶体结构，即具有多晶型。当外部条件（如温度和压强）改变时，金属内部由一种晶体结构转变为另一种晶体结构的现象称为多晶形转变或同素异构转变。图 5-1 是纯铁在结晶时的冷却曲线，由图可以看出，纯铁在 1 538℃结晶为 δ-Fe，它具有体心立方晶格；当温度降至 1 394℃时，δ-Fe 转变为面心立方晶格的 γ-Fe，通常把 δ-Fe $\rightleftharpoons$ γ-Fe 的转变称为 A_4 转变，转变的平衡临界点称为 A_4 点。当温度继续降至 912℃时，面心立方的 γ-Fe 又转变为体心立方晶格的 α-Fe，把 γ-Fe $\rightleftharpoons$ α-Fe 的转变称为 A_3

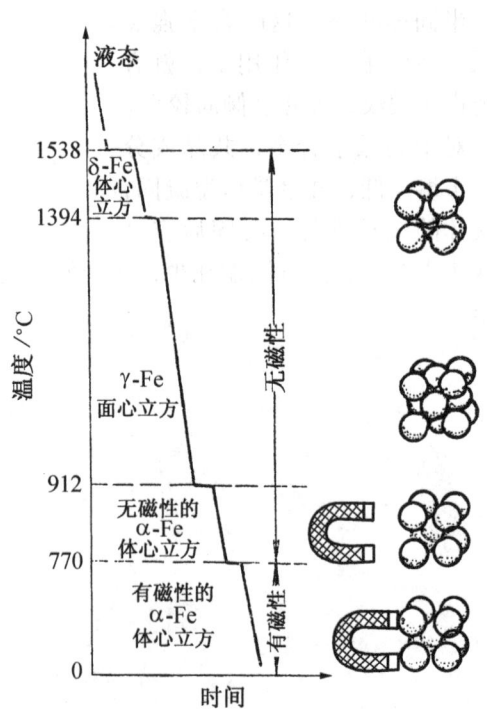

图 5-1　纯铁的冷却曲线及晶体结构变化

转变，转变的临界点称为 A_3 点。在 912℃以下，铁的结构不再发生变化。可见，铁具有三种同素异构状态，即 δ-Fe，γ-Fe 和 α-Fe。纯铁的同素异构转变具有很大的实际意义，它是钢的合金化和热处理的基础。

应当指出，α-Fe 在 770℃ 还将发生磁性转变，即由高温的顺磁性转变为低温的铁磁性状态。通常把这种磁性转变称为 A_2 转变，把磁性转变温度称为铁的居里点。磁性转变时铁的晶格类型不变，所以磁性转变不属于相变。

工业纯铁的含铁量一般为 $w_{Fe} = 99.8\% \sim 99.9\%$，含有 $0.1\% \sim 0.2\%$ 的杂质，其中主要是碳。工业纯铁的力学性能大致如下：

抗拉强度 σ_b：$180 \sim 280$ MN/m²；

屈服强度 $\sigma_{0.2}$：$100 \sim 170$ MN/m²；

伸长率 δ：$30\% \sim 50\%$；

断面收缩率 Ψ：$70\% \sim 80\%$；

冲击韧性 a_k：$160 \sim 200$ J/cm²；

硬度：$50 \sim 80$ HBS。

可见，纯铁的塑性韧性很好，但其强度硬度很低，很少用作结构材料。纯铁的主要用途是利用它的铁磁性。纯铁具有高的磁导率，可用于要求软磁性的场合，例如各种仪器仪表的铁心等。

二、铁素体

铁素体是碳在 α-Fe 中形成的固溶体，常用符号"α"或"F"表示。在 α-Fe 的体心立方晶格中，最大间隙半径只有 0.31■，比碳原子半径 0.77Å 小得多，碳原子只能处于位错、空位、晶界等晶体缺陷处或个别八面体间隙中，所以铁素体的含碳量极小（$0.0057\% \sim 0.0218\%$）。

铁素体的组织与纯铁组织没有明显区别，在显微镜下观察铁素体为均匀明亮的多边形晶粒（图 5-2）。

图 5-2 铁素体的显微组织

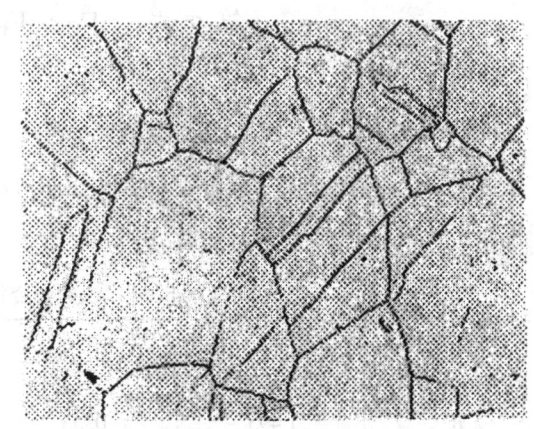

图 5-3 奥氏体的显微组织

铁素体的性能也近似于纯铁，强度和硬度低，而塑性和韧性好。另外，铁素体在 770℃ 以上具有顺磁性，在 770℃ 以下呈铁磁性。

碳溶于体心立方晶格 δ-Fe 中的间隙溶体称为 δ 铁素体，以"δ"表示，其最大溶解度于 1 495℃ 时为 0.09%。

三、奥氏体

奥氏体是碳溶于 γ-Fe 中形成的固溶体，用"γ"或"A"表示。其显微组织如图 5-3 所示，晶粒呈多边形。

奥氏体中的碳原子是溶于面心立方 γ-Fe 的八面体间隙中心，八面体间隙半径为 0.53■，略小于碳原子半径，因此碳在 γ-Fe 中也只能是有限溶解，其最大溶解度为 2.11%（1148℃时）。

奥氏体的力学性能与其含碳量和晶粒度有关，硬度为 170~220 HBS；伸长率 δ = 40~50%。可见奥氏体也是一个强度硬度较低而塑性韧性较高的相，但它与铁素体不同，只有顺磁性，而不呈现铁磁性。

四、渗碳体

渗碳体是铁与碳的稳定化合物 Fe_3C，用"C_m"表示，其含碳量为 6.69%。由于碳在 α-Fe 中的溶解度很小，所以在常温下碳在铁碳合金中主要是以渗碳体的形式存在。渗碳体属于复杂间隙化合物，属正交晶系，晶体结构十分复杂。渗碳体的熔点为 1227℃，硬度高，约为 800 HBS，但脆性大，塑性差，延伸率接近于零；居里点为 230℃，在 230℃ 以上，铁磁性消失。渗碳体作为钢中的强化相，它的形态、大小、数量及分布对钢的性能有很大的影响。

渗碳体在高温下可以分解形成石墨状的自由碳，即：

$$Fe_3C \xrightarrow{高温} 3Fe + C（石墨）$$

这个转变对铸铁有重要意义。

第二节　Fe-Fe₃C 相图分析

一、相图中的点、线、区及其意义

图 5-4 是 Fe-Fe_3C 相图，图中各特性点的温度、碳质量分数及意义示于表 5-1 中。其中最重要的点是 C, S, J 和 E 点。

表 5-1　铁碳合金相图中的特性点

点的符号	温度/℃	w_C/%	说　明
A	1538	0	纯铁的熔点
B	1495	0.53	包晶转变时液相的成分
C	1148	4.30	共晶点
D	1227	6.69	渗碳体的熔点
E	1148	2.11	碳在 γ-Fe 中的最大溶解度
F	1148	6.69	渗碳体的成分
G	912	0	α-Fe $\rightleftharpoons$ γ-Fe 转变温度（A_3）
H	1495	0.09	碳在 δ-Fe 中的最大溶解度

续表 5-1

点的符号	温度/°C	w_C/(%)	说　　明
J	1 495	0.17	包晶点
K	727	6.69	渗碳体的成分
N	1 394	0	γ-Fe $\rightleftharpoons$ δ-Fe 的转变温度
P	727	0.021 8	碳在 α-Fe 中的最大溶解度
S	727	0.77	共析点（A_1）
Q	室温	0.000 8	室温时碳在 α-Fe 中的溶解度

相图中有五个单相区：

$ABCD$ 以上——液相区（L）；$AHNA$——δ 固溶体区（δ）；$NJESGN$——奥氏体区（γ 或 A）；$GPQG$——铁素体区（α 或 F）；$DFKL$——渗碳体区（Fe_3C 或 C_m）。

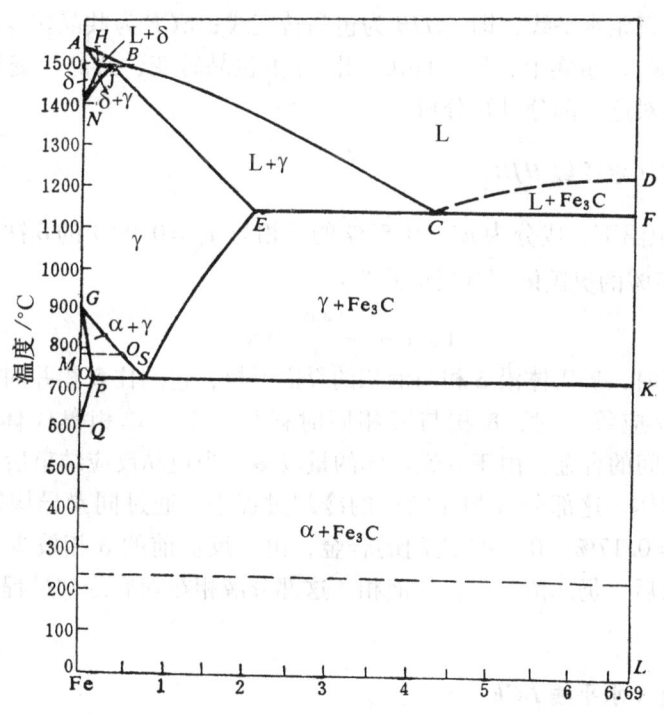

图 5-4　以相组成表示的 $Fe-Fe_3C$ 相图

相图中有 7 个两相区，它们分别存在于相邻两个单相区之间。这些两相区分别是：$L+\delta$，$L+\gamma$，$L+Fe_3C$，$\delta+\gamma$，$\gamma+\alpha$，$\gamma+Fe_3C$ 及 $\alpha+Fe_3C$。

相图的液相线是 $ABCD$，固相线是 $HJECF$。

相图中有三条重要的特性曲线：

(1) GS 线：又称为 A_3 线，它是在冷却过程中，由奥氏体析出铁素体的开始线，或者是在加热过程中，铁素体溶入奥氏体的终了线。事实上，GS 线是由 G 点（A_3 点）演变而来，随着含碳量的增加，使奥氏体向铁素体的同素异构转变温度逐渐下降，从而由 A_3 点

变成了 A_3 线。

(2) ES 线：是碳在奥氏体中的溶解度曲线。当温度低于此曲线时，就要从奥氏体中析出次生渗碳体，通常称之为二次渗碳体，因此该曲线又是二次渗碳体的开始析出线。ES 线也叫 A_{cm} 线。

由相图可以看出，E 点表示奥氏体的最大溶碳量，即奥氏体的溶碳量在 1 148℃时为 $w_C = 2.11\%$。

(3) PQ 线：是碳在铁素体中的溶解度曲线。铁素体中的最大溶碳量，于 727℃时达到最大值 $w_C = 0.021\ 8\%$。随着温度的降低，铁素体中的溶碳量逐渐减少，在 300℃以下，溶碳量（w_C）小于 0.001%。因此，当铁素体从 727℃冷却下来时，要从铁素体中析出渗碳体，称之为三次渗碳体，记为 $Fe_3C_{Ⅲ}$。

相图上有两条磁性转变线：MO 为铁素体的磁性转变线；230℃虚线为渗碳体的磁性转变线。

铁碳相图上有三条水平线，即：HJB 为包晶转变线；ECF 为共晶转变线；PSK 为共析转变线（又称 A_1 线）。事实上，Fe – Fe_3C 相图即由包晶转变、共晶转变和共析转变三部分连接而成。下面对这三部分进行分析。

二、包晶转变（水平线 HJB）

在 1 495℃的恒温下，成分为 $w_C = 0.53\%$ 的液相与 $w_C = 0.09\%$ 的 δ 铁素体发生包晶反应，形成 $w_C = 0.17\%$ 的奥氏体，其反应式为：

$$L_B + \delta_H \xrightleftharpoons{1\ 495℃} \gamma_J$$

进行包晶反应时，奥氏体沿 δ 相与液相的界面形核，包围住 δ 相并向 δ 相和液相两个方向长大。包晶反应终了时，δ 相与液相同时耗尽，变为单相奥氏体。含碳量 $w_C = 0.09\% \sim 0.17\%$ 之间的合金，由于 δ 铁素体的量较多，当包晶反应结束后，液相耗尽，仍残留一部分 δ 铁素体。这部分 δ 相在随后的冷却过程中，通过同素异构转变而变成奥氏体。含碳量在 $w_C = 0.17\% \sim 0.53\%$ 之间的合金，由于反应前的 δ 相较少，液相较多，所以在包晶反应结束后，仍残留一定量的液相，这部分液相在随后冷却过程中按匀晶转变结晶成奥氏体。

三、共晶转变（水平线 ECF）

Fe – Fe_3C 相图上的共晶转变是在 1 148℃的恒温下，由 $w_C = 4.3\%$ 的液相同时结晶出 $w_C = 2.11\%$ 的奥氏体和渗碳体组成的混合物。其反应式为：

$$L_C \xrightarrow{1\ 148℃} (\gamma_E + Fe_3C)$$

Fe – Fe_3C 相图上的 BC 线是从液相中析出奥氏体的开始线，CD 线是从液相中析出渗碳体的开始线，而 C 点是 BC 线与 CD 线的交点，因此，C 点成分的液相在 C 点温度下应同时析出奥氏体和渗碳体，即发生共晶转变。

共晶转变所形成的奥氏体和渗碳体的混合物，称为莱氏体，以符号 L_d 表示。凡是含碳量 $w_C = 2.11\% \sim 6.69\%$ 范围内的合金（即 ECF 线上的合金），都会发生共晶转变。

在莱氏体中，渗碳体是连续分布的相，奥氏体呈颗粒状分布在渗碳体的基底上。由于渗碳体很脆，所以莱氏体是塑性很差的组织。

四、共析转变（水平线 PSK）

Fe–Fe$_3$C 相图上的共析转变是在 727℃恒温下，由 $w_C = 0.77\%$ 的奥氏体转变为 $w_C = 0.0218\%$ 的铁素体和渗碳体组成的混合物，其反应式为：

$$\gamma_S \xrightleftharpoons{727℃} (\alpha_P + Fe_3C)$$

Fe–Fe$_3$C 相图上的 GS 线是从奥氏体中析出铁素体的开始线，ES 线是从奥氏体中析出渗碳体的开始线，而 S 点是 GS 线与 ES 线的交点，因此，S 点成分的奥氏体在 S 点温度下应同时析出铁素体和渗碳体，即发生共析转变。

共析转变产物称为珠光体，用符号 P 表示。凡是碳的质量分数 $w_C > 0.0218\%$ 的铁碳合金（即 PSK 线上的合金）都将发生共析转变。共析转变的水平线 PSK，称为共析线或共析温度，常用符号 A_1 表示。

共析转变形成的珠光体是层片状的渗碳体与铁素体的机械混合物，其中铁素体和渗碳体的含量可以用杠杆定律进行计算：

$$w_F = \frac{SK}{PK} = \frac{6.69 - 0.77}{6.69 - 0.0218} \times 100\% = 88.7\%$$

$$w_{Fe_3C} = 100\% - w_F = 11.3\%$$

渗碳体与铁素体含量的比值为 $w_{Fe_3C}/w_F \approx 1/8$。这就是说，如果忽略铁素体和渗碳体比容上的微小差别，铁素体的体积是渗碳体的 8 倍。在显微镜下观察，珠光体组织中较厚的片是铁素体，较薄的片是渗碳体。在腐蚀金相试样时，如果腐蚀时间恰当，被腐蚀的是铁素体和渗碳体的相界面，因此，如在 1 000 倍以上的高倍下观察，每个珠光体团中是大致平行的宽条铁素体和细条渗碳体，两者都呈白色，而其边界呈黑色（图 5-5a）。在 500 倍左右的中倍观察时，白亮的渗碳体细条被两边黑色的边界线所"吞食"，看起来合成了一条黑线，这时所看到的珠光体是在白色的铁素体基体上分布着渗碳体黑条，呈指纹状（图 5-5b）。在 200 倍以下的低倍观察时，由于显微镜的鉴别率较低，这时的珠光体是一片暗黑，呈黑块状组织，图 5-11 中的黑块即是珠光体组织。

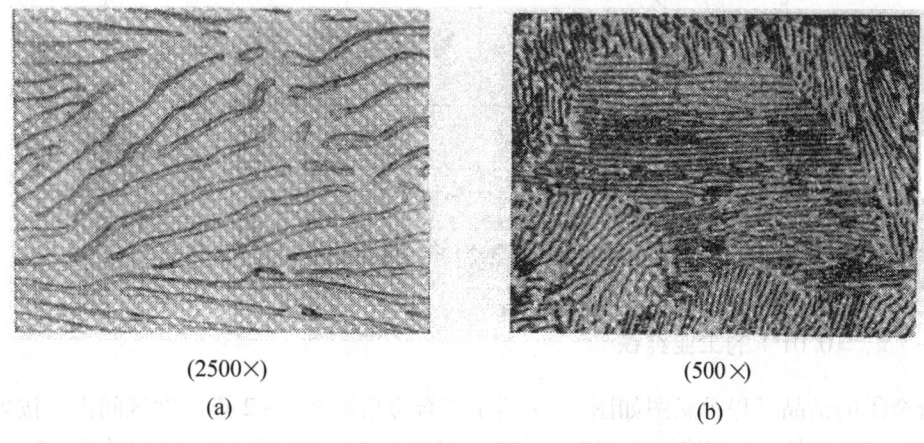

(2500×)　　　　　　　　　　　(500×)
(a)　　　　　　　　　　　　　(b)

图 5-5　不同放大倍数下的珠光体组织特征

第三节 铁碳合金的平衡结晶过程及组织

铁碳合金按其碳的质量分数及室温平衡组织分为三大类，即工业纯铁、钢和铸铁。

(1) 工业纯铁（$w_C < 0.0218\%$）：室温平衡组织为铁素体加少量 Fe_3C_{III}。

(2) 钢（$w_C = 0.0218\% \sim 2.11\%$）：其中又分为三类：

①亚共析钢（$w_C = 0.0218\% \sim 0.77\%$）：室温平衡组织为铁素体加珠光体。

②共析钢（$w_C = 0.77\%$）：室温平衡组织为珠光体。

③过共析钢（$w_C = 0.77\% \sim 2.11\%$）：室温平衡组织为珠光体加二次渗碳体。

(3) 铸铁（$w_C = 2.11\% \sim 6.69\%$）：按 $Fe - Fe_3C$ 系结晶的铸铁，碳以 Fe_3C 形式存在，断口呈亮白色。其中又分为三类：

①亚共晶白口铁（$w_C = 2.11\% \sim 4.3\%$）：室温平衡组织为珠光体加二次渗碳体加莱氏体。

②共晶白口铁（$w_C = 4.3\%$）：室温平衡组织为莱氏体。

③过共晶白口铁（$w_C = 4.30\% \sim 6.69\%$）：室温平衡组织为一次渗碳体加莱氏体。

现从每种类型中选择一种合金来分析其平衡结晶过程和组织。所选取的合金成分在相图上的位置见图 5-6。

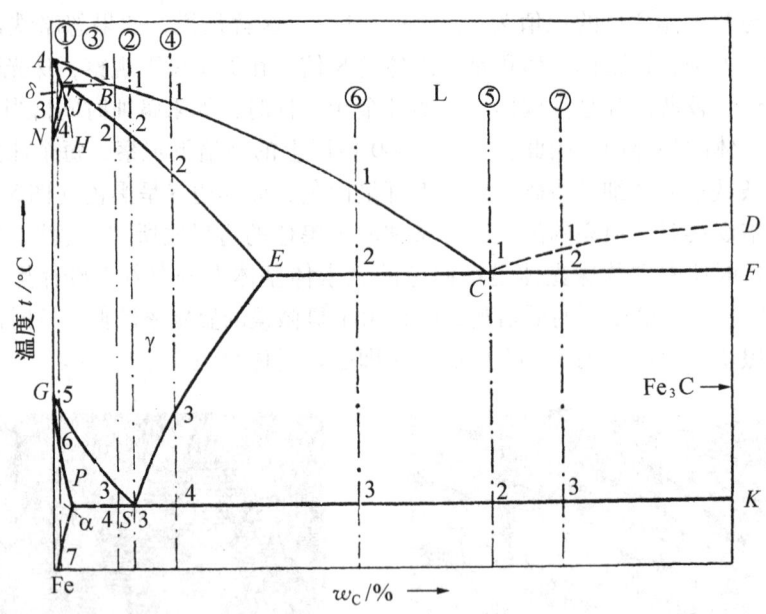

图 5-6 典型铁碳合金冷却时的组织转变过程分析

一、$w_C = 0.01\%$ 的工业纯铁

合金①的结晶过程示意图如图 5-7 所示。合金熔液在 1~2 点温度区间内，按匀晶转变结晶出 δ 固溶体，δ 固溶体冷却至 3 点时，开始发生固溶体的同素异构转变：δ→γ。这一转变在 4 点结束，合金呈单相奥氏体状态。奥氏体冷却到 5 点时又发生同素异构转变：

γ→α。当温度达到6点时,奥氏体全部转变为铁素体。铁素体冷却到7点时,碳在铁素体中的溶解量达到饱和,因此,在7点以下时,渗碳体将从铁素体中析出,这种渗碳体称三次渗碳体。在缓慢冷却条件下,三次渗碳体常沿铁素体晶界呈片状析出。最后,工业纯铁的室温平衡组织为铁素体加少量三次渗碳体(图5-8)。

三次渗碳体沿铁素体晶界呈片状析出,会降低工业纯铁的塑性和韧性。

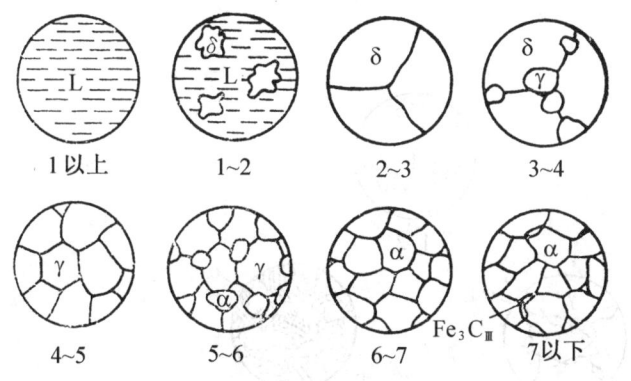

图5-7 $w_C = 0.01\%$ 的工业纯铁结晶过程示意图

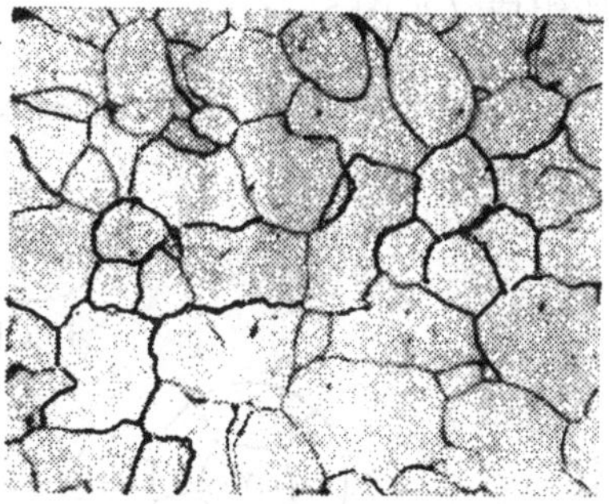

图5-8 工业纯铁室温平衡状态显微组织(500×)

二、共析钢

共析钢即图5-6中的合金②,其结晶过程示意图如图5-9所示。在1~2点温度区间,合金按匀晶转变结晶出奥氏体。奥氏体冷却到3点(727℃),在恒温下发生共析转变:$\gamma_{0.77} \rightleftharpoons (\alpha_P + Fe_3C)$,转变产物为珠光体。珠光体中的渗碳体称为共析渗碳体。在随后的冷却过程中,铁素体中的含碳量沿PQ线变化,于是从珠光体的铁素体相中析出三次渗碳体。在缓慢冷却条件下,三次渗碳体在铁素体与渗碳体的相界上形成,与共析渗碳体连结在一起,在显微镜下难以分辨,同时其数量也很少,对珠光体的组织和性能没有明显影响。在以后的讨论中,不再分析三次渗碳体在钢中的析出。共析钢的室温平衡组织为珠光体(图5-5)

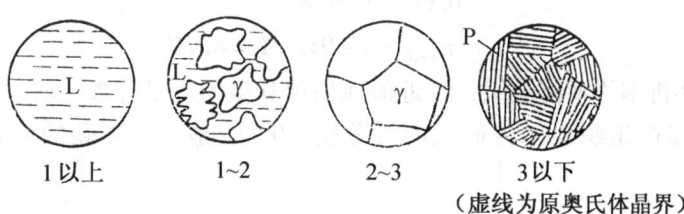

图5-9 $w_C = 0.77\%$ 的共析钢结晶过程示意图

三、亚共析钢

现以 $w_C = 0.60\%$ 的碳钢为例进行分析,其在相图上的位置见图5-6中的合金③,结晶过程如图 5-10 所示。在结晶过程中，冷却至 1~2 温度区间，合金按匀晶转变结晶出奥氏体。当冷到 2 点时，全部转变成为奥氏体。单相的奥氏体冷却到 3 点时，在晶界上开始析出铁素体。随着温度的降低，铁素体的数量不断增多，此时铁素体的成分沿 GP 线变化，而奥氏体的成分则沿 GS 线变化。当温度降至 4 点与共析线（727℃）相遇时，奥氏体的成分达到了 S 点，即碳的质量分数达到 $w_C = 0.77\%$，于恒温下发生共析转变：$\gamma_{0.77} \rightleftharpoons (\alpha_P + Fe_3C)$，形成珠光体。因此，该钢在室温下的组织由先共析铁素体和珠光体所组成（见图 5-11c）。

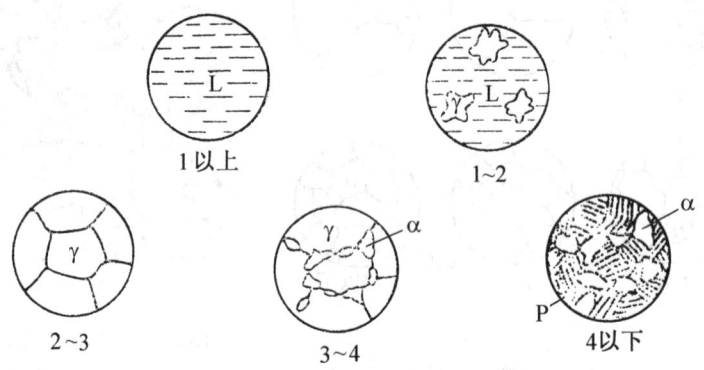

图 5-10　$w_C = 0.60\%$ 的亚共析钢结晶过程示意图

亚共析钢的室温组织均由铁素体和珠光体组成。钢中碳的质量分数越高，则组织中的珠光体量越多。图 5-11 为 $w_C = 0.20\%$，$w_C = 0.40\%$ 和 $w_C = 0.60\%$ 的亚共析钢的显微组织。由于放大倍数较小，不能清晰地观察到珠光体的片层特征，观察到的只是灰黑一片。

利用杠杆定律可以分别计算出钢中的组织组成物——先共析铁素体和珠光体的含量：

$$w_\alpha = \frac{0.77 - 0.60}{0.77 - 0.0218} \times 100\% = 22.7\%$$

$$w_P = 1 - 22.7\% = 77.3\%$$

同样，也可以算出相组成的含量：

$$w_\alpha = \frac{6.69 - 0.60}{6.69 - 0.0218} \times 100\% = 91.3\%$$

$$w_{Fe_3C} = 1 - 91.3\% = 8.7\%$$

根据亚共析钢的平衡组织，可近似地估计其碳的质量分数：$w_C \approx P \times 0.8\%$，其中 P 为珠光体在显微组织中所占面积的百分比，0.8% 是珠光体碳的质量分数 0.77% 的近似值。

四、过共析钢

以 $w_C = 1.2\%$ 的过共析钢为例，该钢在相图上的位置见图 5-6 中的合金④，其结晶过程示意图如图 5-12 所示。合金在 1~2 点按匀晶转变为单相奥氏体。当冷至 3 点与 ES 线相遇时，开始从奥氏体中析出二次渗碳体，直到 4 点为止。这种先共析渗碳体一般沿着奥氏体晶界呈网状分布。由于渗碳体的析出，奥氏体中的含碳量沿 ES 线变化，当温度降

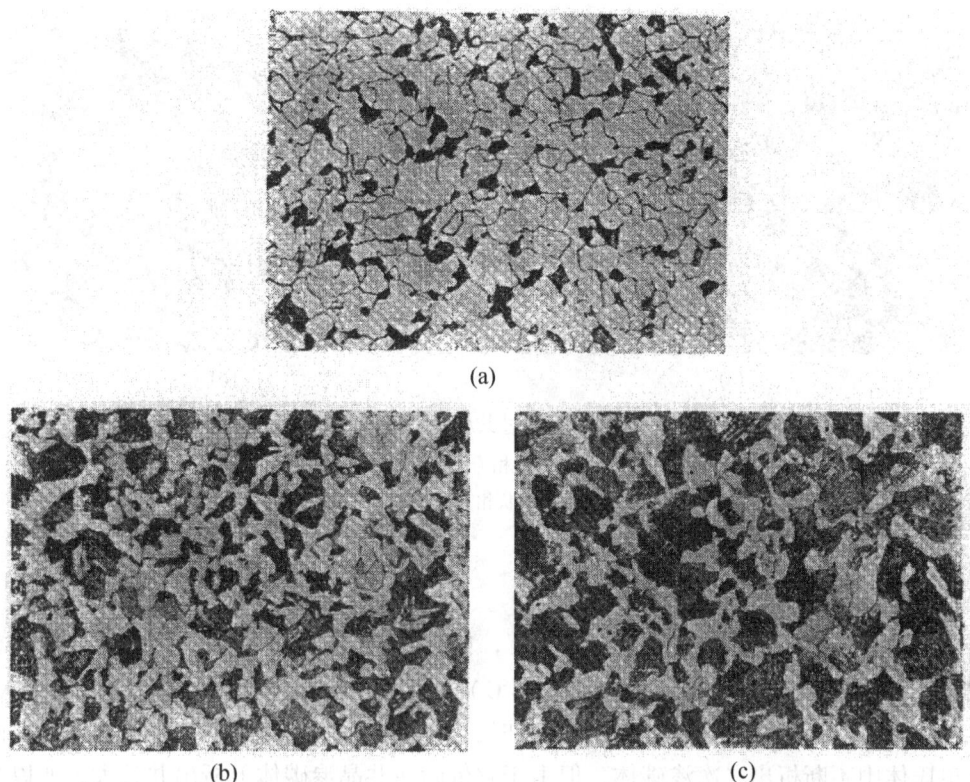

图 5-11 亚共析钢的室温组织（白色晶粒为铁素体，暗黑色组织为珠光体）（200×）
(a) $w_C = 0.20\%$；(b) $w_C = 0.40\%$；(c) $w_C = 0.60\%$

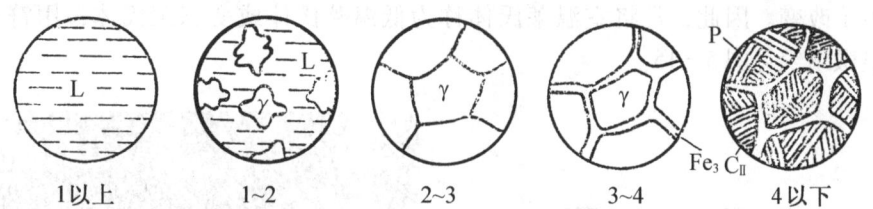

图 5-12 $w_C = 1.2\%$ 的过共析钢结晶过程示意图

至 4 点时（727℃），奥氏体的含碳量正好达到 0.77%，在恒温下发生共析转变，形成珠光体。因此，过共析钢的室温平衡组织为珠光体和二次渗碳体，如图 5-13 所示。

在过共析钢中，二次渗碳体的数量随钢中含量的增加而增加，当含碳量较多时，除了沿奥氏体晶界呈网状分布外，还在晶内呈针状分布。当含碳量达到 2.11% 时，二次渗碳体的数量达到最大值，其含量可用杠杆定律算出：

$$w_{Fe_3C_{II}} = \frac{2.11 - 0.77}{6.69 - 0.77} \times 100\% = 22.6\%$$

二次渗碳体呈网状或针状分布，会降低钢的塑性和韧性，可通过热处理改善其分布。

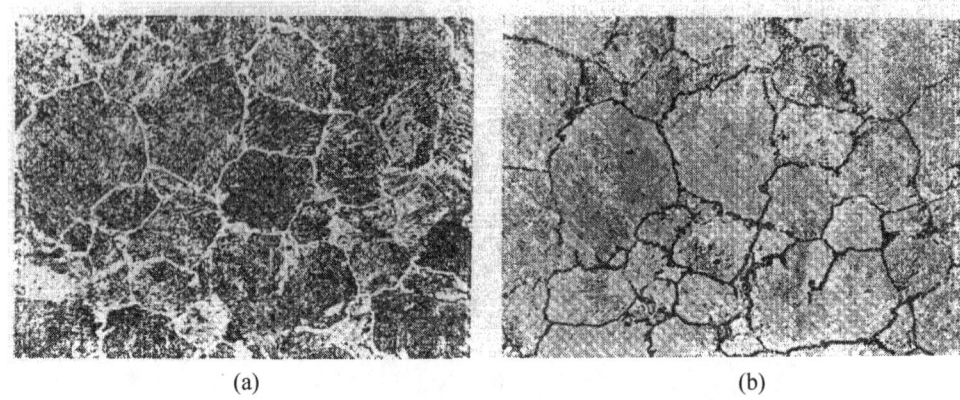

图 5-13 $w_C=1.2\%$ 的过共析钢的室温组织（500×）
(a) 硝酸酒精浸蚀，白色网状相为二次渗碳体，暗黑色为珠光体；
(b) 苦味酸钠浸蚀，黑色网状相为二次渗碳体，白色为珠光体

五、共晶白口铁

共晶白口铁中碳的质量分数 $w_C=4.3\%$，如图 5-6 中的合金⑤，其结晶过程示意图见图 5-14。液态合金冷却到 1 点（1 148℃）时，在恒温下发生共晶转变：$L_C \rightleftharpoons (\gamma_E + Fe_3C)$ 形成莱氏体（L_d）。当冷至 1 点以下时，碳在奥氏体中的溶解度不断下降，因此从共晶奥氏体中不断析出二次渗碳体，但由于它依附在共晶渗碳体上析出并长大，所以难以分辨。当温度降至 2（727℃）时，共晶奥氏体的碳的质量分数降至 $w_C=0.77\%$，在恒温下发生共析转变，即共晶奥氏体转变为珠光体。最后室温下的组织是珠光体分布在共晶渗碳体的基体上。室温莱氏体保持了在高温下共晶转变后所形成的莱氏体的形态特征，但组成相发生了改变。因此，常将室温莱氏体称为低温莱氏体或变态莱氏体，用符号 L'_d 表示，其显微组织见图 5-15。

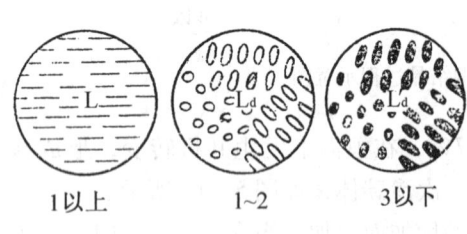

图 5-14 $w_C=4.3\%$ 的共晶白口铁结晶过程示意图

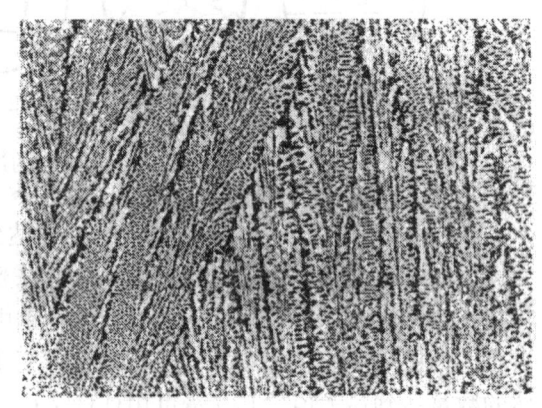

图 5-15 共晶白口铁的室温组织（白色基体是共晶渗碳体，黑色颗粒是由共晶奥氏体转变而来的珠光体）（250×）

六、亚共晶白口铁

亚共晶白口铁的结晶过程比较复杂,现以 $w_C = 3.0\%$ 的合金⑥(图 5-6)为例进行分析。在结晶过程中,在 1~2 点之间按匀晶转变结晶出初晶(或先共晶)奥氏体,奥氏体的成分沿 JE 线变化,而液相的成分沿 BC 线变化,当温度降至 2 点时,液相成分达到共晶点 C,于恒温(1 148℃)下发生共晶转变,即 $L_C \rightleftharpoons (\gamma_E + Fe_3C)$,形成莱氏体。当温度冷却至 2~3 点温度区间时,从初晶奥氏体和共晶奥氏体中都析出二次渗碳体。随着二次渗碳体的析出,奥氏体的成分沿着 ES 线不断降低,当温度到达 3 点(727℃)时,奥氏体的成分也到达了 S 点,于恒温下发生共析转变,所有的奥氏体均转变为珠光体。图 5-16 为其结晶过程示意图,图 5-17 为该合金的显微组织。图中大块黑色部分是由初晶奥氏体转成的珠光体,由初晶奥氏体析出的二次渗碳体与共晶渗碳体连成一片,难以分辨。

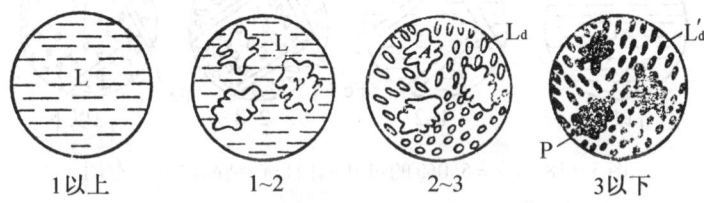

图 5-16 $w_C = 3.0\%$ 的亚共晶白口铁结晶过程示意图

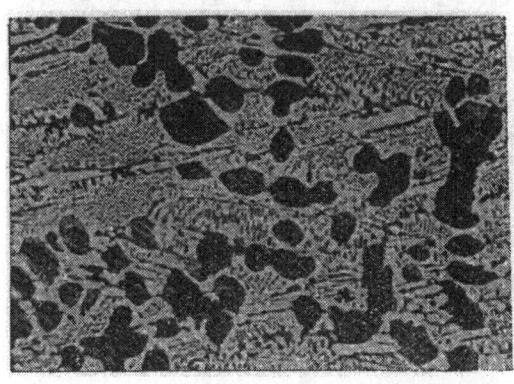

图 5-17 $w_C = 3.0\%$ 的亚共晶白口铁(室温平衡状态)的显微组织(200×)

根据杠杆定律计算,该铸铁的组织组成物中,初晶奥氏体的质量分数为:

$$w_\gamma = \frac{4.3 - 3.0}{4.3 - 2.11} \times 100\% = 59.4\%$$

莱氏体的质量分数(相当于1148℃时液相的含量)为:

$$w_{L_d} = \frac{3.0 - 2.11}{4.3 - 2.11} \times 100\% = 40.6\%$$

从初晶奥氏体中析出二次渗碳体的质量分数为:

$$w_{Fe_3C_{II}} = \frac{2.11 - 0.77}{6.69 - 0.77} \times 59.4\% = 13.4\%$$

从初晶奥氏体转变成的珠光体的质量分数为:

$w_P = 59.4\% - 13.4\% = 46\%$。

七、过共晶白口铁

以 $w_C = 5.0\%$ 的过共晶白口铁为例，其在相图中的位置见图 5-6 合金⑦，结晶过程如图 5-18 所示。在结晶过程中，该合金在 1~2 温度区间从液体中结晶出粗大的先共晶渗碳体，称为一次渗碳体 Fe_3C_I。随着一次渗碳体量的增多，液相成分沿着 DC 线变化。当温度降至 2 点时，液相成分达到 $w_C = 4.3\%$，于恒温下发生共晶转变，形成莱氏体。在继续冷却过程中，共晶奥氏体先析出二次渗碳体，然后于 727℃ 恒温下发生转变，形成珠光体。因此，过共晶白口铁室温下的组织为一次渗碳体和低温莱氏体。其显微组织如图 5-19 所示。

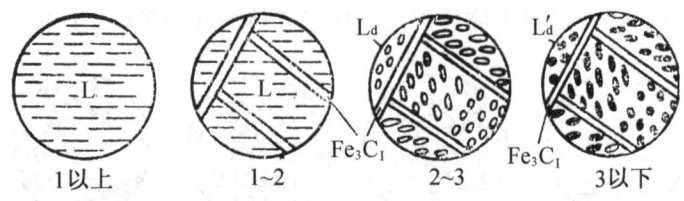

图 5-18 $w_C = 5.0\%$ 的过共晶白口铁结晶过程示意图

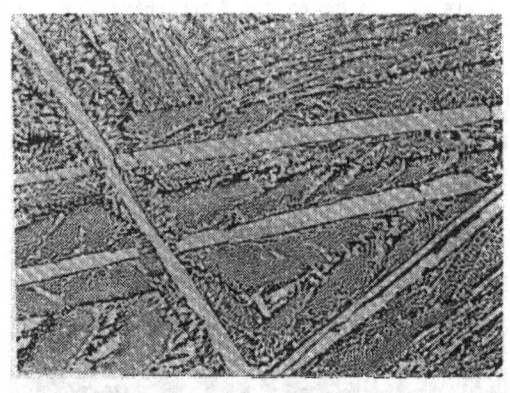

图 5-19 $w_C = 5.0\%$ 的过共晶白口铁（室温平衡状态）的显微组织（200×）

根据以上对各类铁碳合金平衡结晶过程的分析，可将 $Fe-Fe_3C$ 相图中的各相区按组织组成物加以标注，如图 5-20 所示。

第四节 含碳量对铁碳合金平衡组织和性能的影响

一、含碳量对平衡组织的影响

根据运用杠杆定律进行计算的结果，可将铁碳合金的成分（含碳量）与平衡结晶后的组织组成物及相组成物之间的定量关系总结如图 5-21 所示。

从相组成来看，铁碳合金在室温下的平衡组织皆由铁素体和渗碳体两相所组成。当含碳量为零时，合金由 100% 的铁素体所组成，随着含碳量的增加，铁素体的含量呈直线下

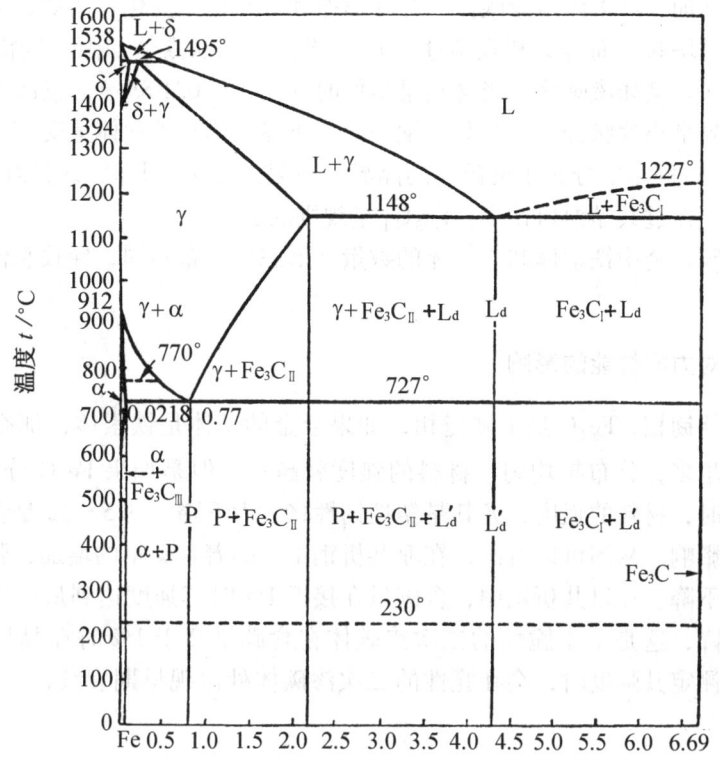

图 5-20 按组织分区的铁碳合金相图

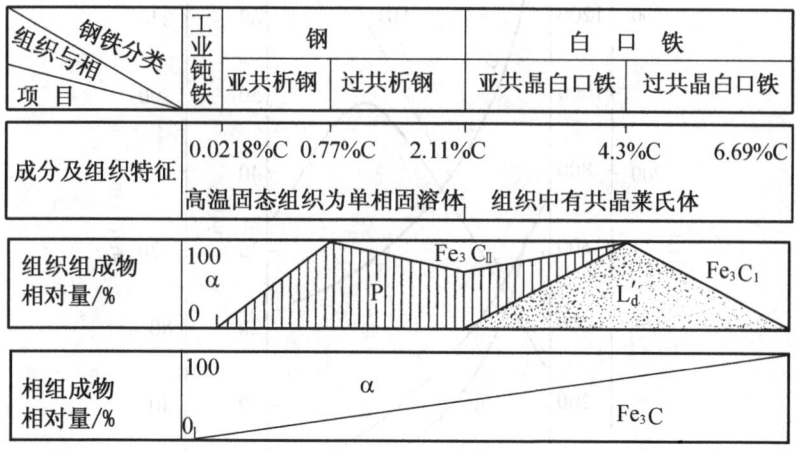

图 5-21 铁碳合金的成分与组织的关系

降,直到 $w_C = 6.69\%$ 时降低到零,与此相反,渗碳体的含量则由零增至 100%。从组织组成来看,随着含碳量的增加,合金室温组织变化如下:

$\alpha + Fe_3C_{III} \rightarrow \quad \alpha + P \quad \rightarrow \quad P \quad \rightarrow P + Fe_3C_{II} \rightarrow P + Fe_3C_{II} + L'_d$
(工业纯铁) (亚共析钢) (共析钢) (过共析钢) (亚共晶白口铁)

$\rightarrow \quad L'_d \quad \rightarrow L'_d + Fe_3C_I$
(共晶白口铁) (过共晶白口铁)

随着含碳量增加，铁素体与渗碳体的存在形态和分布也在变化。例如，从奥氏体中析出的铁素体一般呈块状，而经共析反应生成的珠光体中的铁素体，由于同渗碳体相互制约，呈交替层片状。又如渗碳体，当含碳量很低时（$w_C < 0.0218\%$），三次渗碳体从铁素体中析出，沿晶界呈小片状分布。在共析钢中，共析渗碳体与铁素体呈交替层片状，而过共析钢中，Fe_3C_{II} 以网络状分布于奥氏体的晶界。在莱氏体中，共晶渗碳体已作为连续的基体，比较粗大。在过共晶白口铁中，Fe_3C_I 呈规则的长条块。

正是由于铁碳合金中铁素体和渗碳体的数量、形态、分布不同，导致它们具有不同的性能。

二、含碳量对力学性能的影响

铁素体是个软韧相，Fe_3C 是个硬脆相，如果合金的基体是铁素体，那么渗碳体作为强化相，它的量越多，分布越均匀，材料的强度就越高。但是如果 Fe_3C 分布在晶界上，特别是作为基体时，材料的强度、尤其是塑性韧性将大大下降。图 5-22 是含碳量对退火碳钢力学性能的影响。从图可以看出，在亚共析钢中，随着含碳量的增加，强度、硬度升高，而塑性韧性下降。在过共析钢中，含碳量在接近 1% 时其强度达到最高值，含碳量继续增加，强度下降，这是由于脆性的二次渗碳体在含碳量高于 1% 时在晶界形成连续网状，用拉伸试验测定其强度时，会在脆性的二次渗碳体处出现早期裂纹，并发展至断裂，使抗拉强度下降。

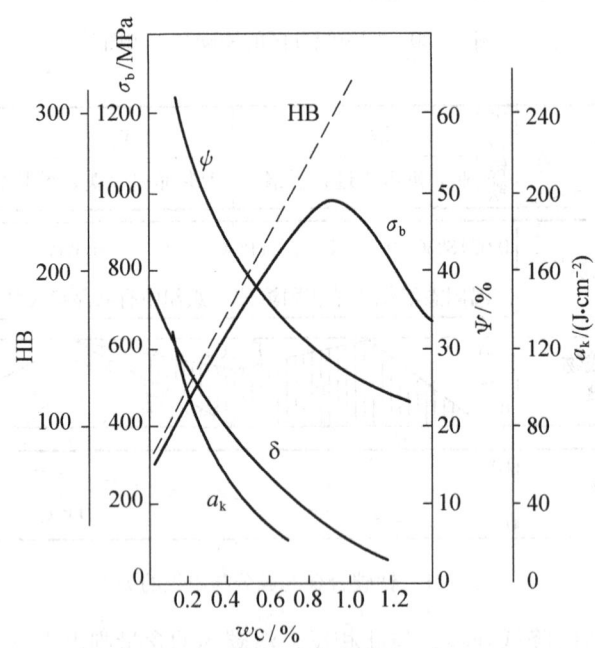

图 5-22 含碳量对退火碳钢力学性能的影响

渗碳体的塑性很差，合金的塑性变形主要由铁素体来提供，因此，合金的含碳量增加，塑性不断下降。当组织中出现以渗碳体为基体的莱氏体时，塑性降低到接近于零值。

冲击韧度对组织十分敏感。含碳量增加时，脆性的渗碳体增多，冲击韧度下降，当出现网状二次渗碳体时，韧性急剧下降。总的来看，韧性比塑性下降的趋势要大。

硬度是对组织组成物或组成相的形态不十分敏感的性能，它的大小主要决定于组成相的数量和硬度。因此，随着含碳量的增加，高硬度的渗碳体增多，合金的硬度呈直线升高。

工业上为了保证 Fe－C 合金具有适当的塑性的韧性，合金中渗碳体的数量不宜过多。对碳素钢及普通低、中合金钢来说，其碳的质量分数一般都不超过 1.3%。

三、含碳量对工艺性能的影响

1. 切削加工性能

金属材料的切削加工性，一般可从允许的切削速度、切削力、表面粗糙度、刀具寿命等几个方面进行评价。

钢的含碳量对切削加工性能有一定影响，低碳钢中的铁素体较多，塑性韧性好，切削加工时产生的切削热较大，容易粘刀，而且切屑不易折断，影响表面粗糙度，因此切削加工性能不好。高碳钢中渗碳体多，硬度较高，严重磨损刀具，切削性能也差。中碳钢中的铁素体与渗碳体的比例适当，硬度和塑性也比较适中，其切削加工性能较好，一般认为，钢的硬度大致为 170~250 HB 时切削加工性能最好。

钢的导热性对切削加工性能也有影响。具有奥氏体组织的导热性低，易使刃具的切削刃变热，降低刀具寿命，而且奥氏体组织的加工硬化率较高，因此，尽管奥氏体钢（例如 18－8 不锈钢）的硬度不高，但切削加工性能不好。

2. 可锻性

金属的可锻性是指金属在压力加工时，能改变形状而不产生裂纹的性能。钢的可锻性首先与含碳量有关。低碳钢的可锻性较好，随着含碳量的增加，可锻性逐渐变差。

奥氏体具有良好的塑性，易于塑性变形，钢加热到高温可获得单相奥氏体组织，具有良好的可锻性，因此钢材的始轧或始锻温度一般选在固相线以下 100~200℃ 的奥氏体区内。始锻温度不能过低，以免钢材因温度过低使塑性变差而产生裂纹。一般对于亚共析钢终锻温度控制在略高于 GS 线，对过共析钢控制在略高于 PSK 线。

白口铁无论在低温或高温，其组织都是以硬而脆的 Fe_3C 为基体，其可锻性很差，实际上不能锻造。

3. 铸造性

金属的铸造性包括流动性、收缩性和偏析倾向等。当浇注温度相同时，含碳高的钢的液相线与钢液温度之差较大，即过热度较大，对钢液的流动性有利，所以钢液的流动性随含碳量的增高而增高。随着含碳量的增加，碳素钢的体积总收缩率增加。另外，固相线与液相线的水平距离和垂直距离越大，枝晶偏析越严重，所以铸铁的成分越远离共晶点，其枝晶偏析越严重。

第五节 碳 钢

工业用钢，绝大多数是由冶金厂生产的板材、棒材、型材、管材及线材等。钢材生产的主要流程是：炼铁→炼钢→铸锭→压力加工成各种规格的钢材，如图 5－23 所示。

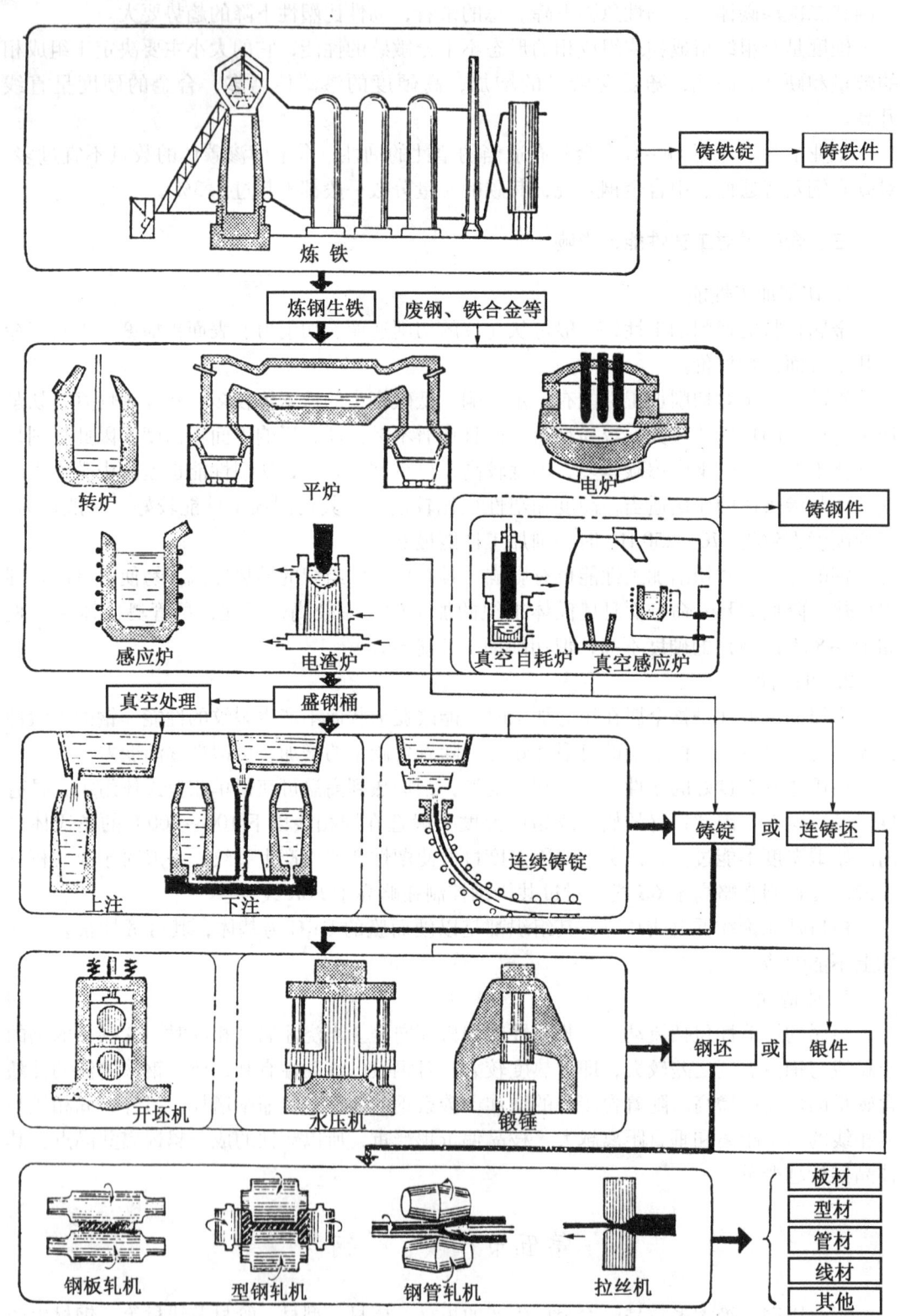

图 5-23 钢材生产流程示意图

生产实践表明，材料的组织和性能除与其成分、加工工艺及热处理有关外，还与它的冶金质量密切相关。钢的冶金质量是指钢在冶炼、浇注及压力加工后的质量，主要包括钢中所含的杂质元素及非金属夹杂物，钢锭的宏观组织及压力加工后的组织与缺陷，它们均是衡量钢材冶金质量的重要标志。

一、钢中的杂质元素及其影响

碳钢中除铁和碳两个基本组元外，还含有少量的 Mn，Si，S，P，O，H，N 等元素。它们是从矿石和在冶炼过程中进入钢中的，这些元素称为常存杂质。

1. 锰和硅

锰和硅是在炼钢时作为脱氧剂加入钢中的，Mn 和 Si 都能溶入铁素体，有固溶强化作用，可提高钢的强度。Mn 还能与钢中的 S 形成 MnS，降低 S 的有害作用。在合理含量范围内，Mn 和 Si 是有益元素。

2. 硫

S 是在炼钢时由矿石和燃料带到钢中的杂质。从 Fe-FeS 相图（图 5-24）可知，S 几乎不溶于 Fe，而与 Fe 形成化合物 FeS。FeS 与 Fe 又能形成低熔点共晶体（熔点为 985℃），分布在晶界上。由于共晶体的熔点低于钢材热加工的开始温度（1 150～1 200℃），在压力加工时，钢中的共晶体已经熔化，会使钢材开裂，这种现象称为钢的热脆性。含 S 高的钢，因为有热脆性而难以进行热压力加工。

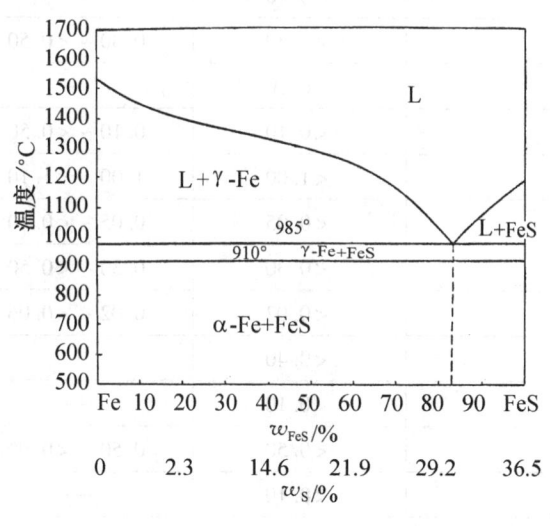

图 5-24　Fe-FeS 相图

在钢中加入 Mn 会减弱 S 的有害作用，因为 S 和 Mn 比 Fe 有更大的亲和力，发生如下反应：

$$FeS + Mn \longrightarrow MnS + Fe$$

反应产物 MnS 大部分进入炉渣，少部分残留于钢中，成为非金属夹杂物。MnS 的熔点为 1 620℃，高于钢的热加工开始温度，并有一定塑性，因而可以消除热脆性。

S 是钢中的有害杂质，但当钢中含 S 量增高的同时并含有较多的 Mn 时，可以改善钢的切削加工性。

3. 磷

一般说来，磷是有害杂质元素，它是由矿石和生铁等炼钢原料带入的。P 在铁中有较大的溶解度，室温下 P 在 α-Fe 中溶解度达 1.2%。所以钢中的 P 一般都溶于铁中。P 具有很强的固溶强化作用，但剧烈地降低钢的韧性，尤其是低温韧性，称为冷脆。

在一定条件下 P 也具有一定的有益作用。例如，由于它降低铁素体的韧性，可以用来提高钢的切削加工性。它与铜共存时，可以显著提高钢的抗大气腐蚀能力。

二、钢的分类（根据 GB/T 13304—1991）

1. 按化学成分分类

按钢的化学成分，可分为：非合金钢、低合金钢、合金钢三类。非合金钢、低合金钢和合金钢合金元素规定含量界限值列于表 5-2。

表 5-2 非合金钢、低合金钢和合金钢合金元素规定含量界限值

合金元素	合金元素规定含量界限值/%		
	非合金钢	低合金钢	合金钢
Al	<0.10	—	≥0.10
B	<0.0005	—	≥0.0005
Bi	<0.10	—	≥0.10
Cr	<0.30	0.30～<0.50	≥0.50
Co	<0.10	—	≥0.10
Cu	<0.10	0.10～<0.50	≥0.50
Mn	<1.00	1.00～<1.10	≥1.10
Mo	<0.05	0.05～<0.10	≥0.10
Ni	<0.30	0.30～<0.50	≥0.50
Nb	<0.02	0.02～<0.06	≥0.06
Pb	<0.40	—	≥0.10
Se	<0.10	—	≥0.10
Si	<0.50	0.50～<0.90	≥0.90
Te	<0.10	—	≥0.10
Ti	<0.05	0.05～<0.13	≥0.13
W	<0.10	—	≥0.10
V	<0.04	0.04～<0.12	≥0.12
Zr	<0.05	0.05～<0.12	≥0.12
La 系（每一种元素）	<0.02	0.02～<0.05	≥0.05
其他规定元素（S、P、C、N 除外）	<0.05	—	≥0.05

注：La 系元素含量，也可为混合稀土含量总量。

2. 按主要质量等级分类

非合金钢按主要质量等级分为：

（1）普通质量非合金钢：普通质量非合金钢是指不规定生产过程中需要特别控制质量要求的并应同时满足下列四种条件的所有钢种：①钢为非合金化的；②不规定热处理；③硫或磷含量最高值不大于等于 0.045%；④未规定其他质量要求。

这类钢主要包括：①一般用途碳素结构钢，如 GB 700 规定的 A，B 级钢；②碳素钢筋钢，如 GB 13013 规定的 Q235 钢；③铁道用一般碳素钢；④一般钢板桩型钢。

（2）优质非合金钢：优质非合金钢是指在生产过程中需要特别控制质量（例如控制晶粒度，降低 S，P 含量，改善表面质量或增加工艺控制等），以达到比普通质量非合金钢特殊的质量要求，但这种钢的生产控制不如特殊质量非合金钢严格（例如不控制淬透性）。

这类钢主要包括：①机械结构用优质碳素钢，如 GB 699 规定的条钢，包括 08F ~ 15F，08 ~ 65，15Mn ~ 65Mn 各牌号，但不包括 70 ~ 85，65Mn，70Mn 钢，这部分钢强度高，属特殊质量非合金钢；②工程结构用碳素钢，如 GB 700 标准中规定的 C，D 级钢；③冲压薄板的低碳结构钢；④镀层板、带用的碳素钢；⑤锅炉和压力容器用碳素钢；⑥铁道用优质碳素钢；⑦焊条用碳素钢等。

（3）特殊质量非合金钢：特殊质量非合金钢是指在生产过程中需要特殊严格控制质量和性能（例如控制淬透性和纯洁度）的非合金钢。特别是在化学成分上有特别严格的要求；对夹杂物规定严格的限制，比优质钢更纯洁；对性能规定特殊的要求，比优质钢更严更高。

这类钢主要包括：①碳素工具钢，如 GB 1298 标准中的 T7 ~ T13 钢；②碳素弹簧钢，如 GB 1222 标准中的非合金钢和 GB 699 标准中的 70 ~ 85，65Mn ~ 70Mn 钢；③保证淬透性非合金钢，如 GB 5216 标准中的 45H；④其他，如航空、兵器用非合金钢，特殊焊条用非合金钢以及电磁纯铁、原料纯铁等。

3. 按主要性能及使用特性分类

非合金钢分为：

（1）以规定最高强度（或硬度）为主要特性的非合金钢，例如冷成型用钢。

（2）以规定最低强度为主要特性的非合金钢，例如压力容器用钢。

（3）以限制碳含量为主要特性的非合金钢，例如弹簧钢、调质钢。

（4）非合金工具钢，例如 T7 ~ T13 钢。

（5）非合金易切削钢。

（6）其他，如电磁纯铁、原料纯铁等。

此外，我国和某些国家过去在钢产品标准中和实际生产中，常使用"低碳钢"、"中碳钢"、"高碳钢"等术语。大致划分是：低碳钢：$w_C < 0.25\%$；中碳钢：$w_C = 0.25\% \sim 0.60\%$；高碳钢：$w_C > 0.60\%$。

三、非合金钢的牌号和用途

1. 普通碳素结构钢

根据 GB/T 700—1988 的规定，碳素结构钢的牌号由代表屈服点的字母、屈服点数值、质量等级符号、脱氧方法符号等四个部分按顺序组成，例如：Q235—A·F

符号：Q——钢材屈服点"屈"字汉语拼音首位字母；
　　　A，B，C，D——分别为质量等级；
　　　F——沸腾钢"沸"字汉语拼音首位字母；
　　　b——半镇静钢"半"字汉语拼音首位字母；
　　　Z——镇静钢"镇"字汉语拼音首位字母；
　　　TZ——特殊镇静钢"特镇"两字汉语拼音首位字母。

在牌号组成表示方法中，"Z"与"TZ"符号可以省略。

碳素结构钢碳的质量分数较低，焊接性能好，塑性、韧性好，价格低，常热轧成钢板、钢带、型钢、棒钢，用于桥梁、建筑等工程构件和要求不高的机器零件。通常在热轧共晶状态下直接使用，很少再进行热处理。

表5-3列出了碳素结构钢的牌号和化学成分。

表5-3　碳素结构钢（GB/T 700—1988）

牌号	等级	化学成分/%					脱氧方法
		C	Mn	Si	S	P	
					不大于		
Q195	—	0.06~0.12	0.25~0.50	0.30	0.050	0.045	F, b, Z
Q215	A	0.09~0.15	0.25~0.55	0.30	0.050	0.045	F, b, Z
	B				0.045		
Q235	A	0.14~0.22	0.30~0.65(1)	0.30	0.050	0.045	F, b, Z
	B	0.12~0.20	0.30~0.70(1)		0.045		
	C	≤0.18	0.35~0.80		0.040	0.040	Z
	D	≤0.17			0.035	0.035	TZ
Q255	A	0.18~0.28	0.40~0.70	0.30	0.050	0.045	Z
	B				0.045		
Q275	—	0.28~0.38	0.50~0.80	0.35	0.050	0.045	Z

注：(1) Q235A，B级沸腾钢锰含量上限为0.60%。
　　(2) "F"沸腾钢，"b"半镇静钢，"Z"镇定钢，"TZ"特殊镇静钢。

新标准GB/T 700—1988的牌号表示方法以及对各牌号所规定的技术要求与旧标准GB/T 700—1979都不同，新旧标准对照如表5-4所示，供参考。

表5-4　新旧GB/T 700标准牌号对照（参考件）

GB/T 700—1988	GB/T 700—1979
Q195 不分等级，化学成分和力学性能（抗拉强度、伸长度和冷弯）均须保证，但轧制薄板和盘条之类产品，力学性能的保证项目，根据产品特点和使用要求，可在有关标准中另行规定	1号钢 Q195 的化学成分与本标准1号钢的乙类钢B1同，力学性能（抗拉强度、伸长度和冷弯）与甲类钢A1同（A1的冷弯试验是附加保证条件），1号钢没有特类钢

续表 5-4

GB/T 700—1988	GB/T 700—1979
Q215 A 级	A2
B 级（做常温冲击试验，V 型缺口）	C2
Q235 A 级（不做冲击试验）	A3（附加保证常温冲击试验，U 型缺口）
B 级（做常温冲击试验，V 形缺口）	C3（附加保证常温——20℃冲击试验，U 型缺口）
C 级 } （作为重要焊接结构用）	—
D 级	—
Q275 不分等级，化学成分和力学性能均须保证	C5

2. 优质碳素结构钢

钢号用两位数字表示，这两位数字表示平均碳的质量分数的万分之几。如 45 钢表示钢中平均碳的质量分数为万分之 45，即 0.45%。

较高含锰量的优质碳素结构钢，在数字后标出锰元素符号。例如，平均碳的质量分数为 0.50%，锰的质量分数为 0.70%~1.00%的镇静钢，其牌号表示为"50Mn"。

优质碳素结构钢应用广泛，一般都要经过热处理以提高力学性能。含碳较低的 08，08F，10，10F 钢，塑性及韧性好，具有优良的冷成型性能和焊接性能，常冷轧成薄板，用于制作冷冲压件，如汽车车身、仪表外壳等；15，20，25 钢经渗碳、淬火后表硬心韧，用于制作表面要求耐磨而心部强度要求不高的零件；40，45，50 钢经热处理（淬火加高温回火）后具有良好的综合力学性能，用于制作轴类零件，如曲轴、连杆、车床主轴、车床齿轮等；55，60，65 钢经热处理（淬火加中温回火）后具有高的弹性极限，用于制作负荷不大的弹簧。

优质碳素结构钢的牌号、化学成分和力学性能列于表 5-5。

表 5-5 优质碳素结构钢的牌号、化学成分和力学性能

牌号	化学成分 w/%					力学性能（正火态）		交货状态硬度 HBS	
	C	Si	Mn	P	S	σ_b/MPa	δ_5/MPa	未热处理	退火钢
				不大于		不小于		不大于	
08F	0.05~0.11	≤0.03	0.25~0.50	0.035	0.035	295	35	131	
10F	0.07~0.14	≤0.07	0.25~0.50	0.035	0.035	315	33	137	
08	0.05~0.12	0.17~0.37	0.35~0.65	0.035	0.035	325	33	131	
10	0.07~0.14	0.17~0.37	0.35~0.65	0.035	0.035	335	31	137	
15	0.12~0.19	0.17~0.37	0.35~0.65	0.035	0.035	375	27	143	
20	0.17~0.24	0.17~0.37	0.35~0.65	0.035	0.035	410	25	156	
25	0.22~0.30	0.17~0.37	0.50~0.80	0.035	0.035	450	23	170	
30	0.27~0.35	0.17~0.37	0.50~0.80	0.035	0.035	490	21	179	

续表 5-5

牌号	化学成分 w/%					力学性能（正火态）		交货状态硬度 HBS	
	C	Si	Mn	P	S	σ_b/MPa	δ_5/MPa	未热处理	退火钢
				不大于		不小于		不大于	
35	0.32~0.40	0.17~0.37	0.50~0.80	0.035	0.035	530	20	197	
40	0.37~0.45	0.17~0.37	0.50~0.80	0.035	0.035	570	19	217	187
45	0.42~0.50	0.17~0.37	0.50~0.80	0.035	0.035	600	16	229	197
50	0.47~0.55	0.17~0.37	0.50~0.80	0.035	0.035	630	14	241	207
55	0.52~0.60	0.17~0.37	0.50~0.80	0.035	0.035	645	13	255	217
60	0.57~0.65	0.17~0.37	0.50~0.80	0.035	0.035	675	12	255	229
65	0.62~0.70	0.17~0.37	0.50~0.80	0.035	0.035	695	10	255	229

3. 碳素工具钢

在钢号前加"T"或"碳"表示碳素工具钢，其后跟以表示碳的质量分数的千分之几的数字。例如，T8 表示平均碳的质量分数为千分之八，即 0.8% 的碳素工具钢。

较高含锰量的碳素工具钢，在其牌号中的数字后加锰元素符号。例如：平均碳的质量分数为 0.8%，锰的质量分数为 0.4%~0.6% 的碳素工具钢，其牌号表示为"T8Mn"。高级优质碳素工具钢，在牌号尾部加符号"A"。例如：平均碳的质量分数为 1.0% 的高级优质碳素工具钢，其牌号表示为"T10A"。

碳素工具钢经热处理（淬火加低温回火）后具有高硬度，用于制作尺寸较小，形状简单，工作温度不高的量具、刃具、模具等。

常用碳素工具钢的牌号、化学成分和力学性能列于表 5-6。

表 5-6 常用碳素工具钢的牌号、化学成分和力学性能（GB/T 1298—2008）

钢号	化学成分/%					硬度	
	C	Mn	Si	S	P	退火状态 HBS	淬火状态 HRC
T7	0.65~0.74	≤0.04	≤0.35	≤0.30	≤0.35	≤187	≥62
T8	0.75~0.84	≤0.04	≤0.35	≤0.30	≤0.35	≤187	≥62
T8Mn	0.80~0.90	0.40~0.60	≤0.35	≤0.30	≤0.35	≤187	≥62
T9	0.85~0.94	≤0.40	≤0.35	≤0.30	≤0.35	≤192	≥62
T10	0.95~1.04	≤0.40	≤0.35	≤0.30	≤0.35	≤197	≥62
T11	1.05~1.14	≤0.40	≤0.35	≤0.30	≤0.35	≤207	≥62
T12	1.15~1.24	≤0.40	≤0.35	≤0.30	≤0.35	≤207	≥62
T13	1.25~1.35	≤0.40	≤0.35	≤0.30	≤0.35	≤217	≥62

第六章 钢的热处理

钢的热处理是指通过加热、保温和冷却工序改变钢的内部组织结构，从而获得预期性能的工艺。其基本工艺过程如图 6-1 所示。

热处理之所以能获得各种所需的性能，是由于钢在固态下的加热和冷却过程中，会发生一系列的组织结构转变。而且这些转变具有严格的规律性，即在一定的加热温度、保温时间和冷却速度的条件下，必然形成一定的组织，具有相应的性能。

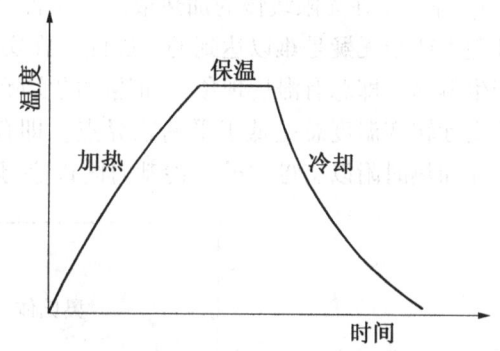

图 6-1 热处理工艺过程示意图

应该强调指出，能用普通热处理进行强化的，必须是那些溶解度有显著变化，或有同素异构转变的合金。例如，钢在加热、冷却过程中，会发生 α ⇌ γ 及碳化物的溶解和析出等固态相变，因而可进行热处理强化。而对于那些无固态相变发生的合金，可采用加工硬化等方法来提高强度。

通过热处理，可以改善钢件在冷热加工过程中的工艺性能，即消除前工序产生的缺陷而为后工序的顺利进行创造条件；以及充分发挥材料的潜力，赋予工件所需的最终使用性能。例如切削刀具的生产，便需先进行降低硬度的热处理，以便对其加工成形，成形后又必须进行提高硬度和耐磨性的热处理，才能用以切削其他金属。由此可见，热处理在机械零件加工制造过程中有着重要的地位和作用。

钢的热处理在生产上应用的种类很多，大致上可以分为如下几种。

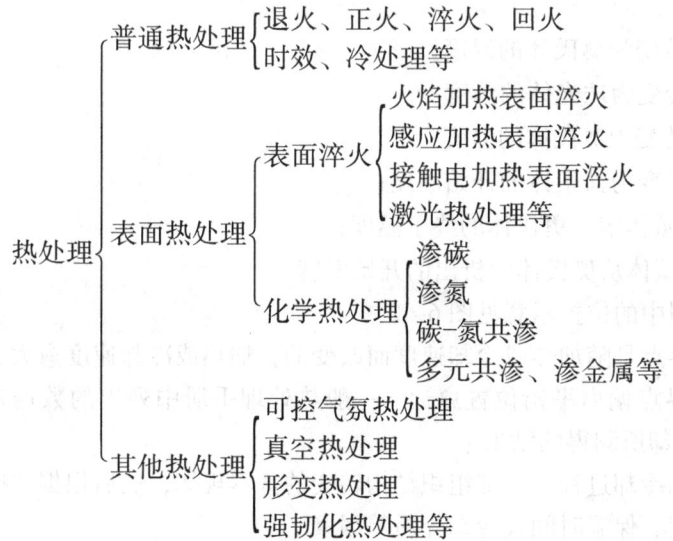

如果按照热处理在零件整个生产工艺过程中的位置和作用的不同，热处理又可分为预先热处理（如退火、正火等）和最终热处理（如淬火、回火等）。

在讨论钢加热、冷却时的组织转变和各种热处理工艺时，会经常使用到钢的实际临界点的概念。从铁碳相图可知，各类碳钢在室温时具有不同的组织，但把它们加热到 A_1（PSK 线）以上时，都会发生珠光体向奥氏体的转变，当加热温度超过 A_3（GS 线）、A_{cm}（SE 线）时，都可成为单一的奥氏体。然而，铁碳相图中这些固态组织转变的临界点 A_1、A_3、A_{cm} 等，是在无限缓慢的加热或冷却条件（即平衡状态）下测得的。这些条件在一般热处理生产中无疑是难以达到的。因此，在实际生产中的加热或冷却速度下，这些临界点会产生偏移，即总有滞后现象，加热时的实际转变温度总是高于平衡临界点，反之，冷却时的实际转变温度总是低于平衡临界点。即存在过热和过冷现象。为表明钢的实际临界点，在加热时附以字母"c"，冷却时附以字母"r"，以示区别。

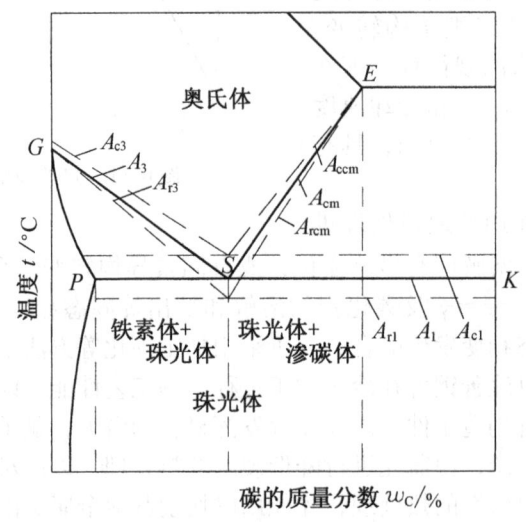

图 6-2　钢在加热和冷却时临界点的变动示意图

钢的实际临界点含义如下：

A_{c1}——加热时，珠光体转变为奥氏体的温度；

A_{r1}——冷却时，奥氏体转变为珠光体的温度；

A_{c3}——加热时，铁素体转变为奥氏体的温度；

A_{r3}——冷却时，奥氏体转变为铁素体的开始温度；

A_{ccm}——加热时，二次渗碳体溶入奥氏体的终了温度；

A_{rcm}——冷却时，二次渗碳体从奥氏体中析出的开始温度。

以上各临界点在铁碳相图中的位置示意见图 6-2。

应该注意，钢的实际临界点是随加热或冷却速度而改变的，加热或冷却速度愈大，过热度或过冷度愈大，实际临界点偏离平衡位置愈远。一般热处理手册中列出的数据是以 30~500℃/h 的速度加热或冷却所测得的结果。

本章主要讨论钢在加热和冷却过程中内部组织结构转变的基本规律，然后根据这些规律确定各种热处理的加热温度、保温时间及冷却介质等因素。

第一节 钢在加热时的组织转变

加热是各种热处理必不可少的第一道工序。在多数情况下，加热是使钢部分或完全处于奥氏体状态。钢热处理后的组织和性能，除受冷却条件影响外，也与加热时所形成的奥氏体的成分、均匀化程度及其晶粒度直接有关。

一、奥氏体的形成

1. 奥氏体形成的基本过程

现以共析钢为例，说明奥氏体的形成过程。当把共析钢加热到 A_{c1} 以上时，便发生如下转变：

$$P[\alpha(0.0218\%C) + Fe_3C(6.69\%C)] \xrightarrow{> A_{c1}} \gamma(0.77\%C)$$

  体心立方晶格 复杂晶格   面心立方晶格

加热时形成的奥氏体，其成分与铁素体和渗碳体都相差很大，转变过程必须通过扩散使碳原子重新分布，因此，珠光体向奥氏体的转变过程属于扩散型相变。

此外，奥氏体的晶格类型与铁素体和渗碳体也不相同。显然，珠光体转变成奥氏体时必须进行晶格的改组。因此，奥氏体的形成过程就是铁晶格的改组和铁、碳原子的扩散过程。通常将这一过程以及奥氏体在冷却时的转变过程称为"相变重结晶"。

共析钢中奥氏体的形成是由奥氏体形核、奥氏体长大、剩余渗碳体的溶解及奥氏体成分均匀化四个基本过程组成的，如图 6-3 所示。

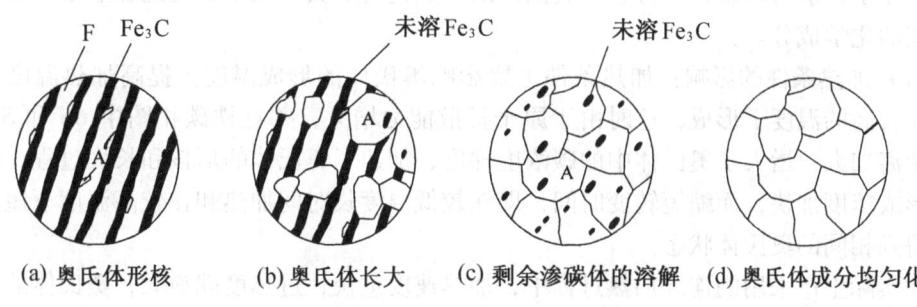

(a) 奥氏体形核 (b) 奥氏体长大 (c) 剩余渗碳体的溶解 (d) 奥氏体成分均匀化

图 6-3 共析钢中奥氏体形成过程示意图

（1）奥氏体形核：将共析钢加热超过 A_{c1} 时，珠光体处于不稳定状态而奥氏体将开始形核。通常奥氏体的晶核总是优先在铁素体与渗碳体的相界面处形成，这是由于此处成分不均匀，原子排列不规则，易于产生浓度和结构起伏区；而且此处原子势能较高，具有较大的扩散速度。这些都为奥氏体的形核提供了成分、结构和能量等有利条件。

（2）奥氏体的长大：奥氏体晶核生成后，便形成了两个新的相界面，一面与渗碳体相接，另一面与铁素体相接。这时，奥氏体内的含碳量是不均匀的，与渗碳体相接处含碳量较高，而与铁素体相接处含碳量较低，因此在奥氏体中存在碳浓度梯度，这必然导致碳从浓度高的奥氏体-渗碳体界面向浓度低的奥氏体-铁素体界面扩散。随着扩散的进行，便破坏了原先界面处的碳浓度平衡，即引起奥氏体-渗碳体界面碳浓度的降低和奥氏体-铁素体界面碳浓度的升高。为了恢复原先碳浓度的平衡，势必促使铁素体向奥氏体的转变以及渗碳体的溶解。这样,由于碳浓度的破坏平衡和恢复平衡反复循环进行,就自然使奥氏体的两个界面向铁素体和奥氏体两个方向推移,奥氏体便不断长大。

(3) 剩余渗碳体的溶解:由于渗碳体无论是晶体结构还是含碳量,与奥氏体的差别都比铁素体的差别要大,因此奥氏体向两侧的长大速度是不同的,铁素体向奥氏体的转变速度比渗碳体的溶解速度快得多。所以珠光体向奥氏体的转变,总是铁素体首先消失。当铁素体全部转变为奥氏体后,总还有部分渗碳体尚未溶解。这些剩余渗碳体在继续加热保温时,随着碳在奥氏体中的扩散而不断溶解,直至全部消失。

(4) 奥氏体成分的均匀化:剩余渗碳体全部溶解后,奥氏体的成分仍然是不均匀的,原渗碳体处含碳量较高,原铁素体处含碳量较低。只有继续延长保温时间,通过碳的扩散,才能使奥氏体的成分逐渐趋于均匀。

亚共析钢和过共析钢奥氏体的形成过程,基本上与共析钢相同,但具有过剩相转变和溶解的特点。

亚共析钢室温平衡组织为珠光体和铁素体。当加热到 A_{c1} 后,珠光体转变为奥氏体,转变过程与共析钢相同。随着加热温度不断升高,铁素体也逐渐转变为奥氏体,当加热到 A_{c3} 时,铁素体全部转变完毕,得到单一的奥氏体。

过共析钢室温平衡组织为珠光体和二次渗碳体。当加热到 A_{c1} 后,珠光体转变为奥氏体,温度继续升高,二次渗碳体不断向奥氏体溶解,温度超过 A_{ccm} 时,二次渗碳体就完全溶解而得到单一的奥氏体,但此时奥氏体的晶粒已经粗化了。

2. 影响奥氏体形成速度的因素

奥氏体形成是形核和长大的过程,是通过原子扩散而实现的。因此,凡是影响形核、长大和原子扩散的因素,都将影响奥氏体的形成速度。其中最主要的是加热条件、原始组织和钢的化学成分。

(1) 加热条件的影响:加热条件主要影响奥氏体的形成温度。提高加热温度,使奥氏体在较高的温度下形成,这时由于原子扩散能力增大,并且铁碳相图中 GS 和 SE 线之间的距离加大,增大了奥氏体中的碳浓度梯度,加速了奥氏体的形核和长大过程,使奥氏体的形成速度加快,而缩短转变时间,即在较低温度长时间加热和在较高温度下短时间加热可得到相同的奥氏体状态。

在实际生产采用的连续加热过程中,加热速度愈快,过热度就愈大,奥氏体的形成温度愈高,形成速度也愈快。所需的转变时间也愈短。

(2) 原始组织的影响:钢的原始组织中珠光体越细,铁素体与渗碳体的相界面就越多,它们之间的间距也越小,使碳浓度梯度增大,原子扩散距离缩短,这就增加了奥氏体的形核率和长大速度,加速了奥氏体的形成过程。因此,加热时奥氏体化的速度,片状珠光体比球状珠光体快,细片状珠光体比粗片状珠光体快。

(3) 化学成分的影响:随钢中含碳量增加,因渗碳体数量增加而使铁素体与渗碳体相界面总量增多,碳的扩散能力也随之增强,这将有利于加速奥氏体的形成。

钢中加入合金元素并不改变奥氏体形成的基本过程,但会显著影响奥氏体的形成速度。一般来说,当它们溶于固溶体时,除 Mn,Ni 等外的合金元素都升高钢的临界点,即提高奥氏体的形成温度;而除 Co 以外的合金元素,大都减慢奥氏体的形成速度。因此,合金钢的奥氏体化,相对于相同含碳量的碳钢,加热温度要高些,所需的保温时间也要长些。

二、奥氏体晶粒大小及其影响因素

钢在加热时所形成的奥氏体晶粒大小，对冷却转变后的组织和性能有着显著的影响。为了获得所期望的合适的奥氏体晶粒尺寸，必须了解奥氏体晶粒度的概念、奥氏体晶粒大小的影响因素以及控制奥氏体晶粒大小的方法。

1. 奥氏体晶粒度

奥氏体晶粒度是表示奥氏体晶粒大小的尺度。按照 GB/T 6394—1986 规定，把钢的晶粒度分为 10 级，1 级最粗，10 级最细，见图 6-4。在生产中，是将钢试样在金相显微镜

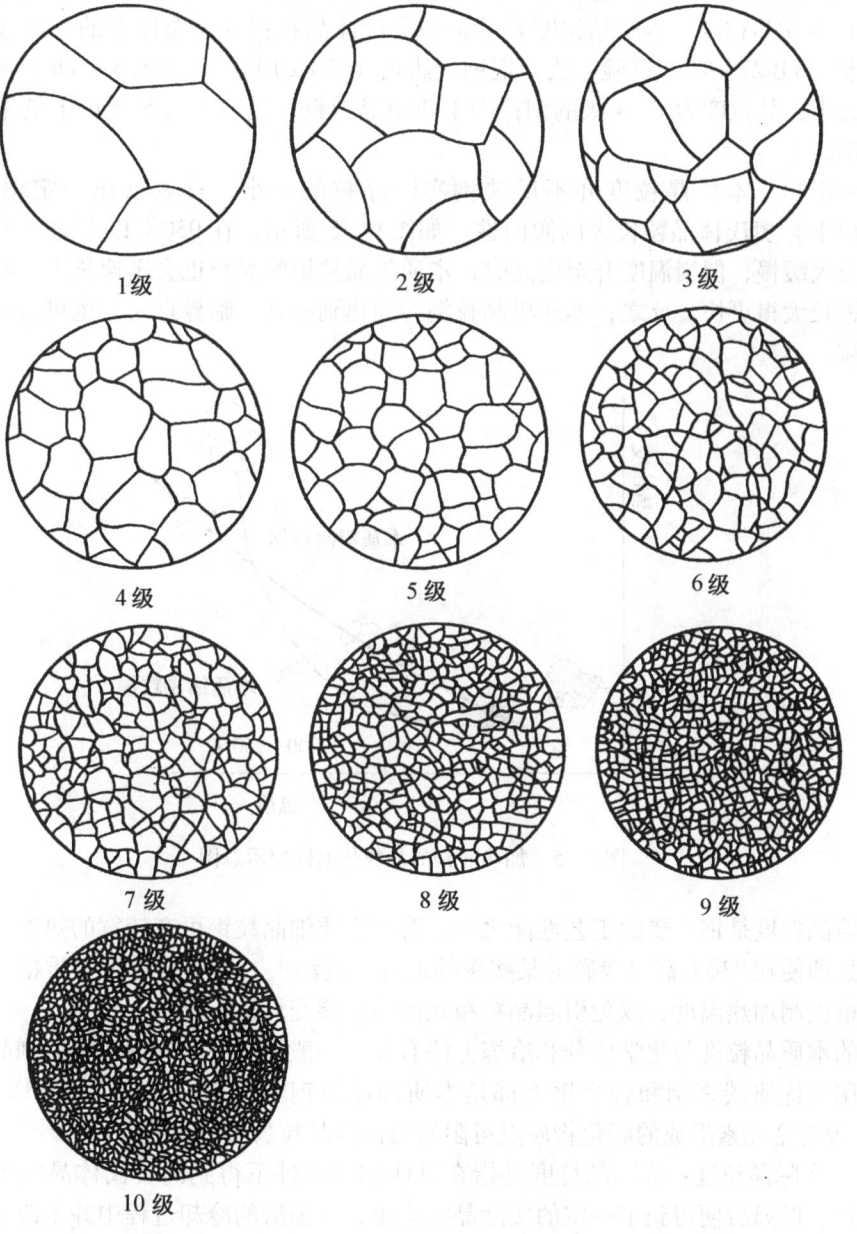

图 6-4 标准晶粒度等级示意图（数字为晶粒度等级）

下放大100倍，全面观察并选择具有代表性视场的晶粒与国家标准晶粒度等级图进行比较，以确定其级别。若已知晶粒度等级 G，便可按下列公式计算每 $645\ mm^2$（1平方英寸）试样面积上的平均晶粒数 n，即

$$n = 2^{G-1}$$

显然，晶粒度等级越大，平均晶粒数 n 越多，则晶粒越细。一般 1～4 级称粗晶粒；5～8 级称细晶粒；9 级以上称超细晶粒。

奥氏体晶粒度分为起始晶粒度、本质晶粒度和实际晶粒度三种。

(1) 起始晶粒度：是指加热过程中，奥氏体化刚完成时的晶粒大小。一般来说奥氏体的起始晶粒比较细小，但这种晶粒不稳定，将随加热温度升高或保温时间延长而长大。

(2) 本质晶粒度：本质晶粒度表示钢的奥氏体晶粒在规定温度下的长大倾向。通常采用标准（YB 27—77）试验方法，把钢加热到（930±10）℃，保温 3～8 h 后测定其奥氏体晶粒大小，晶粒度为 1～4 级的钢称为本质粗晶粒钢，晶粒度为 5 级以上的钢称为本质细晶粒钢。

必须指出，本质晶粒度并不反映钢实际晶粒的大小，只表示在一定温度范围内（930℃以下）奥氏体晶粒长大的倾向性。如图 6-5 所示，在 930℃ 以下时，本质细晶粒钢晶粒长大缓慢，但当温度升至更高时，本质细晶粒钢的晶粒也会迅速长大，甚至比本质粗晶粒钢长大得更快。反之，本质粗晶粒钢在加热到稍高于临界点时，也可得到细小的奥氏体晶粒。

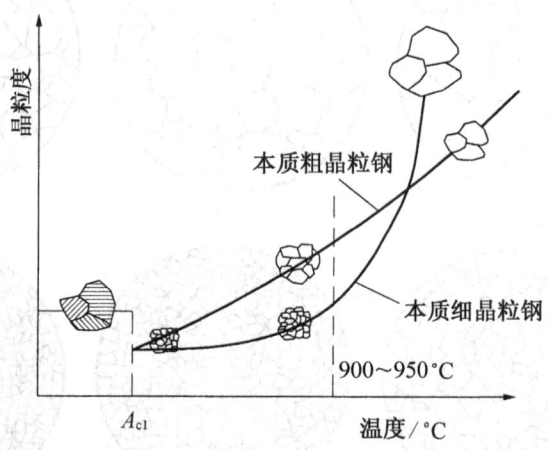

图 6-5 加热时钢的晶粒长大倾向示意图

本质晶粒度是钢重要的工艺性能之一。对于本质细晶粒钢可有较宽的热处理加热温度范围，如即使在 930℃ 高温渗碳的某些零件也可直接淬火。相反，对于本质粗晶粒钢，则必须严格控制加热温度，以免引起晶粒粗化而使性能变坏。

钢的本质晶粒度与化学成分和冶炼方法有关，一般用铝脱氧的钢为本质细晶粒钢。工业上应用的优质碳素钢和合金钢大都是本质细晶粒钢。这是由于弥散的 AlN 及 Ti，V，W，Mo 等合金元素形成的碳化物质点可阻碍奥氏体晶粒长大的缘故。

(3) 实际晶粒度：实际晶粒度是指在具体加热条件下得到的奥氏体晶粒大小。因为钢在加热、保温后便得到了一定的实际晶粒大小，在随后的冷却过程中并不改变奥氏体的晶粒尺寸，所以实际晶粒度直接影响钢在冷却后的组织和性能。

2. 奥氏体晶粒大小及其影响因素

原子排列不规则的晶界是高能量的区域。奥氏体晶粒的长大，伴随着晶界总面积的减少，使体系能量降低。所以，只要客观条件许可的话，奥氏体晶粒长大是一个自发过程。但不同的外界因素可以在不同程度上促进或抑制其长大过程的进行。

实际上，奥氏体晶粒长大过程可视为晶界迁移过程，其实质就是原子在晶界附近的扩散过程。因此，凡是影响晶界原子扩散迁移的因素都会影响奥氏体的晶粒长大。

在一定范围内，奥氏体晶粒长大倾向随含碳量增加而增大。这是因为随含碳量增加，碳在奥氏体中的扩散速度也随之增加的缘故。但当含碳量超过一定限度后，就会形成过剩的二次渗碳体，阻碍晶粒的长大。

至于钢中的合金元素，总的来说，除 Mn 和 P 外，都不同程度地阻碍奥氏体晶粒长大。

第二节 钢在冷却时的组织转变

在钢的热处理中，冷却是一个非常关键的工序。因为在加热、保温时得到的奥氏体，当以不同的冷却条件冷却下来时，会得到性能差异很大的各种组织。换言之，只要选择恰当的冷却方式，便可以获得预期的组织和性能。因此，了解钢在冷却时的组织转变规律十分重要。

根据冷却方式的不同，奥氏体的冷却转变可分为两种，一种是等温冷却转变，另一种是连续冷却转变，如图 6-6 所示。由于等温转变是在恒温下进行的，对于弄清奥氏体在冷却过程中组织变化的全过程，找出温度、时间与奥氏体转变过程及其产物之间的相互关系，相对方便一些。因此，下面先研究共析

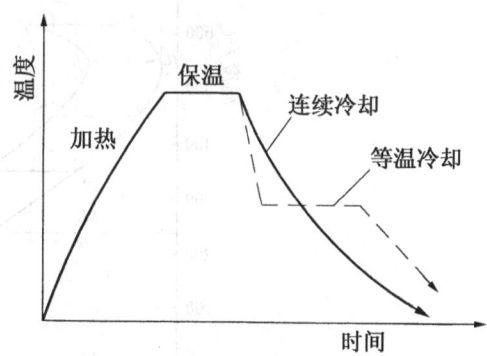

图 6-6 奥氏体不同冷却方式示意图

钢奥氏体在等温条件下的转变，然后再分析在实际生产中应用较多的连续冷却条件下的变化。

一、过冷奥氏体等温转变曲线

把共析钢加热到均匀的奥氏体状态后，如温度高于 A_1，奥氏体是稳定的；如冷却到 A_1 温度以下，奥氏体在热力学上处于不稳定状态，在一定条件下会发生分解转变。这种在 A_1 以下存在且不稳定的、将要发生转变的奥氏体称为过冷奥氏体。

过冷奥氏体的等温转变，就是将钢加热到奥氏体状态后，迅速冷却到低于 A_1 的某一温度，并保温足够时间，使奥氏体在该温度下完成其组织转变过程。

过冷奥氏体等温转变曲线则是表示过冷奥氏体等温转变的温度、时间和转变量三者之间的关系曲线图。因曲线的形状与字母"C"相似，故称 C 曲线，也有称为 S 曲线或 TTT 图的。

1. C 曲线的建立

由于过冷奥氏体转变过程中，在组织转变的同时，伴随产生热效应、硬度、比容和磁性等一系列变化，所以测定 C 曲线可有金相法、硬度法、磁性法、膨胀法等方法。

现以共析钢为例，说明 C 曲线的建立过程。

(1) 取一批试样加热进行奥氏体化。
(2) 将试样分组淬入低于 A_1 的不同温度的盐浴中，隔一定时间取一试样淬入水中。
(3) 测定出试样在各个等温温度（t_1, t_2, …, t_6 等）时奥氏体开始转变的时间（a_1, a_2, …, a_6 等）和转变终了的时间（b_1, b_2, …, b_6 等）。
(4) 将各等温温度奥氏体开始转变和转变终了的时间点，描绘在以温度为纵坐标、时间为横坐标（以对数表示）的坐标图上，并分别连线，即得到所要测定的 C 曲线，如图 6-7 所示。

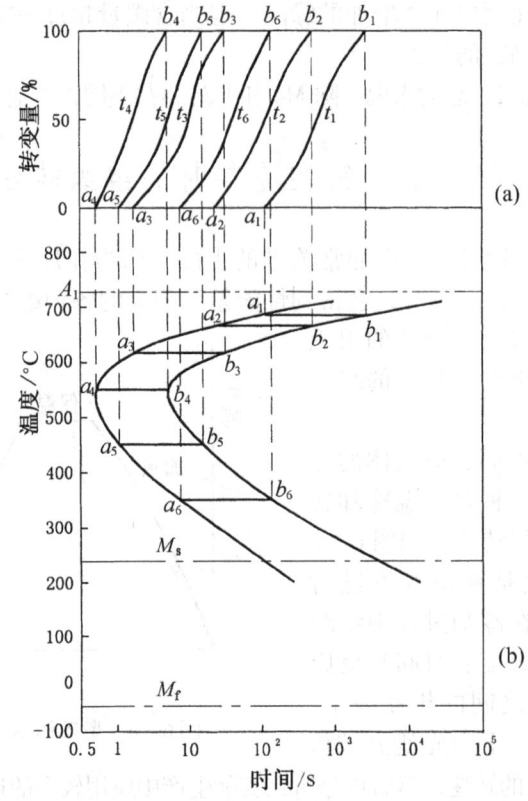

图 6-7 共析钢在不同过冷度下奥氏体等温转变
动力学曲线（a）及其建立（b）

2. C 曲线的分析

(1) 在 C 曲线中，转变开始点（a_1, a_2, …, a_6）的连线称为转变开始线；转变终了点（b_1, b_2, …, b_6）的连线称为转变终了线。

M_s 和 M_f 线是奥氏体向马氏体转变的开始温度和终了温度。

$A_1 \sim M_s$ 之间转变开始线以左的区域为过冷奥氏体区；转变终了线以右及 M_f 点以下为转变产物区；而转变开始线与转变终了线之间为转变过渡区（即过冷奥氏体与转变产物共存的区域）。

(2) 转变开始线与坐标轴之间的距离称为孕育期。孕育期愈长，过冷奥氏体愈稳定，转变期也长。孕育期最短处，奥氏体最不稳定，转变最快。这里称为 C 曲线的"鼻尖"。对于碳钢来说，"鼻尖"处的温度一般为 550℃。

从 C 曲线可见，孕育期随等温温度的不同而不同，在"鼻尖"以上，随温度的降低而缩短，在"鼻尖"以下，随温度的降低而延长。在"鼻尖"处，孕育期最短。C 曲线"鼻尖"出现转变速度的极大值，是由于奥氏体的转变取决于相变驱动力和原子扩散两个因素的缘故。随等温温度的降低，即过冷度的增大，相变自由能差增大，相变驱动力也就增大；而铁、碳原子的扩散能力却随过冷度的增大而减小。在这一对矛盾因素的综合影响下，必然会出现奥氏体转变速度的极大值，如图 6-8 所示。

(3) 过冷奥氏体在不同温度下的转变产物各不相同，这将在随后详加讨论。

3. 影响 C 曲线的因素

影响 C 曲线的因素主要是奥氏体的成分和奥氏体化的条件。

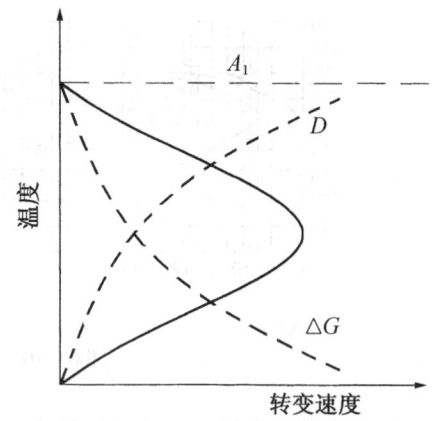

图 6-8 奥氏体转变速度随等温温度变化示意图
D—原子扩散系数；ΔG—自由能差

(1) 含碳量的影响：在正常加热条件下，亚共析钢的 C 曲线随含碳量的增加而向右移，过共析钢的 C 曲线随含碳量的增加而向左移，故在碳钢中以共析钢的过冷奥氏体最为稳定。

与共析钢的 C 曲线相比，亚共析钢和过共析钢的 C 曲线上部，还各多一条先共析相的析出线，如图 6-9 所示。因为在过冷奥氏体转变为珠光体之前，在亚共析钢中要先析出铁素体，在过共析钢中要先析出渗碳体。

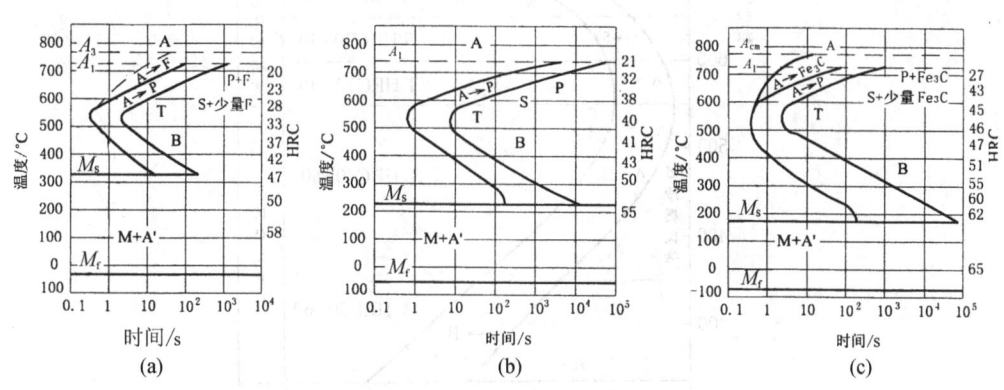

图 6-9 亚共析钢、共析钢及过共析钢的 C 曲线比较
(a) 亚共析钢；(b) 共析钢；(c) 过共析钢

(2) 合金元素的影响：除钴以外，所有溶于奥氏体的合金元素都增加奥氏体的稳定性，使 C 曲线右移。碳化物形成元素含量较多时，C 曲线的形状将要发生变化，甚至整个 C 曲线在鼻尖处分开，形成上下两个 C 曲线，图 6-10 是不同含量的铬对 C 曲线的影响。但是，应当指出，当合金元素未溶入奥氏体中，而以碳化物的形式存在时，它们将降低过冷奥氏体的稳定性。

(3) 加热温度和保温时间的影响：加热至 A_{c1} 以上温度时，随着奥氏体化温度的提高和保温时间的延长，使奥氏体的成分更加趋于均匀、未溶碳化物减少、晶粒长大而使晶界

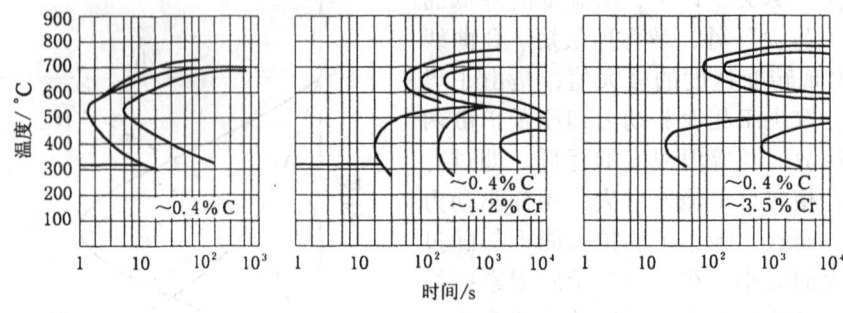

图 6-10 铬对 C 曲线的影响

面积减少,结果是降低了过冷奥氏体在冷却转变时分解的形核率,使过冷奥氏体的稳定性增加,导致 C 曲线右移。对于同一种钢,奥氏体化的条件不同,测出的 C 曲线可能有很大差别。因此,在使用 C 曲线时,必须注意加热温度和奥氏体晶粒度的影响。

二、过冷奥氏体等温转变产物及转变过程

随过冷度的不同,过冷奥氏体将发生三种基本类型的转变,即珠光体转变、贝氏体转变和马氏体转变。现以共析钢为例加以说明,共析钢的 C 曲线见图 6-11。

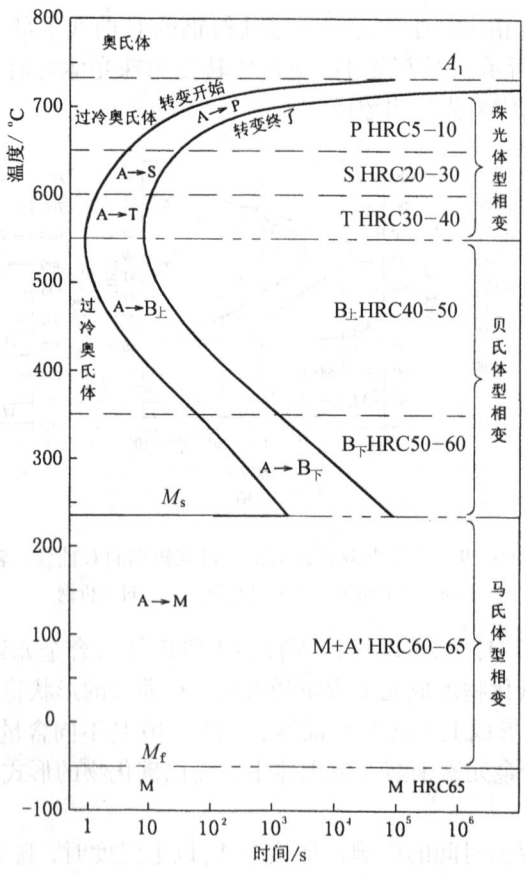

图 6-11 共析钢的 C 曲线

1. 珠光体转变

(1) 珠光体的转变过程：过冷奥氏体在 A_1 至"鼻尖"（约550℃）温度范围内，将转变为珠光体型组织。因转变温度较高，铁、碳原子的扩散都能比较充分地进行，使奥氏体能分解为成分、结构都与之相差很大的渗碳体和铁素体。可见，奥氏体向珠光体的转变属于扩散型相变。奥氏体转变为珠光体的过程也是形核和长大的过程。如图6-12所示，当奥氏体过冷到 A_1 以下时，首先在奥氏体晶界处形成渗碳体晶核。通过扩散，渗碳体依靠其周围的奥氏体不断供应碳原子而长大。因而引起渗碳体周围的奥氏体含碳量不断降低，从而为铁素体形核创造了条件，使这部分奥氏体转变为铁素体。由于铁素体的溶碳能力低（$w_C < 0.0218\%$），长大时必然要向侧面的奥氏体中排挤出多余的碳，使相邻的奥氏体含碳量增高，又为产生新的渗碳体创造了条件。如此交替进行下去，奥氏体就转变成铁素体和渗碳体片层相间的珠光体型组织。各个不同位向长大的晶核成长为珠光体集团，一直长大到各个珠光体团相碰。

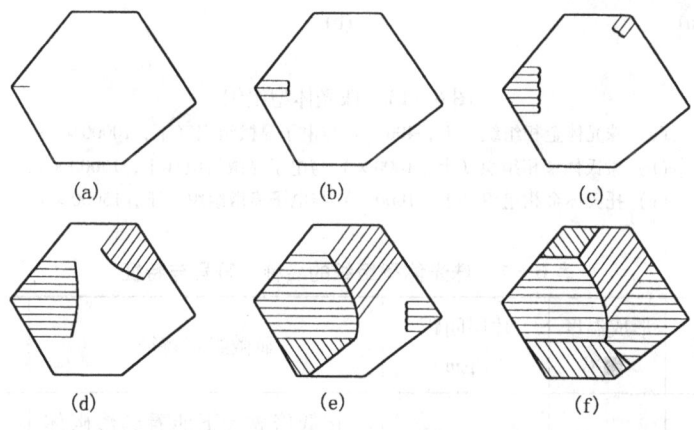

图6-12　片状珠光体形成示意图

(2) 珠光体的组织形态及性能：过冷奥氏体向珠光体转变时，随转变温度的降低，原子扩散能力下降。当温度高时，原子扩散容易，能作较远距离的移动而形成较厚的铁素体片和渗碳体片。反之，则片层较薄。根据珠光体中铁素体和渗碳体的片层间距，把珠光体型组织分为三种，即珠光体、索氏体和托氏体。其组织形态见图6-13。

珠光体、索氏体、托氏体都是铁素体和渗碳体片层相间的机械混合物，三者之间并无本质区别，其形成温度也无严格界限，只是片层厚度不同而已。转变温度越低，珠光体型组织的片层越薄，相界面越多，强度和硬度越高，塑性及韧性也略有改善。

珠光体型组织的名称、符号与特征见表6-1。

2. 贝氏体转变

(1) 贝氏体的转变过程：贝氏体是过冷奥氏体在 C 曲线"鼻尖"（约550℃）至 M_s 之间温度范围的等温转变产物，通常用符号 B 表示。过冷奥氏体在这一温度区间转变时，由于过冷度较大，原子扩散能力下降，这时，铁原子已不能扩散，碳原子的扩散也不充分，因此，贝氏体转变是半扩散型相变。同时，贝氏体转变也是形核与长大过程，但与珠光体转变有本质的区别。贝氏体转变时，首先在过冷奥氏体的贫碳区形成一片片的铁素体，接着沉淀碳化物，而且这种铁素体的含碳量虽低于奥氏体的平均含碳量，但仍高于铁素体的平衡含碳量，是过饱和铁素体。

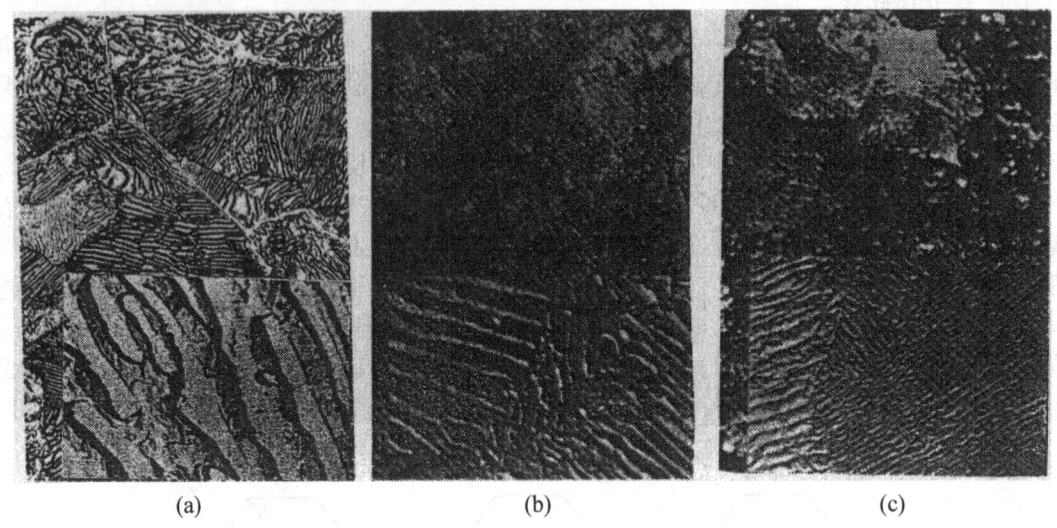

(a)　　　　　　　　　　　(b)　　　　　　　　　　　(c)

图6-13　珠光体型组织
(a) 珠光体金相组织（上，400×）与电子显微组织（下，10000×）；
(b) 索氏体金相组织（上，1000×）与电子显微组织（下，15000×）；
(c) 托氏体金相组织（上，1000×）与电子显微组织（下，15000×）

表6-1　珠光体型组织的名称、符号与特征

名称	符号	形成温度 /℃	片层间距 /μm	显微组织特征	硬度 HB	硬度 HRC
珠光体	P	A_1~650	≈0.6~0.7	在低倍放大下能看到渗碳体与铁素体的片层状特征	170~230	7~20
索氏体	S	650~600	≈0.25~0.3	放大500×以上才能看出片层状特征	230~320	22~35
托氏体	T	600~550	≈0.1~0.15	在光学显微镜下看不到片层状特征，只有在电子显微镜放大5000×以上才能看清	330~400	36~42

当温度较高（550~350℃）时，如图6-14所示，条状或片状铁素体从奥氏体晶界开始向晶内以同样方向平行生长。随着铁素体的伸长和变宽，其中的碳原子向条间的奥氏体中富集，当碳浓度足够高时，最后便在铁素体条间断续地析出渗碳体短棒，奥氏体消失，形成典型的上贝氏体（$B_上$）。

当温度较低（350℃~M_s）时，如图6-15所示，碳原子扩散能力更低，铁素体在奥氏体的晶界或晶内某些晶面上长成针状，尽管最初形成的铁素体固溶有较多的碳原子，但碳原子的开始迁移不能逾越铁素体片的范围，结果就在铁素体内一定的晶面上以断续碳化物小片的形式析出，从而形成了下贝氏体（$B_下$）。

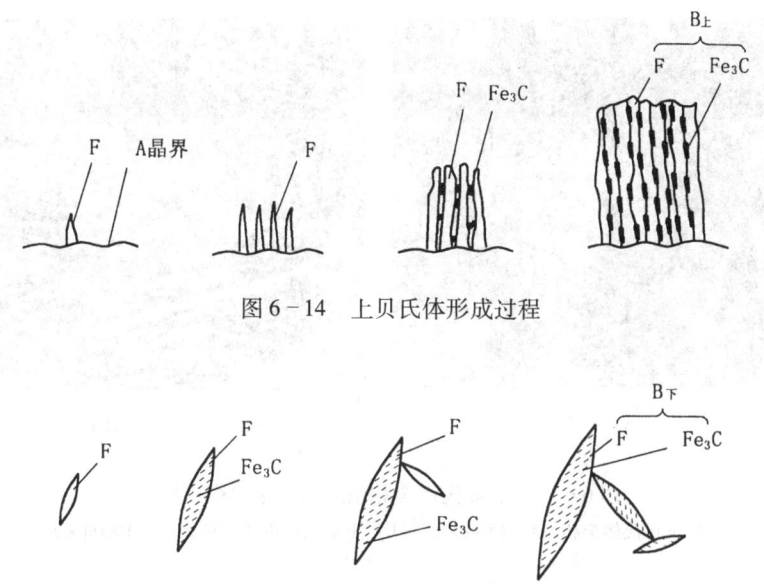

图 6-14 上贝氏体形成过程

图 6-15 下贝氏体形成过程

(2) 贝氏体的组织形态及性能：

①上贝氏体：在光学显微镜下，上贝氏体呈羽毛状，在电子显微镜下观察，可见不连续的短杆状的渗碳体分布于自奥氏体晶界向晶内生长的平行的铁素体条之间，如图 6-16 所示。

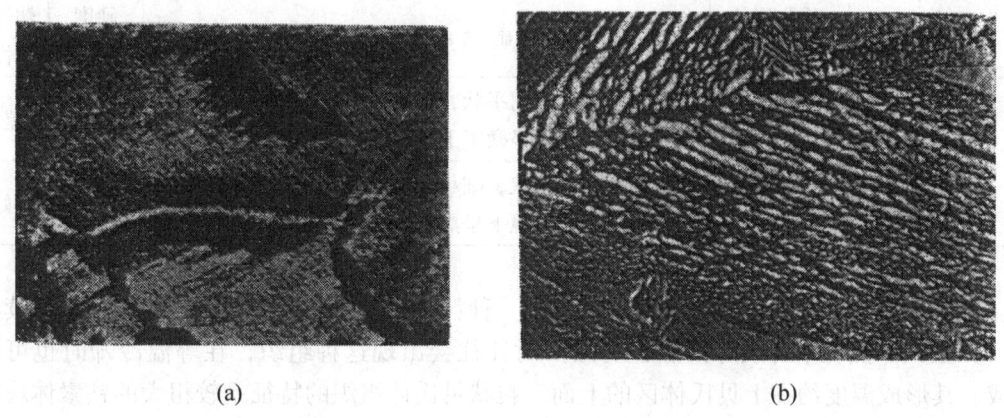

图 6-16 上贝氏体金相组织与电子显微组织
(a) 上贝氏体金相组织 (500×)；(b) 上贝氏体电子显微组织 (5000×)

②下贝氏体：在光学显微镜下，下贝氏体呈黑针状，在电子显微镜下可以看出，碳化物以小片状分布于铁素体针内，并与铁素体的长轴方向呈 55°~60° 角，见图 6-17。

贝氏体是过饱和的铁素体与渗碳体的机械混合物，其转变温度越低，铁素体中碳的过饱和度越大，碳化物的分布也越弥散，硬度也越高。但其他力学性能则取决于其组织形态。上贝氏体中铁素体片较宽，碳化物较粗且不均匀地分布在铁素体条间，所以它的脆性

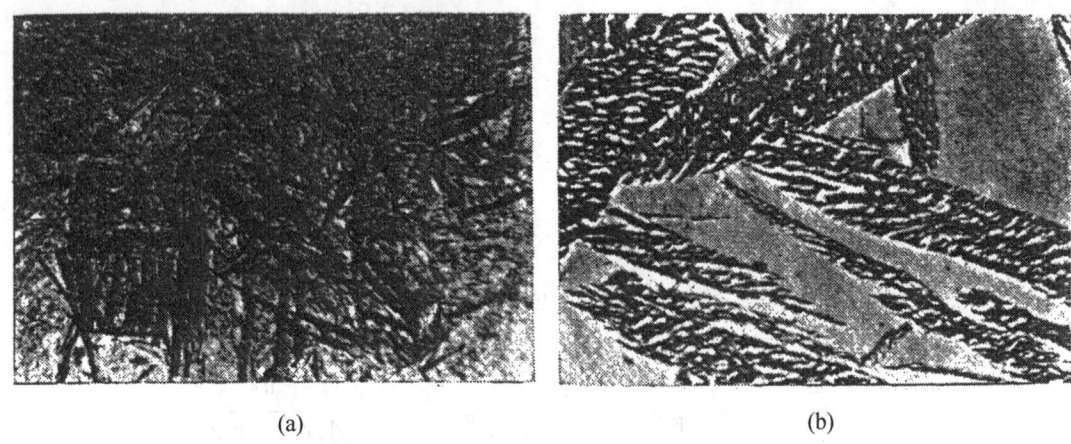

图6-17 下贝氏体金相组织与电子显微组织
(a) 下贝氏体金相组织（800×）；(b) 下贝氏体电子显微组织（10000×）

较大，强度较低，基本上无实用价值。下贝氏体中的针状铁素体有较高的过饱和度，其亚结构是高密度位错，同时细小的碳化物均匀地、高度弥散地分布在铁素体片内，因此它除有较高的强度和硬度外，还具有良好的塑性和韧性，即具有较优良的综合力学性能，是实际生产上常用的组织。获得下贝氏体组织是强化钢材的有效途径之一。

贝氏体的符号与特征见表6-2。

表6-2 贝氏体的符号与特征

名称	符号	形成温度/℃	显微组织特征	硬度HRC	塑性韧性
上贝氏体	$B_上$	550~350	铁素体呈平行扁平状，杆状渗碳体断续分布在铁素体条间，在光学显微镜下呈灰色羽毛状特征	40~45	差
下贝氏体	$B_下$	350~240	铁素体呈针叶状，细小碳化物呈点状分布在铁素体内，在光学显微镜下呈黑色针叶状特征	45~55	较好

此外，除了上贝氏体与下贝氏体，还有一种粒状贝氏体。在低中碳合金钢中，连续冷却（如正火、热轧空冷或焊接热影响区）时往往会出现这种组织，在等温冷却时也可能形成。其形成温度约在上贝氏体区的上面。粒状贝氏体组织的特征是较粗大的铁素体块内有一些孤立的"小岛"，是富碳的奥氏体，在随后的冷却过程中可能转变成三种组织：①分解为铁素体和碳化物；②转变为马氏体；③保持富碳奥氏体。

3. 马氏体转变

当奥氏体快速过冷到M_s点（对共析钢约为230℃）以下时，将发生马氏体转变而形成马氏体类型组织。马氏体转变是强化金属材料的重要途径之一。

（1）马氏体的晶体结构特点：马氏体转变是在低温下进行的，铁、碳原子均不能扩散，转变时只发生$\gamma-Fe \rightarrow \alpha-Fe$的晶格改组，而无成分的变化，即固溶在奥氏体中的碳，全部保留在$\alpha-Fe$晶格中，使$\alpha-Fe$超过其平衡含碳量。因此，马氏体是碳在$\alpha-Fe$

中的过饱和固溶体,用符号"M"表示。碳的过饱和必然使 α – Fe 晶格发生畸变而成为体心正方晶格,即 $a=b\neq c$,如图 6 – 18 所示。c/a 称为马氏体的正方度,显然,马氏体的含碳量越高,正方度越大,晶格畸变也越严重。

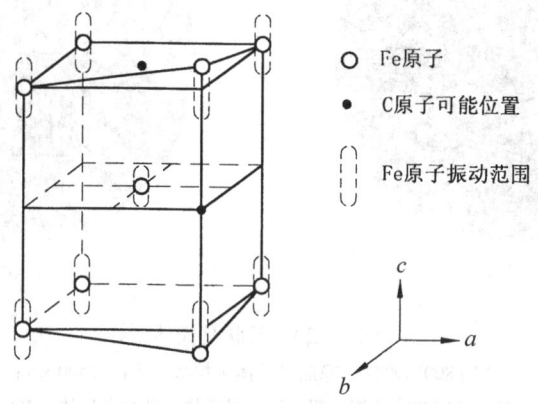

图 6 – 18　马氏体的晶体结构

通常的马氏体具有体心正方晶格,即 $c/a>1$。但对于碳的质量分数低于 0.25% 的低碳马氏体,晶格畸变程度较小,$c/a\approx 1$,其晶格接近体心立方,故称为立方马氏体。

（2）马氏体的组织形态特点：钢中马氏体的组织形态可分为板条状和针状两大类,如图 6 – 19 和图 6 – 20 所示。

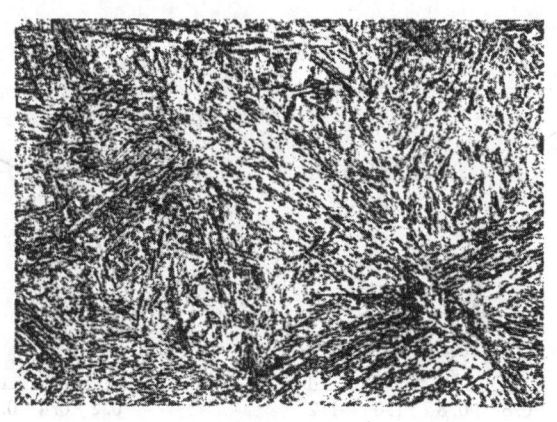

图 6 – 19　板条状马氏体（500 ×）

板条状马氏体的立体形状呈细长的扁棒状。显微组织表现为一束束的细条状组织,每束内的条与条之间尺寸大致相同并平行排列,一个奥氏体晶粒内可以形成几个取向不同的马氏体束。在透射电子显微镜下观察表明,马氏体板条的亚结构主要是高密度的位错,因而又称位错马氏体。

针状马氏体的立体形态呈双凸透镜的片状,显微组织为针状。在透射电子显微镜下观察表明,其亚结构主要是孪晶,故又称孪晶马氏体。

在一个奥氏体晶粒内,先形成的马氏体片横贯整个晶粒,但不能穿越晶界和孪晶界,后形成的马氏体片不能穿越先形成的马氏体片,所以越是后形成的马氏体片就越小。显

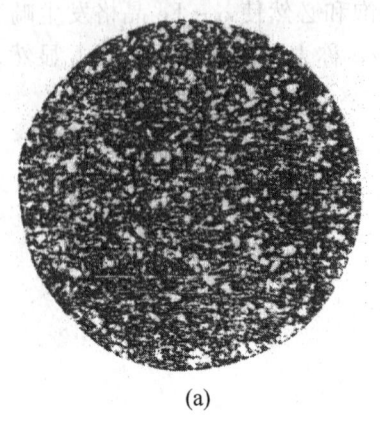 

图6-20 针状马氏体

(a) T12钢800℃水淬，隐晶马氏体+粒状碳化物（500×）；
(b) T12钢1000℃油淬，粗大针状马氏体+残余奥氏体（400×）

然，奥氏体晶粒越细，转变后最大马氏体片的尺寸也越小。当马氏体片细小到在光学显微镜下都无法分辨时便称为隐晶马氏体。

马氏体的形态主要取决于其含碳量，如图6-21所示，当碳的质量分数低于0.2%时，马氏体转变后的组织中几乎完全是板条状马氏体；当碳的质量分数高于1.0%时，则几乎全部是针状马氏体；当碳的质量分数介乎于0.2%~1.0%之间时，为板条状和针状马氏体的混合组织。

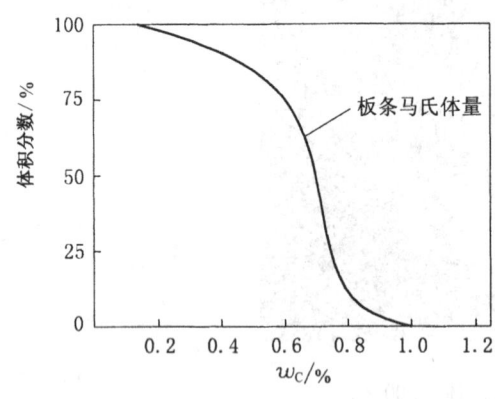 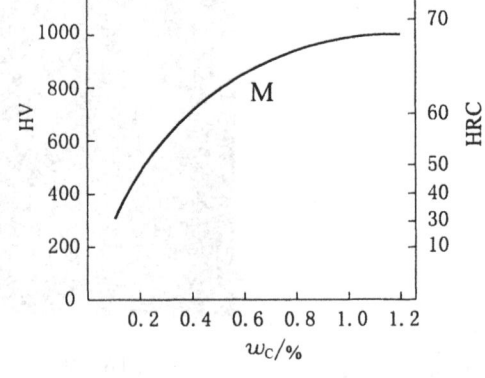

图6-21 马氏体形态与含碳量的关系　　图6-22 含碳量对马氏体硬度的影响

（3）马氏体的力学性能特点：高硬度是马氏体力学性能的主要特点。马氏体之所以能获得高的硬度，其主要原因是由于过饱和碳引起的晶格畸变，即固溶强化。此外，马氏体转变时造成的大量晶体缺陷（如位错、孪晶等）和组织细化，以及过饱和碳以弥散碳化物析出都对马氏体的强化起重要作用。

马氏体的硬度主要受其含碳量的影响，如图6-22所示，随含碳量增加，马氏体的硬度也随之增高。在含碳量较低时，马氏体硬度随含碳量增加而升高比较明显，当碳的质量分数超过0.6%以后，硬度的增加趋于平缓。合金元素的存在，对马氏体的硬度影响不大。

马氏体的塑性和韧性主要取决于其内部亚结构的形式和碳的过饱和度。高碳针状马氏体由于碳的过饱和度大，晶格畸变严重，晶内存在大量孪晶，且形成时相互接触撞击而易于产生显微裂纹等原因，硬度虽高，但脆性大，塑性、韧性均差。低碳板条状马氏体的亚结构是高密度位错，含碳量低，形成温度较高，会产生"自回火"现象，碳化物析出弥散均匀，因此在具有高强度的同时还具有良好的塑性和韧性，在生产中得到广泛的应用。

(4) 马氏体转变的特点：

①无扩散性。马氏体转变的过冷度很大，转变温度低，铁、碳原子的扩散都极其困难，因此是非扩散型相变，转变过程中没有成分变化，马氏体的含碳量与母相奥氏体的含碳量相同。

②共格切变性。由于原子不能进行扩散，因而晶格的转变以切变的机制进行。在切变过程中，由面心立方的奥氏体转变为体心立方的马氏体。切变不仅使晶格改变，还使切变部分的形状和体积发生变化，引起相邻奥氏体随之变形。在预先抛光的试样表面，会产生"浮凸"现象。如图6-23所示。

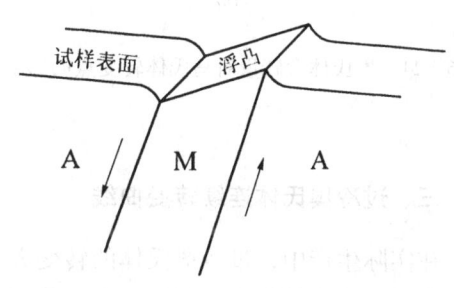

图6-23 马氏体切变转变示意图

③变温形成。马氏体转变有其开始转变温度（M_s点）和转变终了温度（M_f点）。当过冷奥氏体冷到M_s点，便发生马氏体转变，转变量随温度的下降而不断增加，一旦冷却中断，转变便很快停止。随后继续冷却，马氏体可继续形成，但会因中间停留而造成奥氏体的"陈化稳定"现象，即增加奥氏体向马氏体转变的困难。

④高速长大。马氏体转变没有孕育期，形成速度极快，瞬间形核，瞬间长大。马氏体转变量的增加，不是靠原马氏体片的长大，而是靠新的马氏体片的不断形成。由于马氏体的形成速度极快，一片马氏体形成时可能因撞击作用而使已形成的马氏体产生微裂纹。

⑤马氏体转变的不完全性。一般来说，奥氏体向马氏体的转变是不完全的，即使冷却到M_f点，也不可能获得100%的马氏体，总有部分奥氏体未能转变而残留下来，这部分奥氏体称为残余奥氏体，用符号"A′"表示。

残余奥氏体量主要与M_s（或M_f）点有关，M_s点越低，残余奥氏体量越多。而M_s、M_f点的温度与冷却速度无关，主要取决于奥氏体的含碳量及合金元素含量，图6-24表示了碳钢的马氏体转变点与含碳量的关系。因此，淬火后，残余奥氏体量随含碳量的增加而增加，如图6-25所示。

一般的淬火操作都是冷却到室温为止，但碳的质量分数大于0.5%的碳钢，M_f点已在0℃以下，淬火后必然有较多的残余奥氏体。高碳高合金钢的M_f点更低，残余奥氏体更多。残余奥氏体的存在，一方面影响淬火钢的硬度，另一方面它是一种亚稳定组织，在时间延长或条件适合时，会继续转变为马氏体，由于转变时伴有比容的变化，产生体积效应，因此会影响工件尺寸的长期稳定性。所以，对于某些精密零件（如量具、精密轴承等），常进行温度低于-80℃以下的冷处理，尽量消除残余奥氏体。

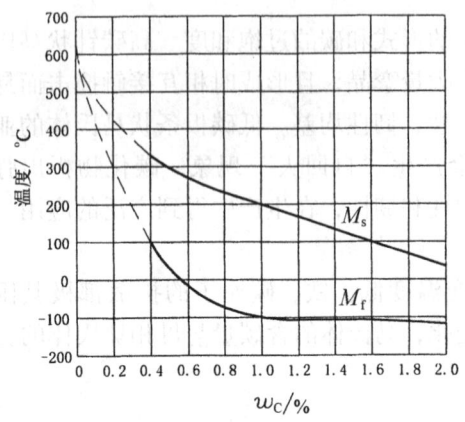

图6-24 奥氏体含碳量对马氏体转变点的影响

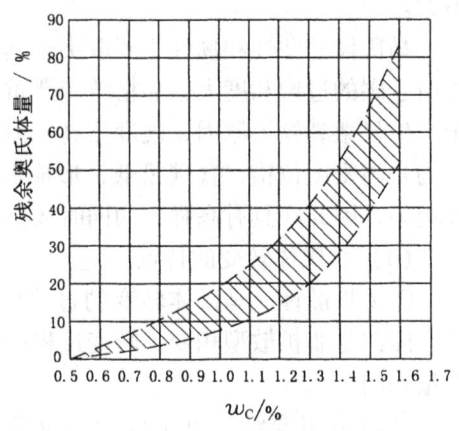

图6-25 奥氏体含碳量对淬火后残余
奥氏体量的影响

三、过冷奥氏体连续转变曲线

在实际生产中，过冷奥氏体的转变大多是在连续转变过程中进行的。因此，连续冷却转变曲线对于选材及确定其热处理工艺具有实际意义。

连续冷却转变曲线又称CCT曲线。它是通过测定不同冷却速度下过冷奥氏体的转变量而得到的。因此，它表示了冷却速度与过冷奥氏体转变产物及其转变量之间的关系。

1. CCT曲线的分析

共析钢的CCT曲线最为简单，如图6-26所示。曲线中无贝氏体转变区，珠光体转变区下部多一条珠光体转变终止线K'，P_s和P_z分别为奥氏体转变为珠光体的开始线和终了线。当连续冷却曲线碰到K'线时，剩余的过冷奥氏体就终止向珠光体型组织转变而继续冷却，一直保持到M_s点以下而转变为马氏体。

亚共析钢的CCT曲线如图6-27所示。该曲线有贝氏体转变区，同时多一条奥氏体向铁素体转变的开始线。由于铁素体的析出，使奥氏体中的含碳量升高，因而M_s线的右端下降。

过共析钢的CCT曲线如图6-28所示。该曲线无贝氏体转变区，多一条奥氏体析出渗碳体的开始线。由于渗碳体的析出，使奥氏体中的含碳量下降，因而M_s线的右端升高。

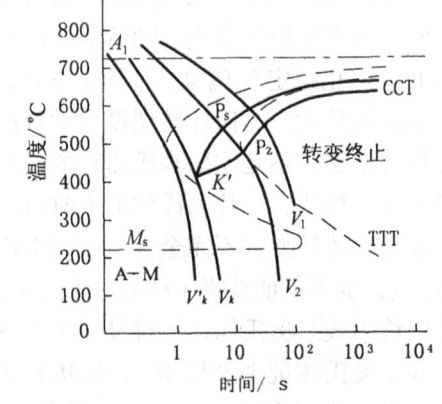

图6-26 共析碳钢CCT曲线与
TTT曲线比较图

把CCT曲线与TTT曲线比较（以共析钢为例，参看图6-26），可见CCT曲线有如下特点：

（1）CCT曲线稍偏右下方。这说明过冷奥氏体连续转变温度低于等温转变温度，孕育期也长一些。

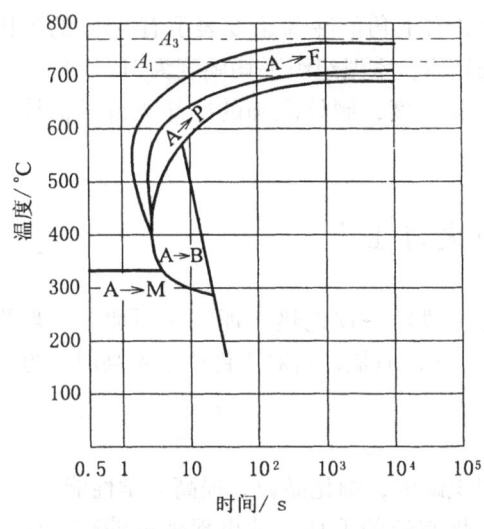
图6-27 亚共析钢的CCT曲线

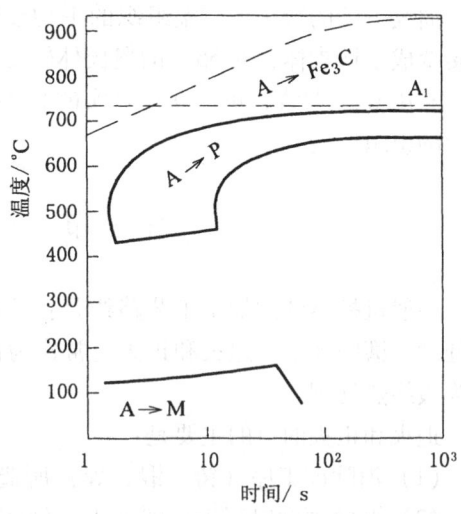
图6-28 过共析钢的CCT曲线

（2）临界冷却速度较小。临界冷却速度是获得全部马氏体组织（实际还含有少量残余奥氏体）的最小冷却速度。它对于确定淬火时的冷却工艺十分重要，C曲线越靠右，即奥氏体越稳定的钢，临界冷却速度越小，就可以用较慢的冷却速度，即在冷却能力较小的冷却介质中淬火获得马氏体组织。

V_k' 和 V_k 分别为TTT曲线和CCT曲线的临界冷却速度，显然 $V_k < V_k'$。

（3）贝氏体转变受到抑制。碳钢在连续冷却时，得不到单一的贝氏体组织，共析碳钢和过共析碳钢甚至不发生贝氏体转变。这是由于在连续冷却时，其在中温区域的停留时间不足以达到贝氏体转变的孕育期，因而贝氏体转变被抑制的缘故。

（4）转变产物不均匀。由于连续转变是在一个温度范围内继续的，得到的转变产物类型可能不止一种，有时是几种组织的混合；即使是同一种类型的组织，也由于先后转变产物形成温度不同而使组织的分散度不同，尤其工件表面和心部因冷却速度不同而造成组织和性能上的差异。

2. C曲线的应用

（1）TTT曲线的应用。显然，利用TTT曲线可以很方便地确定过冷奥氏体在各等温温度下的转变时间、转变产物和性能，从而可根据所需性能来制订等温热处理工艺。

（2）CCT曲线的应用。如果要精确地、定量地研究奥氏体在各种连续冷却速度下获得的组织与性能，就应该使用CCT曲线。图6-29为45钢的CCT曲线。图中冷却速度曲

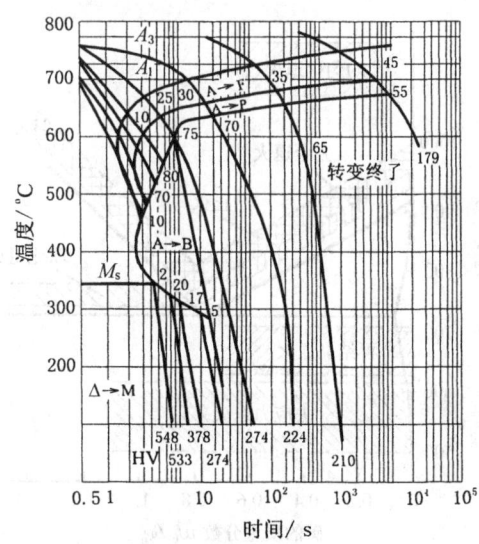
图6-29 45钢的CCT曲线

线与CCT曲线各转变终了线相交的数字表示已转变组织组成物所占的体积分数,各冷却速度曲线下端的数字为室温组织的平均硬度值。如右上角的冷却速度表示有45%的奥氏体转变成了铁素体,有55%的奥氏体转变成了珠光体,室温组织平均硬度为HV179。

利用CCT曲线,可以获得真实的临界淬火冷却速度,制订准确的冷却规范和估计冷却后的组织性能。

第三节 钢的退火与正火

一般机械零件的加工工艺路线是:毛坯(铸、锻)→预先热处理→切削加工→最终热处理→磨削加工。退火和正火通常作为预先热处理,但是,当对工件要求不高时,也可作为最终热处理。

退火和正火的目的主要是:

(1) 消除前工序(铸、锻、焊)所造成的组织缺陷,细化晶粒,提高力学性能。

(2) 调整硬度以利于切削加工。经铸、锻、焊制造的毛坯,常出现硬度偏高、偏低或不均匀现象,可用退火或正火将硬度调整到HB170~230,从而改善切削加工性能。

(3) 消除残余内应力,防止工件变形。

(4) 为最终热处理(淬火、回火)做好组织上的准备。

一、退火

退火是将钢加热到临界点以上或以下,保温后缓慢冷却,获得以珠光体为主的组织的热处理工艺。

退火的工艺方法有完全退火、等温退火、球化退火、均匀化退火、去应力退火、再结晶退火等。前四种的加热温度在临界点以上,后两种在临界点以下,如图6-30所示。

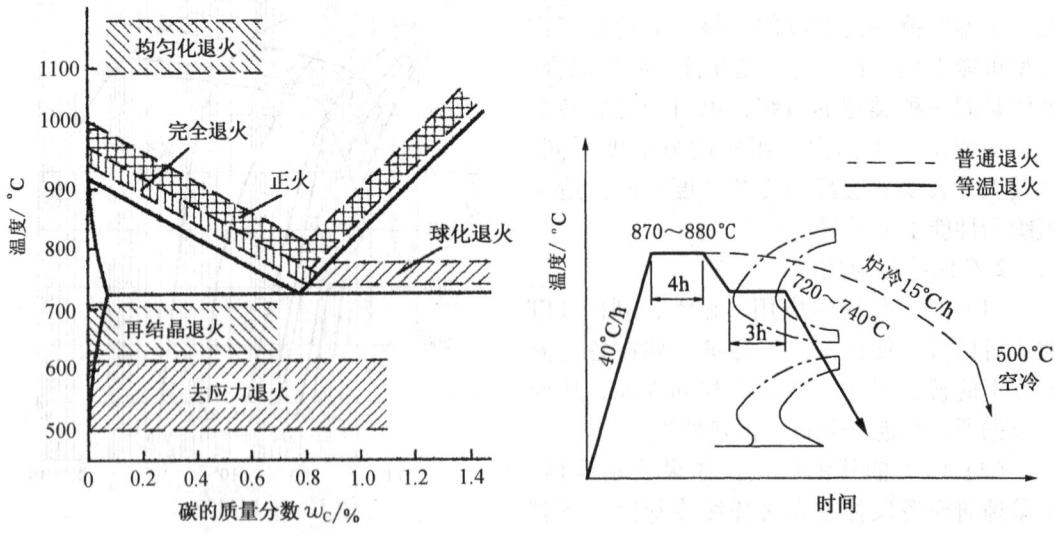

图6-30 各种退火和正火的加热温度范围　　图6-31 高速钢等温退火与普通退火的比较

1. 完全退火

完全退火又称重结晶退火，工艺是把钢件加热到 A_{c3} + (30 ~ 50)℃，保温后随炉缓冷到500℃以下出炉空冷。退火后组织为珠光体+铁素体。

完全退火主要用于亚共析钢铸、锻件及热轧型材，以改善组织，细化晶粒，降低硬度，消除内应力。

2. 等温退火

等温退火是将钢件加热到 A_{c3} + (30 ~ 50)℃（亚共析钢）或 A_{c1} + (30 ~ 50)℃（过共析钢），保温后冷到 A_{r1} 以下某一温度，并在此温度下停留，待相变完成后出炉空冷。

等温退火由于让奥氏体向珠光体的转变在恒温下完成，而等温处理的前后都可较快地冷却，因此可使工件在炉内停留时间大大缩短而节省工时，特别是对于某些合金钢，如图6-31所示。等温退火实际上是完全退火和球化退火的一种特殊冷却方式。

3. 球化退火

球化退火是使钢中的渗碳体成为颗粒状，即球状化的退火。主要用于共析钢和过共析钢的预先热处理，以降低硬度，改善切削加工性能，并为淬火作组织准备。

球化退火实际上是一种不完全退火，其工艺是把钢件加热到 A_{c1} + (20 ~ 40)℃，充分保温使二次渗碳体球化，然后随炉缓冷通过 A_{r1} 温度，或在略低于 A_{r1} 温度等温，使那些细小的二次渗碳体颗粒成为珠光体相变的结晶核心而形成球化组织，之后再出炉空冷。

球化退火的组织是在铁素体基体上弥散分布着颗粒状渗碳体，称为球状珠光体，如图6-32所示。

对于有严重网状二次渗碳体存在的过共析钢，在球化退火前，应先进行正火处理，以消除网状，便于球化。

近年来，球化退火应用于亚共析钢已获得成效，使其得到最佳的塑性和较低的硬度，从而大大有利于冷挤、冷拉、冷冲压成型加工。

图6-32 T12钢球化退火组织

4. 均匀化退火

均匀化退火是将钢加热到略低于固相线的温度（1 050 ~ 1 150℃），长时间保温（10 ~ 20h），然后缓慢冷却，以消除成分偏析。主要用于高合金钢的钢锭和铸件。

均匀化退火因为加热温度高，造成晶粒粗大，所以随后往往要经一次完全退火来细化晶粒。

5. 去应力退火

去应力退火是将工件随炉加热到 A_{c1} 以下某一温度（一般是500 ~ 650℃），保温后缓冷至300 ~ 200℃以下出炉空冷。由于加热温度低于 A_{c1}，钢在去应力退火过程中不发生组织变化。其主要目的是消除工件在铸、锻、焊和切削加工过程中产生的内应力，稳定尺寸，减少变形。

二、正火

正火是将钢加热到 A_{c3}（亚共析钢）或 A_{ccm}（过共析钢）以上30 ~ 50℃，保温后在空气中冷却，得到以索氏体为主的组织的热处理工艺。与退火相比，正火冷却速度较快，转变温度较低，因而发生伪共析组织转变，使组织中珠光体量增多，获得的珠光体型组织较细，钢的强度、硬度也较高。正火后的组织，通常为索氏体，对于含碳量小于0.6%的碳钢还有部分铁素体，而含碳量高的过共析碳钢则会析出一定量的碳化物。

正火的主要应用有：

(1) 作为低、中碳钢的预先热处理，可获得合适的硬度，改善切削加工性，并为淬火作组织准备。

(2) 消除过共析钢的网状二次渗碳体，为球化退火作组织准备。

(3) 消除中碳结构钢铸、锻、焊等热加工魏氏组织、晶粒粗大等过热组织缺陷，细化晶粒，均匀组织，消除内应力。

(4) 作为普通结构零件的最终热处理，使之达到一定的力学性能，在某些场合可以代替调质处理。

综上所述，退火和正火目的相似，它们之间的选择，可以从下面几方面加以考虑。

(1) 切削加工性。一般来说，钢的硬度为HB170~250，组织中无大块铁素体时，切削加工性较好。因此，对低、中碳钢宜用正火；高碳结构钢和工具钢，以及含合金元素较多的中碳合金钢，则以退火为好。

(2) 使用性能。对于性能要求不高，随后拟不再淬火回火的普通结构件，往往可用正火来提高力学性能。但若形状比较复杂的零件或大型铸件，采用正火有变形和开裂的危险时，则用退火。如从减少淬火变形和开裂倾向考虑，正火不如退火。

(3) 经济性。正火比退火的生产周期短，设备利用率高，节能省时，操作简便，故在可能的情况下，优先采用正火。

第四节 钢 的 淬 火

淬火是将钢加热到A_{c3}或A_{c1}以上30~50℃，保温后快速冷却，获得以马氏体或下贝氏体为主的组织的热处理工艺。

淬火的目的是与回火相配合，赋予工件最终使用性能。例如，高碳工具钢淬火后低温回火可得到高硬度、高耐磨性；中碳结构钢淬火后高温回火可得到强度、塑性、韧性良好配合的综合力学性能，等等。

一、淬火温度的选择

碳钢的淬火温度可利用Fe-Fe$_3$C状态图来选定，如图6-33所示。

亚共析钢的淬火温度为A_{c3} + (30~50)℃，获细马氏体组织。若淬火温度过高，会引起马氏体粗大，并增加工件变形和开裂倾向。反之，若淬火温度过低，则淬火组织中将出现未溶的自由铁素体，降低钢的强度和硬度。但是如处理得当，在A_{c1}~A_{c3}之间加热进行亚温淬火，可以改善韧性，是一种强韧化处理方法。

对于过共析钢，淬火温度为A_{c1} + (30~50)℃，淬火组织为细马氏体 + 均匀分布的粒状渗碳体 + 少量残余奥氏体。粒状渗碳体的存在可提高钢的硬度和耐磨性。如把淬火温度升高到A_{ccm}以上，则不但会使渗碳体完全溶解消失，还会引起奥氏体晶粒长大，钢的

M_s点也因奥氏体的含碳量增加而降低,必然使淬火后的马氏体变得粗大,残余奥氏体量增多。这不但降低了钢的硬度和耐磨性,还会使脆性增加,氧化脱碳和变形开裂的倾向也变得严重。

合金钢的淬火温度也是根据其临界点来选定的,但由于大多数合金元素都阻碍碳的扩散,它们本身的扩散也较困难,且除 Mn 外的合金元素在奥氏体化时都有阻碍奥氏体晶粒长大的作用。因此,为了使合金元素充分溶解和均匀化,淬火温度比碳钢高,一般为临界点以上 50~100℃,某些高合金钢会更高一些。

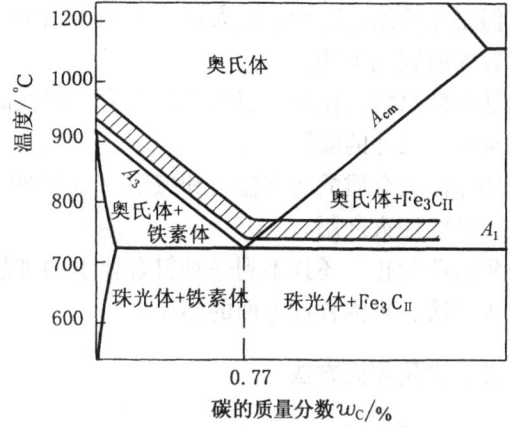

图 6-33 碳钢的淬火加热温度范围

二、淬火介质

冷却是影响淬火工艺的重要因素之一。为了获得马氏体组织,淬火速度必须大于钢的临界冷却速度 V_k,但是,快冷不可避免地会产生很大的内应力,往往会引起工件的变形和开裂。要想既得到马氏体又尽量避免变形和开裂,理想的淬火冷却曲线如图 6-34 所示。即在 C 曲线鼻尖附近(650~550℃)快冷,使冷却速度大于 V_k,而在 M_s 点附近(300~200℃)慢冷,以减少马氏体转变时产生的内应力。常用淬火介质的冷却能力见表 6-3。

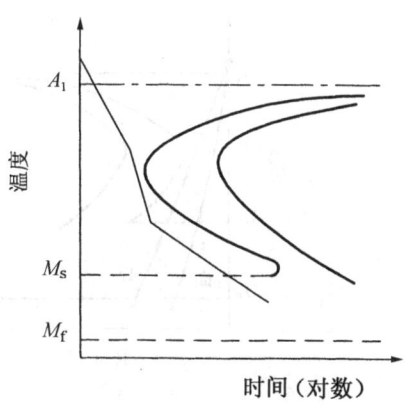

图 6-34 理想淬火冷却曲线示意图

表 6-3 常用淬火介质的冷却能力

淬火介质	在下列温度范围的冷却速度/(℃/s)		淬火介质	在下列温度范围的冷却速度/(℃/s)	
	650~550℃	300~200℃		650~550℃	300~200℃
水(18℃)	600	270	菜油(50℃)	200	35
水(26℃)	500	270	机油(18℃)	100	20
水(50℃)	100	270	机油(50℃)	150	30
水(74℃)	30	200	变压器油	120	25
10% NaCl 水溶液(18℃)	110	300	水玻璃苛性钠水溶液	310	70
蒸馏水	250	200	0.5%聚乙烯醇水溶液		180

生产上最常用的淬火介质是水、盐水和油。水在高温区的冷却能力较强，盐水则更强，但是在低温区冷却速度太快，不利于减少变形和开裂，因此仅适用于形状简单、截面尺寸较大的碳钢工件。

油在低温区有比较理想的冷却能力，但在高温区的冷却能力则嫌不足。因此只适用于合金钢或小尺寸的碳钢工件。

用作淬火介质的还有盐浴和碱浴（如熔融的 $NaNO_3 + KNO_3$，$KOH + NaOH$），供等温淬火、分级淬火之用。

到目前为止，还找不到一种符合要求的理想淬火介质，所以在实际生产中要采用不同的淬火方法，来弥补这方面的不足。

三、常用淬火方法

1. 单介质淬火

单介质淬火是将加热好的工件直接放入一种淬火介质中冷却。如图 6-35a 所示。如碳钢用水淬、合金钢用油淬等。这种淬火方法操作简便，易实现机械化与自动化。

为减少淬火应力，可采用"延时淬火"方法，即先在空气中冷却一下，再置于淬火介质中冷却。

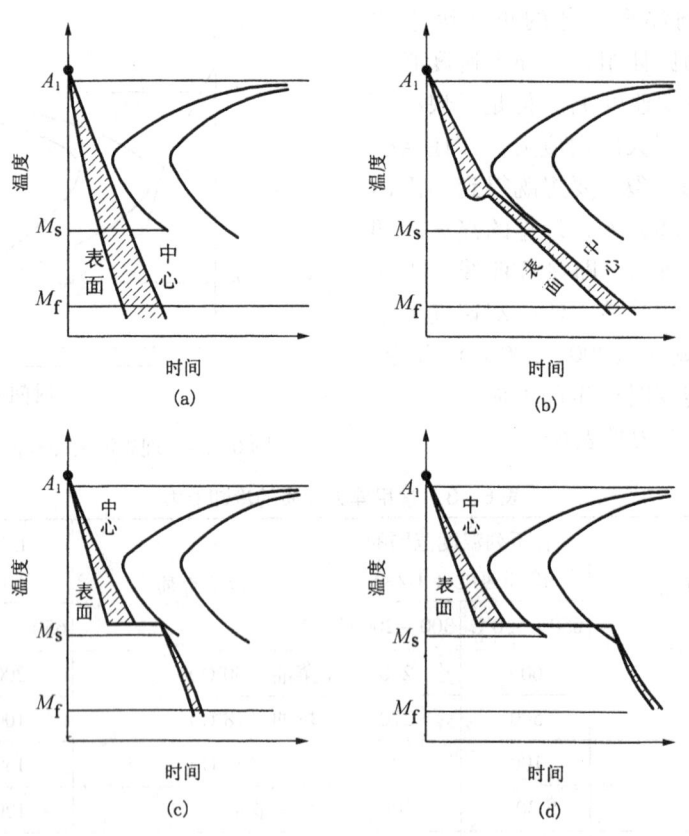

图 6-35 淬火方法

(a) 单介质淬火法；(b) 双介质淬火法；(c) 分级淬火法；(d) 等温淬火法。

2. 双介质淬火

双介质淬火是将加热好的工件先在一种冷却能力较强的介质中冷却，避免珠光体转变，然后转入另一种冷却能力较弱的介质中发生马氏体转变的方法，见图 6-35b。常用的有水淬油冷或油淬空冷。这种方法利用了两种介质的优点，淬火条件较理想。但操作复杂，在第一种介质中停留的时间不易掌握，需要有实践经验。

3. 分级淬火

分级淬火是将加热好的工件放入温度稍高（或稍低）于 M_s 点的硝盐浴或碱浴中，停留一段时间待工件表面和心部温度基本一致，在奥氏体开始转变之前取出，在空气中冷却进行马氏体转变，见图 6-35c。因为组织转变几乎同时进行，因此减少了内应力，显著降低了变形和开裂的倾向，但由于硝盐浴或碱浴冷却能力不够大，故只适用于小尺寸工件。

4. 等温淬火

等温淬火是将加热好的工件淬入温度稍高于 M_s 点的硝盐浴或碱浴中冷却并保持足够时间，使过冷奥氏体转变为下贝氏体组织，然后再取出在空气中冷却的淬火方法，见图 6-35d。等温淬火处理的工件强度高，韧性和塑性好，即具有良好的综合力学性能，同时淬火应力小，变形小，多用于形状复杂和要求高的小零件。

5. 局部淬火

对只要求局部硬化的工件，可进行局部加热淬火，以避免其他部分产生变形和开裂。如图 6-36 所示。

6. 冷处理

冷处理是将淬火冷却到室温的工件继续深冷到 -70～-80℃ 或更低的温度，使室温下尚未转变的残余奥氏体继续转变为马氏体。

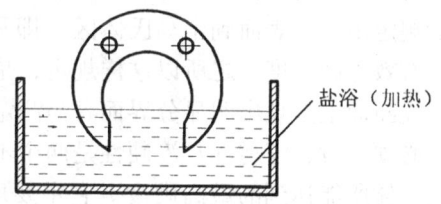

图 6-36 卡规的局部淬火法
（直径在 60 mm 以上的较大卡规）

这对于 M_f 点在 0℃ 以下的高碳钢和合金钢，能最大限度地减少残余奥氏体，进一步提高硬度和防止工件在使用过程中因残余奥氏体的分解而引起变形。

冷处理一般在专门的冷冻设备内进行，也可以用干冰（固态 CO_2）和酒精混合而获得 -70～-80℃ 的低温。只有特殊冷处理才用液化乙烯（-103℃）或液氮（-192℃）等方法。

冷处理多在工件淬火后立即进行，以免奥氏体产生陈化稳定现象而削弱冷处理的效果。但有时为了防止产生裂纹，也可考虑先回火一次再冷处理。工件经冷处理后，应立即进行低温回火。

冷处理用于要求精度很高，必须保证尺寸长期稳定性，硬而耐磨的精密零件、工具、模具、量具、滚动轴承等。

四、钢的淬透性

1. 淬透性的概念

钢淬火的目的是为了获得马氏体组织。但并非任何钢种、任何尺寸的钢件在淬火时都能在整个截面上得到马氏体，这是因为淬火冷却时表面与心部冷却速度有差异所致。显然，只有冷却速度大于临界冷却速度 V_k 的部分才有可能淬火成马氏体。钢淬火时，其截面上获得马氏体组织的深度称为淬硬层深度，如图 6-37 所示。

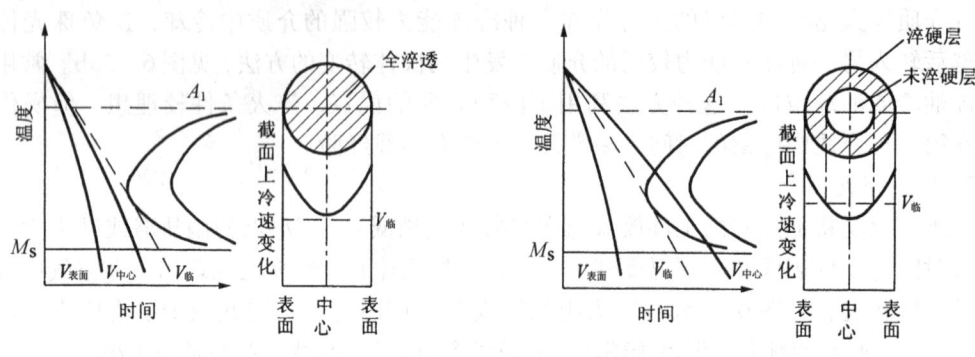

图 6-37　零件淬透情况与截面上冷却速度的关系示意图
(a) 淬透；(b) 未淬透

钢的淬透性就是指钢在淬火时获得的有效淬硬深度（也称淬透层深度）的能力。其大小通常用规定条件下的有效淬硬深度来表示。有效淬硬深度越深，表明其淬透性越好。一般规定由工件表面到半马氏体区（即马氏体和珠光体型组织各占50%的区域）的深度作为有效淬硬深度。之所以这样规定，是由于半马氏体区不仅硬度变化显著，而且经酸蚀的磨光断面上呈现出明显分界而容易测定的缘故。

必须注意，淬透性与淬硬性是两个不同的概念，所谓淬硬性是指钢在正常淬火条件下其马氏体所能达到的最高硬度。它主要取决于钢的含碳量（更确切地说，是指加热时固溶于奥氏体中的含碳量），含碳量越高，淬硬性越好。因此，淬透性与淬硬性没有必然的联系，因为淬硬层深的钢，其淬硬层的硬度未必高。

2. 影响淬透性的因素

钢的淬透性取决于临界冷却速度 V_k 的大小，C 曲线越靠右，V_k 越小的钢淬透性越好。而影响 V_k 的基本因素是钢的化学成分和奥氏体化条件。

(1) 化学成分的影响：钢加热时溶于奥氏体中的碳和合金元素（Co 除外）越多，C 曲线越向右移，淬透性就越好。因此，在正常条件下，合金钢比碳钢好。在碳钢中，亚共析钢的淬透性随含碳量增加而增加，对于过共析钢，由于未溶渗碳体会降低奥氏体的稳定性，其淬透性则随含碳量增加而降低。

(2) 奥氏体化条件的影响：奥氏体化温度越高，保温越充分，则奥氏体晶粒越粗大、成分越均匀，因而过冷奥氏体越稳定，C 曲线越向右移，V_k 越小，淬透性就越好。

上述影响淬透性的诸因素中，起主要作用的是钢的化学成分，尤其是钢中的合金元素。

3. 淬透性与有效淬硬深度的关系

钢的淬透性与具体淬火条件下的有效淬硬深度是有区别的。淬透性是钢的属性之一，主要受本身内在因素的影响，而有效淬硬深度除与钢的淬透性有关外，还受外界条件的影响。只有在其他条件（如工件尺寸、淬火介质）相同时，淬透性越好的钢，有效淬硬深度才越深。如果其他条件不同，则有效淬硬深度就不止取决于淬透性。例如，用淬透性差的钢制造的小尺寸工件，淬火时由于心部冷却速度大，可能得到比用淬透性好的钢制造的大尺寸工件深的有效淬硬深度。

4. 淬透性的测定及其表示方法

（1）临界淬透直径法：所谓临界淬透直径是指圆棒试样在某介质中淬火时，截面中心被淬成半马氏体的最大直径，用 D_0 表示，见图 6-38。显然，在同样条件下，D_0 越大，钢的淬透性越好。

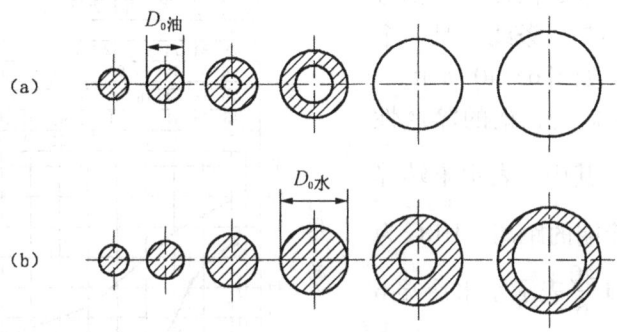

图 6-38 临界淬透直径示意图
(a) 油淬；(b) 水淬

（2）末端淬火法测定淬透性带：末端淬火法是国家标准规定的最常用的测定淬透性的方法，详见 GB 225—1963。要点是：如图 6-39a 所示，将 $\phi 25 \times 100$ mm 的标准试样奥氏体化后，对末端喷水冷却。试样上距末端（水冷端）越远的部分，冷却速度越低，硬度也随之下降。

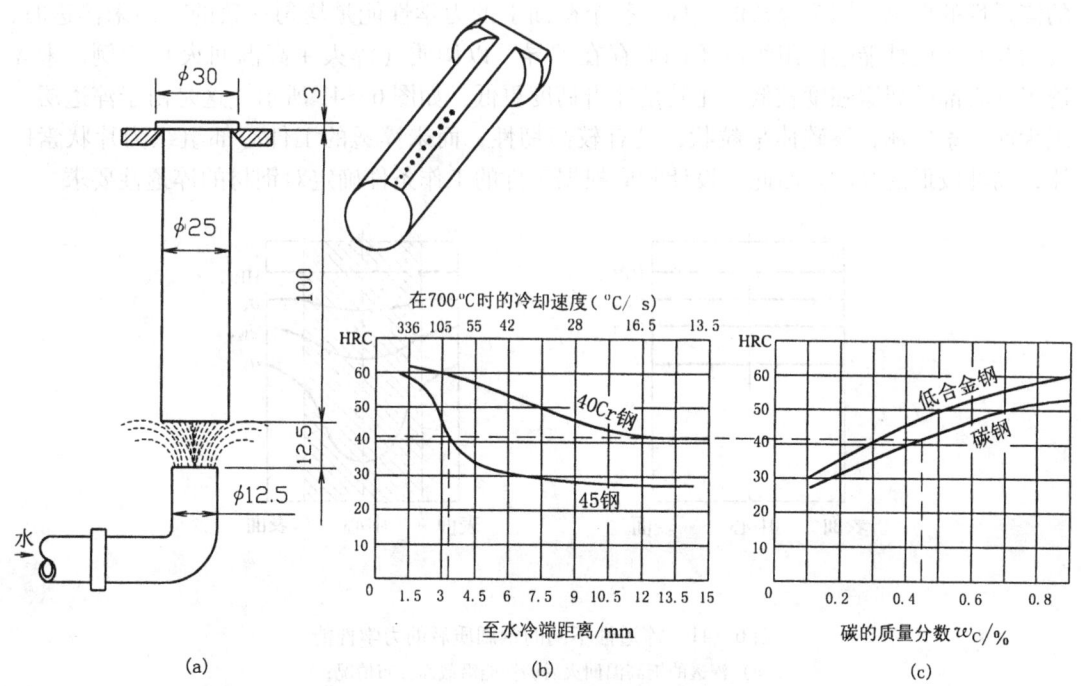

图 6-39 末端淬火法
(a) 喷水；(b) 淬透性曲线举例；(c) 钢的半马氏体（50%M）硬度与含碳量的关系

待试样冷却后，将试样两侧磨去 0.2～0.5 mm 深度而获得两个平行的平面，然后从水冷端开始每隔 1.5 mm 测量一个硬度值，即可得到试样沿轴向的硬度分布曲线，称作钢的淬透性曲线，如图 6-39b 所示。再利用图 6-39c 所示的钢的半马氏体硬度与含碳量的关系，即可找出相应的钢半马氏体区至水冷端的距离。该距离越大，钢的淬透性便越好。

由于钢成分的波动，因而同一钢号的淬透性曲线往往不是一条线而是一个范围，称淬透性带，如图 6-40 所示。

按 GB 225-63 规定，钢的淬透性值可用 $J\dfrac{HRC}{d}$ 表示，其中 J 表示末端淬透性，d 表示至水冷端的距离，HRC 为该处的硬度值。如 $J\dfrac{40}{6}$ 表示距水冷端 6 mm 处硬度为 HRC40；$J\dfrac{36}{10\sim15}$ 表示距水冷端 10～15 mm 处硬度为 HRC36；$J\dfrac{30\sim36}{10}$ 表示距水冷端 10 mm 处硬度为 HRC30～36。

图 6-40 40CrMn 钢的淬透性曲线
（奥氏体化温度：840℃）

5. 淬透性的应用

（1）根据工件的工作条件确定对钢的淬透性的要求。因为淬透的工件，整个截面上的力学性能是均匀一致的，而未淬透时，表面与心部的性能会因组织的不同而存在差异。以调质（淬火+高温回火）为例，未淬透工件心部的屈服强度较低，尤其是冲击韧度更低，如图 6-41 所示。这是由于淬透层组织为回火索氏体，渗碳体呈粒状，具有较高韧性；而未淬透的工件心部组织为片状索氏体，韧性较低的缘故。因此，设计时应根据工件的工作条件确定对钢材的淬透性要求。

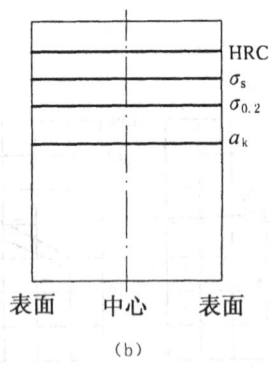

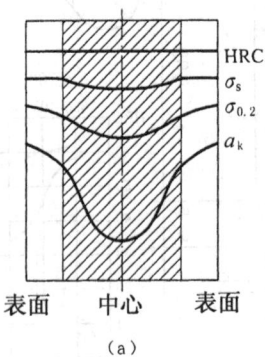

图 6-41 淬透性不同的钢调质后的力学性能
(a) 淬透的钢高温回火后的性能沿截面分布情况；
(b) 未淬透的钢高温回火后的性能沿截面分布情况

①对于承受负荷较大，要求具有整体均一力学性能的零件，如联结螺栓、内燃机连杆、锻模等，应选用高淬透性钢，并要求全部淬透。

②对于承受弯曲和扭转的轴类、齿轮类零件，其表面受力大，心部受力小，则可选用淬透性较低的钢，淬透层深度一般为工件半径或厚度的 1/2 到 1/3 即可。

③表面淬火用钢（表面淬火前要求调质的除外）一般不要求高淬透性，因表面淬火加热时间短，只加热表面，与淬透性大小关系不大。

④焊接件不应选择淬透性高的钢，否则容易在焊缝热影响区出现淬火组织而导致脆性增加，产生裂纹。

（2）在安排零件的加工工艺路线时，应考虑淬透性的影响。如对有效淬硬深度浅的大尺寸工件，应在粗加工后再调质，以免把淬透层车去而起不到热处理应有的作用。

（3）淬透性对热处理工艺方法也有很大的影响。例如，用低淬透性碳钢制造的大尺寸工件往往因有效淬硬深度太浅或根本得不到而使调质失去意义，性能并不比正火高，而用正火则会更经济些。但如用正火不能满足要求，就应考虑更换淬透性较好的合金钢。

（4）由于工件的有效淬硬深度，即钢的热处理强化效果直接受工件截面尺寸的影响，因此，在设计时，必须考虑钢的这种尺寸效应，审慎地选用数据，切不可将小试样的性能数据，直接用于大尺寸工件的设计计算上。

第五节　钢 的 回 火

回火是把淬火钢加热到 A_{c1} 以下的某一温度保温后进行冷却的热处理工艺。

回火紧接着淬火后进行，除等温淬火外，其他淬火零件都必须及时回火。

淬火钢回火的目的是：

（1）降低脆性，减少或消除内应力，防止工件变形或开裂。

（2）获得工件所要求的力学性能。淬火钢件硬度高、脆性大，为满足各种工件不同的性能要求，可以通过适当回火来调整硬度，获得所需的塑性和韧性。

（3）稳定工件尺寸。淬火马氏体和残余奥氏体都是不稳定组织，会自发生转变而引起工件尺寸和形状的变化。通过回火可以使组织趋于稳定，以保证工件在使用过程中不再发生变形。

（4）改善某些合金钢的切削性能。某些高淬透性的合金钢，空冷便可淬成马氏体，软化退火也相当困难，因此常采用高温回火，使碳化物适当聚集，降低硬度，以利切削加工。

一、淬火钢在回火时的转变

不稳定的淬火组织有自发向稳定组织转变的倾向。淬火钢的回火正是促使这种转变较快地进行。在回火过程中，随着组织的变化，钢的性能也发生相应的变化。

1. 回火时的组织转变

随回火温度的升高，淬火钢的组织大致发生下述四个阶段的变化。如图 6-42 所示。

（1）马氏体分解。回火温度 <100℃（本节的回火转变温度范围指碳钢而言，合金钢会

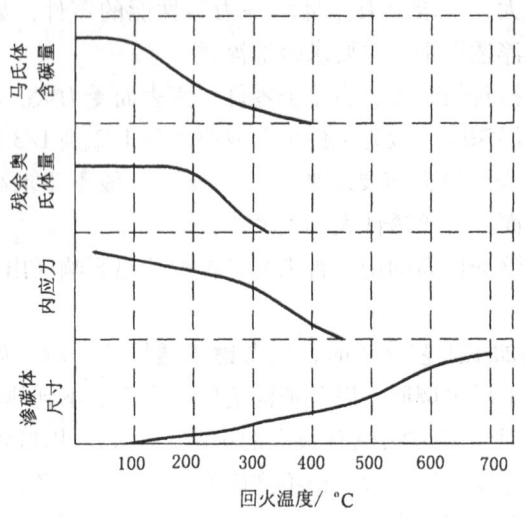

图6-42 淬火钢在回火时的变化

有不同程度的提高)时,钢的组织基本无变化。马氏体分解主要发生在100~200℃,此时马氏体中的过饱和碳以ε碳化物(Fe_xC)的形式析出,使马氏体的过饱和度降低。析出的碳化物以极细片状分布在马氏体基体上,这种组织称为回火马氏体,用符号"$M_回$"表示,如图6-43所示。在显微镜下观察,回火马氏体呈黑色,残余奥氏体呈白色。

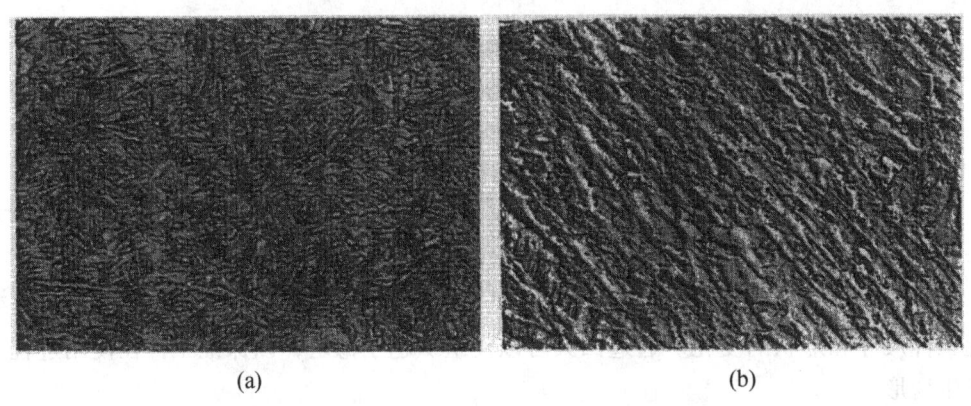

图6-43 回火马氏体的金相组织及电子显微组织
(a) 回火马氏体的金相组织 (800×); (b) 回火马氏体的电子显微组织 (10 000×)

马氏体分解一直进行到350℃,此时,α相中的含碳量接近平衡成分,但仍保留马氏体的形态。马氏体的含碳量越高,析出的碳化物也越多,对于碳的质量分数<0.2%的低碳马氏体在这一阶段不析出碳化物,只发生碳原子在位错附近的偏聚。

(2) 残余奥氏体的分解。残余奥氏体的分解主要发生在200~300℃。由于马氏体的分解,正方度下降,减轻了对残余奥氏体的压应力,因而残余奥氏体分解为ε碳化物和过饱和α相,其组织与下贝氏体或同温度下马氏体回火产物一样。

(3) ε碳化物转变为Fe_3C。回火温度在300~400℃时,介稳定的ε碳化物转变成稳定的渗碳体（Fe_3C），同时，马氏体中的过饱和碳也以渗碳体的形式继续析出。到350℃左右，马氏体中的含碳量已基本上降到铁素体的平衡成分，同时内应力大量消除。此时回火马氏体转变为在保持马氏体形态的铁素体基体上分布着细粒状渗碳体的组织，称回火托氏体，用符号"$T_回$"表示，如图6-44所示。

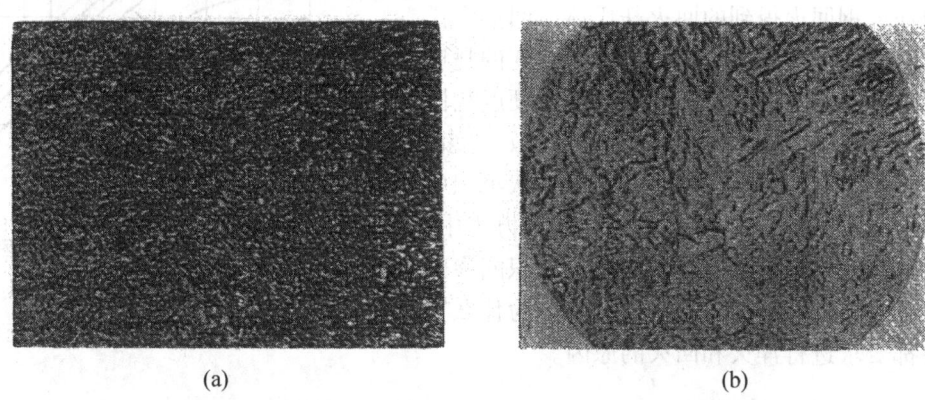

图6-44　回火托氏体的金相组织及电子显微组织
（a）回火托氏体的金相组织（400×）；（b）回火托氏体的电子显微组织（15 000×）

（4）渗碳体的聚集长大及α相的再结晶。这一阶段的变化主要发生在400℃以上，铁素体开始发生再结晶，由针片状转变为多边形。这种由颗粒状渗碳体与多边形铁素体组成的组织称为回火索氏体，用符号"$S_回$"表示，如图6-45所示。

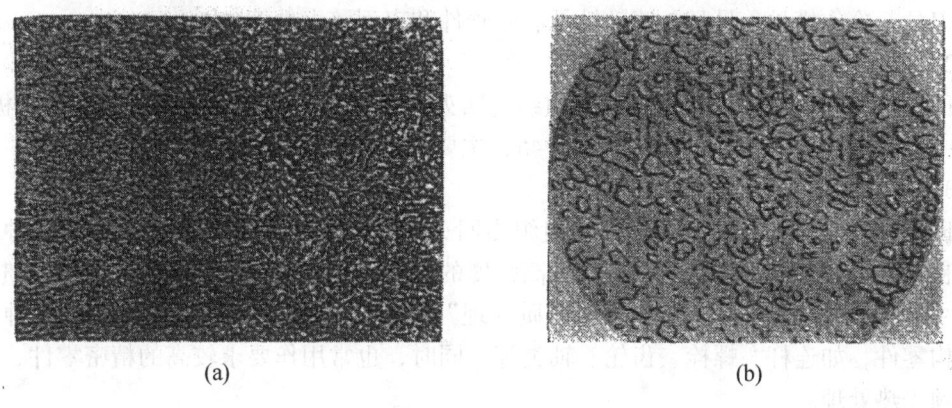

图6-45　回火索氏体的金相组织及电子显微组织
（a）回火索氏体的金相组织（400×）；（b）回火索氏体的电子显微组织（15 000×）

2. 回火过程中的性能变化

淬火钢在回火过程中力学性能总的变化趋势是：随回火温度的升高，硬度和强度降低，塑性和韧性上升。图6-46为硬度与回火温度的关系。

在200℃以下，由于马氏体中析出大量ε碳化物产生弥散强化作用，钢的硬度并不下降，对于高碳钢，甚至略有升高。

在200~300℃，高碳钢由于有较多的残余奥氏体转变为马氏体，硬度会再次提高。

而低、中碳钢由于残余奥氏体量很少，硬度则缓慢下降。

300℃以上，由于渗碳体粗化及马氏体转变为铁素体，钢的硬度呈直线下降。

由淬火钢回火得到的回火托氏体、回火索氏体和球状珠光体比由过冷奥氏体直接转变的托氏体、索氏体和珠光体的力学性能好，在硬度相同时，回火组织的屈服强度、塑性和韧性好得多。这是由于两者渗碳体形态不同所致，片状组织中的片状渗碳体受力时，其尖端会引起应力集中，形成微裂纹，导致工件破坏。而回火组织的渗碳体呈粒状，不易造成应力集中。这就是为什么重要零件都要求进行淬火和回火的原因。

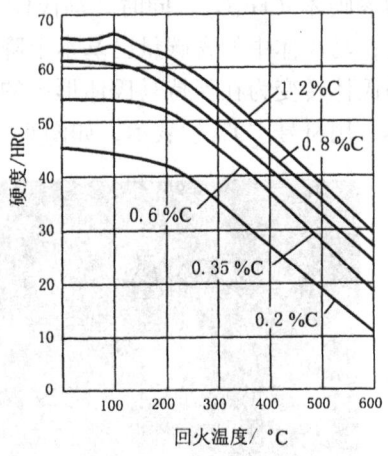

图6-46 钢的硬度随回火温度的变化

二、回火种类及应用

淬火钢回火后的组织和性能取决于回火温度，根据钢的回火温度范围，把回火分为以下三类：

1. 低温回火

回火温度为150~250℃，回火组织为回火马氏体。目的是降低淬火内应力和脆性的同时保持钢在淬火后的高硬度（一般达HRC58~64）和高耐磨性。它广泛用于处理各种切削刀具、冷作模具、量具、滚动轴承、渗碳件和表面淬火件等。

2. 中温回火

回火温度为350~500℃，回火后组织为回火托氏体，具有较高屈服强度和弹性极限，以及一定的韧性，硬度一般为HRC35~45，主要用于各种弹簧和热作模具的处理。

3. 高温回火

回火温度为500~650℃，回火后组织为回火索氏体，硬度为HRC25~35。这种组织具有良好的综合力学性能，即在保持较高强度的同时，具有良好的塑性和韧性。习惯上把淬火+高温回火的热处理工艺称作"调质处理"，简称"调质"，广泛用于处理各种重要的结构零件，如连杆、螺栓、齿轮、轴类等。同时，也常用作要求较高的精密零件、量具等的预先热处理。

除了上述三种常用的回火方法外，某些高合金钢还在640~680℃进行软化回火，以改善切削加工性。某些精密零件，为了保持淬火后的高硬度及尺寸稳定性，有时需在100~150℃进行长时间（10~15 h）的加热保温。这种低温长时间的回火称为尺寸稳定处理或时效处理。

必须指出，某些高合金钢淬火后高温（如高速钢在560℃）回火，是为了促使残余奥氏体转变及马氏体回火，获得的是以回火马氏体和碳化物为主的组织。这与结构钢的调质在本质上是根本不同的。

三、回火脆性

淬火钢的韧性并不总是随回火温度的升高而提高的。在某些温度范围内回火时,出现冲击韧度显著下降的现象,称为"回火脆性"。回火脆性有第一类回火脆性（250~350℃）和第二类回火脆性（500~650℃）两种,如图6-47所示。

1. 第一类回火脆性

淬火钢在250~350℃回火时出现的脆性称为第一类回火脆性。几乎淬火后形成马氏体的钢在此温度回火,都程度不同地产生这种脆性。这与在这一温度范围沿马氏体的边界析出碳化物的薄片有关。目前,尚无有效办法完全消除这

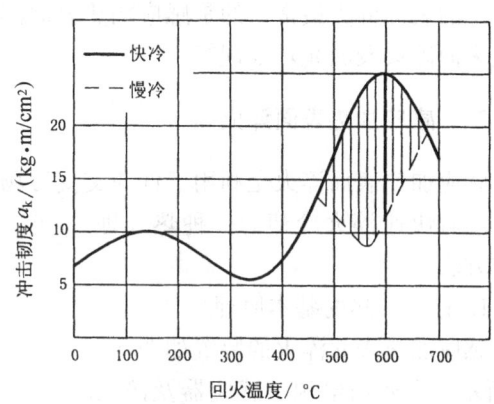

图6-47　Ni-Cr钢（0.3%C,1.47%Cr,3.4%Ni）的冲击韧度与回火温度的关系

类回火脆性,所以一般不在250~350℃温度范围回火。

2. 第二类回火脆性

淬火钢在500~650℃范围内回火出现的脆性称为第二类回火脆性。第二类回火脆性主要发生在含Cr,Ni,Si,Mn等合金元素的合金钢中,这类钢淬火后在500~650℃长时间保温或以缓慢速度冷却时,便产生明显的脆化现象,但如果回火后快速冷却,脆化现象便消失或受抑制。所以这类回火脆性是"可逆"的。第二类回火脆性产生的原因,一般认为与Sb,Sn,P等杂质元素在原奥氏体晶界偏聚有关。Cr,Ni,Si,Mn等会促进这种偏聚,因而增加了这类回火脆性的倾向。

除回火后快冷可以防止第二类回火脆性外,在钢中加入W（约1%）、Mo（约0.5%）等合金元素也可有效地抑制这类回火脆性的产生。

第六节　钢的表面淬火

一、概述

对于承受弯曲、扭转、冲击等动载荷,同时又承受强烈摩擦的零件,如齿轮、曲轴、凸轮轴等,一般要求表面具有高的强度、硬度、耐磨性和疲劳强度,而心部则应在保证一定的强度、硬度的条件下,具有足够的塑性和韧性。为了满足这种表硬心韧的性能要求,可以采取多种表面强化技术,表面淬火就是其中之一。

钢的表面淬火是在不改变钢件的化学成分和心部组织的情况下,采用快速加热将表面层奥氏体化后进行淬火,以达到强化工件表面的热处理方法。

表面淬火用钢一般为碳的质量分数0.4%~0.5%的中碳钢或中碳合金钢,如45、40Cr、42Mn等。含碳量过高,虽可提高表面硬度和耐磨性,但会降低心部塑性和韧性;

反之，若含碳量过低，会使表面硬度和耐磨性不足。不过在某些情况下，表面淬火也用于低合金工具钢和铸铁制造的工件。

钢的表面淬火最常用的是感应加热表面淬火。此外，还有火焰加热表面淬火、接触电加热表面淬火及激光热处理等。

二、感应加热表面淬火

感应加热表面淬火是利用工件在交变磁场中所产生的感应电流，将工件加热到淬火温度，然后快速淬火冷却的一种热处理操作方法。

1. 感应加热的基本原理

感应加热表面淬火的装置如图6-48所示，主要由电源、感应器及淬火用喷水器组成。

当感应器中通过一定频率的交变电流时，所产生的交变磁场使放入感应器内的工件感应产生很大的涡流。感应电流在工件的表面密度最大，越往心部越小，而心部的电流密度几乎为零，电流频率越高，涡流集中的表面越薄，这种现象称为"集肤效应"。由于钢件本身具有电阻，因而集中于表层的电流可使表层被迅速加热，几秒钟内温度便可升至800~1 000℃，而心部几乎未被加热。在随即喷水冷却时，工件表层即被淬硬。

感应加热深度，即电流渗入深度主要取决于电流频率，对中碳钢及中碳合金钢，在淬火温度下，其关系为：

$$\delta = \frac{500 \sim 600}{\sqrt{f}}$$

式中 δ——感应电流渗入深度，mm；

f——电流频率，Hz。

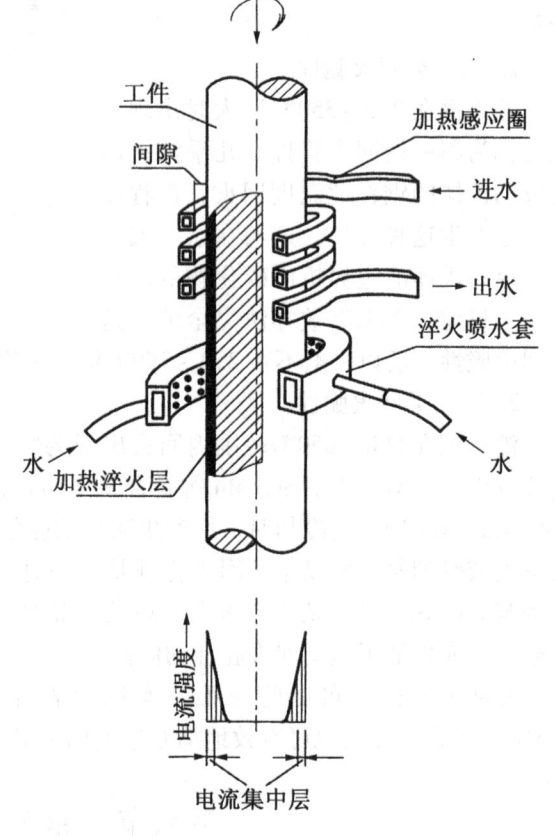

图6-48 感应加热表面淬火示意图

可见，感应电流频率越高，集肤效应越显著，感应加热深度越浅，工件有效淬硬深度越薄。

2. 感应加热的分类及应用

根据所用电流频率的不同，感应加热可分为高频、中频和工频三类。

（1）高频感应加热。常用电流频率范围为250~350 kHz，电源设备为电子管式或可控硅式高频发生器。一般有效淬硬深度为0.5~2.0 mm，适用于45、40Cr、40MnVB等钢制造的中小模数齿轮、中小尺寸的轴类零件等。

此外，还有一种超音频感应加热，电流频率为 30～40 kHz，对模数为 3～6 的齿轮等零件可得到沿齿廓分布的淬硬层。

(2) 中频感应加热。常用电流频率范围为 1～10 kHz，电源设备为中频发电机组或可控硅中频发生器。一般有效淬硬深度为 2～10 mm，适用于 45、40Cr、9Mn2V、球墨铸铁等制造的中等模数齿轮、大模数齿轮的单齿淬火、凸轮轴、曲轴等。

(3) 工频感应加热。电流频率为 50 Hz，不需变频设备。有效淬硬深度可达 10～20 mm，还可以更深。适用于大直径零件，如火车车轮、9Cr2W 钢制造的冷轧辊等的表面淬火，也可用于较大直径零件的穿透加热淬火。

3. 感应加热表面淬火前、后的热处理及获得的组织

感应加热表面淬火前的预先热处理，既是为表面淬火作组织准备，又可获得最终的心部组织。对于结构钢零件来说，预先热处理有调质和正火，调质处理的力学性能比正火的好。因此，当心部性能要求不高时，可采用正火，但是，重要零件应采用调质作预先热处理。

感应加热表面淬火后一般只进行低温回火，回火温度一般不高于 200℃，其目的是为了减少残余内应力和降低脆性，同时尽量保持表面的高硬度和高耐磨性。

工件经感应加热表面淬火及低温回火后，表层组织为回火马氏体，心部组织为预先热处理时获得的组织，即回火索氏体（调质）或索氏体 + 铁素体（正火）。

感应加热表面淬火零件的加工工艺路线为：

锻造→正火或退火→粗机加工→调质→精机加工→感应加热表面淬火→低温回火→精磨。

4. 感应加热表面淬火的特点

与普通淬火比较，感应加热表面淬火有如下主要特点：

(1) 加热速度极快，保温时间极短，过热度大，奥氏体形核多，又不易长大，因而淬火后表层可获得细小隐晶马氏体，硬度比普通淬火高 HRC2～3，且脆性较低。

(2) 由于马氏体转变产生体积膨胀使工件表面存在残余压应力，因而具有较高的疲劳强度。

(3) 由于加热速度快，基本无保温时间，因此，工件一般不产生氧化脱碳，表面质量好。同时由于内部未被加热，淬火变形小。

(4) 生产率高，易实现机械化与自动化，有效淬硬深度也易于控制。

上述特点使感应加热表面淬火在工业生产中获得了广泛的应用。缺点是设备较昂贵，维修调整保养技术要求高，形状复杂的感应器制造比较困难。

三、其他表面淬火方法简介

1. 火焰加热表面淬火

火焰加热表面淬火用乙炔-氧或煤气-氧等混合气体燃烧的火焰，直接加热工件表面到淬火温度后，随即喷水冷却，以获得表面硬化层的表面淬火方法，如图 6-49 所示。其有效淬硬深度一般为 2～10 mm。

火焰加热表面淬火与感应加热表面淬火相比，具有设备简单、成本低、灵活性大等优点。但加热温度不易控制，容易使工件表面产生过热，淬火质量不够稳定。因此，只适用

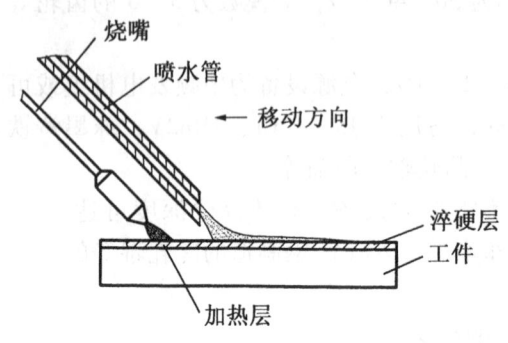 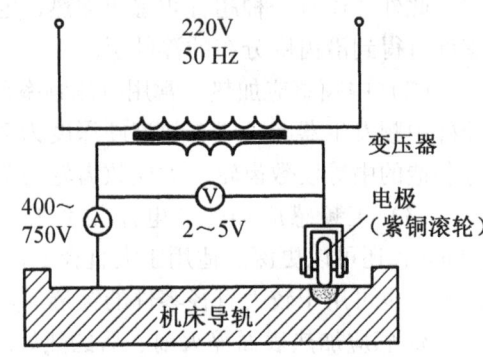

图 6-49 火焰加热表面淬火示意图　　图 6-50 机床导轨电接触加热表面淬火原理示意图

于单件、小批量生产件或大型零件的表面淬火。

2. 电接触加热表面淬火

电接触加热表面淬火的原理如图 6-50 所示。当工业电经调压器降压后，电流通过压紧在工件表面的滚轮与工件形成回路，利用滚轮与工件之间的高电阻实现快速加热，滚轮移去后即进行自激冷淬火。

电接触加热表面淬火可以显著提高工件表面的耐磨性及抗擦伤能力，且设备及工艺费用较低，工件变形小，工艺简单，不需要回火，常用于机床导轨、汽缸套等。缺点是有效淬硬深度薄（0.15~0.35 mm），形状复杂的工件不宜采用。

3. 激光热处理

激光热处理始于 20 世纪 70 年代，是一种多功能工艺方法，可进行表面淬火，选择性局部硬化和局部合金化等。

激光热处理的主要特点是：

（1）能量密度高，加热速度快，淬火靠自激冷冷却。

（2）可以在零件上任意选定的表面上进行局部淬火。

（3）应力及变形极小，表面光亮，不需再进行表面精加工。特别适合于中小零件复杂表面的局部硬化。

（4）可以进行局部表面合金化处理。用激光照射涂层或镀层表面，可以得到不同性能的合金化表层，并可在同一零件的不同部位实现不同的表面合金化。

第七节　钢的化学热处理

一、概述

化学热处理是将工件置于一定的介质中加热和保温，使介质中的活性原子渗入工件表面层，从而通过改变表面层的化学成分和组织来获得所需性能的一种热处理工艺，也称表面合金化。与表面淬火相比，它不仅改变表层的组织，而且还改变其成分。

1. 化学热处理的主要作用

（1）提高工件表层硬度、耐磨性能与疲劳强度，使心部在具有一定强度的情况下，具有足够的塑性和韧性，如渗碳、渗氮、碳氮共渗等。

（2）提高工件表层的耐腐蚀性，如渗氮、渗硅等。

（3）提高工件表层的抗氧化性，如渗铝等。

本节主要介绍渗碳、渗氮和碳氮共渗。

2. 化学热处理的基本过程

化学热处理是由分解、吸附和扩散三个基本过程组成的。

(1) 介质（渗剂）的分解。

介质中的化合物在一定的温度下发生化学分解，释放出活性原子。例如：

$$CH_4 \rightarrow 2H_2 + [C]$$
$$2NH_3 \rightarrow 3H_2 + 2[N]$$

(2) 工件表面的吸收。

活性原子被工件表面吸收，进入钢的晶格内向固溶体溶解或与钢中的某些元素形成化合物。

(3) 渗入元素的扩散。

工件表面吸收的渗入元素原子的浓度高，使该元素原子由钢件表面向内部迁移，形成一定厚度的扩散层。表面和内部的浓度差越大，温度越高，扩散越快，渗层也越厚。

二、钢的渗碳

渗碳是向低碳钢或低碳合金钢表层渗入碳原子，以提高钢件表层含碳量，使之具有高硬度和高耐磨性，而心部保持良好韧性的热处理过程。

渗碳广泛用于在磨损情况下工作并承受冲击载荷、交变载荷的工件，如汽车、拖拉机的传动齿轮，内燃机的活塞销等。

1. 渗碳方法

根据所用渗碳介质的工作状态，渗碳方法一般分为气体渗碳、固体渗碳和盐浴渗碳等。常用的是气体渗碳和固体渗碳，尤其是气体渗碳法。近几年来，为进一步提高渗碳效率和质量，还有采用真空渗碳技术的。

（1）气体渗碳：气体渗碳法是将工件放入密封的渗碳炉炉罐内，使工件在 900～950℃ 的渗碳气氛中进行渗碳，如图 6-51 所示。

炉内的渗碳气氛有两种供给方式，一种是将富化气（如煤气、液化石油气等）直接通入炉内。另一种是将易分解的有机物液体（如煤油、苯、丙酮、甲醇等）滴入炉内，使其在高温

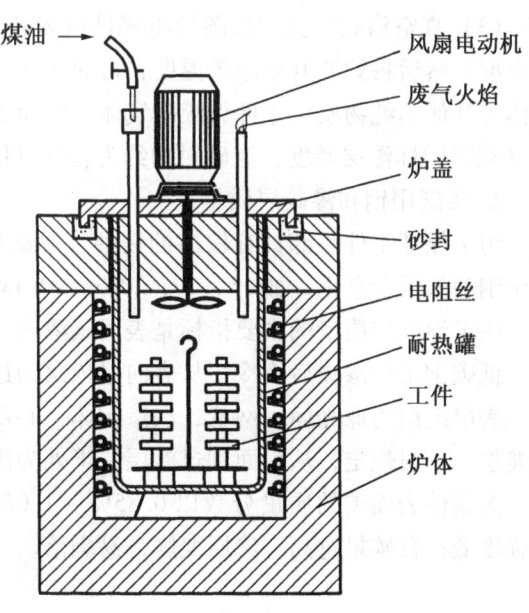

图 6-51 气体渗碳法示意图

下裂解成渗碳气氛。

渗碳气氛在高温下分解产生的活性碳原子被钢件表面吸收并向内部扩散而形成渗碳层，在一定温度下，渗碳层厚度取决于保温时间，保温时间愈长，渗碳层愈深。表6-4为井式气体渗碳炉在920℃渗碳时，渗层厚度与保温时间的大致关系。

表6-4 920℃渗碳层厚度与保温时间的关系

渗碳时间/h	3	4	5	6	7
渗碳层厚度/mm	0.4~0.6	0.6~0.8	0.8~1.2	1.0~1.4	1.2~1.6

气体渗碳法的优点是生产效率高，渗层质量好，劳动强度低，便于直接淬火。

(2) 固体渗碳：固体渗碳法是将工件埋在固体渗碳剂中，装箱密封，放入一般的加热炉中加热到渗碳温度保温，使工件表面增碳，是一种古老的方法。

固体渗碳剂是由主渗剂（木炭粒）和催渗剂（$BaCO_3$）组成的混合物。在渗碳温度下，渗碳剂发生如下反应：

$$BaCO_3 \rightarrow BaO + CO_2$$

$$CO_2 + C(木炭粒) \rightarrow 2CO$$

$$2CO \rightarrow CO_2 + [C](渗入钢中)$$

$$CO_2 + BaO \rightarrow BaCO_3$$

固体渗碳法的渗碳速度，大约每保温1 h，平均渗入0.1 mm。

固体渗碳的优点是设备简单，成本较低，大小零件都可用。缺点是渗碳速度慢，生产效率低，劳动条件差，渗碳后不易直接淬火。

(3) 真空渗碳：真空渗碳是将零件放入特制的真空渗碳炉中，先抽真空达到一定的真空度，然后将炉温升至渗碳温度，再通入一定量的富化气进行渗碳。由于炉内无氧化性气体等其他不纯物质，零件无吸附气体，因而工件表面活性大，通入富化气后，渗碳速度快（获得同样渗层厚度，渗碳时间约为普通气体渗碳的1/3），而且表面光亮。

2. 渗碳用钢和渗碳层质量

为了保证工件心部具有较高的韧性，渗碳用钢是碳的质量分数为0.15%~0.25%的低碳钢和低碳合金钢，如15，20，20Cr，20CrMnTi，20CrNi，18Cr2Ni4W等。

决定渗碳层质量的主要指标是表面碳浓度、渗层厚度和碳浓度梯度。

低碳钢工件渗碳后缓冷，从表向里依次为过共析、共析、亚共析组织，如图6-52所示。表层组织为珠光体+网状二次渗碳体，心部为钢的原始组织铁素体+珠光体，中间为过渡层。一般规定，从表面到过渡层一半处为渗碳层厚度。

渗碳件表面碳的质量分数以0.85%~1.05%为好。含碳量过低，表面耐磨性差，疲劳强度低；含碳量过高，渗层变脆，易剥落。

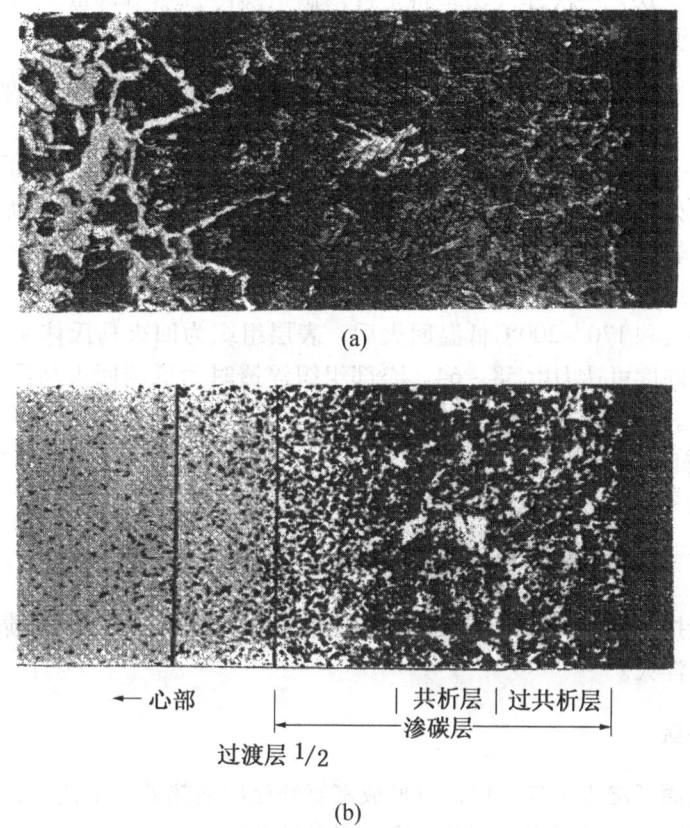

图 6-52 低碳钢渗碳缓冷后的金相组织及渗碳层的测量
(a) 低碳钢渗碳缓冷后的金相组织 (200×); (b) 渗碳层的测量 (100×)

渗碳层厚度应根据工件尺寸及工作条件来确定，渗层太薄，易引起表层压陷和疲劳剥落。渗层太厚则会降低工件抗冲击载荷的能力。对于机器零件，渗碳层厚度通常为 0.5~2 mm。表 6-5 为某些类型零件选择渗碳层厚度的经验公式，可供参考。

表 6-5 某些类型零件选择渗碳层厚度的经验公式

零件类型	渗碳层厚度	备 注
轴类	$(0.1 \sim 0.2)R$	R—半径，mm
齿轮	$(0.2 \sim 0.3)m$	m—模数
薄片零件	$(0.2 \sim 0.3)t$	t—厚度，mm

渗碳层的碳浓度梯度反映了含碳量沿渗层从表向里下降的状况，直接影响渗层的硬度梯度。碳浓度梯度应平缓，若太陡，则在使用过程中易产生剥落现象。

3. 渗碳后的热处理及其组织

工件渗碳后，必须经过淬火和低温回火，才能达到性能要求。根据工件材料和性能要求的不同，其淬火方法有三种。

(1) 延时淬火法：工件渗碳后出炉，自渗碳温度预冷到略高于心部 A_{r3} 的温度后立即淬火。这种方法不需重新加热淬火，因而减少了热处理变形，节省了时间和费用。但由于渗碳温度高，加热时间长，因而奥氏体晶粒易粗大，淬火后残余奥氏体量较多。所以只适用于本质细晶粒钢和性能要求不高的工件。

(2) 一次淬火法：一次淬火法是将工件渗碳后缓冷，然后再重新加热进行淬火。淬火温度的选择应兼顾表层和心部，使表层不过热而心部得到充分的强化。有时也偏重于心部或强化表层，如强化心部则加热到 A_{c3} 以上完全淬火，如要强化表层则应加热到 A_{c1} 以上不完全淬火。

(3) 二次淬火：二次淬火是将工件渗碳缓冷后再进行两次淬火或正火加一次淬火。第一次淬火或正火是为了细化心部晶粒和消除网状渗碳体，加热温度应高于心部 A_{c3} 温度。第二次淬火选在表层 A_{c1} 以上加热，这样可细化表层组织，对于心部影响不大。两次淬火法工艺复杂，周期长，成本高，且工件变形、氧化脱碳倾向增大，应尽量少用。

渗碳件经淬火和 170~200℃ 低温回火后，表层组织为回火马氏体 + 粒状碳化物 + 少量残余奥氏体，硬度可达 HRC58~64。心部组织淬透时为低碳回火马氏体，未淬透时为索氏体 + 铁素体。

4. 渗碳零件的工艺路线

渗碳零件的一般工艺路线为：

锻造→正火→机械加工→渗碳　　→　淬火→低温回火→磨
　　　　　　　　　　　└─去碳机加工─┘

渗碳层一般按工件轮廓分布，不需渗碳的部位，可镀铜防渗，或渗碳后用机加工去除该部分渗碳层再淬火。

三、钢的渗氮

渗氮是将氮原子渗入工件表层，以形成富氮硬化层的热处理工艺。其目的是提高工件表面的硬度和耐磨性，并可提高疲劳强度和耐腐蚀性。

1. 渗氮方法

渗氮方法较多，根据处理目的及工艺过程的不同，可分为气体渗氮、抗蚀渗氮、离子渗氮等。

(1) 气体渗氮：通常气体渗氮指的是抗磨渗氮，主要目的是强化钢件，获得高的表面硬度，固又称强化渗氮或"硬氮化"。它是利用氨气加热时分解出的活性氮原子被工件表面吸收后，逐渐向内部扩散而形成氮化层。

渗氮可在专用设备或井式渗碳炉内进行。为了获得理想的硬度和耐磨性，需采用专门的氮化钢。渗氮处理温度较低，一般为 500~570℃。但渗氮所用的时间很长，这是它的最大缺点。例如，为了获得 0.5 mm 左右的氮化层，便需要渗 40~60 h。

(2) 抗蚀渗氮：目的是在工件表面得到一层薄而致密的白色氮化物层，使工件在自来水、潮湿空气、过热蒸汽及弱碱溶液等介质中具有不同程度的抗腐蚀能力。但不耐酸液的腐蚀。

抗蚀渗氮温度通常为 550~700℃，时间为 1~3 h，渗层厚度为 0.015~0.06 mm。可用于碳钢、低合金钢及铸铁等，尤以低碳钢效果最好。

(3) 离子渗氮：离子渗氮是一种较为先进的渗氮工艺。其方法是以真空容器为阳极，工件为阴极，通以 400~700V 的直流电，迫使电离后的氮离子高速轰击工件表面，使工件表面温度升高到 450~650℃。同时氮离子在阴极上捕获电子形成氮原子，渗入工件表面并向内层扩散而形成氮化层。

离子渗氮的优点是：处理周期短，仅为气体渗氮的 1/3～1/4，例如 38CrMoAlA 钢，氮化层深度若达到 0.53～0.7 mm，气体渗氮一般需 70 h，而离子渗氮仅需 15～20 h。同时，其氮化层的韧性和疲劳强度比气体渗氮的高，变形也较小。

2. 渗氮层的组织

氮除了溶于 α–Fe 外，还与铁和合金元素形成合金氮化物，如 Fe_2N，Fe_4N，AlN，CrN 等。氮化层的最外层含氮浓度最高，形成一层不易腐蚀的白亮层，往里是含氮的碳化物和合金氮化物，再往心部氮浓度逐渐降低，过渡到工件的原始组织。38CrMoAl 钢的渗氮层组织如图 6–53 所示。白亮层硬而脆，易剥落，对于抗磨渗氮来说，希望白亮层愈薄愈好，或用磨削加工去除。但对抗蚀渗氮，则希望得到均匀致密的白亮层。

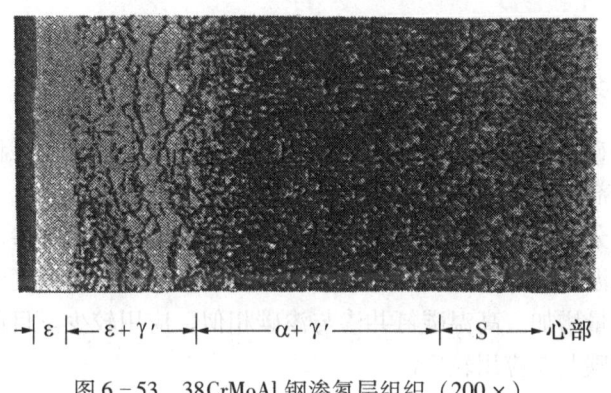

图 6–53　38CrMoAl 钢渗氮层组织（200×）

3. 渗氮用钢及渗氮处理的技术条件

渗氮用钢是含有 Al，Cr，Mo，V，Ti 等合金元素的钢。因为这些合金元素很容易与氮形成颗粒细小、分布均匀、硬度很高且非常稳定的各种氮化物，可使工件表层获得高的硬度和耐磨性。最典型的渗氮钢是 38CrMoAl。

渗氮层厚度的选择，视工件不同而定，但一般不超过 0.6～0.7 mm。

38CrMoAl 钢制零件进行气体渗氮的工艺路线为：

锻造→退火→粗加工→调质→精加工→去应力退火→

→粗磨→渗氮→精磨→时效→研磨

渗氮后不需再进行淬火便可达到高的表面硬度和耐磨性。因此，为了获得理想的渗氮效果，应注意如下技术要求：

（1）渗氮前的预先热处理应进行调质，以保证心部力学性能和提高渗氮层质量。

（2）为了减少渗氮时的变形，在切削加工后进行去应力退火（温度低于调质的回火温度）。对重要及复杂的工件尤应如此，因渗氮层较脆，一旦变形则难于校正。同时渗氮前后的磨削加工后，可进行低温时效，尽量减少加工应力。

（3）因渗氮层很薄，所以放精磨余量在直径方向不应超过 0.1～0.15 mm，否则会磨去渗氮层而使表面硬度大为下降，失去渗氮的意义。

（4）对不需渗氮的部位可镀铜或镀锡保护防渗，亦可放 1 mm 余量，渗氮后磨去。

4. 渗氮的特点及应用

与渗碳相比，渗氮的特点有：

（1）具有更高的表面硬度（HV1 000~1 200），耐磨性好，并具有良好的热硬性（650~650℃仍有较高的硬度）。

（2）疲劳强度显著提高。这是由于渗氮后表层比容量大，产生较大的残余表面压应力所致。

（3）因处理温度低，且不需随后热处理，所以零件变形很小。

（4）渗氮层具有较高的抗腐蚀能力。

渗氮虽有以上优点，但工艺周期长，生产率低，成本高，渗氮层薄。因此，它主要用于耐磨性及精度均要求很高的传动件，或要求耐热、耐磨及耐腐蚀的零件。例如高精度机床丝杠、镗床及磨床主轴、精密传动齿轮和轴、气轮机阀门及阀杆、发动机汽缸和排气阀以及热作模具等。

四、钢的碳氮共渗

碳氮共渗是将碳和氮同时渗入钢件表层的化学热处理工艺。因早期是采用含氰根（CN）的盐浴作渗剂来产生活性碳、氮原子，固又有"氰化"之称。

按处理温度可分为高温碳氮共渗、中温碳氮共渗和低温氮碳共渗。共渗层的碳、氮含量主要取决于共渗温度，共渗温度低时，以渗氮为主，随着共渗温度的升高，共渗层的含氮量减少，而含碳量增加。高温碳氮共渗与渗碳相似，应用较少。目前，以中温气体碳氮共渗和低温气体氮碳共渗应用较广泛。

中温气体碳氮共渗的主要目的是提高钢件的硬度、耐磨性和疲劳强度；低温气体氮碳共渗则以提高钢件的耐磨性和抗咬合性为主。

1. 中温气体碳氮共渗

中温气体碳氮共渗以渗碳为主，其工艺与渗碳相似。最常用的方法是在井式气体渗碳炉内滴入煤油，并通入氨气。在共渗温度下，煤油和氨除了前述的渗碳和渗氮的作用外，它们之间相互作用还生成了[C]和[N]活性原子：

$$CH_4 + NH_3 \rightarrow HCN + 3H_2$$

$$CO + NH_3 \rightarrow HCN + H_2O$$

$$2HCN \rightarrow H_2 + 2[C] + 2[N]$$

活性碳、氮原子被工件表面吸收并向内扩散形成共渗层。此外，共渗剂还可用煤气+氨气；甲醇+丙烷+氨气；三乙醇胺+尿素等。

由于氮能扩大 γ 相区，降低钢的临界点，并能增加碳的扩散速度，故共渗温度比单纯渗碳低，渗速也较快。一般共渗温度为 820~860℃，保温时间取决于要求的共渗层深度，如表6-6所示。

表6-6 850℃碳氮共渗渗层深度与共渗时间的关系

共渗时间/h	1~1.5	2~3	4~5	7~9
渗层深度/mm	0.2~0.3	0.4~0.5	0.6~0.7	0.8~0.9

工件经共渗处理后，需进行淬火和低温回火，才能提高表面硬度和心部强度。由于共渗温度不高，钢的晶粒不会长大，故一般都采用直接淬火。

碳氮共渗件淬火并低温回火后，渗层组织为含碳、氮的回火马氏体+少量的碳氮化合物+少量残余奥氏体。心部组织为低碳或中碳回火马氏体。淬透性差的钢也可能出现极细珠光体和铁素体。

与渗碳相比，共渗层的硬度与渗碳层接近或略高，耐磨性和疲劳强度则优于渗碳层，且具有处理温度低、变形小、生产周期短等优点。目前，常用于处理形状较复杂、要求热处理变形小的小型零件，如缝纫机、纺织机零件及各种轻载齿轮等。

2. 低温气体氮碳共渗

低温气体氮碳共渗也称"气体软氮化"。常用氨气和渗碳气体的混合气、尿素等作共渗剂。共渗温度为520~570℃，由于处理温度低，实质上以渗氮为主。但因为有活性碳原子与活性氮原子同时存在，渗氮速度大为提高。一般保温时间为1~3h，渗层深度为0.01~0.02mm。

工件经氮碳共渗后，其共渗层的硬度比纯气体氮化低，但仍具有较高的硬度、耐磨性和高的疲劳强度。渗层韧性好而不易剥落，并有减摩的特点，在润滑不良和高磨损条件下，有抗咬合、抗擦伤的优点，耐磨性也有明显提高。由于处理温度低，时间短，所以零件变形小。

气体氮碳共渗不受钢种限制，适于碳钢、合金钢和铸铁等材料，可用于处理各种工模具以及其他耐磨件。

在某些场合，也有采用液体氮碳共渗的。液体氮碳共渗渗入速度快，渗层质量也好，但要加强采取防止环境污染的措施。

第八节 其他热处理工艺简介

一、可控气氛热处理

钢件热处理时，如果炉内存在氧化性气体，便会引起氧化和脱碳，严重降低表面质量，并对高强度钢的断裂韧性产生很大的影响。所以对零件采用可控气氛加热，不但可以防止氧化，得到光洁或光亮表面，而且可以完全避免脱碳，提高零件的力学性能；此外，应用可控气氛渗碳还可以控制零件表面碳浓度，提高渗碳件的质量。

1. 氧化和脱碳

如果钢件加热时的介质中有氧化性气氛（如空气炉中的 O_2，CO_2，H_2O 等）或氧化性物质（如盐浴炉中的 SO_3^{2-}，CO_3^{2-} 及氧化皮等），则钢中的铁和碳在高温下就要和它们发生化学作用而氧化，形成铁和碳的氧化物。

（1）铁的氧化：

$$2Fe + O_2 = 2FeO$$

$$Fe + CO_2 \underset{还原}{\overset{氧化}{\rightleftharpoons}} FeO + CO$$

$$Fe + H_2O \underset{还原}{\overset{氧化}{\rightleftharpoons}} FeO + H_2$$

钢在560℃以上的温度被氧化时，即会在钢的表面形成一层氧化铁皮，其最外层为 Fe_2O_3，中间一层为 Fe_3O_4，最里面一层为 FeO，在氧化过程中通过氧原子由外向内、铁原子由内向外的扩散而使氧化皮不断加厚。

(2) 脱碳：钢在高温下被氧化的同时，钢中的碳也会被氧化成气体自钢内逸出，而降低了钢表面的含碳量，这过程称为脱碳：

$$2C + O_2 \underset{还原}{\overset{氧化}{\rightleftharpoons}} 2CO \uparrow$$

$$C + CO_2 \underset{还原}{\overset{氧化}{\rightleftharpoons}} 2CO \uparrow$$

$$C + 2H_2 \underset{还原}{\overset{氧化}{\rightleftharpoons}} CH_4 \uparrow$$

2. 控制气氛的基本原理

上述反应都是可逆的，根据化学平衡原理，增加作为正反应产物的 CO，H_2 及 CH_4 的数量，将引起正反应过程的减弱以致停止。如果 CO，H_2 及 CH_4 的数量足够多的话，还能使过程朝还原方向进行。因此，可以通过控制介质中 CO_2/CO，H_2O/H_2 及 CH_4/H_2 的相对量，即把气氛控制在一定的碳势下作为钢件加热时的介质，来控制钢在高温下的氧化、脱碳过程。所谓碳势，是指在一定温度下，一定成分的炉气和钢中碳的反应达到平衡（即气氛在加热时脱碳作用和渗碳作用逐渐保持平衡）时，钢的含碳量即称为炉气的碳势。例如一种控制气氛在一定温度下如果具有 0.4% 的碳势，则在此气氛中加热，碳的质量分数 $w_C = 0.4\%$ 的钢就不会氧化和脱碳，但 $w_C < 0.4\%$ 的钢将会增碳到 $w_C = 0.4\%$，而 $w_C > 0.4\%$ 的钢将会脱碳到 $w_C = 0.4\%$。因此，根据钢的含碳量控制碳势，就能起到保护作用，获得光亮表面；或根据需要控制碳势，用于渗碳。

因为控制气氛中 CO_2，CO，H_2O，H_2 的含量之间存在一定的平衡关系，且 H_2O 及 CO_2 之间有一定的对应关系，所以，只要控制两者之一，即可控制气氛成分，达到控制碳势的目的。

H_2O 的控制是通过控制气氛的露点来实现的。众所周知，气体中水蒸气的饱和度与温度有关，温度越低，其饱和度越小。因此随着气体温度的降低，将使气体中过饱和的水蒸气以凝结成水滴的方式自气体中析出。所谓露点，即是指气体中水蒸气开始凝结成水滴的温度。显然气体中水蒸气愈多，则其露点必然愈高，反之，则露点就低。生产上常用氯化锂露点仪测定及控制露点。

CO_2 可通过红外线分析仪加以控制。当波长为 0.76~400 μm 的红外线透过混合气体时，CO_2，CO 及 CH_4 等气体分别吸收某一段波长的红外线，而且吸收的红外线量与该气体的含量有关，所以，只要测定某一波段的红外线强度变化，就能确定该气体的含量。

利用氯化锂露点仪或红外线分析仪，再配合以电子装置就可以对气氛的碳势实现自动控制。

生产中使用的可控气氛，有放热式可控气氛、吸热式可控气氛和滴注式可控气氛。此外，还可以往炉中通入氨分解气、高纯度惰性气体（氮和氩等），以及对工件采用涂料保护等方法，使零件获得光亮表面。

二、真空热处理

实验证明，在 0.013 3 Pa 的真空度下，真空介质的作用相当于 99.999 987% 的纯氩保护气氛,而在工业上获得这样的氩气是困难的,但要获得这样的真空度却不难。因此,真空热处理目前已得到广泛的应用。

真空热处理是在 1.33~0.0133 Pa 真空度的真空介质中加热,它实质上也是一种可控气氛热处理。真空热处理后,零件表面无氧化、不脱碳、表面光洁;这种处理能使钢脱氧和净化,且变形小,可显著提高耐磨性和疲劳极限。此外,真空热处理的作业条件好,有利于机械化和自动化。真空热处理目前发展较快,我国已经有各种型号的真空热处理设备,不但能在气体、水、油中进行淬火,而且广泛用到化学热处理中,如真空渗碳、真空渗铬等,以缩短渗入时间,提高渗层质量。

三、形变热处理

形变热处理是一种把塑性变形与热处理有机结合起来的工艺,同时收到形变强化和相变强化的综合效果,因而能有效提高钢的力学性能。

形变热处理的方法,通常是在奥氏体状态塑性变形,然后立即进行冷却使其发生相变。典型的形变热处理工艺,可分为高温和低温两种。

高温形变热处理是在奥氏体稳定区进行塑性变形,然后立即淬火,如图 6-54a 所示。这种热处理对钢的强度增加不大,只达 10%~30%,但能大大提高韧性,减小回火脆性,降低缺口敏感性,大幅度提高抗脆性能力。这种工艺多用于调质钢及加工量不大的锻件或轧材,如连杆、曲轴、弹簧、叶片等。共析碳钢在 860~950℃加热并变形后,以 65~85℃/s 速度冷却,可获得很细密的珠光体组织,除了能提高强度和塑性外,还能改善耐磨性和疲劳强度。此外,利用锻、轧余热进行淬火,还可以简化工序、节约工时、降低成本。

低温形变热处理是在过冷奥氏体孕育期最长的温度 500~600℃之间进行大量塑性变形(70%~90%),然后淬火(图 6-54b),最后中温或低温回火。这种热处理可在保持塑性、韧性不降低的条件下,大幅度提高钢的强度和抗磨损能力,主要用于要求强度很高的零件,如高速钢刀具、弹簧、飞机起落架等。

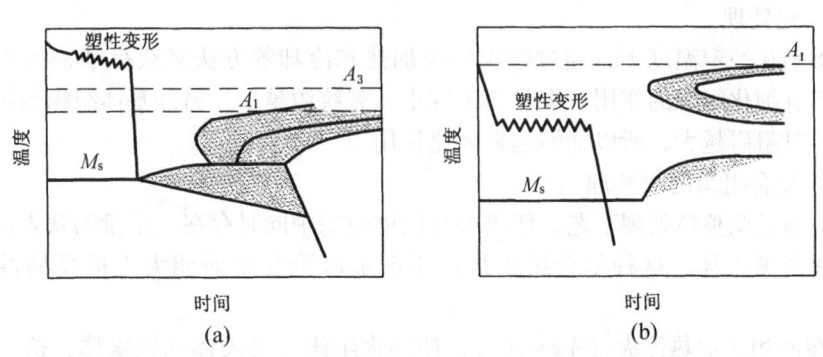

图 6-54 形变热处理工艺示意图
(a) 高温形变热处理;(b) 低温形变热处理

另外,有一种预形变热处理,应用也很普遍。它与高温和低温形变热处理的区别,是使具有铁素体+碳化物组织的钢预先冷变形,随后的热处理应使加工硬化引起的组织变化保存下来。图 6-55 为预形变热处理的工艺曲线。这种形变热处理的强化效应是冷加工硬化所产生的缺陷在中间退火、淬火及最终回火后保留下来，因回火稳定性比普通淬火后的钢高，回火后便可获得高的硬度和强度。

形变热处理能使钢件在保持一定的塑性、韧性条件下明显地提高强度，所以广泛地应用在工业生产上。例如，在轧钢生产中控制轧制和控制冷却已成为轧钢技术改造和发展的方向之一，在许多大、中型钢铁厂应用，取得了很好的效益，钢材热轧后接着进行淬火（穿水冷却等）并回火（利用余热），能有效地提高板、管、带、线材的综合性能；有些高淬透性合金钢，

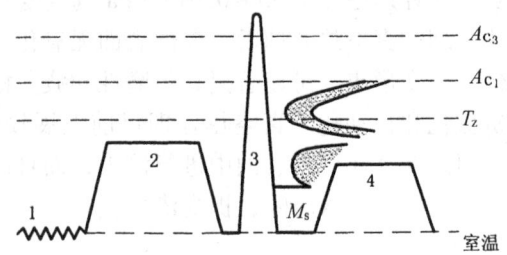

图6-55 预形变热处理的工艺曲线
1—冷变形；2—中间退火；3—快速淬火；4—最终回火

在高速塑性变形并空冷后接着进行回火，可以提高综合力学性能；还有些锻件在高温奥氏体区锻造后立即淬火回火，不仅改善其综合性能，还避免了重新加热及其所带来的缺陷。

四、强韧化处理

凡是可同时改善钢件强度和韧性的热处理，总称为强韧化处理，主要有以下三种。

1. 获得板条状马氏体的热处理

除了选用含碳量低的钢种外，还可以通过以下方法获得板条状马氏体：

（1）提高中碳钢的淬火加热温度，即把淬火加热温度提高到 $A_{c3}+(30\sim50)$℃以上，使奥氏体成分均匀，达到钢的平均含碳量而不出现高碳区，从而避免针状马氏体的形成。

（2）对高碳钢采用快速低温短时加热淬火，目的是减少碳化物在奥氏体中的溶解，尽量使高碳钢中的奥氏体获得亚共析成分，有利于得到板条状马氏体，同时淬火温度较低，奥氏体晶粒较细，对钢的韧性也有利。

2. 超细化处理

这是将钢在一定温度下，通过数次快速加热和冷却等方法来获得细密组织，每次加热、冷却都有细化组织的作用。碳化物越细小，裂纹源越少，另外基体组织越细，裂纹扩展通过晶界时阻碍越大，所以能够起强韧化作用。

3. 获得复合组织的热处理

这是指通过调整热处理工艺，使淬火马氏体组织中同时存在一定量的铁素体，或下贝氏体，或残余奥氏体。这种复合组织往往不明显降低强度而能大大提高韧性。主要措施是：

（1）在两相区加热淬火（$A_{c1}\sim A_{c3}$），使淬火组织为马氏体和铁素体，这一方面获得细马氏体，另一方面因铁素体（对杂质有较大的溶解度）的存在，减少了回火时杂质元素的析出，从而减少脆性倾向。

（2）控制冷却速度淬火，特别是在一些低合金结构钢中，淬火时根据钢的C曲线控制冷却速度，使奥氏体首先形成一定量的低碳下贝氏体（将奥氏体细化），从而使随后形成的马氏体细化。低碳下贝氏体和细小马氏体都使钢具有较高的强度和韧性。

第七章 合 金 钢

第一节 概 述

为了提高钢的力学性能、工艺性能或物理性能、化学性能，冶炼时，在碳钢的基础上特意往钢中添加一定量的一种或几种合金元素，这类钢就称为合金钢。

在工业用钢中，碳钢虽然具有价格低廉、容易加工等优点，但同时存在着淬透性低、回火稳定性差、基本相软弱等缺点，因而使它的应用受到一定的限制。而合金钢与碳钢相比较，具有许多独特的性能。各类合金钢都具有高的强度及韧性、较高的屈强比、高的淬透性和回火稳定性、良好的抗氧化能力和低温冲击韧度、有高的耐磨性及特殊的电磁性能等。

一、钢中合金元素

在合金钢中加入的合金元素主要有 Si，Mn，Cr，Ni，W，Mo，V，Ti，Nb，B 等。而不同类别、不同牌号的合金钢，其所含元素的种类及元素含量均不相同，低合金钢及合金钢中合金元素规定含量界限值见表 5-2。

二、合金钢的分类及编号方法

1. 分类

合金钢种类繁多，为便于管理、研究及选用，通常按成分可分为低合金钢及合金钢；而按使用特性可分为合金结构钢、轴承钢、合金工具钢、不锈耐蚀和耐热钢及特殊物理性能钢等五类。

合金结构钢主要用于建筑构件、工程结构件及制造机器结构零件。其中包括有低合金结构钢、工程结构钢及机械结构钢。

轴承钢主要用作制造滚动轴承，其最常用的是高碳铬轴承钢。

合金工具钢主要用于制造各种类型的刃具及模具、量具等工具，其中包括有合金刃具钢及合金模具钢。

不锈耐蚀和耐热钢用于制造耐腐蚀、耐热等构件或零件，其中包括有不锈钢和耐热钢。

2. 编号方法

低合金钢的编号方法与碳素结构钢的编号方法相同，由代表屈服点的汉语拼音字母（Q）、屈服点数值、质量等级符号（A，B，C，D，E）三个部分按顺序排列。例如，Q390A 即表示该牌号钢的屈服强度为 390MPa，质量等级为 A 级。

合金钢的编号能反映出该钢号的主要成分，包括碳质量分数、合金元素及其质量分数。编号的原则是采用数字 + 元素符号 + 数字的方法表示。

(1) 碳质量分数。对合金结构钢，前面的数字表示钢的平均碳质量分数的万分数，如平均碳质量分数为 0.40%，0.60%，则写成 40，60。例如，60Si2Mn 钢的 60 则表示钢的碳质量分数平均为 0.60%。

对合金工具钢及不锈钢，前面的数字表示钢的平均碳质量分数的千分数，如平均碳质量分数为 0.90%，0.40%，0.10%，…则写成 9，4，1，…例如，9SiCr 钢的 9 则表示该钢的碳质量分数平均为 0.90%。但当钢中的碳质量分数大于或等于 1.0% 时，不标数字。例如 Cr12MoV 钢，前面没有数字，表示该钢碳质量分数≥1.0%。但应当注意某些钢是例外的，如高速工具钢 W18Cr4V，其碳质量分数小于 1.0%，钢号的前面亦无表示碳质量分数的数字。

(2) 合金元素及其质量分数。钢号中的元素符号表示该钢含有这种合金元素，元素符号后面的数字则表示元素平均质量分数的百分数。当元素质量分数小于 1.50% 时，编号中只标明元素符号而不标出表示质量分数的数字；当元素质量分数大于或等于 1.50%，2.50%，3.50%，…便相应地以 2，3，4，…表示。例如 40Cr，Cr 的平均质量分数 < 1.50%；1Cr13，Cr 的平均质量分数为 13%。

铬轴承钢及低铬工具钢则属特殊，轴承钢的钢号前冠以专业用钢代号"G"，Cr 的质量分数以千分数表示。例如，GCr15 表示该钢 Cr 的质量分数为 1.5%。低铬工具钢的 Cr 的质量分数也以千分数表示，如 Cr 的质量分数为 0.6% 的低铬工具钢写成 Cr06。

第二节　合金元素在钢中的作用

合金元素在合金钢中可能处于的三种状态是：固溶状态、化合状态及游离态。当合金元素溶于铁素体内处于固溶状态，或溶于渗碳体中形成合金渗碳体，或与碳形成特殊碳化物，均会不同程度地对钢的组织造成一定的影响，使钢的性能获得改善。

一、合金元素对钢中基本相的影响

1. 形成固溶体

与碳亲和力很弱的非碳化物形成元素如 Ni，Si，Al，Co 等在合金钢中，基本上都溶于铁素体内。而与碳亲和力较强的碳化物形成元素 Mn，Cr，W，Mo，V，Ti，Nb 等，在一定条件下也会部分溶于铁素体内，但在一般情况下，是以合金渗碳体或合金碳化物的形式存在。

凡溶于铁素体内的合金元素都使其硬度、强度及韧性等性能发生不同程度的变化。各元素的影响程度如图 7-1 所示。

一般说来，凡合金元素的原子半径与铁的原子半径相差愈大，以及合金元素的晶格类型与铁素体不相同时，则该元素对铁素体强化效果也愈显著。由图 7-1a 可见，Si，Mn，Ni 等元素对铁素体的强化作用比 Mo，V，W，Cr 要大，原因就在于此。

合金元素对铁素体韧性的影响如图 7-1b 所示。由图可见，Si 的质量分数在 0.60% 以下，Mn 的质量分数在 1.50% 以下时，其冲击韧度值不会降低或稍有提高，但当质量分数超过此值时则有下降趋势。Cr，Ni 在一定的质量分数范围内（$w_{Cr}\leq 2\%$，$w_{Ni}\leq 5\%$），

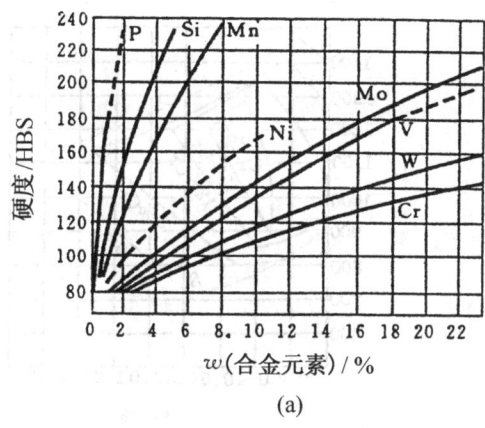
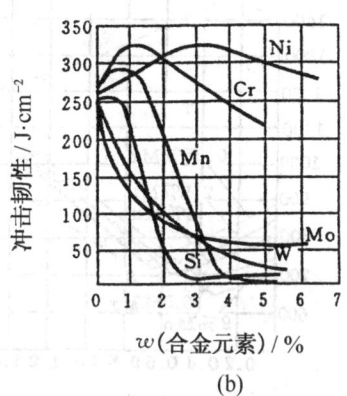

图7-1 合金元素对铁素体力学性能的影响（退火状态）
(a) 对硬度的影响；(b) 对韧性的影响

对铁素体的冲击韧度还能起到提高的作用。因此，在合金结构钢中，为了让铁素体的强度获得适当提高而不至于降低韧性，通常其合金元素的含量范围都有一定的限度。

2. 形成合金碳化物

Fe_3C 是一种稳定性较低的碳化物，因为渗碳体中的 Fe 和 C 的亲和力较弱。当合金元素溶于渗碳体内，形成合金渗碳体，如 $(FeCr)_3C$ 时，其稳定性将会提高。而稳定性较高的合金渗碳体，在进行热处理加热过程中，较难溶于奥氏体，也不易聚集长大。

在高合金钢中，除渗碳体型碳化物外，还存在着多种稳定性更高的合金碳化物（如 Mn_3C，Cr_7C_3，$Cr_{23}C_6$，Fe_4W_2C 等）及稳定性特高的特殊碳化物（如 WC，MoC，W_2C，VC，TiC 等）。碳化物的稳定性愈高，愈难溶于奥氏体，愈难聚集长大，而且其熔点和硬度也愈高。随着这些碳化物数量的增多，将使钢的强度、硬度增大，耐磨性增加，但其塑性和韧性会有所下降。

二、合金元素对 Fe-Fe_3C 相图的影响

钢中合金元素含量较高时，钢的基体组织将会发生显著变化。合金元素对 Fe-Fe_3C 相图的影响，大致有两种情况：Ni，Mn，Co，C，N，Cu 等元素与铁作用能扩大 γ 区，而 Cr，V，Mo，W，Ti，Al，Si，B，Nb，Ta，Zr 等元素与铁相互作用会缩小 γ 区。

1. 扩大 γ 区

凡能扩大 γ 区的一类元素，随着元素含量的增加，将会使 A_4 点上升，A_3 点下降（Co 元素例外，当其质量分数小于45%时使 A_3 点上升，大于45%时使 A_3 点下降），从而使 Fe-Fe_3C 相图的 γ 区扩大，E 点和 S 点向左、向下移动。图7-2 为扩大 γ 区元素 Mn 对 Fe-Fe_3C 相图的影响。

当钢中所含扩大 γ 区元素（如 Mn，Ni）达到一定量时，在室温平衡状态下将得到单相奥氏体组织。如 Mn 的质量分数为13%的 Mn13 耐磨钢及 Ni 的质量分数为9%的 1Cr18Ni9Ti 不锈钢等均属此类。

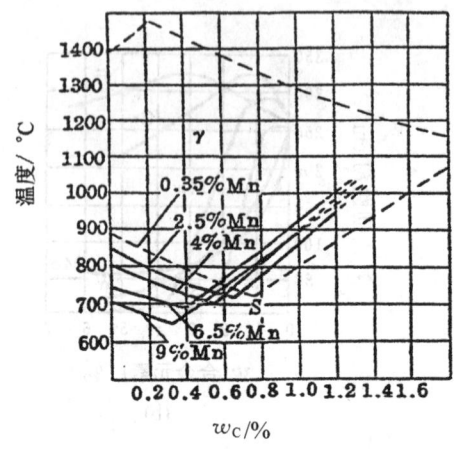
图 7-2 Mn 对 Fe-Fe₃C 相图的影响

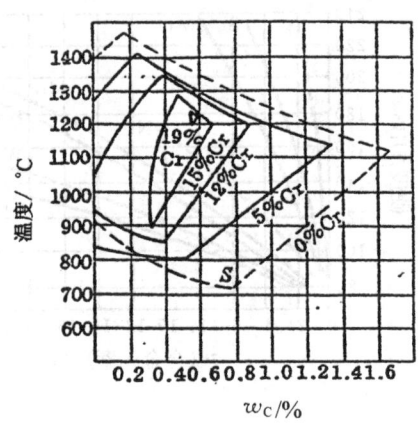
图 7-3 Cr 对 Fe-Fe₃C 相图的影响

2. 缩小 γ 区

凡能缩小 γ 区的一类元素，随着元素含量的增加，将会使 A_4 点下降，A_3 点上升（Cr 稍有例外，当其质量分数小于 7% 时使 A_3 点下降，大于 7% 时使 A_3 点上升），从而使 Fe-Fe₃C 相图的 γ 区缩小，E 点和 S 点向左、向上移动。图 7-3 为缩小 γ 区元素 Cr 对 Fe-Fe₃C 相图的影响。

当钢中含缩小 γ 区的元素（如 Cr）达到一定量时，在室温平衡状态下将获得单相铁素体组织。如 Cr 的质量分数为 17%~28% 的 Cr17，Cr25，Cr28 等铬不锈钢即属此类。

无论钢中含扩大或缩小 γ 区的元素，随着含量的增加均使 Fe-Fe₃C 相图的 S 点和 E 点向左移。因而合金钢中共析体的碳质量分数就不再是 0.77%，而是小于 0.77%。同时碳在奥氏体中的最大溶解度不再是 2.11%，而是小于 2.11%。如高速钢 W18Cr4V，即使其碳质量分数只有 0.7%~0.8%，在其铸态组织中也会出现莱氏体；热作模具钢 3Cr2W8V，其平均碳质量分数仅为 0.3% 已属过共析钢。合金元素对 Fe-Fe₃C 相图的共析成分 S 点和共析反应温度 A_1 的影响如图 7-4 和图 7-5 所示。

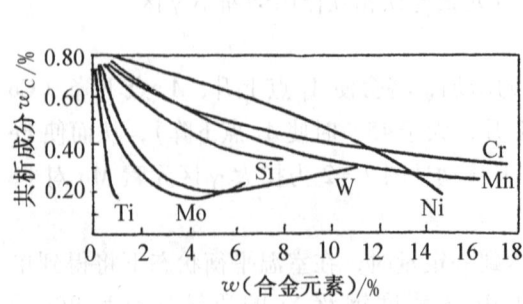
图 7-4 合金元素对共析成分 S 点的影响

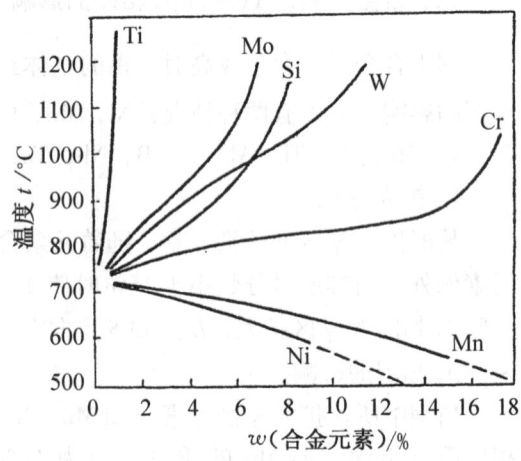
图 7-5 合金元素对共析反应温度 A_1 的影响

三、合金元素对热处理过程的影响

合金元素在合金钢中所起的作用，一般需要经过适当的热处理后才能充分发挥出来，使该钢的各种性能获得改善。

1. 合金元素对加热转变的影响

合金钢在室温下的平衡组织大多是合金铁素体和合金碳化物的复相组织。在加热到 A_1 以上时，合金钢将发生奥氏体化过程。合金元素对碳化物稳定性的影响以及碳在奥氏体中扩散的影响，将直接控制着奥氏体的形成速度。

强碳化物形成元素所形成的碳化物如 TiC，ZrC，VC，NbC 等只有在较高的温度才开始溶解。同时强碳化物形成元素会增加碳在奥氏体中的扩散激活能，减慢碳的扩散，因而对奥氏体化过程有一定的减缓作用。

而非碳化物形成元素，如 Ni，Co 等则会降低碳在奥氏体中的扩散激活能，加速碳的扩散，对奥氏体化过程有一定的加速作用。

合金元素的存在亦会直接影响奥氏体晶粒的长大，Al，Ti，V，Nb，Zr 等元素能强烈地阻碍奥氏体晶粒长大。Al 能形成难溶于奥氏体的氧化物及氮化物；Ti，V，Nb，Zr 则能形成稳定性特别高的特殊碳化物。在加热过程中，这些化合物并不完全溶于奥氏体中而保留部分分布在奥氏体晶界上，对奥氏体晶界的迁移起到了有效的机械阻碍作用。一般认为 C 加速奥氏体晶粒长大的主要原因是由于碳降低了铁原子之间的结合力，使铁的自扩散系数增大的结果；Mn 在含碳量较高的钢中加强了碳的作用，因而亦同样有加速奥氏体晶粒长大的倾向。由此可见，含锰的高碳钢具有较高的过热敏感性，在进行热处理时，应力求控制加热温度，以避免因奥氏体晶粒长大而降低钢的性能。

2. 合金元素对过冷奥氏体转变的影响

在对合金钢进行加热时，除 Co 外其余所有合金元素若溶于奥氏体，都会不同程度地提高奥氏体的稳定性，使 C 曲线右移，延长了过冷奥氏体转变的孕育期，从而增加钢的淬透性。

碳化物形成元素含量较多时，还会使 C 曲线的形状发生变化，甚至出现两组 C 曲线。如 Ti，Nb，V，W，Mo 等元素会强烈推迟珠光体转变，对贝氏体转变推迟较少，同时升高珠光体最大转变速度的温度，降低贝氏体最大转变速度的温度，这样会使珠光体转变和贝氏体转变的 C 曲线之间有一个稳定的过冷奥氏体存在区，如图 7-6 所示。

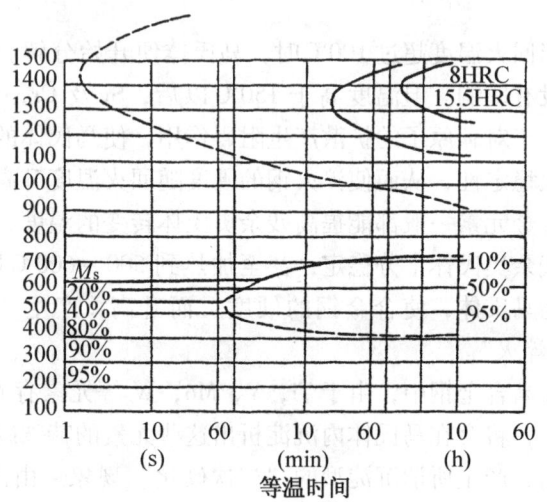

图 7-6 H13 钢的等温转变曲线

图7-7、图7-8分别表示合金元素对马氏体开始转变温度 M_s 点及残余奥氏体量的影响。由图可见，凡使马氏体开始转变温度 M_s 点降低的合金元素，均使钢淬火后残余奥氏体量有所增加。

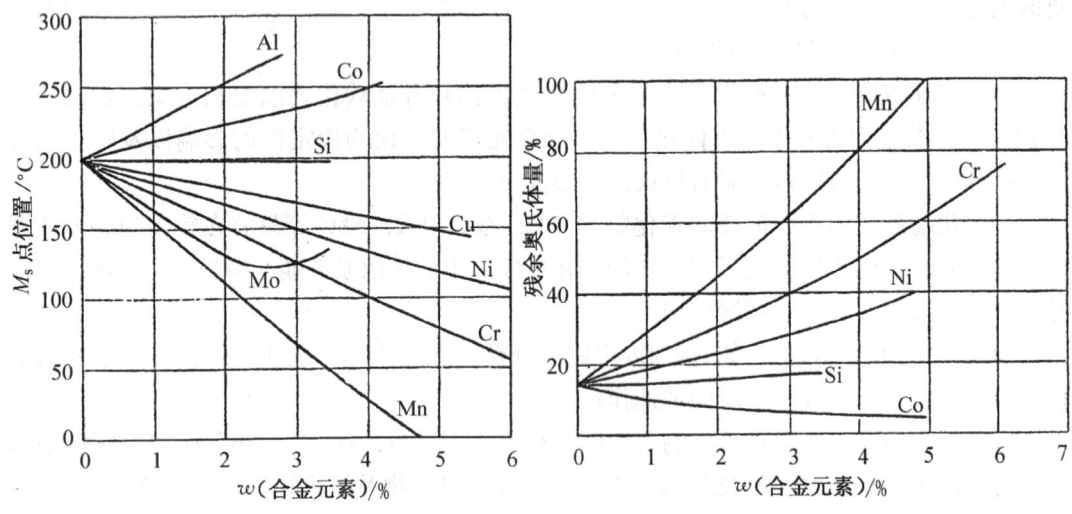

图7-7　合金元素对马氏体开始
转变温度 M_s 点的影响

图7-8　合金元素对残余奥氏体量的影响
（含1.0%C的钢1150℃淬火）

3. 合金元素对回火转变的影响

淬火钢的回火转变包括：马氏体中碳原子偏聚；马氏体的分解；残余奥氏体的分解；碳化物的形成、聚集及长大；铁素体的回复和再结晶。这几个过程均被碳及合金元素的扩散所控制，是互相交错重叠进行的，很难截然分开。

马氏体中的碳原子偏聚发生在100℃以下，在100℃以下对淬火钢回火时，碳原子只能作短距离的扩散，偏聚发生在马氏体中位错线附近，合金元素对这一阶段基本上无影响。

当回火温度超过100℃时，马氏体便开始分解。在150℃以下，合金元素对马氏体的分解没有影响。但温度高于150℃以后，Si及Cr，W，Mo，V，Ti，Zr等碳化物形成元素，由于对碳原子的扩散产生阻碍作用，使马氏体的分解速度减慢，即增加回火抗力，提高回火稳定性，从而使淬火钢的硬度随回火温度升高而下降的程度减弱。

合金元素一般都能提高残余奥氏体转变的温度，在碳化物形成元素含量较高的合金钢中，残余奥氏体十分稳定，甚至加热到500~600℃回火仍不分解，而在冷却过程中部分转变为马氏体，使合金钢的硬度反而升高，产生"二次硬化"现象。这种现象亦惯称"二次淬火"。

在高合金钢中，由于Ti，V，Mo，W等元素存在，淬火钢在500~600℃温度范围内回火时，将会在马氏体内沉淀析出这些元素的特殊碳化物，使其硬度不但不下降，反而再次升高，产生所谓沉淀型的"二次硬化"现象。由图7-9可见，当钢中Mo的质量分数达到5%时，淬火后经500~600℃回火，其硬度值显著上升，产生"二次硬化"现象。

当回火温度继续升高时，特殊碳化物将发生聚集长大，温度愈高，聚集愈强烈。若钢中含有 W，Mo，V，Ti 等与碳亲和力大的强碳化物形成元素，能有效地减缓碳的扩散，使碳化物不易聚集长大，从而使钢的硬度下降趋势减缓。

回火温度升高至一定程度时，马氏体的含碳量便渐趋平衡，变为 α 固溶体。而 Mo，W，Si 等合金元素能使 α 固溶体的马氏体形态保持到更高的回火温度，能提高 α 固溶体的再结晶温度，使钢显示更高的回火稳定性。

在回火过程中，碳素钢和合金钢都会产生回火脆性。回火脆性现象表现为淬火钢在某些温度范围回火后出现韧性反常降低，如图 6-50 所示。中碳铬镍钢在 250～350℃ 和 500～650℃ 的温度范围回火（回火后慢冷）时均出现这种

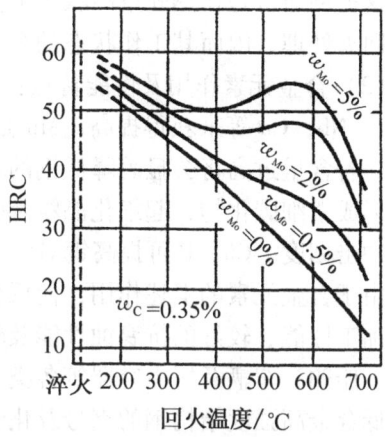

图 7-9　碳质量分数为 0.35% 钼钢的回火温度与硬度关系曲线

现象。一般称低温回火出现的韧性降低为第一类回火脆性，在高温回火后慢冷出现的韧性降低为第二类回火脆性，两类脆性的形成原因各有不同，但均与合金元素 Cr，Ni，Mn 及杂质元素 S，P，Sb，Sn 等有关。

第三节　合金结构钢

结构钢主要用于制造桥梁、船舶、建筑等各类工程结构件及各种机械零件。合金结构钢是在碳素结构钢的基础上，适当加入一种或几种合金元素而制成。常用元素主要有 Cr，Mn，Si，Ni，Mo，W，V，Ti 等。

根据其用途，合金结构钢可分为工程结构钢及机械结构钢两类。通常用于制造工程构件的钢是低合金结构钢。机械结构钢则包括用于制造各类机械零件的渗碳钢、调质钢、弹簧钢及易切削钢等。

一、工程结构钢

在工程结构钢中最常用的是低合金钢，而用于制造工程机械结构零件的高锰钢亦属于工程结构用钢的一类。

1. 低合金钢

低合金钢的强度显著高于相同含碳量的碳素结构钢，因而常称这类钢为低合金高强度钢。

低合金钢按主要质量等级分类，可分为普通质量低合金钢、优质低合金钢、特殊质量低合金钢；按主要特性分类可分为可焊接低合金高强度结构钢、低合金耐候钢、低合金钢筋钢、铁道用低合金钢、矿用低合金钢及其他低合金钢等多种类型。

（1）成分及组织特点：低合金钢是一种低碳结构钢，为使其在具有高强度的基础上仍然保持良好的塑性及韧性，其碳质量分数一般控制在 0.20% 以下，合金元素含量也较少，通常在 3.0% 以下。常含合金元素主要有 Mn，Ti，V，Nb，Mo，Cu 及 Re（稀土）等。

这类钢通常是在热轧空冷状态下使用。在经过焊接、铆接或压力成型后一般不再进行淬火回火处理，因而其工作状态的金相组织主要由铁素体及索氏体组成。

（2）合金元素作用及性能特点：这类钢的使用性能主要依靠加入少量合金元素 Mn，Ti，V，Nb，Cu 等来获得提高。Mn 是起强化作用的基本元素，其质量分数一般在 1.8% 以下，若含量过高将会显著降低钢的塑性和韧性，也影响焊接性能。Ti，V，Nb 等元素在钢中形成微细碳化物，起细化晶粒及弥散强化作用，从而提高钢的屈服强度、抗拉强度及低温冲击韧度。Cu，P 可提高钢对大气的抗腐蚀能力。

由于合金元素的上述作用，使低合金钢具有优良的综合力学性能、良好的焊接性能及压力加工性能、较好的抗腐蚀性能及较低的冷脆转变温度等一系列的性能特点，可以满足桥梁、船舶、车辆及压力容器等各类工程构件的性能要求而获得广泛的应用。

低合金高强度结构钢的钢号及化学成分见表 7-1，表 7-2 列出了几种常用低合金高强度结构钢的力学性能及用途。

表 7-1 低合金高强度结构钢的钢号及化学成分（质量分数%）

钢号	质量等级	C ≤	Mn	Si ≤	P ≤	S ≤	V	Nb	Ti	≥Al[①]	其他
Q295	A	0.16	0.80~1.50	0.55	0.045	0.045	0.02~0.15	0.015~0.060	0.02~0.20	—	—
	B	0.16	0.80~1.50	0.55	0.040	0.040	0.02~0.15	0.015~0.060	0.02~0.20	—	—
Q345	A	0.20	1.00~1.60	0.55	0.045	0.045	0.02~0.15	0.015~0.060	0.02~0.20	—	—
	B	0.20	1.00~1.60	0.55	0.040	0.040	0.02~0.15	0.015~0.060	0.02~0.20	—	—
	C	0.20	1.00~1.60	0.55	0.035	0.035	0.02~0.15	0.015~0.060	0.02~0.20	0.015	—
	D	0.18	1.00~1.60	0.55	0.030	0.030	0.02~0.15	0.015~0.060	0.02~0.20	0.015	—
	E	0.18		0.55	0.025	0.025	0.02~0.15	0.015~0.060	0.02~0.20	0.015	—
Q390	A	0.20	1.00~1.60	0.55	0.045	0.045	0.02~0.20	0.015~0.060	0.02~0.20	—	②
	B	0.20	1.00~1.60	0.55	0.040	0.040	0.02~0.20	0.015~0.060	0.02~0.20	—	②
	C	0.20	1.00~1.60	0.55	0.035	0.035	0.02~0.20	0.015~0.060	0.02~0.20	0.015	②
	D	0.20	1.00~1.60	0.55	0.030	0.030	0.02~0.20	0.015~0.060	0.02~0.20	0.015	②
	E	0.20	1.00~1.60	0.55	0.025	0.025	0.02~0.20	0.015~0.060	0.02~0.20	0.015	②
Q420	A	0.20	1.00~1.70	0.55	0.045	0.045	0.02~0.20	0.015~0.060	0.02~0.20	—	③
	B	0.20	1.00~1.70	0.55	0.040	0.040	0.02~0.20	0.015~0.060	0.02~0.20	—	③
	C	0.20	1.00~1.70	0.55	0.035	0.035	0.02~0.20	0.015~0.060	0.02~0.20	0.015	③
	D	0.20	1.00~1.70	0.55	0.030	0.030	0.02~0.20	0.015~0.060	0.02~0.20	0.015	③
	E	0.20	1.00~1.70	0.55	0.025	0.025	0.02~0.20	0.015~0.060	0.02~0.20	0.015	③
Q460	C	0.20	1.00~1.70	0.55	0.035	0.035	0.02~0.20	0.015~0.060	0.02~0.20	0.015	④
	D	0.20	1.00~1.70	0.55	0.030	0.030	0.02~0.20	0.015~0.060	0.02~0.20	0.015	④
	E	0.20	1.00~1.70	0.55	0.025	0.025	0.02~0.20	0.015~0.060	0.02~0.20	0.015	④

① 表中的 Al 为全铝含量，如分析酸溶铝时，其质量分数≥0.010%。
② 残余元素质量分数：w_{Cr}≤0.30%，w_{Ni}≤0.70%。
③ 残余元素质量分数：w_{Cr}≤0.40%，w_{Ni}≤0.70%。
④ 残余元素质量分数：w_{Cr}≤0.70%，w_{Ni}≤0.70%。

表 7-2 低合金高强度结构钢的力学性能及用途

钢号	质量等级	屈服点 $\sigma_s \geq$/MPa（在下列厚度或直径 mm 时）				抗拉强度 σ_b/MPa	伸长率 δ_5(%)	冲击吸收功①		180°弯曲试验②（在下列厚度或直径 mm 时）		旧钢号(GB1591—88)	用途举例
		≤16	>16~35	>35~50	>50~100			温度/℃	A_{KV}/J≥	≤16	>50~100		
Q295	A	295	275	255	235	390~570	23	—	—	d=2a	d=3a	09MnV	桥梁、车辆、容器、油罐
	B	295	275	255	235	390~570	23	+20	34	d=2a	d=3a	09Mn2	
Q345	A	345	325	295	275	470~630	21	—	—	d=2a	d=3a	12MnV	桥梁、车辆、船舶、压力容器、建筑结构
	B	345	325	295	275	470~630	21	+20	34	d=2a	d=3a	14MnNb	
	C	345	325	295	275	470~630	22	0	34	d=2a	d=3a	16Mn	
	D	345	325	295	275	470~630	22	−20	34	d=2a	d=3a	16MnRE	
	E	345	325	295	275	470~630	22	−40	27	d=2a	d=3a	18Nb	
Q390	A	390	370	350	330	490~650	19	—	—	d=2a	d=3a	15MnV	桥梁、船舶起重设备、压力容器、建筑结构等
	B	390	370	350	330	490~650	19	+20	34	d=2a	d=3a	15MnTi	
	C	390	370	350	330	490~650	20	0	34	d=2a	d=3a	16MnNb	
	D	390	370	350	330	490~650	20	−20	34	d=2a	d=3a		
	E	390	370	350	330	490~650	20	−40	27	d=2a	d=3a		
Q420	A	420	400	380	360	520~680	18	—	—	d=2a	d=3a	15MnVN	桥梁、高压容器、电站设备、大型船舶
	B	420	400	380	360	520~680	18	+20	34	d=2a	d=3a	14MnVTiRE	
	C	420	400	380	360	520~680	19	0	34	d=2a	d=3a		
	D	420	400	380	360	520~680	19	−20	34	d=2a	d=3a		
	E	420	400	380	360	520~680	19	−40	34	d=2a	d=3a		
Q460	C	460	420	420	400	550~720	17	0	34	d=2a	d=3a	14MnMoV	中温高压容器（<120℃）锅炉、化工、石油高压、厚壁容器（<100℃）
	D	460	420	420	400	550~720	17	−20	34	d=2a	d=3a	18MnMoNb	
	E	460	420	420	400	550~720	17	−40	27	d=2a	d=3a		

①纵向试样；②d—弯心直径；a—试样厚度或直径。

2. 高锰钢

工程机械的某些重要零件，如挖掘机、推土机的履带板、履带支承滚轮及从动轮，碎石机的颚板等，在工作时受到强烈的冲击及摩擦，因而容易产生折断或严重磨损而失效。所以，制造这些零件的钢除了应该具有良好的韧性外，还应具有良好的耐磨性。高锰钢由于具有良好的耐冲击磨损性能，因而又称为耐磨钢。耐磨钢由于具有特殊的坚韧性能，因而广泛用于制造工程机械受冲击磨损的机件。

耐磨钢主要是指在冲击载荷作用下发生冲击硬化的高锰钢。由于这种钢机械加工比较困难，大多是铸造成型的，因而亦称高锰铸钢。

（1）高锰钢的组织及性能：以铸造成型的高锰钢铸件，铸态组织中存在较多量的碳化物，其性能显得硬而脆，耐磨性能也不好，所以铸造成型后的机件不能直接应用。实践证明，高锰钢只有呈单相奥氏体组织状态时才具有最为良好的韧性及耐磨性。

ZGMn13 铸件的铸态组织为奥氏体＋碳化物，晶粒比较粗大，而且不均匀。为了消除铸态组织中存在的碳化物，降低脆性，提高韧性，通常采用一种称之为"水韧处理"（实质为固溶处理）的热处理工艺。此工艺方法是将铸件加热至临界点温度以上（1000～1100℃），保温一段时间，使铸态组织中的碳化物全部溶解到奥氏体当中，然后迅速浸淬于水中冷却。由于冷却速度较快，在冷却过程中碳化物来不及从奥氏体中析出，因而待冷却到常温时，铸件便获得单相奥氏体组织。

经水韧处理后的铸件，其硬度值并不高，为 HBS 180～220。其抗磨损原理与高硬度的工具钢有着明显的区别，获得单相奥氏体组织的高锰钢，在工作过程受到剧烈冲击或较大的压力作用时，表层奥氏体组织因为塑性变形而迅速产生加工硬化，并有马氏体及 ε 碳化物沿滑移面形成，以致使表层的硬度提高到 HBS 450～550 的高硬度，从而获得高的耐磨性。而铸件的心部并无产生塑性变形，因而仍然维持原来的组织状态（奥氏体），使工件表面具有良好的抗磨损性能，而心部具有抗冲击防折断性能。由此可知，高锰钢制件在使用中必须伴随外来的巨大的压力作用和冲击作用，否则高锰钢是不耐磨的。在无压力及冲击作用下，高锰钢的耐磨性并不比硬度相同的其他钢种好，例如喷砂机的喷嘴，选用高锰钢或碳钢制造，它们的使用寿命几乎是相同的。这是因为喷砂机的喷嘴高速通过的小砂粒并不能引起高锰钢的表面产生塑性变形及加工硬化所致。因此，喷砂机的喷嘴选材时就不必选造价高而加工性能差的高锰钢，一般选用碳素钢经淬火、回火处理便可。

经水韧处理后的高锰钢铸件一般不进行回火处理。因为当铸件被加热到超过 300℃时，在极短时间内，奥氏体组织便开始析出碳化物而使性能变坏。为了防止水冷过程因应力过大而产生裂纹，通常可考虑改进铸件的结构设计。

（2）高锰钢的用途：高锰钢广泛应用于既需耐磨损又需耐冲击的零件。在铁路交通方面，高锰钢用于制造铁道上的辙岔、辙尖、转辙器及小半径转弯处的轨条等。用高锰钢制造的这些零件，在服役其间，即使有裂纹开始产生，但由于加工硬化的作用，也会抵抗裂纹继续扩展，使裂纹扩展速度缓慢而易于被发现。另外，高锰钢在寒冷的气候条件下，仍然具有良好的力学性能，保持高的韧性而不会变脆。高锰钢用于制造挖掘机之类的铲斗、抓斗，各式碎石机的颚板、衬板，显示出非常优越的耐磨性。高锰钢在承受撞击力作用变形时，能吸收大量的能量，受到弹丸射击时，也不易被穿透，因此也用于制造防弹板及保险箱壳体等。由于高锰钢呈单相奥氏体组织而且有非磁性的性能，也可用来制造既需要耐磨损又要求抗磁化的零件，如起重机吸料器的磁铁罩。

高锰钢的化学成分、力学性能及用途见表 7-3。

表 7-3 高锰钢的化学成分、力学性能及用途

钢 号	化学成分 w/%					力学性能（不小于）			硬度（HBS）	用途范围
	C	Si	Mn	P ≤	S ≤	σ_b /MPa	δ_5 (%)	A_{KV} /J		
ZGMn13—1	1.10～1.50	0.30～1.00	11.0～14.0	0.090	0.050	637	20	—	≤229	用于低冲击铸钢件
ZGMn13—2	1.00～1.40	0.30～1.00	11.0～14.0	0.090	0.050	637	20	147	≤229	用于普通铸钢件
ZGMn13—3	0.90～1.30	0.30～0.80	11.0～14.0	0.080	0.050	686	25	147	≤229	用于复杂铸钢件
ZGMn13—4	0.90～1.20	0.30～0.80	11.0～14.0	0.070	0.050	735	35	147	≤229	用于高冲击铸钢件

二、机械结构钢

机械结构钢属特殊质量合金钢,根据其用途可分为渗碳钢、调质钢、弹簧钢及易切削钢等。

1. 渗碳钢

渗碳钢广泛用于制造汽车、机车及工程机械等动力机械的传动齿轮、凸轮轴、活塞销等各类要求表面高硬度耐磨,而心部具有良好的强韧性的机械零件。

下面简要分析渗碳钢的化学成分及热处理特点。

(1) 渗碳钢的化学成分:渗碳钢的主要成分特点是低碳、低合金。

①含碳量:渗碳钢应用于表面以渗碳方法增碳,从而改变表面成分及性能的机械零件。而零件心部的性能则主要由材料的化学成分、特别是含碳量所决定,为了保证渗碳零件的心部具有足够的塑性及韧性,渗碳钢的碳质量分数一般控制在 0.10% ~ 0.25% 之间。

②合金元素:为提高渗碳钢的淬透性及渗层的性能(强度、耐磨性、韧性),改善渗碳件心部的强韧性,渗碳钢中常加入一定量的合金元素,如 Cr ($\leq 2.0\%$),Ni ($\leq 4.5\%$),Mn ($\leq 2.0\%$) 和 B ($\leq 0.005\%$) 等主要元素。而辅加元素有 V ($\leq 2.0\%$),W ($\leq 1.20\%$),Mo ($\leq 0.60\%$),Ti ($\leq 0.10\%$) 等碳化物形成元素,其主要作用是降低钢的过热敏感性,细化晶粒,抑制钢在渗碳过程中发生晶粒长大。

(2) 渗碳钢的热处理:渗碳钢的预先热处理一般宜用正火,以消除锻造过程所产生的内应力,同时可改善钢的切削加工性能,便于随后进行切削加工成型。最终热处理则根据钢的化学成分而常用以下几种工艺方法。

①渗碳后预冷直接淬火:这种方法适用于含有抑制过热作用的 Ti,V,Mo 等合金元素的中淬透性合金渗碳钢,如 20CrMnTi,20MnVB 等。

②渗碳后缓冷至室温再进行一次淬火:选择淬火加热温度时,主要要求表面耐磨的零件,应取偏低的加热温度(760~800℃);反之负荷较大,主要要求中心综合力学性能的零件,应取偏高的加热温度(810~850℃)。此工艺适用于固体渗碳后的零件或渗碳时易过热的碳钢、合金钢等。

③渗碳后缓冷至室温再进行二次淬火:此法的第一次淬火应加热至心部要求的淬火温度,使渗碳后缓冷过程心部所形成的粗大组织细化,而第一次淬火加热温度对高碳的表面层来说已属过热,所以必须进行第二次较低温度的加热淬火,使表面能获得细针状马氏体和细小均匀的粒状碳化物,从而使渗碳件获得高的力学性能。此工艺适用于本质粗晶粒钢及对性能要求很高的工件,但生产周期长,成本高,易氧化脱碳和变形。

为了保证渗碳件表层具有高硬度、耐磨的性能,渗碳件在淬火后一般都采用 180~200℃ 的低温回火。

常用渗碳钢的成分、热处理、力学性能及应用见表 7-4。

表 7-4 常用渗碳钢的牌号、主要化学成分、热处理、力学性能及应用

类别	牌号	主要化学成分 w/%							热处理/℃			力学性能（不小于）					毛坯尺寸/mm	应用举例
		C	Mn	Si	Cr	Ni	V	其他	渗碳	第一次淬火	第二次淬火	回火	σ_b/MPa	σ_s/MPa	δ/%	φ/%	α_k/kJ·m⁻²		
低淬透性	15	0.12~0.19	0.35~0.65	0.17~0.37					930	890±10 空	770~800 水	200	≥500	≥300	15	≥55		<30	活塞销等
	20Mn2	0.17~0.24	1.40~1.80	0.20~0.40					930	850~870	770~800 油	200	820	600	10	47	600	25	小齿轮、小轴、活塞销等
	20Cr	0.17~0.24	0.50~0.80	0.20~0.40	0.70~1.00				930	880	800 水,油	200	850	550	10	40	600	15	小齿轮、小轴、活塞销等
	20MnV	0.17~0.24	1.30~1.60	0.20~0.40			0.07~0.12		930		800 水,油	200	800	600	10	40	700	15	同上，也用作锅炉、高压容器管道等
	20CrV	0.17~0.24	0.50~0.80	0.20~0.40	0.80~1.10		0.10~0.20		930		800 水,油	200	850	600	12	45	700	15	齿轮、小轴、顶杆、活塞销、耐热垫圈
中淬透性	20CrMn	0.17~0.24	0.90~1.20	0.20~0.40	0.90~1.20				930		850 油	200	950	750	10	45	600	15	齿轮、轴、蜗杆
	20CrMnTi	0.17~0.24	0.80~1.10	0.20~0.40	1.00~1.30			Ti 0.06~0.12	930	830 油	860 油	200	1100	850	10	45	700	15	齿轮、活塞销、摩擦轮、汽车、拖拉机上的变速箱齿轮
	20Mn2TiB	0.17~0.24	1.50~1.80	0.20~0.40				Ti 0.06~0.12 B 0.001~0.004	930		860 油	200	1150	950	10	45	700	15	代 20CrMnTi
	20SiMnVB	0.17~0.24	1.30~1.60	0.50~0.80			0.07~0.12	B 0.001~0.004	930	850~880 油	780~800 油	200	≥1200	≥1000	≥10	≥45	≥700	15	代 20CrMnTi
高淬透性	18Cr2Ni4WA	0.13~0.19	0.30~0.60	0.20~0.40	1.35~1.65	4.00~4.50		W 0.80~1.20	930	950 空	850 空	200	1200	850	10	50	1000	15	大型渗碳齿轮和轴类件
	20Cr2Ni4A	0.17~0.24	0.30~0.60	0.20~0.40	1.25~1.75	3.25~3.75			930	880 油	780 油	200	1200	1100	10	45	800	15	同上
	15CrMn2SiMo	0.13~0.19	2.0~2.40	0.40~0.70	0.40~0.70			Mo 0.4~0.50	930	880~920 空	860	200	1200	900	10	45	800	15	大型渗碳齿轮、飞机齿轮

2. 调质钢

(1) 调质钢的一般特点：调质钢通常是指采用调质处理（淬火后高温回火，获得回火索氏体组织）作为预先热处理或最终热处理的结构钢。调质钢经调质处理后，组织为回火索氏体，具有较高强度与良好的塑性及韧性的配合，又称具有良好的综合力学性能。调质钢较常用于制造各种轴类零件，如机床主轴、汽车后桥半轴、连杆螺栓及汽轮机主轴、内燃机曲轴等。

(2) 化学成分：调质钢的化学成分特点是中碳低合金。

①含碳量：调质钢的碳质量分数大多介于 0.30% ~ 0.50% 之间，属于中碳钢范围。在此含碳量范围内，钢经过调质处理后在获得一定的强度、硬度的基础上，仍能保持较好的塑性及韧性。若含碳量过高或过低都将对钢调质处理后的性能产生不利影响。

②合金元素：合金调质钢常含合金元素有 Cr，Ni，Mn，Si，Mo，V，Al 等。其大部分元素的主要作用是增加钢的淬透性，以适应于制造截面尺寸较大的零件。如钢中同时含有多种上述元素，对提高钢的淬透性效果将会更好。同时这些合金元素大多溶于铁素体中，产生固溶强化的作用，使高温回火后的索氏体组织获得强化；而 V 的主要作用是细化晶粒，提高综合力学性能；Mo 的主要作用是减轻或抑制第二类回火脆性的出现；Al 所起的主要作用是加速合金调质钢的渗氮过程及提高渗氮层的硬度、耐磨性等性能。

(3) 热处理特点：以调质钢制造的轴类零件，一般都要进行预先热处理及最终热处理。

①预先热处理：调质钢制的零件在锻压成形后，一般应进行预先热处理，以消除因锻造过程而产生的应力及不正常组织，提高钢的切削加工性能。原则上对含碳量较低、合金元素含量较少的低淬透性调质钢，其预先热处理常常采用正火处理。而对含碳量较高、合金元素含量较高的中淬透性及高淬透性调质钢，通常预先热处理是采用退火处理。

②最终热处理：调质件经粗加工后，通常需进行调质处理，即淬火后高温回火。淬火加热温度为 $A_{c_3} + (30 ~ 50)℃$，淬火后应获得以马氏体为主的组织，使钢获得高强度、高硬度的性能。但此时钢的内应力很大，塑性及韧性很低，随后必须进行回火处理，以调整其力学性能，使其符合使用性能要求。回火加热温度一般为 500 ~ 600℃，属于高温回火范畴。回火之目的在于消除内应力，提高塑性及韧性，使钢具有回火索氏体组织，从而获得良好的综合力学性能。必须注意，由于调质钢在机械制造中应用极为广泛，对某些强度要求很高及适当韧性的特殊零件，回火温度可选择 450℃ 左右，使之获得回火托氏体，或采用 200 ~ 250℃ 的温度回火，获得回火马氏体组织，以适应使用性能要求。因此，具体的回火温度应视零件的性能要求而定。

部分调质零件常要求具有良好的综合力学性能外，其局部（如轴颈、齿轮齿廓）表层要求具有高硬度及良好的耐磨性。为此，此类零件经调质处理后，还需进行局部的表面淬火及低温回火处理。

常用调质钢的主要化学成分、热处理、力学性能及应用见表 7-5。

表 7-5 常用调质钢的牌号、成分、热处理、力学性能及应用

类别	牌号	主要化学成分 w/%							热处理			力学性能（不小于）				退火状态 /HBS	应用举例
		C	Mn	Si	Cr	Ni	Mo	其他	淬火/℃	回火/℃	毛坯尺寸/mm	σ_b/MPa	σ_s/MPa	δ/%	φ/%	α_k/kJ·m^{-2}	
低淬透性钢	45	0.42~0.50	0.50~0.80	0.17~0.37					830~840 水	580~640 空	<100	≥650	≥350	≥17	≥38	≥450		主轴、曲轴、齿轮、柱塞等
	40MnB	0.37~0.44	1.10~1.40	0.20~0.40				B0.001~0.0035	850 油	500 水，油	25	1000	800	10	45	600		同上
	40Cr	0.37~0.45	0.50~0.80	0.20~0.40	0.80~1.10				850 油	500 水，油	25	1000	800	9	45	600		作重要调质件，如轴类件、连杆螺栓、进气阀和重要齿轮等
中淬透性钢	42CrMo	0.38~0.45	0.50~0.80	0.17~0.37	0.90~1.20		0.15~0.25		850 油	560 水，油	25	1080	930	12	45	630	217	作载荷大的重要轴类件及车辆上的重要调质件
	30CrMnSi	0.27~0.34	0.80~1.10	0.90~1.20	0.80~1.10				880 油	520 水，油	25	1100	800	10	45	500	228	高强度钢，作高速载荷砂轮轴、车辆上内外摩擦片等
	35CrMo	0.32~0.40	0.40~0.70	0.20~0.40	0.80~1.10		0.15~0.25		850 油	550 水，油	25	1000	850	12	45	800	228	重要调质件，如曲轴、连杆及代 40CrNi 作大截面轴类件
高淬透性钢	38CrMoAl	0.35~0.42	0.30~0.60	0.20~0.40	1.35~1.65		0.15~0.25	Al 0.70~1.10	940 水，油	640 水，油	30	1000	850	14	50	800	228	作渗氮零件，如高压阀门、缸套等
	37CrNi3	0.34~0.41	0.30~0.60	0.20~0.40	1.20~1.60	3.00~3.50			820 油	500 水，油	25	1150	1000	10	50			作大截面并要求高强度、高韧性的零件
	40CrNiMoA	0.37~0.44	0.50~0.80	0.20~0.40	0.60~0.90	1.25~1.75	0.15~0.25		850 油	600 水，油	25	1000	850	12	55	1000	269	作高强度零件，如航空发动机轴，在<500℃工作的喷气发动机承载零件

3. 弹簧钢

（1）工作条件及性能要求：弹簧零件通常是在冲击、震动及周期变动载荷下工作的。它主要是利用在外力作用下产生的弹性变形所储存的能量来缓和机械上的冲击和震动作用。弹簧的主要失效形式是疲劳断裂。因此，弹簧钢必须具有高的抗拉强度、高的屈强比（σ_s/σ_b）及高的疲劳强度，同时还要求有较好的淬透性和低的脱碳敏感性。

按加工成型方法的不同，弹簧钢分为热轧弹簧钢及冷拉（轧）弹簧钢，热轧弹簧钢一般截面尺寸较大，制造弹簧时采用加热成型，然后进行淬火回火处理。而冷拉（轧）弹簧钢常为钢丝或薄钢带，制造弹簧时采用冷绕（弯）成型，然后经低温去应力定形处理。

（2）化学成分：弹簧钢的成分特点是中碳或高碳、低合金。

①含碳量：为满足弹簧的性能要求，弹簧钢碳质量分数常为 0.50% ~ 0.75%。随着含碳量的增加，经淬火、回火后，钢的强度、硬度将明显升高。但若含碳量过高，将会显著降低其韧性，增加脆性。

②合金元素：弹簧零件淬火时要求整个截面都淬透，使回火后获得均匀一致的截面性能。因此，对于截面尺寸较大、承受载荷较重的弹簧，一般选用合金弹簧钢制造。钢中常含合金元素主要有 Si、Mn、Cr、V 等。合金元素在钢中的主要作用是提高淬透性和回火稳定性，强化铁素体及细化晶粒，从而有效地改善弹簧钢力学性能，提高其弹性极限及屈强比。

（3）热处理特点：弹簧的热处理方法与其成型方法有关。

①热成型弹簧的热处理：根据弹簧的性能要求，热成型弹簧的热处理常为淬火及中温回火，以获得回火托氏体组织。热成型弹簧的淬火工序与其他零件的不同之处是常常采用余热淬火，即将热成型工序与淬火加热结合起来。将材料加热绕制或弯制成型后立即进行淬火冷却，将塑性变形和热处理有机结合起来，在金属同时受到变形和相变时，奥氏体晶粒细化，位错密度增加。这样利用余热淬火既可节省能源，亦有利于提高弹簧的疲劳强度。淬火后弹簧的回火温度应根据其性能要求及材料的化学成分而选择，一般为 350 ~ 520℃。

目前，还有利用形变热处理的方法以进一步提高弹簧的强度及韧性，即将板料或棒料加热、轧制成材料的尺寸要求后，立即将弹簧绕制或弯制成型，随即进行淬火冷却。即一次加热将轧制、绕制及淬火工序连续进行，然后回火。经形变热处理的弹簧，其使用寿命比一般热处理的将会有较大幅度的提高。

弹簧的表面质量对其使用寿命有很大的影响，微小的表面缺陷，如脱碳、裂纹、斑疤及夹杂等将造成应力集中，使弹簧因疲劳强度降低而早期失效。因此，弹簧钢材料除要求具有高表面质量及冶金质量外，应严格控制热处理工艺参数，防止表面氧化、脱碳。如条件允许，在热处理后再进行喷丸处理，增加表层压应力，提高疲劳强度，从而提高弹簧的使用寿命。试验表明，采用 60Si2Mn 钢制汽车板簧经喷丸处理后，寿命可提高 5 ~ 6 倍。

汽车板簧的工艺路线为：热轧钢带（板）冲裁下料→压力成型→淬火→中温回火→喷丸强化。

表 7-6 列出了常用弹簧钢的成分、热处理、力学性能及用途。

表7-6 常用弹簧钢的牌号、化学成分、热处理、力学性能及用途

种类	牌号	化学成分 w/%						热处理/℃		力学性能（不小于）				用途举例
		C	Si	Mn	Cr	V	其他	淬火	回火	σ_s/MPa	σ_b/MPa	δ/%	φ/%	
碳钢	65	0.62~0.70	0.17~0.37	0.50~0.80	—	—	—	840油	500	800	1 000	9	35	小于ϕ12 mm 的一般机器上的弹簧，或拉成钢丝作小型机械弹簧
	85	0.82~0.90	0.17~0.37	0.50~0.80	—	—	—	820油	480	1 000	1 150	6	30	同上
合金弹簧钢	65Mn	0.62~0.70	0.17~0.37	0.90~1.20	—	—	—	830油	540	800	1 000	8	30	同上
	55Si2Mn	0.52~0.60	1.50~2.00	0.60~0.90	—	—	—	870水，油	480	1 200	1 300	6	30	ϕ20~25 mm弹簧，工作温度低于230℃
	60Si2Mn	0.56~0.64	1.50~2.00	0.60~0.90	—	—	—	870油	480	1 200	1 300	5	25	ϕ30~50 mm弹簧，工作温度低于230℃
	50CrVA	0.46~0.54	0.17~0.37	0.50~0.80	0.80~1.10	0.10~0.20	—	850油	500	1 150	1 300	10 (δ_5)	40	ϕ30~50 mm弹簧，工作温度低于210℃的气阀弹簧
	60Si2CrVA	0.56~0.64	1.40~1.80	0.40~0.70	0.90~1.20	0.10~0.20	—	850油	410	1 700	1 900	6 (δ_5)	20	ϕ<50 mm弹簧，工作温度低于250℃
	55SiMnMoV	0.52~0.60	0.90~1.20	1.00~1.30	—	0.08~0.15	Mo 0.20~0.30	880油	550	1 300	1 400	6	30	ϕ<75 mm弹簧，重型汽车、越野车大截面板簧

② 冷成型弹簧热处理：绕制冷成型弹簧的钢丝，按其制造工艺可分为退火状态钢丝、铅浴等温处理钢丝及油淬回火钢丝三类。以下简要介绍这三种冷成型弹簧成型前后的热处理方法。

A. 退火状态供应的弹簧钢丝：此类钢丝在绕制成弹簧之前，经冷拔至要求的线径，然后进行退火软化处理，处理后钢丝具有良好的塑性，便于绕制成型，但其强度、硬度低，远未达到弹簧的性能要求。因此，以这类钢丝绕制成的弹簧必须经淬火及中温回火处理，才能达到弹簧的性能要求。由于此类钢丝的线径较细小，淬火时一般应采取适当措施，如加夹具定形，以防止变形。

例如，以 50CrV 钢制造的气门弹簧，其工艺路线为：冷拔钢丝→钢丝退火→冷卷成型→淬火→中温回火→喷丸强化→两端磨平。

B. 铅浴等温处理钢丝：此类钢丝的制造工艺是将盘条坯料预先冷拉到一定的尺寸，

继而将冷拉钢丝进行连续加热至奥氏体化后,进入 500~550℃ 的铅浴中等温冷却,使之获得索氏体组织,待出浴空冷后重新盘绕。然后再对钢丝进行多次冷拔,使之达到所需线径。在多次冷拔过程中,由于钢丝发生冷塑性变形而产生加工硬化,从而使钢丝有高强度、高弹性极限等弹簧所要求的力学性能,其屈服强度可达 1 600 MPa 以上。用这种钢丝冷绕而成的弹簧,只需进行一次较低温度的去应力定形处理(又称回火),消除冷绕过程所产生的内应力,并使之定形,而无需进行淬火、回火处理。

以此类钢丝制造弹簧的工艺路线为:钢丝铅浴等温处理→冷拔→冷卷成型→去应力回火。

C. 油淬回火钢丝:此类钢丝在淬火前已冷拔至规定的线径,然后进行连续淬火回火处理,使钢丝具备了弹簧钢丝的性能。其抗拉强度虽然不及铅浴等温处理的冷拉钢丝,但性能比较均匀一致,抗拉强度波动范围小,这类钢丝冷绕成弹簧后,也只进行去应力定形处理,消除绕制时变形所产生的应力,即可满足弹簧性能要求。

以这类钢丝制造弹簧的工艺路线为:钢丝淬火、回火→冷卷成型→去应力回火。

由上述可知,铅浴等温处理冷拔钢丝及油淬回火钢丝冷绕成型后都要经过去应力定型处理。定形处理的加热温度选择要恰当,若温度过低,去应力不充分,弹簧的性能不能充分改善;若温度过高,由于回火软化作用而使强度和弹性极限降低。几种钢丝冷绕成弹簧后的去除内应力定形处理(回火)温度范围见表 7-7。

表 7-7 冷卷钢丝弹簧去除内应力定形处理(回火)温度范围

钢丝种类	去除内应力温度/℃
冷拉碳素钢丝	230~260
油淬回火钢丝	230~290
气阀弹簧钢丝	230~400
Cr-V 弹簧钢丝	315~370
Cr-Si 弹簧钢丝	425~455

第四节 轴 承 钢

轴承钢主要用于制造各种类型的滚动轴承。按成分及使用特性可分为高碳铬轴承钢(滚动轴承钢)、渗碳轴承钢、不锈轴承钢、高温轴承钢、无磁轴承钢等 5 种。本节主要介绍最为常用的滚动轴承钢——铬轴承钢。

1. 工作条件及性能要求

滚动轴承在工作时,各组成部分(内外圈、滚子、滚珠)均受到周期性交变载荷的作用,它们之间的接触面积很小,其接触应力可达 1 500~5 000 MPa,应力交变次数每分钟达几万次。轴承的损坏形式主要是接触疲劳破坏,即在接触表面局部区域有小片金属剥落而形成麻点。滚动体和圈套之间不但存在滚动摩擦,而且也有滑动摩擦,因而亦往往造成过度磨损,降低精度而失效。

根据滚动轴承的工作条件,轴承钢需具有以下性能:高的接触疲劳强度及弹性极限,良好的淬硬性及淬透性,足够的韧性及耐磨性,同时对润滑剂应具有较好的抗蚀能力。

2. 化学成分

铬轴承钢的碳质量分数通常为 0.95% ~1.15% 范围，高含碳量的目的是保证轴承钢具有高的硬度及良好的耐磨性。铬质量分数为 0.40% ~1.65% 范围。Cr 的主要作用是提高钢的淬透性，同时有部分与 C 形成合金渗碳体 $(Fe，Cr)_3C$，淬火后此碳化物呈细小颗粒状均匀分布在隐晶马氏体的基体上，使轴承钢在热处理后获得高而均匀的硬度及耐磨性。当铬质量分数大于 1.65% 时，淬火后钢中的残余奥氏体量会显著增加，从而降低硬度及尺寸的稳定性，同时还会增加碳化物的不均匀性，降低钢的疲劳强度及韧性。因此，钢中的铬质量分数一般控制在 1.65% 以下。对于大型滚动轴承（如直径 >30 ~50 mm 的钢球），在 GCr15 基础上还加入适量的 Si（0.40% ~0.65%）和 Mn（0.90% ~1.20%），以提高钢的淬透性、强度极限及弹性极限而不降低其韧性。

此外，轴承钢对杂质含量的控制很严，一般规定硫质量分数小于 0.020%，磷质量分数小于 0.027%；非金属夹杂物（氧化物、硫化物、硅酸盐等）的数量、大小、形状及分布情况对轴承的使用寿命都有很大的影响，所以钢厂及用户在钢材进出厂时，必须参照有关标准严格检查。

3. 热处理特点

一般轴承零件（如内、外圈套）的加工工艺路线如下：

锻轧→球化退火→机械加工→淬火、低温回火→磨加工→成品

由加工工艺路线可见，轴承零件的热处理包括预先热处理球化退火和最终热处理淬火及低温回火。

（1）球化退火。球化退火的目的有二：一是降低硬度，便于切削加工；二是为最终热处理淬火作组织准备。退火后轴承钢的金相组织为在铁素体的基体上均匀分布细小粒状（球状）碳化物，其硬度值低于 HBS 210（如 GCr15 钢为 HBS 179 ~207），具有良好的切削加工性能。

球化退火大多采用推杆式连续退火炉进行等温球化退火。如较常用的 GCr15 钢，在 780 ~810℃ 加热保温后，较快地降至 710 ~720℃ 等温 2 ~4 h，然后慢冷至 650℃ 左右，再出炉空冷。

（2）淬火、回火。根据淬火温度对轴承钢性能的影响（见图 7-10），可见 GCr15 钢淬火加热温度选择 830℃ 时，能获得较理想的性能，硬度值可高达 HRC 63 ~66，未溶碳化物数量为 7% ~8%，残余奥氏体量 <8%，马氏体的碳质量分数为 0.5% ~0.6%。如淬火温度过高，将会增加残余奥氏体的含量，并会导致奥氏体晶粒长大，淬火后获得粗片状马氏体，从而降低钢的冲击韧度和疲劳强度。

轴承零件在淬火加热时，表面的氧化及脱碳将导致其疲劳强度及耐磨性等力学性能明显降低。因此，必须采用保护气氛予以保护，防止淬火加热过程产生氧化、脱碳等表面缺陷。

淬火后应立即进行回火，目前国内外的专业轴承厂多采用连续作业热处理机组（或感应加热自动线）对轴承零件进行淬火、清洗、回火处理。通常回火温度为 150 ~170℃。回火后组织为极细的回火马氏体和分布均匀的细小粒状碳化物及少量的残余奥氏体。回火后硬度值为 HRC 61 ~65。

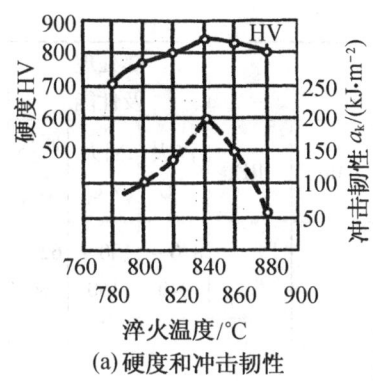
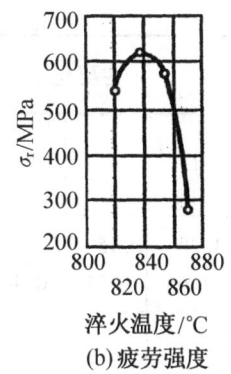

(a) 硬度和冲击韧性　　　　(b) 疲劳强度

图 7-10　GCr15 钢淬火温度对力学性能的影响

回火后进行磨削加工。为了消除在磨削加工时所产生的磨削应力以及进一步稳定组织及尺寸，可在磨削加工后再进行一次 120～150℃、2～3 h 的附加回火处理（亦称稳定化处理或时效处理）。

对精密轴承零件，为保证其尺寸稳定性，应在淬火后，随即进行一次 -70℃ 以下的冷处理，降低残余奥氏体的含量。并在精磨后再进行一次 120～130℃、5～10 h 的低温时效处理以便消除应力，稳定尺寸。

最后还应指出，铬滚动轴承钢与工具钢中的低合金刃具钢性能相近，因此，轴承钢除大量用于制造滚动轴承零件外，还可用于制造冷冲模具、机床丝杆、轧辊、精密量具及油泵油嘴精密偶件等。

滚动轴承钢的主要化学成分、热处理、性能和用途见表 7-8。

表 7-8　滚动轴承钢的成分、热处理和用途

牌号	主要化学成分 w/%							热处理及性能			用途
	C	Cr	Si	Mn	V	Mo	RE	淬火/℃	回火/℃	回火后/HRC	
GCr6	1.05～1.15	0.40～0.70	0.15～0.35	0.20～0.40				800～820	150～170	62～66	<10 mm 的滚珠、滚柱和滚针
GCr9	1.0～1.1	0.90～1.20	0.15～0.35	0.20～0.40				800～820	150～160	62～66	20 mm 以内的各种滚动轴承
GCr9SiMn	1.0～1.10	0.90～1.20	0.40～0.70	0.90～1.20				810～830	150～200	62～65	壁厚 <14 mm、外径 <250 mm 的轴承套；25 mm～50 mm 的钢珠；直径 25 mm 左右滚柱等

续表 7-8

牌号	主要化学成分 w/%							热处理及性能			用途
	C	Cr	Si	Mn	V	Mo	RE	淬火/℃	回火/℃	回火后/HRC	
GCr15	0.95~1.05	1.30~1.65	0.15~0.35	0.20~0.40				820~840	150~160	62~66	同 GCr9SiMn
GCr15SiMn	0.95~1.05	1.30~1.65	0.40~0.65	0.90~1.20				820~840	170~200	≥62	壁厚≥14 mm、外径 250 mm 的套圈;直径 20 mm~200 mm 的钢珠;其他同 GCr15
*GMnMoVRE	0.95~1.05		0.15~0.40	1.10~1.40	0.15~0.25	0.40~0.60	0.05~0.10	770~810	170±5	≥62	代 GCr15 用于军工和民用方面的轴承
*GSiMoMnV	0.95~1.10		0.45~0.65	0.75~1.05	0.2~0.3	0.2~0.4		780~820	175~200	≥62	与 GMnMoVRE 同

第五节 合金工具钢

工具钢用于制造刀具、模具和量具等各种工具。合金工具钢含有一定量的一种或几种合金元素,因而具有较碳素工具钢更优越的力学性能。

一、刃具钢

1. 工作条件及性能要求

刃具钢主要用于制造车刀、铣刀、铰刀、钻头、丝锥、板牙等各种刀具。其工作任务是对各种金属或非金属材料进行切削加工。在切削过程中,刀具受到工件的压力,刃部与切屑之间发生相对摩擦,产生热量,使刀刃的温度升高。切削速度越高,温度也越高。高速切削时刀刃的温度可达 500~600℃。此外,刀具还承受一定的冲击和震动。据此,刃具钢经过适当热处理后应具有如下性能。

(1) 高的硬度和耐磨性。只有刀具的硬度大大高于被切削加工材料的硬度时,才能顺利地进行切削加工。切削金属材料所用的刃具,其硬度值一般都在 HRC 60 以上,高硬度也是保证耐磨性的必要条件,而耐磨性还与钢中碳化物的数量、种类、性质及其形态与分布有关。

(2) 高热硬性。热硬性(又称红硬性)是指钢受热升温时,能维持高硬度的一种特性。刀具在切削金属材料过程中,因摩擦发热而不可避免地引起温度升高。因此,作为制造刀具的刃具钢,特别是制造高速切削刀具的刃具钢必须具有高的热硬性,以保证在高速切削过程中受高温作用仍能保持高硬度的性能。

(3) 足够的塑性和韧性。刃具在切削过程中常受弯曲、扭转、振动、冲击等复杂的载荷作用。如无一定的塑性和韧性将导致刃具发生崩刃及断裂等破坏。

此外,刃具钢还要求具有良好的淬透性,使刀具经过淬火、回火处理后,整体具有均匀一致的力学性能,以延长其使用寿命。

2. 低合金刃具钢

用于制造受热程度较低的手工工具或低速而小进刀量的机用工具,常选用价格便宜且加工工艺性能良好的碳素工具钢,如 T8,T10,T12 等。但当对刀具有较高的性能要求时,如制造板牙、丝锥、铰刀、搓丝板及拉刀等低速切削刀具,则必须选用含有一定量合金元素的低合金刃具钢。

常用的低合金刃具钢有 9SiCr,CrWMn,9Mn2V 等。其化学成分、热处理及用途举例见表 7-9。

表 7-9 常用低合金刃具钢的化学成分、热处理及用途

牌号	化学成分 w/%					淬火			回火		用途举例
	C	Mn	Si	Cr	其他	温度/℃	介质	HRC(不低于)	温度/℃	HRC	
9SiCr	0.85~0.95	0.3~0.6	1.2~1.6	0.95~1.25		850~870	油	62	190~200	60~63	板牙、丝锥、铰刀、搓丝板、冷冲模等
CrWMn	0.90~1.05	0.8~1.1	0.15~0.35	0.90~1.2	1.2~1.6W	820~840	油	62	140~160	62~65	长丝锥、长铰刀、板牙、拉刀、量具、冷冲模等
CrMn	1.3~1.5	0.45~0.75	≤0.40	1.3~1.6		840~860	油	62	130~140	62~65	长丝锥、拉刀、量具等
9Mn2V	0.85~0.95	1.7~2.0	≤0.40		0.01~0.25V	780~820	油	62	150~200	58~63	丝锥、板牙、样板量规、中小型模具、磨床主轴、精密丝杆等
Cr	0.95~1.10	≤0.40	≤0.35	0.75~1.05		830~860	油	62	150~170	61~63	插刀、铰刀、偏心轮、冷轧辊
CrW5	1.25~1.50	≤0.30	≤0.30	0.40~0.70	4.50~5.50W	800~820	油(水)	65	150~160	64~65	铣刀、铰刀、刨刀、高压力刻刀

(1) 化学成分:淬火钢的强度、硬度及耐磨性等力学性能均与钢中的含碳量有关。根据低合金刃具钢的性能要求,其较适宜的碳质量分数为 0.90%~1.10%。这一范围的含碳量可使钢淬火后马氏体固溶有足够的碳而具有高的强度及硬度,同时有部分碳化物呈

细颗粒状均匀分布在马氏体的基体上,从而使钢具有良好的耐磨性。如含碳量过高,易造成碳化物过多及分布不均匀,反而引起强度下降及脆性增大。

钢中合金元素质量分数一般小于5%,属低合金范围,主加元素有Cr,Mn,Si等。其主要作用是提高钢的淬透性及回火稳定性。辅加元素有V,W等强碳化物形成元素。这类元素能与C形成高稳定性的碳化物,在正常的淬火温度下,这些碳化物基本上不溶于(或溶入很少)奥氏体中,其主要作用在于细化晶粒,增加钢的强度及韧性,并提高工具的耐磨性。

(2) 热处理:低合金刃具钢的热处理包括加工前的预先热处理球化退火和加工成型后的最终热处理淬火与低温回火两道工序。

作为预先热处理的球化退火,其目的是降低硬度,便于切削加工,并为淬火作组织准备。如果锻后缓冷过程碳化物呈网状析出,则必须增加一道正火工序消除之,然后再进行球化退火。退火后钢的球化组织应符合合金工具钢的有关技术条件要求。在铁素体的基体上均匀分布小颗粒状碳化物,不允许出现网状或大块的碳化物,否则将严重影响淬火后的性能,使钢的强度、塑性及韧性下降。

球化退火工艺以常用的9SiCr钢为例。见图7-11,经球化退火后,钢的硬度在HBS 197~241范围内,适宜于机械加工。

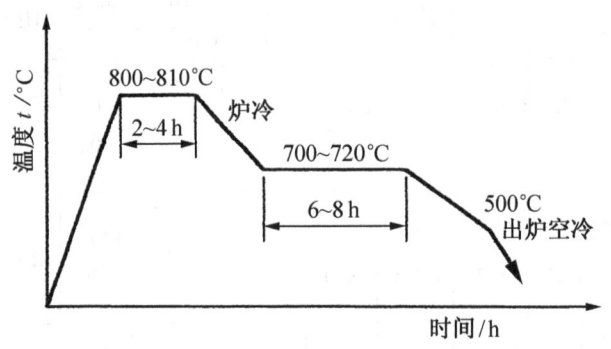

图7-11 9SiCr钢等温球化退火工艺

最终热处理一般采用淬火 + 低温回火。低合金刃具钢属于过共析钢,应采用不完全淬火,加热温度为 A_{c1} + (30 ~ 50)℃。在淬火加热过程,保留部分未溶碳化物,使淬火后获得马氏体 + 碳化物及少量残余奥氏体组织,从而使刃具具有高硬度耐磨的性能。淬火冷却通常以淬火油为冷却介质。但对形状复杂而尺寸较小的工件,有时为控制变形量,加热后可在温度为 M_s 稍下(160 ~ 200℃)的硝盐浴中进行分级淬火;或在 M_s 点稍上的硝盐浴中进行等温淬火。

低合金刃具钢淬火后通常采用低温回火,目的是消除部分淬火过程造成的组织应力及热应力,并使含碳过饱和的马氏体中的碳原子少量脱溶,从而提高韧性,降低脆性,而仍然保持其高硬度的性能。回火温度一般为160 ~ 200℃,据不同钢号及具体零件的性能要求,可作适当调整。

对某些强韧性要求较高的工件,常用等温淬火处理,9SiCr钢等温淬火回火工艺曲线见图7-12。等温淬火后可获得下贝氏体 + 马氏体 + 残余奥氏体 + 剩余碳化物的混合组织，9SiCr钢等温淬火组织见图 7-13。组织中下贝氏体的体积分数占 30% 左右（黑色针状部分），等温淬火的工件可以获得强度和韧性的最佳配合。

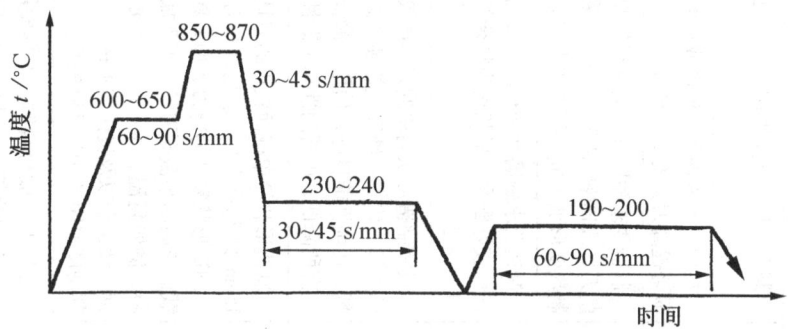

图 7-12　9SiCr钢等温淬火回火工艺曲线

图 7-13　9SiCr钢等温淬火组织（500×）

3. 高速钢

高速钢是一种用于制造高速切削刃具的高合金工具钢。高速钢具有良好的热硬性、高硬度及耐磨等特殊性能。当工作温度达到 600℃ 左右时，其硬度值仍无明显下降。因而广泛应用于制造各种不同用途、不同类型的高速切削刃具。如车刀、铣刀、刨刀、拉刀及钻头等。用高速钢制造的刀具，在切削时明显比一般低合金刃具钢制的刀具更加锋利，因此又俗称锋钢。高速钢的碳质量分数为 0.7%～1.4%，钢中含有 W，Mo，Cr，V 等多种合金元素，其总量大于 10%。

常用高速钢的化学成分、热处理、性能及用途见表 7-10。

机械工程材料

表7-10 常用高速钢的化学成分、热处理、特性及用途

名称	钢号	主要化学成分 w/%						热处理温度/℃			硬度		热硬性/HRC*	用途
		C	W	Mo	Cr	V	Al 或 Co	退火	淬火	回火	退火/HBS	淬火/HRC		
钨高速钢	W18Cr4V (18_4_1)	0.07~0.80	17.50~19.00	≤0.30	3.80~4.40	1.00~1.40	—	860~880	1260~1300	550~570	207~255	63~66	61.5~62	制造一般高速切削用车刀、刨刀、钻头、铣刀等
高碳钨高速钢	95W18Cr4V	0.90~1.00	17.50~19.00	≤0.30	3.80~4.40	1.00~1.40	—	860~880	1260~1280	550~580	241~269	67.5	64~65	在切削不锈钢及其他硬或韧的材料时，可显著提高刀具寿命与被加工零件的粗糙度
钨钼高速钢	W6Mo5Cr4V2 (6_5_4_2)	0.80~0.90	5.75~6.75	4.75~5.75	3.80~4.40	1.80~2.20	—	840~860	1220~1240	550~570	≤241	63~66	60~61	制造要求耐磨性和韧性很好配合的高速切削刀具，如丝锥、钻头等；并适于采用轧制、扭制变形加工成型新工艺来制造钻头等刀具
高钒的钨钼高速钢	W6Mo5Cr4V3 (6_5_4_3)	1.10~1.25	5.75~6.75	4.75~5.75	3.80~4.40	2.80~3.30	—	840~885	1200~1240	550~570	≤255	>65	64	制造要求耐磨性和热硬性较高，韧性和稍为复杂形状好配合，形状较好配合，形状稍为复杂的刀具，如钛刀、铣刀
	W12Cr4V4Mo	1.25~1.40	11.50~13.00	0.90~1.20	3.80~4.40	3.80~4.40	—	840~860	1240~1270	550~570	≤262	>65	64~65	只宜制造形状简单的刀具或仅需很少磨削的刀具。优点：硬度及热硬性高，耐磨性优越，切削性能良好，使用寿命长，缺点：切性有所降低，可磨削性和可锻性均差
含钴高速钢	W18Cr4VCo10	0.70~0.80	18.00~19.00	—	3.80~4.40	1.00~1.40	9.00~10.00 (Co)	870~900	1270~1320	540~590	≤277	66~68	64	制造形状简单、载面较粗的刀具，如直径在15mm以上的钻头；而不适宜于制造形状复杂或刃薄面小的刀具。用于加工难切削材料，例如高温合金、难熔金属、某几种车刀、某几种刃成型刀具或承受单位载荷较高的小截面刀具
	W6Mo5Cr4V2Co8	0.80~0.90	5.5~6.70	4.8~6.20	3.80~4.40	1.80~2.20	7.00~9.00 (Co)	870~900	1220~1260	540~590	≤269	64~66	64	用于加工难切削钢材、钛合金以及奥氏体不锈钢等，超高强度钢、调质硬度≤HBS 300~350的合金调质钢
超硬高速钢 含铝高速钢	W6Mo5Cr4V2Al	1.10~1.20	5.75~6.75	4.75~5.75	3.80~4.40	1.80~2.20	1.00~1.30 (Al)	850~870	1220~1250	550~570	255~267	67~69	65	在加工一般材料时，刀具使用寿命为18_4_1的两倍，在切削难加工的超高强度钢和耐热合金时，其使用寿命接近钻高质合金
	W10Mo4Cr4V3Al (5F_6)	1.30~1.45	9.00~10.50	3.50~4.50	3.50~4.50	2.70~3.20	0.70~1.20 (Al)	845~855	1230~1260	540~560	≤269	67~69	65.5~67.5	

*将淬火回火后试样在600℃加热4次，每次1h。

(1) 化学成分。现以应用较广泛的 W18Cr4V 钢为例，说明各合金元素的主要作用。

① 碳：C 的质量分数为 0.70% ~ 0.80%。C 在钢中的主要作用是与 W，Cr，V 等元素形成足够数量的碳化物，同时有一定数量溶于高温奥氏体中，使淬火后获得含碳过饱和的马氏体，以保证钢淬火后获得在马氏体基体上分布着粒状碳化物的组织，从而使其具有高硬度、耐磨的性能。因此，各种钢号的含碳量都必须与其他合金元素相匹配。若含碳量过低则合金碳化物数量不足，马氏体的含碳量太少，将会降低钢的硬度、耐磨性及热硬性；若含碳量过高，则碳化物数量过多，其不均匀性也增加，以致使钢的塑性、韧性降低，工艺性变坏。

② 钨：W 是使高速钢具有高热硬性的主要元素，在退火状态下，钢中的 W 主要以碳化物的形式（Fe_2W_2C）存在。在淬火加热时，该碳化物有相当部分溶于奥氏体中，淬火后，W 固溶在马氏体内，从而提高马氏体的回火稳定性及钢的热硬性。在 560℃ 左右的回火过程会有部分 W 以 W_2C 的形式弥散沉淀析出，造成"二次硬化"的效果，使钢的硬度升高，增加耐磨性。在淬火加热时，未溶的碳化物可起到阻碍奥氏体晶粒长大的作用，从而降低钢的过热敏感性。

Mo 在高速钢中的作用与 W 相似，1% 的 Mo 可替代 2%W。由于 Mo 高速钢的碳化物均匀细小，故其韧性、热塑性均优于 W 高速钢，但其氧化、脱碳倾向较大。

③ 铬：高速钢中的 Cr 质量分数大多为 4% 左右。一般认为 Cr 在钢中的主要作用是提高淬透性。Cr 的碳化物（$Cr_{23}C_6$）的稳定性较低，淬火时加热到 1100℃ 左右便全部溶于奥氏体中，故能有效地提高过冷奥氏体的稳定性，增加钢的淬透性。若含 Cr 量过低时，对尺寸稍大的工件将会出现淬透性不足的现象；但若含 Cr 量过高，淬火后会增加残余奥氏体量，并使残余奥氏体稳定性增加，以致使钢的回火次数要增多，工艺操作变得复杂。

④ 钒：V 是强碳化物形成元素，它所形成的碳化物 V_4C_3 或（VC）比 W，Mo 的碳化物更稳定。在淬火加热时超过 1 200℃ 才开始溶解。未溶的碳化物能显著阻碍奥氏体晶粒的长大。V_4C_3 的硬度高达 HRC 83 以上，且其颗粒非常细小，并分布十分均匀。因此，对改善钢的硬度、增加耐磨性及韧性有很大的贡献，特别是对提高钢的耐磨性效果最为显著。在 560℃ 回火时，马氏体将析出弥散分布的 VC，引起"二次硬化"现象。

(2) 铸态组织与锻造。高速钢的铸态组织很复杂，主要由鱼骨状（或网状）共晶碳化物、黑色组织（δ 共析体）和白色组织（M + A′）组成，见图 7 - 14。

由图可见，其铸态组织及成分是极不均匀的，而且通过热处理方法也不能予以改变。除在冶炼时加入孕育剂细化组织，使碳化物较均匀，以及在浇铸时采用较低的浇铸温度和使用扁铸锭以减少粗大的莱氏体外，对铸锭还必须进行反复轧制或锻造，将莱氏体的粗大碳化物击碎，并使它分布均匀。

如锻坯中存在分布不均匀或粗大的碳化物，将对刀具经最终热处理后的性能，如硬度、热硬性、耐磨性及韧性造成严重的不利影响，从而降低其使用寿命。由此可见，高速钢坯料的锻造不仅是为了成型，而且更重要的是为了击碎粗大的碳化物，使碳化物均匀分布。

经锻造及退火后的显微组织由索氏体和分布均匀的粒状或小块碳化物组成，如图 7 - 15 所示。

(3) 热处理。高速钢的热处理包括锻后预先热处理退火及加工成型后的最终热处理

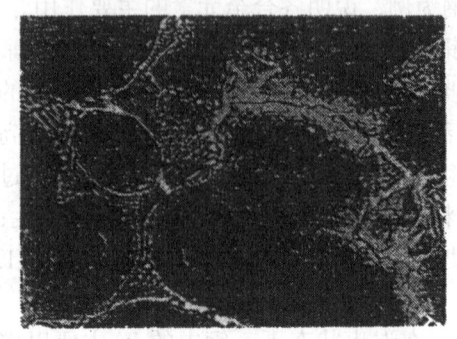

图7-14 W18Cr4V钢铸态组织：共晶莱氏体＋黑色组织＋马氏体＋残余奥氏体

图7-15 W18Cr4V钢锻造后退火组织：索氏体＋碳化物

淬火、回火等工序。

①退火：高速钢锻造后必须进行退火处理。目的不仅是消除应力，降低硬度便于切削加工，同时也为随后的淬火处理提供较好的原始显微组织。

退火工艺有普通退火及等温退火两种方法，见图7-16 a、b。

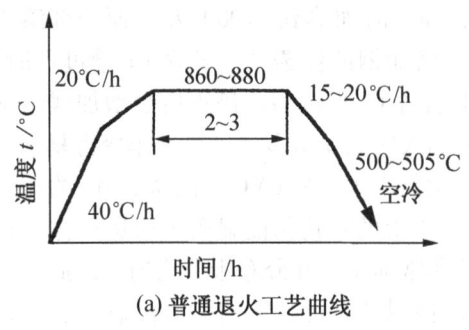

(a) 普通退火工艺曲线

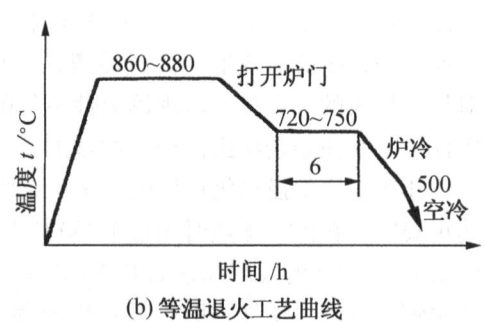

(b) 等温退火工艺曲线

图7-16 高速钢的两种退火工艺曲线

为了缩短时间，提高效率，通常较多采用等温退火。退火后组织为索氏体和均匀分布的粒状或小块碳化物组成。硬度值一般为HBS 207～255。

对某些加工后表面粗糙度有较高要求的刃具，可在退火后增加一道调质工序。在900～920℃加热，油冷淬火，再经700～720℃回火1～3 h。调质后获得回火索氏体及均匀分布的碳化物组织，硬度值为HRC 26～32。这样可以显著改善精加工后的表面粗糙度。若调质后硬度过低，则表面粗糙度将难于达到要求。

②淬火、回火：高速钢中含有大量的合金元素，只有通过正确的淬火、回火处理，才能充分发挥其作用，使以高速钢制造的刃具获得高的热硬性、高硬度、耐磨及一定韧性的优良性能。因此，必须正确制订、严格执行最终热处理的淬火、回火工艺。

现以W18Cr4V钢为例，其淬火、回火处理工艺曲线如图7-17所示。

淬火：高速钢中含有大量的合金元素及碳化物，其导热性能及塑性较差。因此，在淬

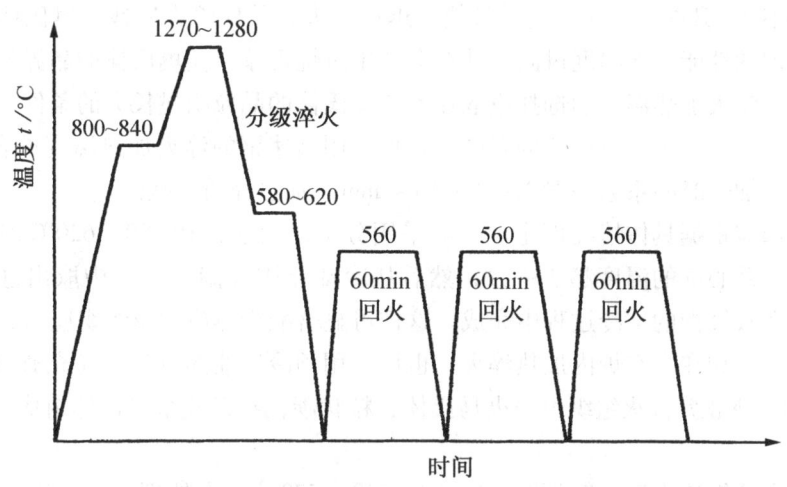

图 7-17 W18Cr4V 钢铣刀淬火回火处理工艺曲线

火加热过程中，如加热速度较快，就必须进行预热，预热温度为 800～840℃。预热之目的是减少变形，防止开裂，并可缩短工件在淬火温度的高温停留时间，有利于防止产生氧化、脱碳等缺陷。对大型及形状复杂的刃具，预热工序尤为重要。

高速钢的淬火加热温度非常高。就 W18Cr4V 钢而言，其加热温度高达 1 270～1 280℃。因为高速钢淬火后所具有的热硬性及回火稳定性的高低，主要取决于马氏体中合金元素量，亦即加热时溶于奥氏体中的合金元素量。而淬火加热温度的高低将直接影响奥氏体的成分，淬火温度对奥氏体成分的影响见图 7-18。

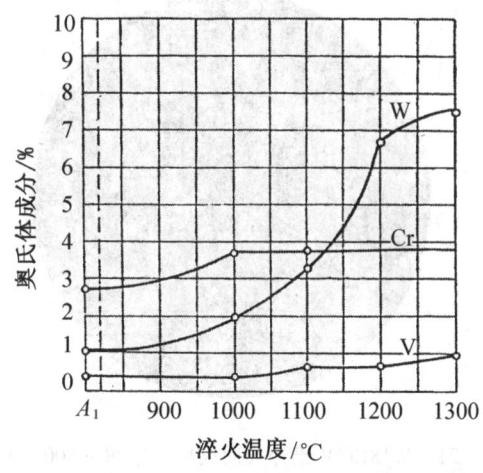

图 7-18 W18Cr4V 钢淬火温度
对奥氏体成分的影响

图 7-19 W18Cr4V 钢正常淬火组织：
淬火马氏体 + 粒状碳化物 + 残余奥氏体

由图可见，对高速钢的热硬性影响最大的合金元素 W，V 在奥氏体中的溶解度只有加热到 1 000℃以上时才有明显的增加，加热温度愈高，奥氏体中的 W、V 含量也愈多。当加热到 1 270～1 280℃时，奥氏体中合金元素的质量分数有 7%～8% 的 W，4% Cr，1%

V。如加热温度再升高,奥氏体的晶粒便会迅速长大,并使淬火后残余奥氏体量增多,从而降低高速钢的性能。如温度过高,甚至会产生过烧现象,使奥氏体的晶界处开始熔化而报废。因此,淬火加热温度的选择应取在不使奥氏体的晶粒明显长大的条件下,能最大限度地使碳及合金元素溶入奥氏体的温度。几种常用高速钢的淬火加热温度见表7-11。高速钢刀具淬火加热时间系数一般选择 8~15 s/mm(加热介质为盐浴)。

淬火冷却应根据具体情况而定。一般采用分级淬火法,在 580~620℃ 进行分级冷却使刃具的表面及心部的温度趋于一致,然后从冷却介质(硝盐浴)中取出进行空冷,使马氏体转变在较缓慢的空冷过程中完成。这样可显著减少热应力及组织应力,从而减少变形,防止开裂,如在真空炉内加热淬火,也可采用预冷后油淬或气淬(充氮气冷却)。

W18Cr4V 钢正常淬火组织由淬火马氏体、粒状碳化物及残余奥氏体组成,如图 7-19 所示。

回火:高速钢淬火后一般都要进行 3 次 550~570℃ 回火处理。淬火组织中呈不稳定状态的马氏体及大量的残余奥氏体,在回火过程均要发生变化。在此温度范围回火过程,在马氏体中将沉淀 W_2C,VC 等碳化物,弥散分布在马氏体的基体上。这些碳化物具有很高的稳定性,不易聚集长大,从而使淬火钢的硬度获得进一步的提高,即产生"弥散硬化"的效果;在回火加热过程中一部分碳及合金元素从残余奥氏体中析出,降低了残余奥氏体中碳及合金元素含量,从而降低其稳定性,并使马氏体的转变温度升高(M_s 点)。当随后冷却时,部分残余奥氏体将会转变为马氏体,产生所谓"二次淬火"的效果,从而使钢的硬度获得提高(二次硬化)。

W18Cr4V 钢淬火后以不同温度回火,其硬度变化曲线如图 7-20 所示。

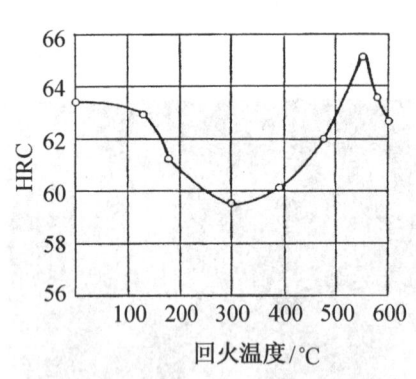

图 7-20 W18Cr4V 钢硬度与回火温度的关系

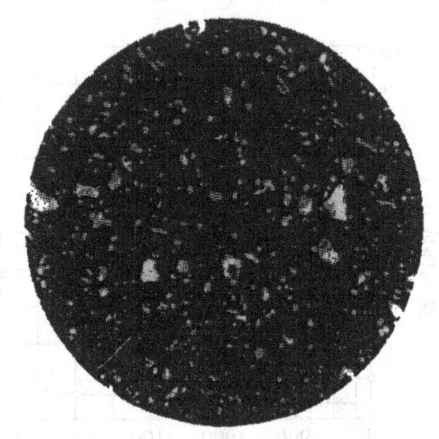

图 7-21 W18Cr4V 钢淬火回火后的组织(500×)

由图可见,在 550~570℃ 回火时,可充分发挥弥散硬化及二次硬化的效果,从而获得最高的硬度。当回火温度高于570℃后,由于马氏体中所固溶的过饱和的碳开始大量脱溶以及碳化物开始聚集长大,因而其硬度便趋于迅速下降。

通常结构钢或低合金刃具钢一次回火已足够,而高速钢的回火却需要进行 3 次,其主要原因是由于高速钢的淬火组织中含有大量的残余奥氏体,其体积分数常常达到 20%~

25%，甚至更高。因此，一次回火难以全部消除，必须经过3次回火才能使钢中的残余奥氏体降至最低含量，使钢达到最高硬度。第一次回火可使残余奥氏体体积分数降至10%～15%，第二次回火后还剩3%～5%，第三次回火一般可降至1%～2%，后一次回火还可将前一次回火冷却过程所形成的马氏体回火，降低应力，提高其强韧性。高速钢淬火后经过3次回火，其组织由回火马氏体、碳化物及少量残余奥氏体组成，如图7-21所示。

为进一步提高高速钢刃具的切削性能，在淬火、回火后通常进行表面化学热处理。如蒸汽处理、软氮化、硫氮共渗、氧氮共渗及离子渗氮等，使刃具表面形成高硬度、耐磨及良好抗咬合性能的化合物层，提高其使用寿命。

二、模具钢

模具是使金属材料或非金属材料成型的工具。其工作条件及性能要求与被成型材料的性能、温度及状态等有着密切的关系。因此，模具钢大体可分为冷作模具钢、热作模具钢和塑料模具钢。

1. 冷作模具钢

（1）工作条件及性能要求：冷作模具是使金属或非金属材料在常温状态下成型的模具。主要的种类有冷冲模、冷镦模、冷挤压模、冷滚压模、拉延模等。由于加工方式及被加工材料的性质、规格不同，各种模具的工作条件差别很大，其失效形式也各不相同。冷作模具在工作过程中主要受挤压、弯曲、冲击及摩擦作用，其主要损坏形式是磨损、断裂、崩刃及变形。因此，冷作模具钢经过适当热处理后应具有如下性能：

①高的硬度。
②高的耐磨性。
③足够的强度及韧性。

（2）常用钢种：冷作模具钢的选用应根据模具工作时的受力状况及损坏形式考虑，一般有以下几种情况。

①工作时载荷较轻、形状简单、尺寸较小的冷作模具，可选用碳素工具钢，如T8A，T10A，T12A等制造。

②工作时载荷较轻，但形状复杂或尺寸较大的冷作模具，可选用低合金刃具钢，如9SiCr，9Mn2V，CrWMn等制造。

③重载荷、要求高耐磨性、高淬透性、变形量小的形状复杂的冷作模具选用Cr12型钢制造。近年来还发展了Cr6WV，Cr4W2MoV及基体钢等用于制造重负荷、以断裂为主要损坏形式的模具。

常用冷作模具钢的化学成分、热处理及用途见表7-11。冷作模具应根据不同工作条件及损坏形式选择不同的钢种制造。

在冷作模具钢中，应用得较广泛且最具代表性的钢种是Cr12型钢，其中最常用的是Cr12及Cr12MoV两个钢号（相当于日本钢号SKD1和SKD11）。由表7-11可见，其化学成分特点是含C及含Cr量高，因而具有高的淬透性。经淬火及低温回火后具有高的硬度、高耐磨性。在热处理淬火过程中，如恰当地选择加热温度及冷却方式，可有效地将其变形量控制在很小的范围之内。因此，该钢亦有微变形钢之称。

表 7-11 常用冷作模具钢的牌号、化学成分、热处理及用途

牌 号	化 学 成 分 w/%						
	C	Si	Mn	Cr	Mo	W	V
Cr12Mo1V1	1.40~1.60	≤0.60	≤0.60	11.00~13.00	0.70~1.20	0.50~0.80	≤1.10
9CrWMn	0.85~0.95	≤0.40	0.90~1.20	0.50~0.80	0.40~0.60		
Cr12	2.00~2.30	≤0.40	≤0.40	11.50~13.50			
Cr12MoV	1.45~1.70	≤0.40	≤0.40	11.00~12.50	0.80~1.20	1.10~1.50	0.15~0.30
Cr6WV	1.00~1.15	≤0.40	≤0.40	5.50~6.50		0.50~0.80	1.90~2.60	0.50~0.70
Cr4W2MoV	1.12~1.25	0.40~0.70	≤0.40	3.5~4.00	1.50~5.50	0.70~1.10	0.80~1.10
Cr2Mn2SiWMoV	0.96~1.05	0.60~0.90	1.80~2.30	2.30~2.60		6.00~7.00	0.10~0.25
6W6Mo5Cr4V	0.55~0.65	≤0.40	≤0.60	3.70~4.30			0.70~1.10
4CrW2Si	0.35~0.45	0.80~1.10	≤0.40	1.00~1.30		2.00~2.50	
6CrW2Si	0.55~0.65	0.50~0.80	≤0.40	1.00~1.30		2.20~2.70	

牌 号	退 火		淬 火		回 火		用 途 举 例
	温度/℃	硬度/HBS	温度/℃	淬火介质	温度/℃	硬度/HRC	
Cr12Mo1V1	850~870	≤255	1010~1040	油	150~200	60~62	冷镦模、冷冲模、冷压模、拉延模
9CrWMn	760~790	190~230	790~820	油	150~260	57~62	冷冲模、塑料模
Cr12	870~900	207~255	950~1000	油	200~450	58~64	冷冲模、拉延模、压印模、滚丝模
Cr12MoV	850~870	207~255	1020~1040	油	150~425	55~63	冷冲模、拉延模、冷镦模、冷挤压软铝
			1115~1130	硝,盐	510~520	60~62	零件模、拉延模
Cr6WV	830~850	229	950~970	油	150~210	59~62	代 Cr12MoV 钢
Cr4W2MoV	850~870	240~255	980~1000	油	260~300	>60	代 Cr12MoV 钢
			1020~1040	油 盐	500~540	60~62	
Cr2Mn2SiWMoV	840~870	≤269	840~860	油	180~200	62~64	代 Cr12MoV 钢
6W6Mo5Cr4V	850~870	179~229	1180~1200	油或硝盐	560~580	60~63	冷挤压模(钢件、硬铝件)
4CrW2Si	710~740	179~217	860~900	油	200~250	53~56	剪刀、切片冲头
					430~470	44~45	
6CrW2Si	700~730	229~285	860~900	油	200~250	53~56	剪刀、切片冲头
					430~470	40~45	

(3) Cr12 型钢的锻造:Cr12 型钢属于高碳高铬钢,这类钢含有大量的共晶碳化物,因此又称为莱氏体钢。对于 Cr12 型模具钢,锻造是极为重要的工序,不能把锻造简单地看作为模坯成型,锻造可以将铸锭或型材中的气孔、疏松、缩孔、微裂纹焊合起来,提高致密度,而且可以碎化、细化共晶碳化物,提高碳化物分布的均匀性。因此,锻造是提高莱氏体钢内在质量、延长模具使用寿命的关键一步。

进厂原材料或锻造毛坯,在加工前都要检查共晶碳化物的不均匀度,根据 GB/T 1299—1985《合金工具钢技术条件》规定,把共晶碳化物分为 8 个级别。碳化物呈带状堆集的,则根据带的宽度和堆集程度分级;碳化物呈网状堆集的,则根据网的形状和结点处碳化物的堆集程度分级。1~3 级为带状分布,4~6 级为带状和网状两组,7~8 级为网

状布。标准规定的合格级别见表7-12。一般交货按第Ⅱ组级别验收,标准中合格级别订得较松,往往不能保证使用质量,而合理的锻造一般可使碳化物不均匀度的级别改善1~2级。因此,Cr12型钢模坯锻造是必不可少的工序。

共晶碳化物的大小对模具使用寿命也有严重影响,JB/T 7713—1995《高碳高合金钢制冷作模具显微组织检验》对钢中共晶碳化物的块度制定了评定方法。该标准根据碳化物颗粒大小及数量多少将共晶碳化物的块度分为5级,各级别的碳化物最大尺寸见表7-13。通常模具中的碳化物块度不得大于3级。

表7-12 共晶碳化物不均匀度合格标准

钢材截面尺寸 /mm	共晶碳化物合格级别/级 不大于	
	Ⅰ组	Ⅱ组
≤50	3	4
>50	4	5
>70~120	5	6
>120	6	双方协议

表7-13 共晶碳化物块度级别最大尺寸

级别/级	1	2	3	4	5
大块碳化物最大尺寸/mm	0.009	0.013	0.017	0.021	0.025

(4)热处理:Cr12型钢锻造后应进行预先热处理球化退火,其目的是改善锻造组织,使碳化物尽可能形成颗粒状均匀分布,降低硬度以便切削加工,亦为随后的淬火处理作组织准备。

Cr12型钢的最终处理为淬火、回火,其工艺规范见表7-11。对Cr12钢常用淬火后低温回火的一次硬度化法:960~980℃加热淬火,根据模具的硬度要求选择160~400℃回火(两次)。而Cr12MoV钢也常用淬火+低温回火的一次硬化法,但对在高温或温升较高的工况下服役的模具也可选择二次硬化法:1 100~1 120℃加热淬火,500~520℃回火(三次),回火后硬度值为60~62 HRC。

Cr12型钢各钢种淬火组织中有共晶碳化物、颗粒状及点状残留碳化物、马氏体和残余奥氏体。模具的使用寿命除与碳化物的形状及数量、分布有关外,淬火组织中的马氏体针长亦对模具的力学性能有着重要的影响,马氏体针愈长,其冲击韧度愈低,脆性愈大,模具工作时受冲击脆裂的可能性愈大。机械部JB/T 7713—1995《高碳高合金钢制冷作模具显微组织检验》对Cr12钢中马氏体的评级标准作了规定,马氏体按形态特征分为5级。各级别马氏体针最大长度见表7-14。马氏体针的长短直接与淬火加热温度有关。因此,对模具进行淬火加热时应严格控制加热温度,防止过热。

表7-14 Cr12钢马氏体级别

马氏体级别	显微组织	马氏体针长/mm
1	隐针马氏体+残余奥氏体+碳化物	0.003
2	细针马氏体+残余奥氏体+碳化物	0.006
3	针状马氏体+残余奥氏体+碳化物	0.01
4	较粗大针状马氏体+残余奥氏体+碳化物	0.014
5	粗大针状马氏体+残余奥氏体+碳化物	0.018

2. 热作模具钢

(1) 工作条件及性能要求：热作模具是使金属材料在被加热状态下成型的工具。因此，热作模具在工作过程中均与热态材料接触，使模具的工作温度升高。如锤锻模具在锻打钢件时，模具的平均温度在 500~600℃ 之间，机锻模具甚至温升至 700℃ 左右。由于模具的温度升高，导致其组织、性能发生变化，从而影响其使用寿命。为此，热作模具在工作时，常常采用必要的冷却措施，以控制模具的温升。这样热作模具在工作时除受机械力作用外，还受循环热应力的作用。因此，热作模具的失效形式主要有塑性变形、断裂、磨损及热疲劳。

热疲劳是在模具温度发生循环变化的条件下，模具受到循环热应力的作用，以致在模具的工作面上出现微裂纹。当裂纹的数量多时，会呈网状，类似龟裂。热疲劳裂纹是一种表面裂纹，一般较浅。但热疲劳的出现会加速模具的磨损，并常常成为模具脆性破断及机械疲劳断裂的裂纹源。

根据热作模具的工作条件及失效形式，对热作模具钢提出如下性能要求：

①高的强度及良好的热硬性。
②良好的断裂抗力、断裂韧性及冲击韧度。
③高的热疲劳抗力。
④良好的淬透性。

据此，热作模具钢应具有良好的综合性能。所以热作模具钢通常在淬火、高温回火状态下使用。但对不同类型、具有不同工作条件的模具，其侧重点又会有所不同。下面简要分析各类型热作模具的特点。

(2) 热作模具钢的分类及性能特点：常用热作模具钢的分类见表 7-15。

表 7-15 热作模具钢的分类

按用途分类	按性能分类	按合金元素分类	钢 号[①]
锤锻模具钢	高韧性热模钢	低合金热模钢	5CrNiMo, 5CrMnMo, 5SiMnMoV, 5Cr4Mo 5CrSiMnMoV[②]
机锻模具钢 压铸模具钢 热挤压模具钢	高热强热模钢	钨系热模钢 铬系热模钢 铬钼系热模钢	3Cr2W8V 4Cr5MoSiV1, 4Cr5W2SiV, 4Cr5MoSiV 4Cr4Mo2WSiV[②] 5Cr4W5Mo2V[②], 4SiCrV
热冲裁模具钢	高热强热模钢 高耐磨热模钢	钨系热模钢 铬系热模钢	3Cr2W8V 8Cr3

[①]钢号选自我国工具钢标准 GB/T 1299—1977，未列入此标准者未涉及。
[②]为推荐钢号。

由表 7-15 可见，常用热作模具钢按不同用途可分为三种类型。

第一类：锤锻模具钢。锤锻模具有两个特点：其一是工作时冲击载荷大，其二是模具本身的截面尺寸大。因此，锤锻模具用钢应当具有高的淬透性，使淬火、回火后整体具有高的强韧性。由表 7-15 可见，用于制造锤锻模具的典型钢号为 5CrNiMo 及 5CrMnMo，其含碳量属中碳钢范围，并含有 Cr, Ni, Mn, Mo 等多种合金元素。中碳钢范围的含碳量使钢具有良好的导热性及韧性，同时可保证钢经淬火后必要的强度、硬度及耐磨性。合金元素 Cr，Ni，Mn，Mo 均可提高钢的淬透性及回火稳定性；Ni 同时可以提高钢的韧性；Mn 却对韧性有不利影响；Mo 的主要作用是防止第二类回火脆性的出现。

锤锻模具钢由于所含合金元素量较少，所以其耐热性较低，其工作温度一般应控制在 500℃ 以下为宜。

第二类：热挤压及压铸模具钢。热挤压模具、压铸模具或机锻模具，其工作温度常常高于 600℃。所以用于制造此类模具的钢材，其合金元素含量较高，通常达到中合金或高合金范围。常用钢号有 3Cr2W8V，4Cr5MoSiV1（相当于美国钢号 H21 及 H13）。这类钢由于加入较多量的合金元素，使钢具有较高的淬透性、热硬性及热疲劳抗力。而 4Cr5MoSiV1 钢的韧性及疲劳抗力均优于 3Cr2W8V 钢，对模具工作过程可采用强烈冷却（水冷）散热，降低其工作温度，提高其使用寿命。该钢目前在铝合金型材热挤压模具、铝合金压铸模具及铜合金机锻模具等已获得广泛的应用。

第三类：热冲裁模具钢。这类钢主要用于制造切边模具及平锻模具，这类模具的损坏形式以磨损为主。所以，模具经热处理后要求具有较高的硬度及良好的耐磨性，制造这类模具常选用含碳量较高的钢，如 8Cr3 钢。

热作模具选材举例见表 7-16。

表 7-16 热作模具选材举例

名称	类型	选材举例	硬度/HRC
锻模	高度 <250mm 小型热锻模	5CrMnMo，5Cr2MnMo*	39~47
	高度 250~400 中型热锻模		
	高度 >400mm 大型热锻模	5CrMnMo，5Cr2MnMo*	35~39
	寿命要求高的热锻模	3Cr2W8V，4Cr5MoSiV，4Cr5W2SiV	40~54
	热镦模	4Cr3W4Mo2VTiNb，4Cr5MoSiV，4Cr5W2SiV 3Cr3Mo3V，基体钢	39~54
	精密锻造或高速锻模	3Cr2W8V 或 4Cr5MoSiV，4Cr5W2SiV，4Cr5MoSiVTiNb	45~54
压铸模	压铸锌、铝、镁合金	4Cr5MoSiV，4Cr5W2SiV，3Cr2W8V	43~50
	压铸铜和黄铜	4Cr5MoSiV，4Cr5W2SiV，3Cr2W8V，钨基粉末冶金材料，钼、钛、锆等难熔金属	
	压铸钢铁	钨基粉末冶金材料，钼、钛、锆等难熔金属	
挤压模	温挤压和温镦锻（300~800℃）	8Cr8Mo2SiV，基体钢	
	热挤压**	挤压钢、钛或镍合金用 4Cr5MoSiV，3Cr2W8V（>1000℃）	43~47
		挤压铜或铜合金用 3Cr2W8V（<1000℃）	36~45
		挤压铝、镁合金用 4Cr5MoSiV，4Cr5W2SiV（<500℃）	46~50
		挤压铅用 45 号钢（<100℃）	16~20

* 5Cr2MnMo 为堆焊锻模的堆焊金属牌号，其化学成分为 0.430%~0.53%C，1.80%~2.2%Cr，0.60%~0.90%Mn，0.80%~1.20%Mo。

** 所列热挤压温度均为被挤压材料的加热温度。

(3) 常用钢种：由表 7-16 可见，不同类型的热作模具，由于其工作条件不同，因而选择不同材料制造，常用热作模具钢的化学成分见表 7-17。

表 7-17 常用热作模具钢的牌号、化学成分、热处理及用途

牌号	化学成分 w/%							
	C	Si	Mn	Cr	Mo	W	V	其他
5CrMnMo	0.50~0.60	0.25~0.60	1.20~1.60	0.60~0.90	0.15~0.30			
5CrNiMo	0.50~0.60	≤0.40	0.50~0.80	0.50~0.80	0.15~0.30			Ni: 1.40~1.80
3Cr2W8V	0.30~0.40	≤0.40	≤0.40	2.20~2.70		7.50~9.00	0.20~0.50	
4Cr5MoSiV1	0.32~0.45	0.80~1.20	0.20~0.50	4.75~5.50	1.10~1.75		0.80~1.20	
4Cr5MoSiV	0.32~0.42	0.80~1.20	≤0.40	4.50~5.50	1.00~1.50		0.30~0.50	
4Cr5W2VSi	0.32~0.42	0.80~1.20	≤0.40	4.50~5.50		1.60~2.40	0.60~1.00	
3Cr3Mo3W2V	0.25~0.35	≤0.50	≤0.50	2.50~3.50	2.50~3.50	1.20~1.80	0.30~0.60	
4Cr3W4Mo2VTiNb	0.37~0.47	≤0.50	≤0.50	2.50~3.50	2.00~3.00	3.50~4.50	1.00~1.40	Ti: 0.1~0.2
8Cr3	0.75~0.85	≤0.40	≤0.40	3.20~3.80				
5Cr4W5Mo2V	0.40~0.50	≤0.50	0.20~0.60	3.80~4.50	1.70~2.30	4.50~5.30	0.8~01.20	Nb: 0.1~0.2

钢号	退火		淬火		回火		用途举例
	温度/℃	硬度/HBS	温度/℃	淬火介质	温度/℃	硬度/HRC	
5CrMnMo	780~800	197~241	830~850	油	490~640	30~47	中型锻模（模高 275~400mm）
5CrNiMo	780~800	197~241	840~860	油	490~660	30~47	大型锻模（模高>400mm）
3Cr2W8V	830~85	207~255	1050~1150	油	600~620	50~54	压铸模、精锻或高速锻模、热挤压模
4Cr5MoSiV1	845~880	192~229	1020~1050	油	500~650	40~54	热挤压模、压铸模、热锻模
4Cr5MoSiV	840~900	190~229	1000~1025	油	540~650	40~54	热镦模、压铸模、热挤压模、精锻模
4Cr5W2VSi	850~900	190~229	1030~1050	油	540~650	40~54	热挤压模、压铸模、热镦模
3Cr3Mo3W2V	845~900	207~255	1010~1040	油或空气	550~600	40~54	热镦模
4Cr3W4Mo2VTiNb	850~870	180~240	1160~1220	空气	580~630	48~56	热镦模
8Cr3	780~800	207~255	850~880	油或硝盐	500~600	50~56	热冲裁模
5Cr4W5Mo2V	850~870	200~230	1130~1140	油	600~630	50~56	热镦模、温挤压模

尽管表中有多个钢号供选择，但目前应用最为广泛的是近年引进的 H13（4Cr5MoSiV1）和 H11（4Cr5MoSiV）钢。H13 钢的碳质量分数为 0.32%~0.45%，属中碳钢，Cr 质量分数为 4.75%~5.50%，V 的质量分数为 0.80%~1.20%。该钢具有较高的热强性，是一种强韧兼备的质优价廉钢种，既可用作热锻模材料，也可用作模腔温升低于 600℃ 的压铸模材料，H13 和 H11 钢是 5CrMnMo，5CrNiMo 及 3Cr2W8V 等传统热作模具钢的最好代用材料，模具的使用寿命比后者可提高 1~2 倍。此外，由于 H13 钢具有高的热强性、热稳

定性和高的疲劳抗力及良好的韧性，制造铝合金型材热挤压模具、铜合金的热镦模具已获得广泛应用。

（4）热处理：热作模具钢必须经过适当的热处理后才能充分发挥各种合金元素的作用，使之满足性能要求。其预先热处理为退火，改善锻后组织，以满足加工性能要求，最终热处理淬、回火，使模具满足使用性能要求。常用热作模具钢的热处理规范见表7–17。

目前在热作模具钢中应用最广泛的H13（4Cr5MoSiV1）钢，尽管含碳量较低，但还有亚稳共晶碳化物存在。因此，对原材料应进行合理锻造，锻后进行球化退火处理，等温球化退火工艺为：880℃加热保温后降温至750℃再等温4h左右，炉冷至500℃出炉。常规退火工艺为：840～880℃加热，保温后缓冷至500℃出炉。球化退火后其组织为点状和小球状珠光体，见图7–22。

图7–22 H13钢球化退火后的组织（500×）

H13钢的淬火加热温度常用1 020～1 050℃，冷却可采用空冷、油冷或分级冷却。回火温度根据模具的工作条件及性能要求而定，常用500～650℃，回火次数为两次，530℃的回火组织为回火马氏体+回火托氏体，仍保持针状形态，见图7–23。630℃回火后的组织为回火托氏体+回火索氏体，针状形态基本消失，见图7–24。H13钢回火温度与硬度变化曲线见图7–25。由图可见，在500℃左右回火后有二次硬化现象出现，这是由于在回火过程有M_7C_3型碳化物弥散析出和残余奥氏体转变成马氏体而造成的。在500℃左右回火虽然可使钢达到最高硬度值，但此时其韧性最差，故回火或随后进行的低温化学热处理（如渗氮或氮碳共渗）都应避开500℃左右的温度，以免因钢的韧性降低而损害模具的使用寿命。

图7–23 H13钢经1 050℃加热、油冷淬火、530℃回火后的组织（回火两次，每次保温1.5 h）（500×）

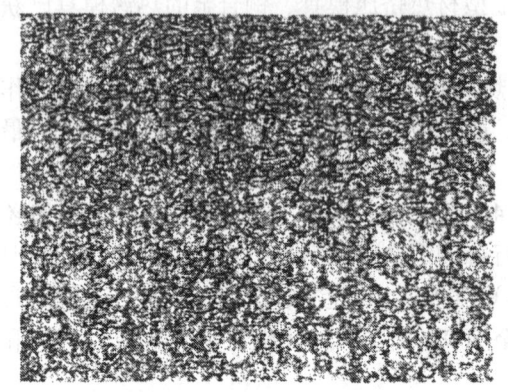 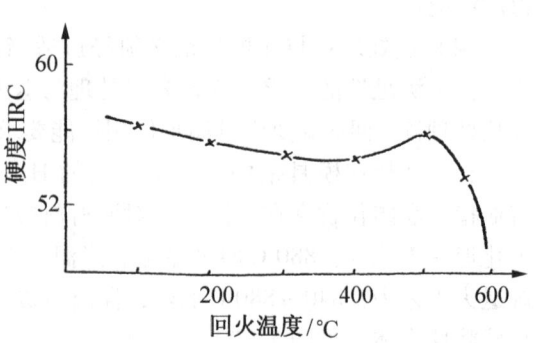

图 7-24　H13 钢经 1 050℃加热
油冷淬火、630℃回火后的组织
（回火两次，每次保温 1.5 h）（500×）

图 7-25　H13 钢 1 080℃加热淬火回火后
的硬度变化

3. 塑料模具钢

在工程材料当中，塑料是非金属材料的重要组成部分。随着塑料工业的迅速发展，塑料制品在国民经济的各个领域正获得越来越广泛的应用。塑料原料的种类繁多，性能、用途各异。以不同原料制成的塑料制品，其成型方法也不相同，但它们的共同之处是大多以模具成型。塑料成型模具的材料主要有模具钢、铸铁及铜、铝、锌等有色金属及其合金。以下简要介绍各种塑料制品成型模具的工作条件、性能要求及常用塑料模具钢。

塑料制品常用成型方法有压塑、挤塑、注射、挤出、发泡和吹塑等 6 种。由于各种塑料原料的性质及化学成分不相同，成型方法也不相同，因而对成型模具的硬度、抛光性能、耐磨耐蚀性能要求和使用温度也不相同。按塑料制品的成型方法可将塑料成型模具分为如下几种类型：压塑模具、挤塑模具、注射模具、挤出成型模具、泡沫塑料模具及吹塑模具。

（1）塑料模具的工作条件：对于不同类型的模具，其工作温度、压力等条件有较大差异。

①压塑模具：压塑模具是成型热固性塑料的模具。塑料成型前需先将模具加热至 130~180℃，然后将塑料粉末注入模具型腔内，使塑料受热塑化后加压成型。模具工作时受热及压力作用。

②挤塑模具：挤塑模具是使热固性塑料成型的模具。在工作过程中，先将塑料原料加热至流体化，然后以一定的压力将已被预热的融料挤入模具型腔内，使之硬化成型。模具的工作温度为 130~190℃。

③注射模具：注射模具分为热塑性塑料注射模和热固性塑料注射模。工作时，前者所受压力为 40~130 MPa；后者受压力 100~170 MPa，工作温度为 170~200℃。

④挤出成型模具：挤出成型是以一定的压力将已塑化为熔融状的塑料原料，通过模具挤出，并随即冷却成型。模具工作时受强烈的摩擦作用，温度为 160~260℃。

⑤泡沫塑料模具：泡沫塑料模具主要用于包装材料或保温隔热用的聚苯乙烯塑料的发

泡成型。工作时受蒸汽加热,待塑料发泡体积膨胀充满型腔后通水冷却。模具主要受热循环作用。

⑥吹塑模具:吹塑模具主要用于中空容器的成型。如各类塑料瓶子等制品。加工过程以一定的压力将加热塑化的原料吹入模腔内成型。模具工作时受热及较强烈的摩擦作用。

(2) 塑料模具钢的性能要求:从上述塑料模具的工作条件可见,模具在工作过程主要受温度、压力及摩擦作用。其失效形式大多以摩擦磨损为主。在上述 6 种塑料成型模具当中,除泡沫塑料模具选用铸铁或有色金属及其合金制造外,其余塑料成型模具一般都选择塑料模具钢制造。根据塑料成型模具的工作条件及失效形式,对塑料模具钢有如下性能要求。

①优良的冶金质量:杂质含量少,组织均匀致密,无明显的网状及带状碳化物,无孔洞及疏松等缺陷。

②良好的冷热加工工艺性能:预硬后应具有良好的切削加工性,在硬化状态下应具有良好的镜面抛光及花纹图案蚀刻性;热处理变形小,尺寸稳定性要好,淬透性高,热处理后应具有高的强韧性、高的硬度和耐磨性。

③应具有良好的耐氟氯腐蚀性和一定的耐热性。

(3) 塑料成型模具型腔用钢:塑料成型模具型腔部分的用钢按其使用特性分为渗碳型、淬硬型、预硬型及耐蚀型等 4 种类型。

对于一些形状简单,尺寸精度要求不高,表面粗糙度要求一般的中、低档次塑料制品用的成型模具,以往中小规模的生产厂选材时常常选择渗碳钢 20Cr,20CrNi3,调质钢 45,40Cr,热模具钢 5CrMnMo,5CrNiMo,合金工具钢 9Mn2V,CrWMn,耐蚀钢 4Cr13,1Cr18Ni9Ti 等传统材料。但这些材料往往存在机械加工性能较差,形状复杂的模具难于加工;或是镜面抛光性能差,强度、硬度、耐热性及耐磨性难于满足塑料模具的性能要求,因而造成模具早期失效,使用寿命较短。近年来这些传统材料已逐渐被性能优越的 3Cr2Mo,P20,3Cr2NiMnMo,3Cr2NiMo 等预硬型塑料模具专用钢所取代。

预硬型塑料模具钢在产品出厂前一般都将钢块坯料进行锻造及退火处理,然后加工成一定尺寸规格进行淬火、回火预硬处理,其供应状态通常控制在 HRC 30~50。用户购料后经加工成型便可使用。对某些性能要求较高的模具,加工成型后亦可采用渗氮、氮碳共渗或镀铬等方法进行表面处理,以提高表面质量及使用寿命。

预硬型模具钢含有一定量的 Cr,Ni,Mn,Mo,V 等合金元素,使钢具有良好的淬透性,特别适合制造大尺寸的模具。该类钢预硬处理后具有高的强韧性,工作过程不易变形,切削加工性及抛光性能良好,同时亦具有很好的抗腐蚀性能及热稳定性。使用寿命通常可达 50 万~100 万次以上。

目前,国内有相当部分大型、精密、复杂的塑料型腔模具,如彩色电视机壳体、空调机壳体及电脑壳体等塑料模具仍然大量采用来自美、日、德、瑞典等发达国家的塑料模具专用钢。

国内外塑料模具钢的牌号、化学成分、热处理及用途见表 7-18。

表7-18 国内外常用塑料模具钢的牌号、化学成分、热处理及用途

牌号	化学成分 w/%									
	C	Si	Mn	Cr	Mo	Ni	V	S	P	其他
JB—3Cr2Mo	0.28~0.40	0.20~0.80	0.61~1.00	1.40~2.00	0.30~0.55			≤0.030	≤0.030	
JB—3CrNiMnMo	0.28~0.40	0.20~0.80	0.60~1.00	1.40~2.00	0.30~0.55	0.80~1.20		≤0.015	≤0.020	
JB—5CrNiMnMoVSCa	0.50~0.60	0.20~0.80	0.85~1.15	1.00~1.30	0.30~0.60	0.85~1.15	0.10~0.30	0.06~0.15	≤0.030	Ca: 0.002~0.008
JB—8Cr2MnWMoVS	0.75~0.85	≤0.40	1.30~1.70	2.30~2.60	0.50~0.80		0.10~0.25	0.08~0.15	≤0.030	W: 0.70~1.10
YB—SM1CrNi3	0.05~0.15	0.10~0.40	0.35~0.75	1.25~1.75		3.25~3.75		≤0.030	≤0.030	
YB—SM3Cr2NiMo	0.32~0.42	0.20~0.80	1.00~1.50	1.40~2.00	0.30~0.55	0.80~1.20		≤0.030	≤0.030	
YB—SM2CrNi3MoAlS	0.20~0.30	0.20~0.50	0.50~0.80	1.20~1.80	0.20~0.40	3.0~4.0		≤0.100	≤0.030	Al: 1.0~1.60
AISI—P20	0.35	0.20~0.40	0.20~0.40	1.70	0.40			≤0.030	≤0.030	
ASSAB—718	0.33	0.30	0.80	1.80	0.20	0.90		0.008		
BS—BP30	0.26~0.34	≤0.40	0.45~0.70	1.10~1.40	0.20~0.35					Cu: ≤0.20

牌号	退火		淬火		回火		用途举例
	温度/℃	硬度/HBS	温度/℃	淬火介质	温度/℃	硬度/HRC	
JB—3Cr2Mo	710~740	≤235	840~870	油	300~600	36~48	抛光性能极好,可制造注射模、压缩模等
JB—3CrNiMnMo	750	≤255	850~870	油	400~650	35~47	大型塑料模或型腔复杂、要求镜面抛光模具
JB—5CrNiMnMoVSCa	780	≤255	880	油或空	300~650	36~54	型腔复杂、变形极小的大型塑料成型模
JB—8Cr2MnWMoVS	800	≤255	880~920	油	500~650	36~54	要求耐磨性好,镜面抛光的注射、压注模
YB—SM1CrNi3	730	≤212	渗C 900~950	油	—	—	制造复压成型的塑料模具,要渗碳、淬火、回火
YB—SM3Cr2NiMo	760	≤250	850~880	油	550~650	≥32	用于制造大型精密塑料模具
YB—SM2CrNi3MoAlS	780	≤235	850~900	油	510~530	≥40	制造型腔复杂的精密塑料模具
AISI—P20	760~790	≤150~180	820~870	油	150~260	48~50	可制造各种大型塑料制品射出模
ASSAB—718	700	≤235	850	油	300~650	29~48	适于制造所有使用PVC原料的注塑模
BS—BP30	640~660	≤255	810~830	油或空	180~650	≥30	可制造各种高要求的大小塑料模

第六节 不锈耐蚀钢和耐热钢

用于制造在酸、碱、盐等腐蚀性环境下或在一定的温度条件下服役的各类机械零件的钢材，需要具有特殊的力学、物理、化学性能。这类钢称为不锈钢或耐热钢。不锈耐蚀钢和耐热钢在机械制造、石油、化工、仪表仪器、工业加热及国防工业等部门有着广泛的用途。

一、不锈钢

在化工机械设备中，许多机件在工作过程中与酸、碱、盐及腐蚀性气体和水蒸气直接接触，使机件产生腐蚀而失效。因此，用于制造这些机件的钢除应满足力学性能及加工工艺性能要求之外，还必须具有良好的抗腐蚀性能。

不锈钢是指在大气和弱腐蚀介质中有一定抗蚀能力的钢，而在各种强腐蚀介质（酸）中耐腐蚀的钢称为耐酸钢。

要了解这类钢对腐蚀性介质的抗腐蚀原理，必须首先了解钢在这些介质中所产生的腐蚀过程及失效形式。

1. 金属腐蚀的概念

金属的腐蚀可分为两大类：化学腐蚀和电化学腐蚀。钢在高温下的氧化是典型的化学腐蚀，而金属与电解质溶液接触所引起的腐蚀属于电化学腐蚀。

在化学腐蚀过程中，金属将直接与腐蚀介质发生化学反应，化学反应的结果将使金属逐渐被破坏。但如果反应所形成产物层很致密，而且与基体结合得很牢固，它将可有效地阻挡外界腐蚀介质原子往里扩散，对基体起到保护作用。例如，含 Al，Cr，Si 等元素的合金钢，在受高温氧化性气氛作用时，其表面将会形成 Al_2O_3，Cr_2O_3 及 SiO_2 等致密的氧化膜（钝化膜），从而阻碍氧化过程的继续进行，增强钢的抗氧化性能。

化学腐蚀不单是氧化问题，除了钢的高温氧化，钢在水蒸气中或在石油中的腐蚀、氢气和含氢气体对碳钢强烈腐蚀（氢蚀）等等，都属于化学腐蚀的范畴。

在电化学腐蚀过程中，因金属与电解质溶液接触，形成原电池或微电池，发生电化学作用而引起腐蚀。因此，在电化学腐蚀过程中会有电流产生。根据原电池原理，产生电化学腐蚀的条件是：①必须有两个电位不同的电极；②有电解质溶液与两电极接触；③两个电极构成通路。

那么当碳钢与电解质溶液接触时，其电化学腐蚀过程是如何进行的呢？

在碳钢的平衡组织中具有两种相，即铁素体和渗碳体。这两个相的电极电位不相同，铁素体的电极电位低（阳极），而渗碳体的电极电位高（阴极）。由金相组织照片可见，这两种相是互相接触连通的，因此就构成一对电极。当接触电解质时，如在其表面滴上硝酸酒精溶液，就会形成无数的微电池，发生电化学作用，从而使低电位的铁素体被腐蚀。钢的金相试样制备过程也是利用这一电化学腐蚀原理，使原来已被抛光成镜面的表面变得凹凸不平。片状珠光体电化学腐蚀的结果如图 7-26 所示。

由上述可知，要提高金属的耐蚀性，一方面要尽量使合金在室温下呈单相组织，另一方面更重要的是提高合金本身的电极电位。为达到上述目的，一般在合金中加入较多的 Cr，Ni 等合金元素。

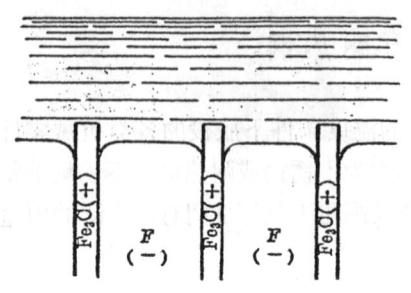 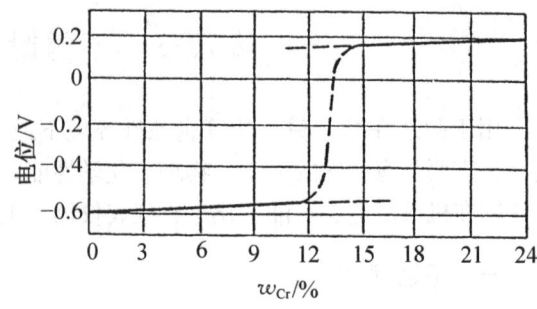

图 7-26 片状珠光体电化学腐蚀结果示意图　　图 7-27 铁铬合金的电极电位（大气条件）

2. 不锈钢的合金化原理

为了提高钢的抗腐蚀性能，其主要途径是合金化，往钢中加入合金元素，其主要目的如下：

(1) 使钢具有均匀化学成分的单相组织。

(2) 减小两极之间的电极电位差，提高阳极的电极电位。

(3) 使钢的表面形成致密的氧化膜保护层（钝化膜）。

在不锈钢中常加入的元素有 Cr，Ni，Ti，Mo，V，Nb 等。

Cr 是决定不锈钢抗腐蚀性能好坏的主要元素之一。Cr 可与氧形成致密的 Cr_2O_3 的保护膜，同时还能提高铁素体的电极电位。铁素体的电极电位随着 Cr 质量分数增大至大于 13% 时，其电极电位将由 -0.56V 突然升高到 0.2V，如图 7-27 所示。此外，Cr 是缩小 γ 区的元素，当含 Cr 量较高时能使钢呈单一的铁素体组织，所以，Cr 是不锈钢中的必要元素。

Ni 是扩大 γ 区的元素，当钢中含 Ni 量达到一定值时，可使钢在常温下呈单相奥氏体组织，从而提高抗电化学腐蚀性能。因此，Ni 也是不锈钢中的常用元素。

3. 常用不锈钢

按正火状态的组织分类，通常可将不锈钢分为马氏体型、奥氏体型、铁素体型不锈钢三种类型。

(1) 马氏体型不锈钢：典型的马氏体型不锈钢有 Cr 质量分数为 13% 的 Cr13 型不锈钢及 9Cr18 不锈钢。其化学成分、性能及用途见表 7-19 所示。

Cr13 型不锈钢中含碳量较低的 0Cr13，1Cr13，2Cr13 具有良好的力学性能。可进行深弯曲、圈边及焊接成型，但其切削性能较差，主要用于制造不锈的结构件（如汽轮机叶片等）。而 3Cr13 及 4Cr13 钢含碳量较高，其强度、硬度均高于 2Cr13，但变形及焊接性能比 2Cr13 差，主要用于制造要求高硬度的医疗工具、餐具及不锈钢轴承等工件，其最终热处理采用淬火 + 低温回火处理，使之获得马氏体组织。

9Cr18 是一种高碳不锈钢。经淬火及低温回火处理后，其硬度值通常大于 HRC 55，适于制造优质刀具、外科手术刀及耐腐蚀轴承。

在马氏体不锈钢中，当基体 Cr 质量分数 ≥ 11.7% 时，能在阳极（负极）区域基体表面形成一层富 Cr 的氧化物保护膜。这层膜会阻碍阳极区域反应，并增加其电极电位，使基体化学腐蚀过程减缓，从而使含 Cr 不锈钢具有一定的耐蚀性能。

表 7-19 常用马氏体不锈钢的化学成分、热处理规范、性能及用途

钢号	化学成分 w/%									热处理温度（℃）及冷却		
	C	Si	Mn	Cr	Mo	Ni	P≤	S≤		退火	淬火	回火
0Cr13	≤0.08	≤1.00	≤1.00	11.50~13.50	—	(≤0.60)	0.035	0.030	—	800~900 缓冷	950~1000 油冷	700~750 快冷
1Cr13	≤0.15	≤1.00	≤1.00	11.50~13.50	—	(≤0.60)	0.035	0.030	—	800~900 缓冷	950~1000 油冷	700~750 快冷
2Cr13	0.16~0.25	≤1.00	≤1.00	12.00~14.00	—	(≤0.60)	0.035	0.030	—	800~900 缓冷	920~980 油冷	600~750 快冷
3Cr13	0.26~0.35	≤1.00	≤1.00	12.00~14.00	—	(≤0.60)	0.035	0.030	—	800~900 缓冷	920~980 油冷	600~750 快冷
3Cr13Mo	0.28~0.35	≤0.80	≤1.00	12.00~14.00	0.50~1.00	(≤0.60)	0.035	0.030	—	800~900 缓冷	1025~1075 油冷	200~300 油、空冷
4Cr13	0.36~0.45	≤0.60	≤0.80	12.00~14.00	—	(≤0.60)	0.035	0.030	—	800~900 缓冷	1050~1100 油冷	200~300 空冷
8Cr17	0.75~0.95	≤1.00	≤1.00	16.00~18.00	(≤0.75)	(≤0.60)	0.035	0.030	—	800~920 缓冷	1010~1070 油冷	100~800 快冷
9Cr18	0.90~1.00	≤0.80	≤0.80	17.00~19.00	(≤0.75)	(≤0.60)	0.035	0.030	—	800~920 缓冷	1000~1050 油冷	200~300 油、空冷
9Cr18MoV	0.85~0.95	≤0.80	≤0.80	17.00~19.00	1.00~1.30	(≤0.60)	0.035	0.030	V:0.07~0.12	800~920 缓冷	1050~1075 油冷	100~200 空冷

退火后硬度≤HBS	淬火回火后的力学性能							用途举例
	$\sigma_{0.2}$/MPa	σ_b/MPa	δ_5/%	ψ/%	α_k/J	HBS	HRC	
	不小于							
183	345	490	24	60	—	—	—	石油热裂设备配件,常温下耐弱腐蚀介质的容器等
200	345	540	25	55	78	159	—	汽轮机叶片、水压机阀、螺栓螺母等
223	440	635	20	50	63	192	—	同上及医疗工具、注射针等
235	540	735	12	40	24	217	—	耐轻腐蚀及耐磨的机器、仪器零件、医疗器械、刀具等
207	—	—	—	—	—	—	50	热油油泵、阀片、阀门轴承、医疗器械弹簧等零件
201	—	—	—	—	—	—	50	同上
255	—	—	—	—	—	—	56	不锈钢切片机械刃具、手术刀片、耐蚀轴承等
255	—	—	—	—	—	—	55	同上
269	—	—	—	—	—	—	55	同上,但韧性更良好

随着钢中含碳量的增加,含 Cr 不锈钢的耐蚀性能将会有所下降。其原因有二：①铬碳化物 $(Cr, Fe)_{23}C_6$ 增多,导致基体的含 Cr 量减少。②铬碳化物与基体具有不同的电极电位,它们彼此间形成一对电极,在接触电解质溶液时就易于产生电化学腐蚀。

马氏体不锈钢主要是在氧化性介质中,如大气、水蒸气、淡水、海水、低于 30℃ 的硝酸、食品介质及浓度不高的有机酸中有良好的耐腐蚀性能。但在硫酸、盐酸、热磷酸、热硝酸溶液及熔融碱中,其耐蚀性能都很低。所以,不锈钢的所谓"不锈"是相对而言的。

（2）奥氏体型不锈钢：奥氏体型不锈钢主要含有 Cr, Ni 等合金元素,因而又称铬镍

不锈钢，其化学成分及用途见表7-20。

表7-20 镍铬不锈钢主要钢种的化学成分及用途举例

钢号	化学成分 w/%								用途举例
	C	Si	Mn	Cr	Ni	S	P	其他	
奥氏体型									
00Cr19Ni10	≤0.03	≤0.80	1~2	18~20	9~11	≤0.030	≤0.035		化工设备，腐蚀介质中使用的焊接件、焊丝
0Cr18Ni9	≤0.06	≤0.80	≤2	17~19	8~11	≤0.030	≤0.035		深冲的不锈钢件，18-8型钢焊接用的焊丝
1Cr18Ni9	≤0.14	≤0.80	≤2	17~19	8~11	≤0.030	≤0.035		冷轧材料制造的不锈钢结构件、无磁性零件
2Cr18Ni9	0.15~0.24	≤0.80	≤2	17~19	8~11	≤0.030	≤0.035		高强度冷轧带（板），制造构件和零件，无磁性零件
0Cr18Ni10Ti	≤0.08	≤0.80	1~2	17~19	9~11				强腐蚀介质中的焊接件
1Cr18Ni9Ti	≤0.12	≤0.80	≤2	17~19	8~11	≤0.030	≤0.035	Ti：(C-0.02)~0.80	化学工业焊接件
0Cr18Ni11Nb	≤0.08	≤1.00	≤2	17~20	9~13	≤0.030	≤0.035	Nb：8C~1.5	化学工业焊接件
1Cr18Ni12Mo2Ti	≤0.12	≤0.80	≤2	17~19	11~14	≤0.030	≤0.035	2~3Mo，0.3~0.6Ti	用于硫酸、磷酸、蚁酸等介质条件下的焊接件
1Cr18Ni12Mo3Ti	≤0.12	≤0.80	≤2	16~19	11~14	≤0.030	≤0.035	3~4Mo，0.3~0.6Ti	用于硫酸、磷酸、蚁酸等介质条件下的焊接件
00Cr17Ni14Mo2	≤0.03	≤1.0	≤2	16~19	12~15			2~3Mo	主要用作耐点蚀材料，耐晶间腐蚀性能良好
00Cr17Ni14Mo3	≤0.03	≤1.0	≤2	16~18	11~15			3~4Mo	同上
0Cr18Ni9Cu3	≤0.08	≤1.0	≤2	17~19	8.5~10.5			3~4Cu	用于制造耐腐蚀标准件
0Cr18Ni12Mo2Cu2	≤0.07	≤0.80	≤0.80	17~19	10~14	≤0.020	≤0.035	1.80~2.2Mo，1.80~2.2Cu	用于硫酸、磷酸、蚁酸等介质条件下的焊接件
1Cr18Mn8Ni5N	≤0.15	≤1.0	7.5~10	17~19	4~6	≤0.030	≤0.006	N：≤0.25	节镍钢种，代1Cr18Ni9
奥氏体-铁素体型									
0Cr26Ni5Mo2	≤0.08	≤0.80	≤0.80	23~28	4.8~5.8	≤0.03	≤0.035	1.0~3.0Mo	代1Cr18Ni9Ti
1Cr21Ni5Ti	0.09~0.14	≤0.80	≤0.80	20~22	4.8~5.8	≤0.03	≤0.035	Ti：≥(C-0.02)~0.8	代1Cr18Ni9Ti
0Cr21Ni6MoTi	≤0.08	≤0.80	≤0.80	20~22	5.5~6.5	0.03	≤0.035	0.20~0.40Ti，1.8~2.5Mo	用于强腐蚀介质条件，尤其是各种有机酸

由表7-20可见，奥氏体型不锈钢的含碳量很低，大多在0.10%以下。此类钢在常温下通常为单相奥氏体组织。其强度、硬度较低（HBS 135左右），无磁性，塑性、韧性及耐腐蚀性均较马氏体型不锈钢要好。奥氏体不锈钢较适宜作冷成型。其焊接性能也较好。一般可采用冷加工变形强化措施来提高其强度及硬度。与马氏体型不锈钢比较，其切削加

工性能较差，当碳化物在晶界处析出时，还会产生晶间腐蚀现象，应力腐蚀倾向也较大。

钢中 Cr 元素的主要作用是产生钝化，阻碍腐蚀过程的阳极反应，提高钢的耐蚀性能。而 Ni 元素的主要作用是扩大 γ 区，使钢在常温下呈单相的奥氏体组织，同样具有提高抗电化学腐蚀的效果。钢中加 Ti 元素的主要作用是抑制 $(Cr,Fe)_{23}C_6$ 在晶界上析出，以防止晶间腐蚀的出现。Ti 的质量分数一般 ≥0.8%，过多会使钢析出铁素体和产生 Ti 夹杂物，反而会降低钢的耐腐蚀性能。

为了提高奥氏体型不锈钢的性能，常用的热处理方法有固溶处理、稳定化处理及除应力处理等几种。

①固溶处理：奥氏体型不锈钢加热至单一奥氏体状态后，若以缓慢的速度进行冷却，在冷却过程中，奥氏体将会析出 $(Cr,Fe)_{23}C_6$ 碳化物，并发生奥氏体向铁素体转变。因此缓冷至室温时，将获得 [$A+F+(Cr,Fe)_{23}C_6$] 混合组织，而并非单相奥氏体组织。显然，当钢具有这种组织时，其耐蚀性能将降低。为保证奥氏体型不锈钢具有最为良好的耐蚀性能，必须设法使它获得单相奥氏体组织。在生产上常用的方法是进行固溶处理，即将钢加热到 1050~1150℃，让所有碳化物溶于奥氏体中，然后快速冷却（水冷），使奥氏体在冷却过程中来不及析出碳化物或发生相变，冷却后，钢在室温状态下将呈单相奥氏体组织。

对奥氏体型不锈钢，固溶处理不但可消除第二相组织的存在，提高耐蚀性能，同时对经冷塑性变形产生加工硬化的材料或工件，也是软化钢材、降低硬度、提高塑性和韧性的有效方法。

②稳定化处理：稳定化处理是针对含 Ti 的奥氏体不锈钢进行的，在固溶处理后，由于碳化物消失，碳全部固溶在奥氏体中，使奥氏体呈过饱和状态。一旦在使用过程中受热至 550~800℃ 较长时间，将会促进碳化物在晶界析出，使晶界处呈贫 Cr 状态，在接触电解质溶液时将会导致沿晶界腐蚀的现象，即晶间腐蚀，而 Ti 正是为消除晶间腐蚀而特意加入的合金元素。稳定化处理的目的是彻底消除晶间腐蚀。稳定化处理的加热温度应该高于 $(Cr,Fe)_{23}C_6$ 溶解的温度而低于 TiC 完全溶解的温度，使 $(Cr,Fe)_{23}C_6$ 完全溶解在奥氏体中，而 TiC 部分保留，随后应以较缓慢的速度进行冷却，使加热时溶于奥氏体的那一部分 TiC 冷却时能充分析出。这样，碳就几乎全部稳定于 TiC 中（稳定化处理由此而得名），使 $(Cr,Fe)_{23}C_6$ 不会在晶界处析出，防止晶界贫 Cr 现象的出现，从而消除晶间腐蚀的倾向。

稳定化处理的加热温度通常为 850~880℃，保温后空冷或炉冷。

③除应力处理：经过冷塑性变形或焊接的奥氏体型不锈钢都会存在残余应力，如果不设法将应力消除，工件在工作过程中将会引起应力腐蚀，降低性能而导致早期断裂。

对于消除冷塑性变形而引起的残余应力，常用的方法是将钢件加热到 300~350℃，保温后空冷。

为了消除焊接而引起的残余应力，宜将钢件加热至 850℃ 以上，保温后慢冷。这样可同时起到减轻晶间腐蚀倾向的作用。因为当将钢加热至 850℃ 以上时，$(Cr,Fe)_{23}C_6$ 将完全溶解，并且通过扩散使晶界处存在的贫 Cr 区消失，晶间腐蚀的倾向可减轻。

(3) 铁素体型不锈钢：铁素体型不锈钢的成分特点是含碳量低而含铬量高。其化学成分、性能及用途见表 7-21。

表 7-21 铁素体不锈钢的化学成分、热处理规范、性能及用途

钢号	化学成分 w/%								热处理规范
	C	Si	Mn	Cr	Ni	S	P	其他	
1Cr17	≤0.12	≤0.75	≤1.00	16~18	(≤0.60)	≤0.030	≤0.035	—	780~850℃退火或缓冷
1Cr17Mo	≤0.12	≤1.00	≤1.00	16~18	(≤0.60)	≤0.030	≤0.035	0.75~1.25Mo	780~850℃退火或缓冷
00Cr18Mo2	≤0.025	≤1.00	≤1.00	17~20	(≤0.60)	≤0.030	≤0.035	1.75~2.5Mo	780~850℃退火或缓冷
00Cr27Mo	≤0.010	≤0.40	≤0.40	25~27.5	(≤0.60)	≤0.030	≤0.035	—	900~1050℃退火快冷
00Cr30Mo2	≤0.010	≤0.40	≤0.40	28.5~32	(≤0.60)	≤0.030	≤0.035	—	900~1050℃退火快冷
0Cr13Al	≤0.08	≤1.00	≤1.00	11.5~14.5	(≤0.60)	≤0.030	≤0.035	0.10~0.30Al	780~830℃退火空冷或缓冷

HBS≤	σ_b /MPa≥	$\sigma_{0.2}$	δ_5 /%≥	ψ	用 途 举 例
183	205	450	22	56	生产硝酸的设备(吸收塔、热硝酸热交换器、酸槽、管路等)
183	205	450	22	60	同上,但晶间腐蚀倾向小
183	205	450	22	50	制盐及有机酸、人造纤维设备等
219	245	410	20	45	盛不同浓度硝酸及磷酸的容器、硝酸浓缩设备等
228	295	450	20	45	硝酸浓缩设备等
183	177	410	20	60	适于制造复合钢材、在高温条件下服役的汽轮机零件

铁素体型不锈钢因含 Cr 量高,在氧化性酸(如 HNO_3)中有良好的耐蚀性,金相组织主要为铁素体,其缺点是韧性较低,冷塑性变形能力差,焊接热影响区的晶粒粗大,因而脆性较大。

铁素体型不锈钢在 350~500℃之间长时间停留,将会导致脆化,强度升高,而塑性、韧性急剧降低。在 475℃发展最快,这种脆化现象最为明显,因而称 475℃脆性。产生这种脆化现象的原因是在此温度下,铁素体将析出富 Cr 的化合物,使钢的脆性剧增。所以,铁素体不锈钢应力求避免在此温度范围使用。如出现脆性的钢件,可将其加热到 760~800℃,保温 0.5~1 h,脆性便可消除。

二、耐热钢

耐热钢是指在高温下具有良好的抗氧化性能,并具有足够强度的钢。通常它应具备两种基本性能:其一是高温化学稳定性,在高温条件下长期工作而不致因介质的侵蚀导致破坏;其二是在高温条件下仍具有足够的强度,在载荷的作用下不产生大量的变形或破断。因此耐热钢主要应具备高温抗氧化性能及高温力学性能。

耐热钢包括抗氧化钢及热强钢两大类。

1. 抗氧化钢

在高温下具有良好的抗氧化性能,而且有一定强度的钢称为抗氧化钢,又叫耐热不起皮钢。这类钢主要用于制造炉用零件和热交换器。如燃气轮机的燃烧室、加热炉炉内结构

零部件等，这些零部件大多在高温氧化性气氛的作用下服役，所以必须具备良好的抗氧化性能。

从化学腐蚀过程可知，在高温氧化性气氛作用下，如果金属表面能形成一层致密的氧化膜（钝化膜）阻隔氧与基体的接触，则氧化过程就会被减慢或停止。因此，氧化膜的性质对金属的抗氧化性能起着决定性的作用。为提高钢的高温抗氧化性能，在耐热钢中常常加入 Cr，Al，Si 等合金元素，使钢在高温作用下表面能形成薄而非常致密且与基体牢固结合的氧化膜，从而具有良好的抗氧化性能。

在抗氧化钢中，Cr 是不可缺少的主要元素，在高温作用下，含 Cr 耐热钢的表面极易形成一层致密的 Cr_2O_3 氧化膜，在较高温度下使用的耐热钢，其 Cr 的质量分数常大于 20%。如 Cr 的质量分数为 22% 时的耐热钢在 1100℃ 以下，表面可形成连续而又致密的氧化膜保护层。

一般抗氧化钢除含 Cr 外还含有 Si，Al 等元素，其作用同样是使钢在高温作用下表面形成 SiO_2，Al_2O_3 保护膜，提高钢的高温抗氧化性能。通常 Si 的质量分数小于 3%，如含 Si 量过高会恶化钢的热加工工艺性能，同时降低其塑性及韧性。

对工作温度较高的耐热钢，还含有多量的 Ni 或 Mn，使钢的组织呈奥氏体状态。钢除具有良好抗氧化性能外，还有抗硫腐蚀和抗渗碳性能，同时可提高钢的塑性、韧性及加工性能，使钢可进行剪切、冷冲、热冲压及焊接加工。

常用抗氧化钢的化学成分、性能及用途见表 7-22。近年来，在高温加热炉炉内结构件选材时已较多选用美国牌号 AISI 310S 或 314（相当于国内 1Cr25Ni20Si2）耐热钢，其工作温度可达 1100℃ 以上，效果良好。

表 7-22 常用抗氧化钢的化学成分、热处理、性能及用途

钢号	化学成分 w/%						热处理	室温力学性能				用途举例
	C	Si	Mn	Cr	Ni	N		σ_b /MPa	σ_s /MPa	δ_5 /%	ψ /%	
3Cr18Mn12Si2N	0.22~0.30	1.40~2.20	10.50~12.50	17.00~19.00	—	0.20~0.30	1100~1150℃ 油、水或空冷（固溶处理）	685	390	35	45	锅炉吊钩，渗碳炉构件，最高使用温度约为 1000℃
2Cr20Mn9Ni2Si2N	0.17~0.26	1.80~2.70	8.50~11.00	18.0~21.0	2.0~3.0	0.20~0.30	同上	635	390	35	45	
0Cr25Ni20	≤0.08	≤1.50	≤2.00	24.00~26.00	19.00~22.00		1030~1180℃ 快冷	520	205	40	50	各种热处理炉、坩埚炉构件和耐热铸件，可使用到 1000~1100℃
1Cr25Ni20Si2	≤0.20	1.50~2.50	≤1.50	24.00~27.00	18.00~21.00		1080~1130℃ 快冷	590	295	35	50	

2. 热强钢

热强钢是在应力和高温的作用下工作的，要求材料在高温下有一定的抗氧化能力，同时具有较高强度及良好的组织稳定性。材料的热强性表现为在高温和载荷的作用下抵抗塑性变形和断裂的能力。

材料在高温下的力学性能与常温有所不同,增加了温度、时间和组织变化三个影响因素。

①温度对钢性能的影响:随着温度的升高,钢的强度逐渐下降,塑性逐渐增加。

②载荷时间的影响:在常温时,材料的强度几乎与时间无关,但在高温条件下,材料的强度将随时间的延长而不断下降。

③组织变化的影响:材料在高温长时间作用下,材料的内部组织结构将向更加稳定的状态转化,而组织状态的变化将引起材料强度的下降。

由于上述三方面因素的影响,使材料在高温和载荷的作用下,随着时间的变化会产生一种蠕变现象。金属的蠕变是材料在高温条件下工作的一种主要失效形式。蠕变是指材料在高温下,当外加应力低于屈服极限(甚至低于弹性极限)时,会随时间的延长逐渐地发生缓慢的塑性变形,直至断裂。

蠕变的现象可用图7-28所示的蠕变曲线来描述。蠕变曲线可划分为以下几个阶段:

OA段为加载后立即发生的弹性变形和塑性变形阶段。

AB段为蠕变不稳定变形阶段,此阶段材料以不均匀速度变形。

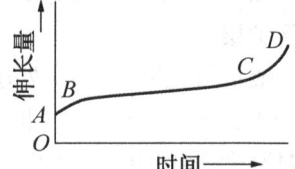

图7-28 典型的蠕变曲线

BC段为蠕变的稳定变形阶段,此阶段以恒定的速度变形。

CD段为蠕变的最后阶段,此阶段变形速度不断加快,直至D点断裂。

蠕变变形是只有在一定温度以上,超过一定的应力才发生的,这个温度界限就是金属的再结晶温度,应力的界限就是金属的弹性极限。因此,金属只要在高于再结晶温度下工作时,所承受的应力超过材料的弹性极限,随着时间的延长便会产生蠕变。

在高温条件下工作的机件不允许产生过大的蠕变变形,应严格限制其在使用期间的变形量,这对于汽轮机涡轮盘和叶片等尺寸精度要求高的零件尤为重要。如汽轮机的叶片,由于蠕变而使叶片末端与汽缸之间的间隙渐渐消失,会最终导致将叶片及汽缸碰坏,造成大事故。因此对这类零件用钢规定了蠕变极限指标。如 $\sigma_{0.2/1000}^{700}$ 值表示试样在700℃下经过1 000 h产生0.2%伸长率的应力值,即为一个蠕变极限值。对于在使用中不考虑变形量大小,而只要求一定应力下具有一定使用寿命的零部件(如锅炉钢管),须规定另一个热强性指标:持久强度。持久强度为试样在一定温度下,经过一定时间发生断裂的应力值。例如,$\sigma_{10^5}^{500}$ 值表示试样在500℃下,经过100 000 h发生断裂的应力值。组织稳定性亦是热强钢所要求的一种高温性能。零件在高温下长期使用不应发生组织变化,否则可能因材料软化而使强度降低或可能脆化而导致脆性断裂。

所以,材料的蠕变极限和持久强度愈高,材料的热强性也愈好。

通常提高耐热钢热强性的方法是加入合金元素Cr,Mo,W,V,Nb等。这些元素溶入固溶体中能产生固溶强化作用,同时可提高钢的再结晶温度。耐热钢中的强碳化物形成元素Mo,V,W能形成稳定性很高的Mo_2C和V_4C_3等化合物,能起到弥散强化的作用。

常用的热强钢按组织类型分类,可分为珠光体型、马氏体型、奥氏体型等几种。

(1)珠光体型热强钢。珠光体型热强钢的化学成分、性能及用途见表7-23。这类钢的含碳量较低,合金元素含量也较少,主要有Cr,Mo,W,V,Mn等。工作温度一般在600℃以下,广泛用于动力、石油化工等工业部门作为锅炉用钢及管道材料。

表7-23 常用珠光体型热强钢的化学成分、热处理、力学性能及用途

钢号	化学成分 w/%				热处理	室温力学性能				高温力学性能 /MPa	用途举例
	C	Cr	Mo	V		σ_s /MPa	σ_b /MPa	δ_5 /%	a_k /J		
15CrMo	0.12~0.18	0.80~1.10	0.40~0.55	—	930~960℃ 正火 680~730℃ 回火	240	450	21	48	500℃: $\sigma_{10^4}=110~140$ $\sigma_{1/10^4}=80$ 550℃: $\sigma_{10^4}=50~70$ $\sigma_{1/10^4}=45$	壁温≤550℃的过热器，≤510℃的高中压蒸汽导管和锻件，亦用于炼油工业
12Cr1MoV	0.08~0.15	0.90~1.20	0.25~0.35	0.15~0.30	980~1020℃ 正火 720~760℃ 回火	260	490	21	48	520℃: $\sigma_{10^4}=160$ $\sigma_{1/10^4}=130$ 580℃: $\sigma_{10^4}=80$ $\sigma_{1/10^4}=60$	壁温≤580℃的过热器，≤540℃的导管

锅炉的使用寿命通常可达10~20年，因此，用于制造锅炉管道的珠光体型耐热钢长时间在高温作用下会发生片状珠光体球化，碳化物聚集，碳化物分解而产生石墨化（$Fe_3C \rightarrow 3Fe + C$ 石墨），以及合金元素在铁素体及碳化物间重新分布等变化。这些组织的变化会使钢的性能也发生变化。其中石墨化是珠光体型耐热钢最危险的组织变化之一。因为石墨具有极低的强度，塑性几乎等于零，可把它视为孔洞，容易引起应力集中而导致锅炉爆炸。

钢的化学成分是影响石墨化的最重要因素。Mo可显著提高钢的再结晶温度，并可强化铁素体，但会促进石墨化，因此单含Mo的珠光体型热强钢已很少应用。在含Mo钢中加入0.5%~1.0%的Cr，则能有效地抑制石墨化过程的进行，如再加入W，V等强碳化物形成元素其效果会更好。另外，钢中的含碳量愈高，也愈易发生石墨化。所以珠光体型热强钢大都是含有Cr，Mo，W，V等的低碳合金钢。

常用的珠光体型热强钢除用于制造锅炉管道零件的15CrMo，12Cr1MoV外，还有用于制造汽轮机叶片、转子、紧固件等重要零件的24CrMoV，25Cr2MoVA，35CrMoV，34CrNi3MoV等。

珠光体型热强钢一般需经正火后以高于使用温度100℃的温度回火处理，使其获得铁素体+索氏体组织，以增加组织稳定性，并提高其蠕变抗力。15CrMo及12Cr1MoV钢的热处理工艺见表7-23。

（2）马氏体型热强钢。珠光体型热强钢的高温强度较低，对于强度要求较高的汽轮机叶片等零件，珠光体型热强钢满足不了要求，应该采用马氏体型热强钢。前面提及的Cr13型马氏体不锈钢除具有较高的抗蚀性能外，还具一定的热强性。所以，1Cr13，2Cr13等钢亦常常作热强钢使用。它们可用于制造汽轮机叶片。1Cr13钢的工作温度为450~475℃，而2Cr13钢的工作温度为400~450℃。

当工作温度更高时则采用另两种热强钢：1Cr11MoV和1Cr12WMoV，这两种热强钢是在1Cr13钢的基础上发展起来的，其化学成分及力学性能见表7-24及表7-25。这类马氏体型热强钢有更好的热强性、组织稳定性及加工工艺性能。1Cr11MoV钢适宜于制造

540℃以下的汽轮机叶片、增压器叶片；1Cr12WMoV 钢适宜制造 580℃以下的汽轮机及燃气轮机叶片。

表 7-24 1Cr11MoV 及 1Cr12WMoV 钢的化学成分、热处理及力学性能

钢 号	化学成分 w/%					热处理	室温力学性能					高温力学性能 /MPa
	C	Cr	Mo	W	V		σ_s /MPa	σ_b /MPa	δ_5 /%	ψ /%	a_k /J	
1Cr11MoV	0.11 ~ 0.18	10.0 ~ 11.5	0.50 ~ 0.70	—	0.25 ~ 0.40	1050℃油淬 720~740℃空冷或油冷	490	685	16	55	48	550℃： $\sigma_{10^4}=125\sim170$ $\sigma_{1/10^4}=63$
1Cr12WMoV	0.12 ~ 0.18	11.0 ~ 13.0	0.50 ~ 0.7	0.70 ~ 1.10	0.15 ~ 0.35	1000℃油淬 680~700℃空冷或油冷	585	735	15	45	48	580℃： $\sigma_{10^4}=120$ $\sigma_{1/10^4}=55$

表 7-25 1Cr11MoV 及 15CrMo 钢的热强性

钢 号	蠕变极限 $\sigma_{1/10^4}^{550}$/MPa	持久强度 $\sigma_{10^4}^{550}$/MPa
1Cr11MoV	63	152~170
15CrMo	45	50~70

与 1Cr13 钢相比较，这两种钢加入强碳化物形成元素 Mo，W，V 等。W 可显著提高钢的再结晶温度，同时使钢析出稳定的碳化物相，因而提高钢的热强性。由于 Mo，W，V 等元素都可溶于铁素体中，若加入过多会产生脆性，所以在马氏体型钢中所含这些元素都是少量的。

4Cr9Si2 和 4Cr10Si2Mo 钢是另一类马氏体型热强钢。它们属于中碳高合金钢。钢中碳质量分数为 0.40%，经热处理后可获得高的硬度及耐磨性。加入 Cr，Si 是为了提高钢的抗氧化性及抗腐蚀性能。4Cr9Si2 钢主要用来制造工作温度在 650℃以下的内燃机排气阀；4Cr10Si2Mo 钢常用来制造航空发动机的排气阀。

(3) 奥氏体型热强钢。奥氏体型热强钢是一种含有大量合金元素的耐热钢，这类钢的工作温度为 600~700℃，广泛用于动力、航空、火箭、电炉、石油化工等工业部门。其抗氧化性及热强性比珠光体及马氏体型热强钢更好。常用奥氏体型热强钢的化学成分及用途见表 7-26。

表 7-26 常用奥氏体型热强钢的牌号、化学成分及用途

牌 号	化 学 成 分 w/%						最高使用温度/℃	
	C	Cr	Mo	Si	W	Ni	抗氧化	热强性
1Cr18Ni9Ti	≤0.12	17.00~19.00	—	≤1.00	—	8.0~10.5	850	650
4Cr14Ni14W2Mo	0.40~0.50	13.00~15.00	0.25~0.40	≤0.80	2.00~2.75	13.00~15	850	750

奥氏体型热强钢中含有高 Cr 及高 Ni，如 1Cr18Ni9Ti，Cr 质量分数为 18%，可使钢具有高的抗氧化性及热强性；Ni 质量分数为 9%，其主要作用是形成稳定的奥氏体组织。含 Cr，Ni 的奥氏体钢的组织稳定性好，高温长时间使用也不会脆化。Ti 是强碳化物形成元素，能形成细小弥散分布的碳化物来提高钢的高温强度。这种钢可制造工作在 600℃左右的动力机械的受热零件，如作汽轮机的叶片等。

由于多量合金元素的综合作用，使 4Cr14Ni14W2Mo 的抗氧化性、热强性及组织稳定性比 4Cr10Si2Mo 马氏体型热强钢更好。其主要用途是制造工作温度≥650℃的航空、船舶、载重汽车的内燃机的排气阀，是一种高热强性的阀门钢。

奥氏体型热强钢一般要进行固溶及时效处理，以提高其高温力学性能。时效温度应采用高于零件工作温度 60～100℃，使组织进一步稳定，从而提高热强性。

在近代喷气发动机及涡轮机中，叶片受热达 700～1 000℃，在此工作温度下，热强钢已不能满足使用性能要求，必须选用高温合金。高温合金按基体分为铁基、镍基、钴基和铬基合金四类。变形高温合金的牌号为"GH+4 位数字"，"GH"是"高合"两个字的汉语拼音字首，第一位数字为 1，2 表示铁基合金，3，4 表示镍基合金，5，6 表示钴基合金，7，8 表示铬基合金，这 8 个首位数字中，奇数代表固溶强化型合金，偶数代表时效强化型合金。后三位数字表示合金编号。如 GH 3030 和 GH 4033 镍基高温合金，前者采用固溶处理，获得单相奥氏体组织，具有好的塑性和冷压力加工性能及焊接性能，用于制造在 800～900℃下工作的火焰筒及加力燃烧室等；后者采用固溶加时效处理，抗氧化性好、高温强度高，用于在 800～900℃下工作的受力零件，如涡轮叶片等。

第七节　粉末冶金材料

粉末冶金材料是将金属粉末（或和非金属粉末的混合物）混合，压制成型，然后对制品进行烧结及后处理而获得的材料。制造粉末冶金材料的工艺过程不用熔炼和铸造，从粉末到制成材料或零件的过程，工序较简单。粉末冶金法是一种少切削、无切削加工工艺，用这种方法不但可以制成具有某些特殊性能的制品，而且节省材料，节省加工工时和减少机械加工设备。尤其对制造大批量的零件，可大大提高生产效率，降低成本。近年来，粉末冶金工业得到了迅速的发展，目前各种粉末冶金制件在机械、交通等各部门已获得广泛应用。

以下简要介绍粉末冶金工艺过程、粉末冶金铁基结构材料、粉末冶金摩擦材料及硬质合金等内容。

一、粉末冶金工艺过程

粉末冶金工艺过程包括粉料制备、压制成型、烧结及后处理等几个工序。

粉料的制备包括粉末材料的制取及粉料混合等步骤。粉料制备好后，通常采用压制成型，常用模压成型。为了改善粉末的成型性和可塑性，可往粉料中加入一定量的汽油橡胶溶液或石蜡等增塑剂。

制件模压成型后便置于具有保护气氛的烧结炉内进行高温加热烧结，粉末冶金制品的烧结与金属材料的熔炼有所不同，熔炼时材料的全部组元都转变成液相；而烧结时，至少有一种组元处于固相状态。以烧结法制得的材料，可按其在烧结过程中的性态不同而分为两类：①烧结时不形成液相的，如合金钢、耐熔化合物、青铜-石墨材料等；②烧结时部分形成液相的，如硬质合金、金属陶瓷等。压制坯件经过烧结后，孔隙减少并发生收缩，这是由于在烧结过程进行着扩散、再结晶、蠕变、表面氧化物还原等过程所致。

经过烧结后，使以粉末压制的坯件获得所需的各种性能。有些烧结好的制件即可使用，但有些制件还得再进行必要的后处理。

后处理包括精压、热处理、浸渍及熔渗等多种工艺方法。

当制件经过烧结成坯件后，如制件所要求的形状或尺寸在初压时不易得到，于是有必要在烧结后再次加压，这就是进行所谓精压处理。齿轮、球面轴承、钨钼管材等烧结制件，常通过冷挤压方法来进行后处理，以提高制品的密度，改善表面粗糙度及尺寸精度。又如为了改善烧结制件的力学性能，对制件进行淬火或表面淬火亦是后处理方法的一种。还有轴承和其他许多粉末冶金制件，为了达到润滑或耐蚀的目的而进行浸油或浸渍其他液态润滑剂，这种后处理方法称为浸渍处理。另外，还有一种后处理方法称为熔渗，即将烧结制件置于熔融的低熔点金属或合金中，使金属或合金渗入多孔烧结制件的孔隙中去，其目的是为了增加制件的密度、强度、硬度、塑性或韧性等性能。

二、粉末冶金铁基结构材料

粉末冶金铁基结构材料是以铁粉或合金钢粉为主要原料，采用粉末冶金法制成的结构零件或材料。这类零件或材料，除要求具有一定的力学性能外，还要有较好的工艺性能，有时也要求材料有一定的耐热、耐腐蚀等性能。

粉末冶金铁基结构材料（或零件）的生产方法有一次压制和烧结、复压、复烧、浸透和粉末锻造等几种。用这些方法可以制成形状、尺寸精度、粗糙度及性能都符合要求的结构零件，并且有精密、少切削或无切削加工的各种优点。

在粉末冶金材料中添加合金元素是通过添加合金粉末，并经混合而得以实现的。因为不需熔炼，所以，添加合金元素的种类及数量就不受溶解度及密度的限制，具有极大的灵活性，从而可以制得无密度偏析的合金、过饱和的合金或由根本不互溶的元素所组成的合金（常称之为假合金）。由于不经熔炼，粉末中的氧化物难以去除，因而杂质较多，但孔隙和夹杂的存在，在烧结过程中可阻碍晶粒长大，因而晶粒度较细。

铁基结构材料常按成分分类，见表 7-27。

表 7-27 铁基结构材料按成分分类

类　　别	说　　明
烧　结　铁	采用低碳铁粉，或烧结过程中脱碳，其最终的化合碳质量分数不大于 0.2%
烧 结 碳 钢	化合碳质量分数为 0.2%~1.0%
烧结合金钢	添加铜、钼、硼、锰、镍、铬、硅、磷等合金元素

烧结铁基结构材料的标记方法如下：

（1）烧结铁标记方法

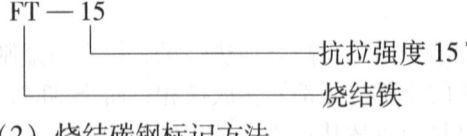

（2）烧结碳钢标记方法

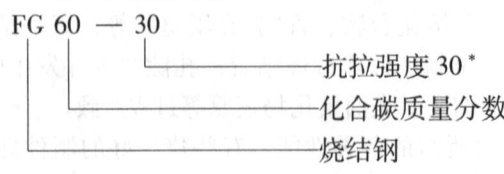

---

* 此处数值单位仍用 kgf/mm²。1kgf/mm² = 10MPa。

(3) 烧结合金钢标记方法

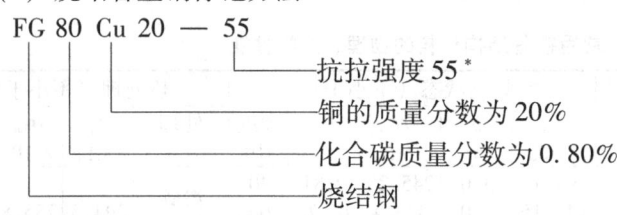

常用铁基结构材料成分、特点及用途见表 7-28。

表 7-28 常用铁基结构材料的化学成分、主要特点和应用

材料名称	标记	化学成分 w/%						主要特点	应用举例
		Fe	C(化合)	Cu	Mo	Mn	其他		
烧结铁	FT	余量	≤0.2	—	—	—	<2	塑性及韧性好,导磁率高,焊接性好,可渗碳淬火,强度低	需翻铆或焊接的零件,要求外表硬心部软的渗碳淬火零件
烧结碳钢	FG30	余量	0.20~0.4	—	—	—	<0.2	塑性及韧性较好,强度较低	受力小的零件,渗碳淬火零件
	FG60	余量	0.40~0.8	—	—	—	<0.2	强度、硬度较高,可热处理	受力不大的零件,如转子、刀杆等
	FG80	余量	0.8~1.0	—	—	—	<0.2	热处理后硬度高,强度较高	要求耐磨的零件
烧结铜钢	FG70Cu	余量	0.6~0.8	≤1.0	—	—	<2	强度比碳钢高,热处理后硬度高并耐磨,烧结时收缩率小,抗大气腐蚀性比碳钢好	受力大的零件,如油泵齿轮、电钻齿轮、链条套等
	FG70Cu2	余量	0.6~0.8	1.5~2.5	—	—	<2		
	FG70Cu4	余量	0.6~0.8	3~5	—	—	<2		
渗铜烧结钢	FG10Cu20	余量	<0.2	15~25	—	—	<5	塑性及韧性良好,强度较高,耐磨性好,气密性好	要求耐水气腐蚀、密封性好及承受较大冲击载荷的零件
	FG80Cu20	余量	0.6~1.0	15~25	—	—	<5	强度及硬度高,耐磨,气密性及耐腐蚀性好	受力大并要求耐磨、耐大气腐蚀及密封性好的零件
烧结铜钼钢	FG70Cu3Mo	余量	0.6~0.8	2.5~3.5	0.5~0.9	—	<2	强度高,淬透性好,硬度高,耐磨,热稳定性较好	受力大,要求耐磨,或要求具有一定热稳定性的零件
烧结锰钼钢	FG10MnMo	余量	<0.2	—	0.8~1.0	0.5~0.8	<2	淬透性好,硬度高,耐磨,强度高,较脆(低碳略好)	受力较大的耐磨零件
	FG70MnMo	余量	0.6~0.8	—	0.5~0.9	0.5~0.8	<2		

常用铁基结构材料的物理、力学性能见表 7-29。

表 7-29 常用铁基结构材料的物理、力学性能

材料名称	标记	密度 ρ /($\times 10^3$kg/m^3)	烧结状态（不小于）					热处理（不小于）			
			σ_b/MPa	δ/%	σ_{bb}/MPa	a_k/J	硬度/HBS	处理方法	σ_b/MPa	σ_{bb}/MPa	硬度/HRC
烧结铁	FT—10	6.2	98.1	3.0	245.25	9.81	40	渗碳淬火	294.3	735.8	35
	FT—15	6.8	147.15	5.0	343.4	14.72	60		392.4	981	40
	FT—20	7.0	196.2	8.0	441.5	24.53	70				
烧结碳钢	FG30—15	6.5	147.15	3.0	343.4	4.91	60	渗碳淬火	294.3		35
	FG30—20	6.8	196.2	4.0	441.5	9.81	70		392.4		40
	FG30—25	7.0	245.25	6.0	588.6	9.81	80				
	FG60—15	6.2	147.15	1.0	294.3	4.91	70	淬火	294.3		25
	FG60—20	6.5	196.2	2.0	441.5	4.91	80		392.4		30
	FG60—30	6.8	294.3	3.0	588.6	19.62	90				
	FG80—20	6.2	196.2	0.5	392.4	4.91	80	淬火	343.4		30
	FG80—30	6.5	294.3	1.0	588.6	4.91	90		441.5		35
	FG80—35	6.8	343.4	2.0	686.7	9.81	110				
烧结铜钢	FG70Cu—4	6.8	392.4	2.0		14.62		淬火	588.6		40
	FG70Cu2—25	6.3	245.25	0.5	588.6			淬火			
	FG70Cu2—35	6.6	343.4	1.0	686.7				490.5		40
	FG70Cu2—45	6.8	441.5	1.5	784.8		130		588.6		40
	FG70Cu2—55	7.1	539.6		932	19.62	160		686.7		40
	FG80Cu4—30	6.3	294.3	0.5				淬火			
	FG80Cu4—40	6.6	392.4	1.5					539.6		40
	FG80Cu4—50	6.8	490.5	2.5			120		637.7		45
渗铜烧结钢	FG10Cu20—40	7.4	392.4	7.0~10.0		29.43	100				
	FG80Cu20—55	7.2	539.6				120	淬火	686.7		40
	FG80Cu20—65	7.4	637.7				130		784.8		45
烧结铜钼钢	FG70Cu3Mo—40	6.5	392.4				120	淬火	588.6		40
	FG70Cu3Mo—55	6.8	490.5			12.75	150		735.8		45
烧结锰钼钢	FG10MnMo—20	6.7	196.2				80	渗碳淬火	392.4		50
	FG70MnMo—45	6.8	441.5			3.924	160	淬火			45

三、粉末冶金摩擦材料

随着各种机械运动速率、载荷和功率的不断提高，离合器和制动器上用的摩擦材料，单位面积所受的负荷越来越大，从而对摩擦材料提出了更高的要求。要求摩擦材料有足够高的摩擦系数，良好的热稳定性；耐磨性好，使用寿命长；良好的磨合性；良好的抗咬合性，能平稳地传递扭矩和制动；足够的强度，可以承受较高的工作压力和速度；导热性好，有时还要求耐腐蚀性。

粉末冶金摩擦材料是由钢或铁作为基体金属，加上摩擦组元（石棉、二氧化硅、三氧化二铝和碳化硅等）和润滑组元（石墨、铅、二硫化钼、金属硫化物）等组成。调节各组元的含量，并控制制造工艺，可获得所需要的性能。

粉末冶金摩擦材料按用途可分为刹车制动材料和传递扭矩的离合器材料两类。按工作条件可分为干式或湿式（油中工作）两种，也可按基体金属分为钢基材料和铁基材料两种。

粉末冶金摩擦材料标记方法如下:

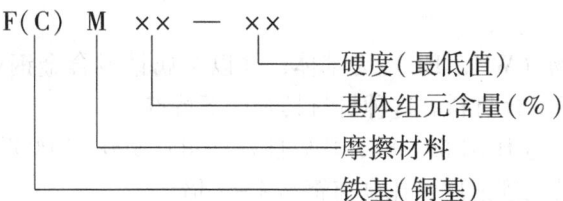

常用粉末冶金摩擦材料的化学成分、性能见表7-30。

表7-30 常用粉末冶金摩擦材料的化学成分、性能及用途

工作类型	标记	化学成分 w/%							
		Fe	Cu	Pb	Sn	石墨	MoS$_2$	SiO$_2$	石棉
制动(干)	FM69—45	69	5	10	—	11	4	1	—
	FM68—50	68	—	3	3	11	5	SiC 7	3
离合器(干)	CM68—30	8	68	—	5	10	—	4	BaSO$_4$ 5
	CM64—20	7.9	64.3	7.2	7.2	7.9	—	4.8	
	FM69—20*	69			23	5		1	
	FM69—335	69	1.5	8	1	16	5	1	
离合器(湿)	CM75—30	8	75	5	3	—	—	4	
	FM73—25*	73	—	—	Al$_2$(SO$_4$)$_3$ 6	11	3	2	9
	CM69—25	6	69	8	8	6	—	3	

性能				应用举例
密度 (×10^{3}kg/m^3)	硬度 /HBS	抗压强度 σ/MPa	摩擦系数 μ	
5.0~5.5	45~75	108~147.2	0.40~0.45	刹车制动材料:CA—390,60t矿车制动带,载重汽车制动带
5.0~5.5	50~70		0.50~0.55	重负荷制动材料:70 t,150 t淬火吊车制动带
5.5~6.0	30~40	137.3~157	0.30~0.35	离合器材料:如T2A—125推土机,160 t、400 t冲床,机床动力头离合器
5.5~6.2	20~60		0.25~0.30	离合器材料:机床电器离合器,160拖拉机,630 t摩擦压力机离合器
4.8~5.2	20~25	58.9~68.7	0.40~0.50	汽车、拖拉机离合器
5.0~5.5	35~55	78.5~98.1	0.35~0.40	港口轮胎吊离合器、轧机离合器、汽车用制动带
5.5~6.0	30~40		0.13	重型矿车、160推土机、Z435装载机的离合器,电磁离合器
4.0~4.5	25~30		0.14(静)	CA—390,60 t矿用汽车离合器
5.8~6.5	25~60		0.08~0.12	船用齿轮箱离合器、32 t汽车发动机离合器

* FM69—20,FM73—25为实际成分配比,非百分比。

四、硬质合金

硬质合金是以难熔的金属碳化物（WC，TiC）为基体，并以金属钴或合金钢粉末为粘结剂，用粉末冶金方法制成的多相组合材料。这种材料具有如下特点：

(1) 硬度高，常温下最高硬度可达 HRC 69～81，热硬性好（可达 900～1 000℃）。

(2) 耐磨性好，用作刀具时，其切削速度可比高速钢高 4～7 倍。

(3) 机械强度高，常温下抗压强度高达 5 886 MPa，900℃时抗弯强度仍可达 980 MPa。

(4) 耐腐蚀性和抗氧化性好，具有良好的耐酸、耐碱性能。

硬质合金的种类很多，目前常用的有金属陶瓷硬质合金和钢结硬质合金。

1. 金属陶瓷硬质合金

金属陶瓷硬质合金是将难熔的金属碳化物粉末（如 WC，TiC，TaC）和粘结剂（Co，Ni，Mo）混合，加压成型，再经烧结而成的粉末冶金材料，其工艺与陶瓷烧结相似，故而得名。

金属陶瓷硬质合金广泛应用的有钨钴类、钨钛钴类、通用合金类及碳化钛基类等几种类型。其成分、性能和用途见表 7－31。

在金属陶瓷硬质合金中，碳化物是合金的"骨架"，起坚硬耐磨的作用，钴、镍等则起粘结作用，它们之间的相对量将直接影响合金的性能。一般说来，粘结剂含量愈高（碳化物含量较低），则强度、韧性愈好，而硬度及耐磨性较低。因此，粘结剂含量较多的牌号，一般宜制造用于粗加工或加工表面比较粗糙工件的刀具以及受冲击作用力较大的冷冲、冷镦等模具。

钨钴类陶瓷硬质合金，尤其含钴量较高的 YG15，YG20 等，具有较高的强度及韧性，而其余钨钛钴等几种类型如 YT30，YW1 等，则具有较高的硬度、较好的耐磨性及热硬性。

金属陶瓷硬质合金由于硬度太高、性脆，很难进行切削加工，因而经常制成一定规格的刀粒或刀片镶焊在刀体上使用。一般根据加工方式、被加工材料的性质及加工条件来选用硬质合金刀片。详见表 7－31 的用途举例。

2. 钢结硬质合金

钢结硬质合金是性能介于陶瓷硬质合金和工模具钢之间的一种新型工模具材料。其硬质相也是难熔的金属碳化物，如 WC，TiC 等，但粘结相则是合金钢、高速钢、不锈钢、高锰钢等钢基体。硬质相赋予材料高硬度和高耐磨性的性能，而钢基体则赋予材料可加工性和可热处理性。其生产方法也是以粉末冶金方法生产，经球化退火供应用户。

钢结硬质合金烧结坯件经退火后可进行一般的切削加工，也可进行焊接和锻造。加工成型后经淬火、回火，有相当于金属陶瓷硬质合金材料的高硬度及良好的耐磨性，并有较好的韧性及耐热、耐腐蚀、抗氧化等特性。

钢结硬质合金可用于制造各种复杂的刀具，也可用于制造在较高温度下工作的模具和耐磨零件。

钢结硬质合金的牌号、成分、热处理、性能及用途见表 7－32。

表 7-31 金属陶瓷硬质合金的牌号、化学成分、性能和用途

类别	牌号	化学成分 w/%					性能				用途举例
		WC	TiC	TaC(NbC)	Co	其他	密度/(g·cm^{-3})	HRA	σ_{bb}/MPa	a_k/(J·cm^{-2})	
钨钴类	YG3	97	—	—	3	—	15.0~15.3	91.5	1100	—	用于铸铁、非铁金属及其合金、淬火钢的精车及拉丝模
	YG6	94	—	—	6	—	14.6~15.0	89.5	1450	2.6	用于铸铁、非铁金属粗车、线材深拉模、煤炭采掘电钻、风钻钻头
	YG6A	92	—	2.0	6	—	14.7~15.1	91.5	1400	—	冷硬铸铁、球铁、高锰钢、淬火钢半精加工与精加工
	YG8	92	—	—	8	—	14.5~14.9	89	1500	2.5	铸铁、非铁金属粗加工、深拉模,地质勘探钻头、顶锻杆、穿孔工具
	YG8C	92	—	—	8	—	14.5~14.9	88	1750	3.0	凿岩机钎头,坚硬石材加工工具,钢棒钢管拉伸模
	YG10C	90	—	—	10	—	14.3~14.6	86	2300	—	同上及一般冲击载荷的冲压模具
	YG15	85	—	—	15	—	13.9~14.2	87	2100	4	同上
	YG20	80	—	—	20	—	13.4~13.7	85.5	2600	4.8	带刃的冲压模具,如手表零件、电池壳、小钢球冲模;热轧麻花钻压板
	YG20C	80	—	—	20	—	13.4~13.6	82	2200	—	冷镦模具,如螺钉、螺母、钢球、弹头等冷镦模
	YG25	75	—	—	25	—	12.9~13.2	84.5	2700	5.5	同上
钨钛钴类	YT5	85	5	—	10	—	12.5~13.2	89.5	1400	—	锻件、冲压件表层切削加工、不平整面的粗加工
	YT15	79	15	—	6	—	11.0~12.7	91	1150	—	碳钢、合金钢精车、半精车,精铣半精铣,孔的精扩和粗扩
	YT30	66	30	—	4	—	9.35~9.70	92.5	900	0.3	碳钢、铸钢、合金钢精车、精镗和精扩
通用合金类	YW1	84~85	6	3~4	6	—	12.6~13.5	91.5	1200	—	碳钢、合金钢、铸铁的切削加工
	YW2	82~83	6	3~4	8	—	12.4~13.5	90.5	1350	—	耐热钢、高锰钢和高合金钢的半精加工和粗加工
	YH1	89~91	1~2	3~4	6~7	—	14.2~14.4	93	1800	—	同上
碳化钛基类	YN05	—	79	—	—	Ni7,Mo14	5.56	93.3	950	—	机床-工件-刀具系统刚性特别好的细长件精加工
	YN10	15	62	1	—	Ni12,Mo10	6.3	92	1100	—	碳钢、合金钢、淬火钢精加工,细长件的精加工

表7-32 钢结硬质合金的牌号、化学成分、热处理、性能及用途

类型	牌号	基体	化学成分 w/%					密度 /(g·cm^{-3})	退火/℃		退火硬度/HRC	淬火加热/℃	淬火硬度/HRC	回火/℃	回火硬度/HRC	σ_{bb}/MPa	a_k(无缺口)/(J·cm^{-2})	用途举例
			硬质相	C	Cr	Mo	其他		加热	等温								
碳化钨	TLMW35	合金钢	35WC	0.55	0.81~1.25	0.81~1.25	—	—	860~880	720~740	32~38	1020~1050	68	180~200	64~66	—	—	用于制造各种冷、热冲模,冷镦模、拉拔模、引伸模
	TLMW50	合金钢	50WC	0.45	0.6~1.25	0.6~1.25	—	10.21~10.37	860~880	720~740	35~40	1020~1050	68~70	200	66~68	1960	7.8	制造滚压工具、冲击工具、铰刀、滚刀、样板刀等
	GW50	合金钢	50WC	<0.6	0.55	0.15	—	10.20~10.40	860	700	35~42	1050~1100	68~72	180~200	68~70	1666~2250	11.8	制造高温轴承零件、阀门零件、转子机刮片、密封环等
	GJW50	合金钢	50WC	0.25~0.5	0.50~1.0	0.25~0.5	—	10.20~10.30	840~850	720~740	35~38	1020	70	180~200	67	1490~2156	7.0	同上及量规、卡规、塞规等精密量具
碳化钛	GT35	合金钢	35TiC	0.5	2.0	2.0	—	6.40~6.60	860~880	720	39~46	960~980	69~72	180~200	67~71	1370~1760	5.9	用作冷镦、冷挤、冷冲、冷拉等模具、滚压工具及量具
	R5	合金钢	30~40 TiC	0.6~0.8	0.5~3.0	6~13	V:0.1~0.5	6.35~6.45	820~840	720~740	44~48	1000~1050	70~73	200	68~69	1176~1370	2.9	中温热作模具及抗氧化、耐腐蚀、耐磨的零件
	T1	钨钼高速钢	25~40 TiC	0.4~0.8	2~5	2~5	W:3~6、V:1~2	6.60~6.80	820~840	720~740	44~48	1240	68~72	500 3次	70~72	1270~1470	—	用作非铁金属及其合金、高温合金、不锈钢等加工用的多刃刀具
	D1	钨高速钢	25~40 TiC	0.4~0.8	—	2~4	W:10~15、V:0.5~1.0	6.90~7.10	860~880	720~740	44~48	1220~1240	69~73	500 3次	66~69	1370~1570	2.9~5.0	同上

第八章 铸 铁

第一节 概 述

铸铁是含碳量大于 2.11%（一般为 2.5%~4.0%）的铁碳合金。它是以铁、碳、硅为主要组成元素并比碳钢含有较多的锰、硫、磷等杂质的多元合金。有时为了提高铸铁的力学性能或物理、化学性能，还可以加入一定量的合金元素，得到合金铸铁。

铸铁被广泛应用于机械制造、冶金、矿山、交通运输和国防建设等各部门。在各类机械中，铸铁件占机器重量的 40%~70%，在机床和重型机械中，则可达 80%~90%。铸铁所以能得到广泛的应用，是由于它所需要的生产设备和熔炼工艺简单、价格低廉，并且有良好的铸造性能、切削加工性、减摩性及减震性等一系列性能特点。特别是近年来由于稀土镁球墨铸铁的发展，更进一步打破了钢与铸铁的使用界限，不少过去是使用碳钢和合金钢制造的零件，如今已成功地用球墨铸铁来代用，从而使铸铁的应用范围更为广泛。

一、铸铁的分类

铸铁的分类归结起来主要包括下列几种方法。

1. 按碳存在的形式分类

根据碳在铸铁中存在的形式，铸铁可分为：白口铸铁、灰铸铁和麻口铸铁。

（1）白口铸铁：碳全部或大部分以渗碳体形式存在，因断裂时断口呈银白色，故称白口铸铁。$Fe-Fe_3C$ 相图中的亚共晶、共晶、过共晶合金即属这类铸铁。这类铸铁组织中都存在着共晶莱氏体，使性能硬而脆，很难切削加工，所以很少直接用来制造各种零件。但有时也利用它硬而耐磨的特性，铸造出表面有一定深度的白口层、中心为灰组织的铸件，称为冷硬铸铁件。冷硬铸铁件常用作一些要求高耐磨的工件，如轧辊、球磨机的磨球及犁铧等。目前，白口铸铁主要用作炼钢原料和生产可锻铸铁的毛坯。

（2）灰铸铁：碳大部分或全部以游离的石墨形式存在，因断裂时断口呈灰暗色，故称为灰铸铁。

（3）麻口铸铁：碳既以渗碳体形式存在，又以游离形式存在。断口上黑白相间构成麻点，由此得名。

2. 按石墨的形态分类

铸铁中石墨形态大致可分为片状、团絮状、球状及蠕虫状四大类。因此，可将铸铁分为：

（1）普通灰铸铁：石墨呈片状。

（2）可锻铸铁：石墨呈团絮状。

（3）球墨铸铁：石墨呈球状。

(4) 蠕墨铸铁：石墨呈蠕虫状。

3. 按化学成分分类

(1) 普通铸铁：即常规元素铸铁，如普通灰铸铁、可锻铸铁、球墨铸铁、蠕墨铸铁。

(2) 合金铸铁：又称为特殊性能铸铁，是向普通铸铁中加入一定量的合金元素，如 Cr、Ni、Cu、V、Pb 等使其具有一些特定性能的铸铁，如耐磨铸铁、耐热铸铁、耐蚀铸铁等。

二、铸铁的石墨化

1. 铁-碳双重相图

铸铁中石墨的结晶过程叫做石墨化过程。石墨是碳的一种结晶形态，$w_C = 100\%$，具有六方晶格，原子呈层状排列（图 8-1）。同一层晶面上碳原子间距为 0.142 nm，相互呈共价键结合，结合力较强；层与层之间的距离为 0.34 nm，是依靠较弱的金属键结合的（原子间呈分子键结合），故使石墨具有不太明显的金属性能（如导电性）。由于石墨基面间的结合力弱，易滑移，故石墨的强度、塑性和韧性极低，几乎为零，硬度仅为 HB3。

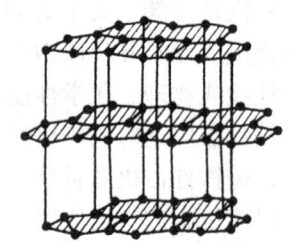

图 8-1 石墨晶体结构

由于铁液化学成分、冷却速度以及铁液处理方法不同，铸铁中的碳除了少量固溶于铁素体外，既可以形成石墨碳，也可以形成渗碳体。

渗碳体的 w_C（6.69%）和铁液的 w_C 之差，远远小于石墨 w_C（100%）和铁液的 w_C 之差，铁液中近程有序原子集团的空间结构以及奥氏体的晶体结构又与渗碳体晶格相近，奥氏体和渗碳体之间在成分上较奥氏体与石墨更相近一些。在成分和结构上石墨碳与液相差别很大，但渗碳体和液相的差别较小，因此，从铸铁液相或奥氏体中析出渗碳体比析出石墨碳较为容易。

但是，石墨是稳定相，而渗碳体是亚稳定相，即铁素体 + 石墨或奥氏体 + 石墨的混合物比铁素体 + 渗碳体或奥氏体 + 渗碳体的混合物有较低的自由能。

当铁液中 C、Si 的含量较高，并且冷却非常缓慢时，可直接从铁液中析出石墨。已经形成渗碳体的铸铁在高温下长时间退火，可使渗碳体分解析出石墨碳，$Fe_3C \longrightarrow 3Fe + G$（石墨）。可见，从热力学上考虑，在一定条件下，从铁液或奥氏体中形成石墨更为有利。要说明稳定相石墨的析出规律，必须应用 Fe-C（G）相图。为了便于比较和应用，习惯上把 Fe-Fe₃C 相图和 Fe-C（G）相图合画在一起，称为铁-碳双重相图，如图 8-2 所示。图中实线表示 Fe-Fe₃C 相图，虚线表示 Fe-C（G）相图。凡虚线与实线重合的线条都用实线表示，这说明那些线与渗碳体或石墨的存在状态无关。

由图可见，虚线均位于实线的上方，这也表明 Fe-C（G）相图较 Fe-Fe₃C 相图更为稳定。同时，与渗碳体相比，石墨在奥氏体和铁素体中溶解度较小。

2. 石墨化过程

含碳量较高的熔融铁液以极缓慢的速度冷却时，石墨从液态或固态中的析出按 Fe-C（G）状态图析出。现以过共晶（$w_C = 4.5\%$）的合金为例，说明其石墨化过程。

石墨化过程分为两个阶段：第一阶段石墨化，即液态阶段石墨化。包括从过共晶液态

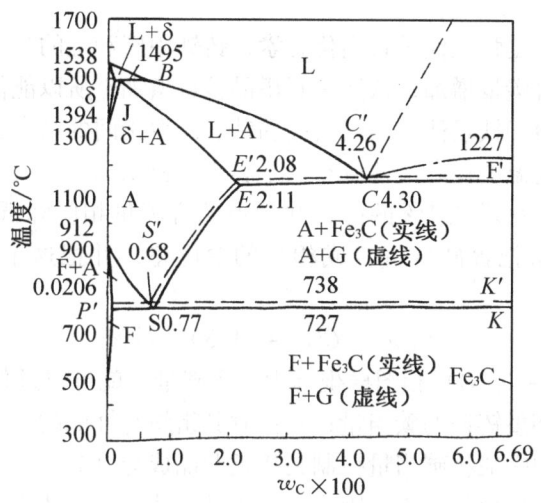

图 8-2 铁-碳双重相图

中析出的一次石墨,在共晶转变时形成的共晶石墨,以及一次渗碳体、共晶渗碳体在高温下分解而析出的石墨。第二阶段石墨化,即固态阶段石墨化。包括奥氏体沿着 $E'S'$ 线冷却时析出的二次石墨,在共析转变时形成的共析石墨,以及二次渗碳体、共析渗碳体分解而析出的石墨,图 8-3 表示过共晶合金结晶石墨化过程组织形成示意图。奥氏体析出的二次石墨以及共析石墨将贴附在已经形成的共晶石墨上,最终形成铁素体基体 + 片状石墨。

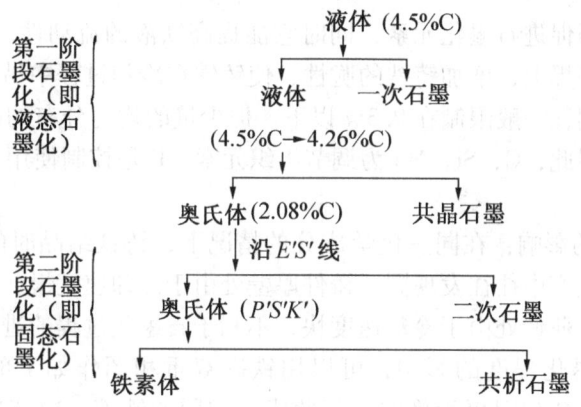

图 8-3 过共晶合金结晶石墨化过程示意图

随着合金成分及冷却条件的不同,它的石墨化程度也不同。如果合金冷却十分缓慢,按照 Fe–C(G)相图发生转变,使两个阶段的石墨化均得以充分进行,则最终得到的组织是铁素体基体上分布片状石墨;如果第一阶段石墨化和奥氏体沿 $E'S'$ 线析出二次石墨均能充分进行,而共析石墨化进行得不充分,则得到的组织是珠光体 + 铁素体基体上分布着片状石墨;如果共析石墨化受到抑制,则得到的组织是珠光体基体上分布着片状石墨;如果液、固两个阶段石墨化由于冷却速度而全被抑制,则得白口铸铁。

3. 影响石墨化的因素

生产实践证明,灰铸铁石墨化的影响因素最主要的是化学成分和冷却条件。

(1) 化学成分的影响：

①碳和硅：碳和硅是强烈促进石墨化元素，铸铁中碳和硅的含量愈高，石墨化程度愈充分。这是因为随着含碳量增加，铁液中石墨晶核数增加，所以能促进石墨化。硅与铁原子的结合力较强，硅溶于铁素体中不仅会削弱铁、碳原子间的结合，而且还会使共晶点的含碳量降低，共晶转变温度提高，这就有利于石墨的析出。

经验表明，铸铁中每增加1%的硅，共晶点的含碳量相应降低0.33%。为了综合考虑碳和硅的影响，通常把含硅量折合成相当的含碳量，并把这个碳的总量称为碳当量C_E，即：

$$C_E\% = C\% + (1/3)[Si]\%$$

用碳当量代替Fe-C（G）相图横坐标中的含碳量，就可以近似地估计出铸铁在相图上的实际位置，因此调整铸铁的碳当量，是控制其组织与性能的基本措施之一。为获得最佳的铸造性能，生产中一般将碳当量控制在接近共晶成分（4%）。

②锰：锰是阻止石墨化的元素，因为锰溶于铁素体或渗碳体中，不仅增加铁、碳原子的结合力，而且还会使共析转变温度降低，这都不利于石墨的析出。但锰与硫能形成硫化锰，减弱了硫对石墨化的阻止作用，结果又间接地起着促进石墨化的作用，因此，铸铁中含锰量要适当。

③硫：硫是强烈阻止石墨化的元素，这是因为硫不仅增强铁、碳原子的结合力，而且形成硫化物后常以共晶体形式分布在晶界上，阻碍碳原子的扩散。此外，硫还降低铁液的流动性和促使高温铸件开裂。所以硫是有害元素，铸铁中含硫量愈低愈好，一般应少于0.15%。

④磷：磷是微弱促进石墨化元素，同时它能提高铁液的流动性，但形成的Fe_3P常以共晶体形式分布在晶界上，增加铸铁的脆性，使铸铁在冷却过程中易于开裂，所以铸铁中含磷量也应严格控制，一般限制在0.3%以下。但少量的均匀分布的磷共晶能显著提高铸铁硬度和耐磨性。因此，C，Si，Mn为调节组织元素，P是控制使用元素，硫属于限制使用元素。

(2) 冷却速度的影响：在同一化学成分的情况下，铸铁结晶时的冷却速度对其石墨化程度影响很大。生产中往往发现同一铸件厚壁处由于冷却速度慢，有利于石墨化过程的进行而得到灰铸铁；薄壁处由于冷却速度快，不利于石墨化过程的进行而出现白口铸铁。

冷却速度对石墨化程度的影响，可以用铁碳双重相图作如下的解释：由于Fe-C（G）相图较Fe-Fe_3C相图更为稳定，因此成分相同的铁液，冷却速度缓慢，按Fe-C（G）相图结晶并析出稳定相石墨的可能性就愈大；反之，冷却速度越快，则按Fe-Fe_3C相图结晶并析出介稳定相渗碳体的可能性就越大。

由上述影响石墨化的因素可知，当铁液的碳当量较高，结晶过程中的冷却速度较慢时，易于形成灰铸铁；反之，则易形成白口铸铁。

三、铸铁的显微组织

铸铁的组织与石墨化过程及其进行的程度密切相关。铸铁的一次结晶过程决定了石墨的形态，二次结晶过程决定了基体组织。

根据石墨化过程进行的程度，将得到不同基体组织（以灰铸铁为例）。如果第一阶段和第二阶段石墨化过程都能够充分进行，那么可得到以铁素体为基的灰铸铁；如果第一阶段完全石墨化，而第二阶段石墨化完全没有进行，则得到以珠光体为基的灰铸铁；如果第一阶段石墨化充分进行，第二阶段石墨化部分进行，则得到铁素体 + 珠光体为基的灰铸铁；若第一阶段和第二阶段石墨化都不进行，那么将得到白口铸铁。

石墨的形态主要由一次结晶所控制。普通灰铸铁由液态结晶的石墨多为粗片状。如果在浇注前向铁液中加入少量硅铁或硅钙等孕育剂，进行孕育处理，促进石墨的非自发形核，可使灰铸铁的石墨细化，形成孕育铸铁。如果在浇注前向铁液中加入纯镁或稀土镁合金，可以阻止铁液结晶时片状石墨析出，促进球状石墨生成，形成球墨铸铁。如果在浇注前向铁液中加入稀土硅铁、稀土镁钛等稀土合金进行适当处理，可促使石墨呈蠕虫状，形成蠕墨铸铁。若将白口铸铁经过长时间石墨化退火，使渗碳体分解，由于石墨数量较少，可形成团絮状分布于金属基体中，形成可锻铸铁。

四、铸铁的性能

铸铁的组织由金属基体和石墨组成，铸铁的性能取决于金属基体的性能和石墨的性质及其数量、大小、形状和分布。

1. 石墨对铸铁性能的影响

石墨十分松软而脆弱，抗拉强度在 20 MPa 以下，伸长率趋近于零。因此，石墨就像金属基体中的孔洞和裂缝，可以把含有石墨的铸铁看成是含有大量孔洞和裂缝的钢。石墨一方面破坏了基体金属的连续性，减少了铸铁的实际承载面积，另一方面石墨边缘好似尖锐的缺口或裂纹，在外力作用下会导致应力集中，形成断裂源。因此，灰铸铁的抗拉强度、塑性和韧性都很低。

石墨的数量、大小和分布对铸铁的性能有显著的影响。就片状石墨而言，石墨数量越多，对基体的削弱作用和应力集中程度越大，灰铸铁的抗拉强度和塑性越低。但是灰铸铁的抗压强度比抗拉强度高得多，这是由于在压应力作用下，石墨片不引起过大的局部应力。石墨数量一定时，石墨片越粗，虽然应力集中程度减弱，但在局部区域使承载面积急剧减少，性能也显著下降；石墨片很细，石墨片增多，应力集中程度增大，尤其是当石墨片相互连结时，承载面积也显著下降。所以石墨片尺寸应以中等为宜（长度为 0.03 ~ 0.25 mm）。当石墨的数量和尺寸一定时，石墨分布不均匀，产生方向性排列，则灰铸铁的强度和塑性也显著下降。尤其是当石墨形成封闭的网络时，则铸铁的力学性能最差。

石墨形状也显著影响铸铁性能。基体为珠光体的铸铁，当石墨由灰铸铁的粗片状分别变成细片状（孕育铸铁）、团絮状（可锻铸铁）和球状（球墨铸铁）时，则抗拉强度由 100 ~ 200 MPa 分别提高到 200 ~ 400 MPa，450 ~ 700 MPa 和 600 ~ 800 MPa。伸长率从 0 ~ 0.3% 分别提高到 0.2% ~ 0.5%，2.5% ~ 5.0% 和 2.0% ~ 4.0%；无缺口试样冲击韧度则从 0 ~ 3 J/cm^2 分别提高到 3 ~ 8 J/cm^2，5 ~ 15 J/cm^2 和 15 ~ 30 J/cm^2。片状石墨由于对基体的割裂程度和应力集中程度最大，所以灰铸铁强度最低，塑性和韧性最差。可锻铸铁中石墨呈团絮状，对基体的割裂作用显著降低，因而强度增大，塑性明显提高。球墨铸铁石墨呈球状，对基体的割裂程度最小，并不造成明显的应力集中，故强度利用率最高（达到 70% ~ 90%），因此强度最高，塑性和韧性也明显改善，断裂韧性也较高。当石墨从片状变为团絮状或球状时，铸铁的强度可以和中碳钢的强度相当。因此，改善石墨形状是提高铸铁性能的一条最重要的途径。

2. 基体组织对铸铁力学性能的影响

基体组织对铸铁力学性能也起着重要作用。对于同一类铸铁来说，在其他条件相同的情况下，可以显示出基体组织对铸铁力学性能的影响。铸铁基体中铁素体越多，铸铁塑性越好；基体中珠光体数量越多，则铸铁的拉伸强度和硬度越高。但是普通灰铸铁由于粗片状石墨对基体的强烈割裂作用，即使得到全部铁素体基体，也得不到高的强度、硬度和较高的塑性和韧性。珠光体可锻铸铁具有较高的强度、硬度和耐磨性及一定的延展性能。

球墨铸铁的基体组织对铸铁的力学性能起着更显著的作用。铁素体基体球墨铸铁塑性和韧性相当高，伸长率为 10% ~ 20%，冲击韧度可达 50 ~ 150 J/cm^2。珠光体基体球墨铸铁强度很高，铸态抗拉强度高达 588 ~ 735 MPa，耐磨性较好，并具有一定的塑性和韧性。此外，通过热处理可使球墨铸铁基体得到下贝氏体、回火马氏体、回火索氏体等组织，从而使球墨铸铁具有更高的强度、塑性和断裂韧性。

第二节 普通灰铸铁

一、普通灰铸铁的牌号、成分及组织

普通灰铸铁，习惯上称灰铸铁。灰铸铁根据直径 30 mm 单铸试棒的抗拉强度进行分级。按 GB9439—1988 规定，灰铸铁共有 6 个牌号。表 8-1 为灰铸铁的牌号、力学性能及用途。灰铸铁牌号由"灰铁"两字汉语拼音"HT"和其后的 3 位数字组成。数字表示最低抗拉强度 σ_b。例如灰铸铁 HT200，表示最低抗拉强度为 200 MPa。

表 8-1 灰铸铁的牌号、力学性能及用途（摘自 GB9439—1988）

牌 号	铸铁类别	铸件壁厚 /mm	铸件最小抗拉强度 σ_b/MPa	适用范围及举例
HT100	铁素体灰铸铁	2.5 ~ 10	130	低载荷和不重要零件，如盖、外罩、手轮、支架、重锤等
		10 ~ 20	100	
		20 ~ 30	90	
		30 ~ 50	80	
HT150	珠光体 + 铁素体灰铸铁	2.5 ~ 10	175	承受中等应力（抗弯应力小于 100 MPa）的零件，如支柱、底座、齿轮箱、工作台、刀架、端盖、阀体、管路附件及一般无工作条件要求的零件
		10 ~ 20	145	
		20 ~ 30	130	
		30 ~ 50	120	
HT200	珠光体灰铸铁	2.5 ~ 10	220	承受较大应力（抗弯应力小于 300 MPa）和较重要零件，如汽缸体、齿轮、机座、飞轮、床身、缸套、活塞、刹车轮、联轴器、齿轮箱、轴承座、油缸等
		10 ~ 20	195	
		20 ~ 30	170	
		30 ~ 50	160	
HT250		4.0 ~ 10	270	
		10 ~ 20	240	
		20 ~ 30	220	
		30 ~ 50	200	

续表 8-1

牌号	铸铁类别	铸件壁厚 /mm	铸件最小抗拉强度 σ_b/MPa	适用范围及举例
HT300	孕育铸铁	10~20	290	承受高弯曲应力（小于 500 MPa）及抗拉应力的重要零件，如齿轮、凸轮、车床、卡盘、剪床和压力机的机身、床身、高压油压缸、滑阀壳体等
		20~30	250	
		30~50	230	
HT350		10~20	340	
		20~30	290	
		30~50	260	

灰铸铁的组织由片状石墨和金属基体组成。基体组织取决于第二阶段的石墨化程度。由于第二阶段石墨化程度的不同，可得到铁素体、珠光体以及铁素体+珠光体3种不同基体的灰铸铁，其显微组织如图8-4所示。铁素体灰铸铁（HT100）用于制造盖、外罩、手轮、支架、重锤等低负荷、不重要的零件。铁素体+珠光体灰铸铁（HT150）用来制造支柱、底座、齿轮箱、工作台等承受中等负荷的零件。珠光体灰铸铁（HT200，HT250）可以制造气缸套、活塞、齿轮、床身、轴承座、联轴器等承受较大负荷和较重要的零件。孕育铸铁（HT300，HT350）可用来制造齿轮、凸轮、车床卡盘、高压液压筒和滑阀壳体等承受高负荷的零件。

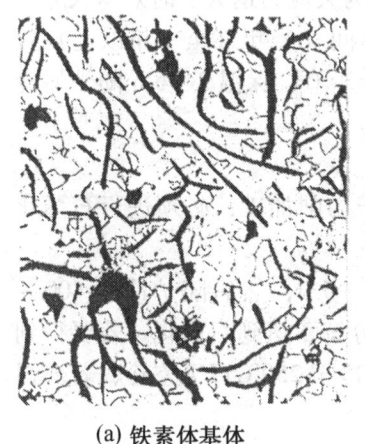
(a) 铁素体基体

(b) 铁素体+珠光体基体

(c) 珠光体基体

图8-4 灰铸铁的显微组织

二、普通灰铸铁的性能

石墨片对灰铸铁的硬度与抗压强度影响不大，灰铸铁的抗压强度比抗拉强度高得多，这是由于在压力作用下，石墨片不引起过大的局部应力。此外，由于灰铸铁在凝固过程中要析出比容较大的石墨，部分地补偿了基体的收缩，从而减少了灰铸铁的收缩率。所以灰铸铁能浇铸形状复杂与壁薄的铸件。

灰铸铁具有良好的减摩性。所谓减摩性是指减少对偶件被磨损的性能。灰铸铁中石墨本身具有润滑作用，而且当它从铸铁表面掉落后所遗留下的孔隙具有吸附和储存润滑油的能力，使摩擦面上的油膜易于保持而具有良好的减摩性能。

灰铸铁具有极好的减震性能。由于铸铁在受震动时石墨能起缓冲作用，它阻止震动的传播，并把震动能量转变成热能，使灰铸铁减震能力比钢大十倍，故常用作承受震动的机床底座等零件。

灰铸铁具有良好的切削加工性。由于石墨割裂了基体的连续性，使铸铁的铁屑易脆断，且石墨对刀具具有一定润滑作用，使刀具磨损减小。

灰铸铁缺口敏感性较低。钢常因表面有缺口（如油孔、键槽、刀痕等）造成应力集中，使力学性能显著降低，故钢的缺口敏感性大。灰铸铁中有石墨存在，而石墨本身就相当于很多小的缺口，致使外加缺口的作用相对减弱，所以铸铁具有低的缺口敏感性。

正是由于灰铸铁具有以上一系列的优良性能，而且价格低廉，易于获得，故在目前工业生产中，它仍是应用最广泛的金属材料之一。

三、灰铸铁的热处理

对灰铸铁来说，热处理仅能改变其基体组织，改变不了石墨形态，因此热处理不能明显改善灰铸铁的力学性能，并且灰铸铁的低塑性又使快速冷却的热处理方法难以实施，所以灰铸铁的热处理受到一定的局限性。灰铸铁常用的热处理方法主要有以下三种。

1. 时效退火

时效退火的目的主要是为了消除铸件中的内应力，也称为去应力退火。时效退火分为自然时效退火和人工时效退火。自然时效退火是将铸件长时间（半年甚至一年以上）置于室温环境下消除应力。人工时效退火是将铸件置于 530 ~ 620℃，保温 2 ~ 6 h 随炉慢冷至 200℃ 以下出炉空冷。

2. 石墨化退火

当铸件出现白口或部分白口（麻口）时，硬度高，难于切削加工，必须进行石墨化退火处理。

石墨化退火是将铸件缓慢加热至 850 ~ 900℃，保温 2 ~ 5 h，然后随炉冷至 400 ~ 500℃ 后空冷。铸件中白口部分的渗碳体在加热保温过程中分解，达到石墨化。若要得到铁素体基体，可随炉冷却时在 720 ~ 760℃，保温一段时间，冷至 250℃ 以下空冷；若要得到珠光体基体，可加热保温后取出空冷（正火）。

应当指出，在实际生产中应从冶炼技术上严格控制，尽量减少产生白口，石墨化退火热处理只作为补救措施。

3. 表面热处理

要求耐磨的零件，如缸套、机床导轨等可进行表面强化处理。常进行火焰加热或中、高频感应加热表面淬火处理。淬火前铸件需进行正火处理，保证其获得大于 65% 的珠光体。淬火后表面获得马氏体 + 石墨组织，硬度可达 55 HRC。

机床导轨还经常采用电接触表面加热自冷淬火法。其原理是用一个电极（紫铜滚轮）与工件表面接触，通以低压（2 ~ 5V）大电流（400 ~ 750A）的交变电流，形成回路，利用电极与工件接触处的电阻热将工件表面迅速加热至淬火温度，电极以一定的速度移动，加热了的表面依靠工件本身的导热，获得大于临界冷却速度而使表面淬火。组织为极细的马氏体（或隐晶马氏体）+ 片状石墨。淬火表层深度为 0.2 ~ 0.3 mm，硬度为 HRC 55 ~ 61。

第三节 可锻铸铁

可锻铸铁是白口铸铁经石墨化退火而获得的一种铸铁。由于铸铁中石墨呈团絮状分布，对基体破坏作用减弱，因而较之灰铸铁具有较高的力学性能，尤其是具有较高的塑性和韧性，故此被称为可锻铸铁。实际上可锻铸铁并不能锻造。

一、可锻铸铁的牌号、性能及用途

可锻铸铁的牌号、性能及用途见表 8-2。牌号中"KT"为"可铁"两个字汉语拼音字首，"H"表示"黑心"（即铁素体基体），"Z"表示基体为珠光体。牌号后面的两组数字分别代表最低抗拉强度和最低伸长率。

表 8-2 可锻铸铁牌号、性能及应用（试样尺寸 $\phi16mm$）（参照 GB9440—1988）

牌 号	σ_b/MPa	$\sigma_{0.2}$/MPa	δ/%	基本组织	用 途
	不小于				
KTH300—06	300	—	6	铁素体	有一定强度和韧度，用于承受低动载荷、要求气密性好的零件，如管道配件、中低压阀门等
KTH330—08	330	—	8		用于承受中等动载荷和静载荷的零件，如犁刀、梨柱、机床用扳手及钢丝绳扎头等
KTH350—10	350	200	10		有较高的强度和韧度，用于承受较大冲击、振动及扭转载荷零件，如汽车、拖拉机后轮壳、转向节壳、制动器壳等，铁道零件、冷暖器接头、船用电机壳、犁刀、梨柱等
KTH370—12	370	—	12		
KTZ450—06	450	270	6	珠光体	强度、硬度及耐磨性好，用于承受较高应力与耐磨的零件，如曲轴、连杆、凸轮轴、活塞环、摇臂、齿轮、轴套、犁刀、耙片、万向接头、棘轮扳手、传动链条、矿车轮等
KTZ550—04	500	340	4		
KTZ650—02	600	430	2		
KTZ700—02	700	530	2		

可锻铸铁按基体组织不同可分为铁素体可锻铸铁和珠光体可锻铸铁，见图 8-5。铁素体可锻铸铁因其断口中心呈灰暗色，表层呈灰白色而得名"黑心可锻铸铁"。珠光体可锻铸铁断口呈灰色，习惯上仍称"黑心可锻铸铁"。若在氧化性介质中进行石墨化退火，由于表层完全脱碳，得到铁素体组织，心部为珠光体基体加团絮状石墨，断口呈现表层暗灰色，中心灰白色，因此得名"白心可锻铸铁"。

目前，我国以生产黑心铁素体可锻铸铁为主，同时也生产少量黑心珠光体可锻铸铁。至于白心可锻铸铁由于其韧性差、退火周期长等原因，应用极少。

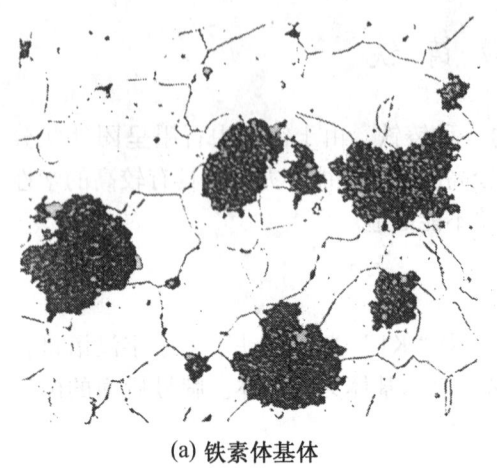 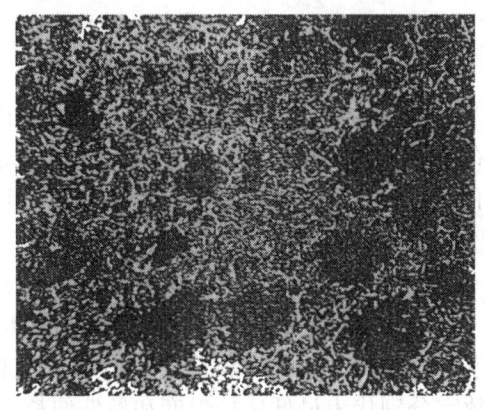

(a) 铁素体基体　　　　　　　　　　　　(b) 珠光体基体

图 8-5　可锻铸铁的显微组织

二、可锻铸铁的生产

可锻铸铁的生产过程分为两个步骤：第一步先浇注成白口铸铁，第二步再进行石墨化（可锻化）退火。

1. 化学成分

根据可锻铸铁生产特点，铸铁中的化学成分既要满足第一步形成白口铸铁的需要，又要满足第二步石墨化的需要。事实上，使铸件容易获得白口的因素，往往延缓石墨化过程，而促进石墨化的因素，往往有碍形成白口。所以，可锻铸铁化学成分的选择要综合考虑这一对矛盾，以达到相辅相成的效果。

通常为了保证获得完全的白口组织，应适当降低 C, Si 等促进石墨化元素含量和增加 Mn, Cr 等阻碍石墨化元素的含量。但是 C, Si 的含量又不能太低，否则会影响石墨化过程，延长退火周期。为此，C, Si 质量分数应分别控制在 2.4%~2.8% 和 0.8%~1.4%，Mn 一般为 0.3%~0.6%，若要生产珠光体为基的可锻铸铁，可提高到 1.0%~1.2%。此外，$w_{Cr} \leq 0.06\%$，$w_S \leq 0.18\%$，$w_P \leq 0.20\%$。

2. 石墨化退火

可锻铸铁的石墨化退火工艺如图 8-6 所示。将浇注成白口的铸件装箱密封，入炉加热至 900~980℃，这时铸件的组织为奥氏体和渗碳体。渗碳体在此温度下发生分解而进行第一阶段的石墨化。由于石墨化过程是在固态下进行的，在各个方向上石墨长大的速度差不多，故石墨呈团絮状。在完成第一阶段石墨化后，使温度缓慢下降，这时奥氏体的成分将沿 Fe-C（G）相图中 $E'S'$ 线变化，不断析出二次石墨，进行中间阶段的石墨化。二次石墨将依附在原先已有的石墨上，使石墨继续长大。当冷却到共析转变温度区间时，以极缓慢的冷却（图 8-6 中实线所示）或于略低于共析温度作长时间保温（图中虚线所示），进行第二阶段石墨化。

退火后的最终组织取决于石墨化程度。如果第一、第二阶段的石墨化过程进行得充分（如曲线①），将获得铁素体为基的可锻铸铁；如果第一阶段石墨化过程充分进行，而第

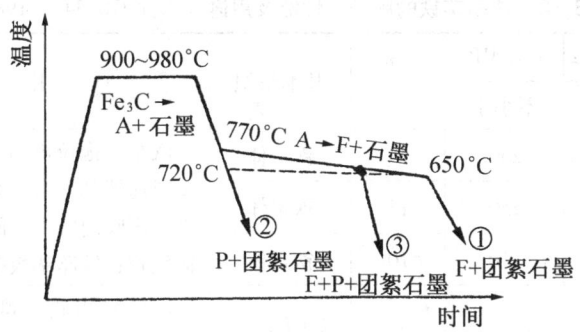

图 8-6 可锻铸铁的石墨化退火工艺

二阶段石墨化过程完全不进行（如曲线②），则获得珠光体为基的可锻铸铁；如果第一阶段石墨化过程充分进行，而第二阶段石墨化过程部分进行（如曲线③），则获得珠光体 + 铁素体为基的可锻铸铁。

可锻铸铁石墨化退火周期很长，一般需要 70~80 h，甚至上百小时，这对提高生产率、降低成本是不利的。为了缩短退火周期，常采用以下方法：

（1）低温时效：铸件退火前先在 300~400℃ 加热保温 3~6 h，或退火加热升温至 300~400℃ 保温数小时。这样可显著缩短整个退火周期并能使石墨团径变小。其原因一般认为在低温保温（时效）过程中发生了碳原子的偏聚，退火时这种偏聚能促进形成石墨核心。此外，白口铸铁中存在着氢，氢能减慢碳的扩散速度，并使渗碳体的稳定性增加，因低温时效可引起氢的逸出，促使石墨化而缩短整个可锻铸铁石墨化退火周期。

（2）孕育处理：在获得白口铸铁的铁液中加入少量多元复合孕育剂：硼-铋、铝-铋、硅-铋等。因少量铋（0.002%~0.015%）能强烈阻碍共晶石墨化而促进铸件白口化，在石墨化退火时，这少量的铋并不明显阻碍石墨化。少量硼（0.002%~0.003%）能强烈促进退火过程的石墨化。所以硼-铋的复合作用，发挥了各自的优点，显著缩短退火周期。

一般认为孕育处理是缩短可锻铸铁退火周期的最简单、最经济的方法，退火周期可缩短至二十多小时，效果良好，因而得到普遍的应用。

第四节 球墨铸铁

球墨铸铁是石墨呈球状的灰铸铁，简称球铁。由于球墨铸铁中的石墨呈球状，对基体的割裂作用大为减小，使得基体的利用率可达 70%~90%，基体的塑性和韧性也有了利用的可能，因此，球铁比普通灰铸铁及可锻铸铁具有高得多的强度、塑性和韧性，同时保留着普通灰铸铁耐磨、消震、易切削、好铸造、缺口不敏感等一系列优点。

一、球墨铸铁的牌号、组织和性能

根据国家标准 GB1348—1988，我国球墨铸铁的牌号用"球铁"两个字的汉语拼音字首"QT"和其后两组数字表示。第一组数字表示最低抗拉强度，第二组数字表示最低伸长率。表 8-3 列出球墨铸铁的牌号、性能及用途。

表 8-3 球墨铸铁的牌号、性能及用途（参照 GB1348—1988）

牌号	σ_b/MPa	$\sigma_{0.2}$/MPa	δ/%	基本组织	用途
	不小于				
QT400—18	400	250	18	铁素体	汽车、拖拉机的牵引框、轮毂、离合器及减速器的壳体；农机具的犁铧、犁柱；大气压阀门阀体、阀盖支架、高低压汽缸输气管；铁路垫板等
QT400—15	400	250	15	铁素体	
QT450—10	450	310	10	铁素体	
QT500—7	500	320	7	铁素体+珠光体	液压泵齿轮、阀门体、轴瓦、机器底座、支架、传动轴、链轮、飞轮、电动机机架等
QT600—3	600	370	3	铁素体+珠光体	连杆、曲轴、凸轮轴、汽缸体、进排气门座、脱粒机齿条、轻载荷齿轮、部分机床主轴、球磨机齿轮轴、矿车轮、小型水轮机主轴、缸套等
QT700—2	700	420	2	珠光体	
QT800—2	800	480	2	珠光体或回火组织	
QT900—2	900	600	2	贝氏体或回火组织	汽车螺旋锥齿轮、减速器齿轮、凸轮轴、传动轴、转向节；犁铧、耙片等

球墨铸铁的组织由金属基体和球状石墨组成。球墨铸铁基体组织常用的有珠光体、珠光体+铁素体和铁素体 3 种，如图 8-7 所示。经过合金化和热处理，也可以获得贝氏体、马氏体、屈氏体、索氏体和奥氏体等基体组织。经热处理后以马氏体为基的球墨铸铁具有高的硬度和强度；以等温淬火获得的下贝氏体为基的球墨铸铁具有优良的综合力学性能；铁素体为基的球墨铸铁塑性最好；珠光体为基的球墨铸铁是应用最广泛的高强度铸铁。

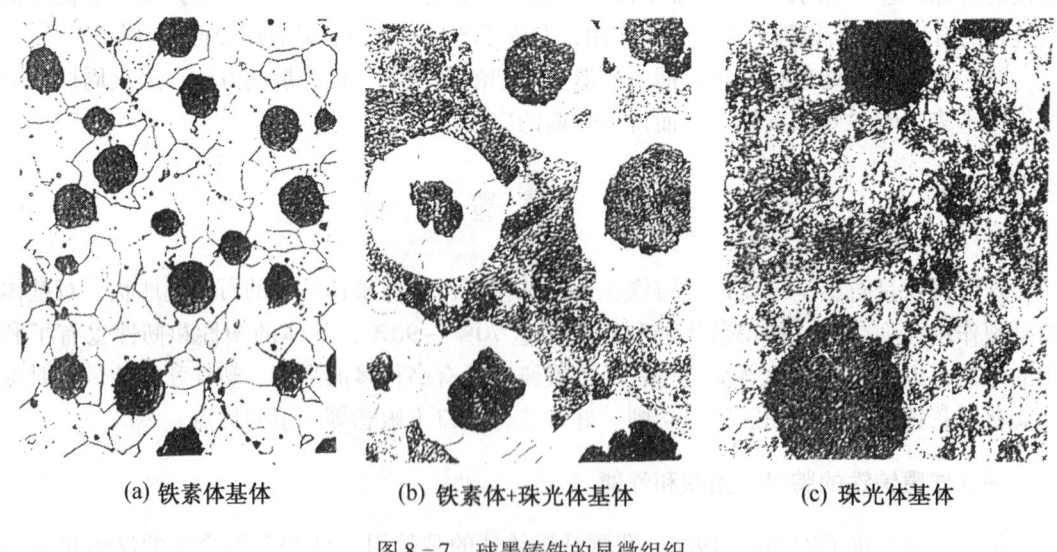

(a) 铁素体基体　　(b) 铁素体+珠光体基体　　(c) 珠光体基体

图 8-7 球墨铸铁的显微组织

球状石墨的大小也显著影响球墨铸铁的力学性能。一般来说，石墨球径越小，强度越高,塑性、韧性越好。此外,同其他铸铁相比,球墨铸铁不仅抗拉强度高,而且屈服极限也很高,屈强比达到 0.7~0.8,比钢高很多。球墨铸铁的疲劳强度亦可和钢相媲美。

总之,球墨铸铁具有优异的力学性能,可用于制造负荷较大、受力复杂的零件。例如,珠光体球墨铸铁常用于制造汽车、拖拉机或柴油机中的曲轴、连杆、齿轮、凸轮轴、机床主轴、蜗轮蜗杆,水压机汽缸、缸套、活塞等。铁素体球墨铸铁多用于制造受压阀门、机器机座、汽车后桥壳等。

二、球墨铸铁的生产

球墨铸铁的生产,除了要选用合适的化学成分之外,更重要的是在浇注前对铁液要进行球化和孕育处理。

1. 球墨铸铁化学成分的选择

球墨铸铁是用灰铸铁成分的铁液经球化处理和孕育处理得到的。球墨铸铁的化学成分与灰铸铁相比,有以下一些特点:碳、硅含量高,锰、硫、磷含量低,含有稀土及镁。表 8-4 列出球墨铸铁和灰铸铁化学成分的对比。球墨铸铁的碳当量较高（4.5%~4.7%）,属于过共晶铸铁。

表 8-4 球墨铸铁与灰铸铁化学成分对比（质量百分数）

	C	Si	Mn	P	S
球墨铸铁	3.5~3.9	2.0~2.1	≤0.3~0.8	<0.08	<0.03
球化处理前的铁水	3.7~4.0	1.0~2.0	≤0.3~0.8	<0.08	<0.06
灰铸铁	2.9~3.5	1.4~2.1	0.6~1.0	0.1~1.0	0.1~0.12

2. 球化处理

球墨铸铁生产中,能使石墨结晶成球状的物质称为球化剂。将球化剂加入铁液的处理过程称为球化处理。目前,我国常用的球化剂有纯镁和稀土镁合金。稀土镁合金主要成分为:RE 17%~25%,Mg 3%~12%,Si 34%~42%,Fe 21%~22%。

球化剂的加入量与其化学成分有关,一般用纯镁作球化剂时,加入量为 0.15%~0.2%;采用稀土镁作球化剂时,加入量为 0.8%~1.5%。

采用纯镁为球化剂时,球化处理多采用压力加镁法,即将铁液注入密闭的装置中,然后将装有镁的钟罩压入铁液中,镁沸腾后将在密闭装置的上部产生压力,从而可以减小或阻止镁的沸腾,提高镁的吸收率。采用稀土镁合金为球化剂时,由于其含镁量较低,球化反应比较平稳,球化处理多采用冲入法,即将稀土镁合金放于铁液包中,然后将铁液注入使球化剂逐渐熔化。

3. 孕育处理

球化处理后,铁液中镁及稀土元素的加入会强烈地阻止石墨化,易于出现白口,为了消除这一倾向,必须立即进行孕育处理。

孕育剂多采用硅铁（含 Si 75%,或含 Si 45% 两种）,有时在采用硅铁的同时,还加入少量的硅钙或铝。要求珠光体基体的球铁时,孕育剂加入量为 0.5%~1.0%;要求铁素体基体的球铁时,加入量为 0.8%~1.6%。

铁液经球化及孕育处理后,应在 15min 内浇注完毕,否则因时间过长,球化剂发生氧化及晶核上浮或减少，使球化作用和孕育作用发生衰退。

经孕育处理后的球铁，石墨球的数量增多，球径减小，形状圆整，分布均匀，减少了铸件的缩松等缺陷，提高了球铁的力学性能。

三、球墨铸铁的热处理

根据热处理目的的不同，球墨铸铁常用的热处理方法有以下几种：

1. 高温退火和低温退火

退火的目的是为了获得铁素体基体球墨铸铁。浇注后铸件组织中常会出现不同数量的珠光体和渗碳体使切削加工变得较难进行。为了改善其加工性，同时消除铸造应力需进行退火处理。

当铸态组织为 $F+P+Fe_3C+G$（石墨）时，则进行高温退火，即将铸件加热至共析温度以上（900~950℃），保温 2~5 h，然后随炉冷至 600℃ 出炉空冷。

当铸态组织为 $F+P+G$（石墨）时，则进行低温退火，即将铸件加热至共析温度附近（700~760℃），保温 3~6 h，然后随炉冷至 600℃ 出炉空冷。

2. 正火

正火可分为高温和低温正火两种。高温正火是将铸件加热至共析温度以上，一般为 880~920℃，保温 1~3 h，然后空冷，使其在共析温度范围内快速冷却，以获得珠光体球墨铸铁。对厚壁铸件，应采用风冷，甚至喷雾冷却，以保证获得珠光体基体。若铸态组织中有自由渗碳体存在，正火温度应提高至 950~980℃，使自由渗碳体在高温下全部溶入奥氏体。

低温正火是将铸件加热至 840~860℃，保温 1~4 h，出炉空冷。低温正火获得珠光体 + 铁素体基体的球墨铸铁。

球墨铸铁的导热性较差，正火后铸件内应力较大，因此正火后应进行一次消除应力退火，即加热至 550~600℃，保温 3~4 h 出炉空冷。

3. 等温淬火

等温淬火适用于形状复杂易变形，同时要求综合力学性能高的球墨铸铁件。其方法是将铸件加热至 860~920℃，适当保温（热透）迅速放入 250~350℃ 的盐浴炉中进行 0.5~1.5 h 的等温处理，然后取出空冷。等温淬火后得到下贝氏体 + 少量残余奥氏体 + 球状石墨。由于等温淬火内应力不大，可不进行回火。为达到等温冷却效果，等温淬火仅适于尺寸不大的零件如小齿轮、曲轴、凸轮轴等。

4. 调质处理

调质处理主要应用于球墨铸铁的一些受力复杂、截面较大、综合性能要求高的重要零件，例如连杆、曲轴等。调质处理的目的是使基体组织获得回火索氏体，具有良好的综合力学性能，常用来处理柴油机曲轴、连杆等零件。

球墨铸铁调质处理的淬火加热温度为 860~920℃，保温 2~4 h 后油淬，再经 550~600℃ 回火 4~6 h，组织为回火索氏体 + 球状石墨，硬度为 HB 250~300。

铸铁对淬火介质不敏感，水冷与油冷的硬度值基本一样。为了减少变形开裂现象，一般采用油冷。回火温度应避免超过 600℃，否则渗碳体发生分解，出现二次石墨化，使综合力学性能降低。

此外,为了获得表面耐磨及抗蚀性能,近年来铸铁零件也尝试进行其他表面强化处理,如渗氮、离子渗氮、渗硼等。

第五节 蠕墨铸铁

蠕墨铸铁是近 20 多年来得到迅速发展的一种新型铸铁材料。由于其石墨大部分呈蠕虫状,间有少量球状,使它兼备灰铸铁和球墨铸铁的某些优点,可以用来代替高强度铸铁、合金铸铁、黑心可锻铸铁及铁素体球墨铸铁,因此日益引起人们的重视。

一、蠕墨铸铁的组织、牌号及应用

蠕墨铸铁中的石墨是一种介于片状石墨和球状石墨之间的一种过渡型石墨。灰铸铁中片状石墨的特征是片长而薄,端部尖锐。球墨铸铁中石墨大部分呈球状。蠕墨铸铁中石墨为蠕虫状。蠕虫状石墨在光学显微镜下的形状似乎也呈片状,但石墨片短而厚,头部较纯、较圆,形似蠕虫状,故有蠕墨铸铁之称。图 8-8 为蠕墨铸铁的显微组织。

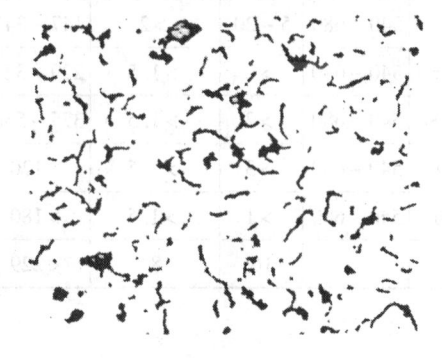
(a) 铁素体基体

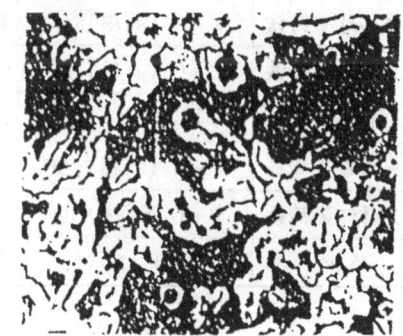
(b) 铁素体+珠光体基体

图 8-8 蠕墨铸铁的显微组织

蠕墨铸铁的牌号列于表 8-5。牌号中"RuT"为"蠕铁"二字的汉语拼音字首,后面一组数字表示最低抗拉强度。

表 8-5 蠕墨铸铁牌号、性能及应用举例(蠕化率 VG 不小于 50%)

牌 号	σ_b/MPa	δ/%	硬度 HBS	基体组织	应 用 举 例
	不小于				
RuT420	420	0.75	200~280	珠光体	活塞环、汽缸套、刹车鼓、钢球研磨盘、制动盘、玻璃模具、泵体等
RuT380	380	0.75	193~274	珠光体	
RuT340	340	1.0	170~249	珠光体+铁素体	龙门铣横梁、飞轮、起重机卷筒、液压阀体等
RuT300	300	1.5	140~217	珠光体+铁素体	排气管、变速箱体、汽缸盖、液压件、小型烧结机箅条、纺织机零件
RuT260	260	3	121~197	铁素体	增压器废气进气壳体,汽车、拖拉机的某些底盘零件

蠕墨铸铁的力学性能介于基体组织相同的灰铸铁和球墨铸铁之间，见表8-6。当成分一定时，蠕墨铸铁的强度和韧性比灰铸铁高。由于蠕虫状石墨是互相连接的，其塑性和韧性也比球墨铸铁低。蠕墨铸铁还具有优良的抗热疲劳性能。此外，蠕墨铸铁的铸造性能和减震能力都比球墨铸铁为优，因此蠕墨铸铁广泛用来制造电动机外壳、柴油机缸盖、机座、机床床身、钢锭模、飞轮、排气管、阀体等机器零件。

图8-6 各种铸铁的力学性能

材料种类	组织	抗拉强度 σ_b/MPa	屈服强度 $\sigma_{0.2}$/MPa	抗弯强度 σ_{bb}/MPa	伸长率 δ/%	冲击韧度 α_k/10J·cm^{-2}	硬度 HB
铁素体灰铸铁	F+G（石墨）片	100~150	100~150	260~330	<0.5	0.1~1.1	143~229
珠光体灰铸铁	P+G（石墨）片	200~250	200~250	400~470	<0.5	0.1~1.1	170~240
变质铸铁	P+G（石墨）细片	300~400	300~400	540~680	<0.5	0.1~1.1	207~296
铁素体可锻铸铁	F+G（石墨）团	300~370	190~280	540~680	6~12	1.5~2.9	120~163
珠光体可锻铸铁	P+G（石墨）团	450~700	280~560	540~680	2~5	0.5~2.0	152~270
铁素体球墨铸铁	F+G（石墨）球	400~500	250~350	540~680	5~20	>2	147~241
球光体球墨铸铁	P+G（石墨）球	600~800	420~560	540~680	>2	>1.5	229~321
白口铸铁	$Fe_3C+P+L'_d$	230~480	230~480	540~680	>2	>1.5	375~530
铁素体蠕墨铸铁	F+G（石墨）虫	>286	>204	540~680	>3	>1.5	>120
珠光体蠕墨铸铁	P+G（石墨）虫	>393	>286	540~680	>1	>1.5	>180
45钢	P+F	610	360		16	8	<229

二、蠕墨铸铁的生产

蠕墨铸铁的化学成分要求与球墨铸铁相似，一般成分范围如下：3.5%~3.9% C，2.1%~2.8% Si，0.4%~0.8% Mn，<0.1% S，<0.1% P，碳当量为4.3%~4.6%。

蠕墨铸铁的生产是在上述成分铁液中加入一定量的蠕化剂进行炉前处理得到的。我国目前采用的蠕化剂主要有稀土镁钛合金、稀土镁、硅铁或硅钙合金。稀土合金的加入量与原铁液含硫有关，原铁液含硫量越高，则稀土合金加入量越多。蠕化处理方法和球墨铸铁球化处理完全相同，即将蠕化剂放入铁液包内一侧，从另一侧冲入铁液，利用高温铁液将蠕化剂熔化。蠕墨铸铁经蠕化处理后也要进行孕育处理，以获得良好的蠕化效果。

三、蠕墨铸铁的热处理

蠕墨铸铁的热处理主要是为了调整基体组织，以获得不同的力学性能要求。常用的热处理有：

1. 正火

普通蠕墨铸铁在铸态时，基体中含有大量的铁素体，通过正火可以增加珠光体量，以提高强度和抗磨性。

常用的正火工艺有全奥氏体化正火和两阶段低碳奥氏体正火，如图8-9、图8-10所

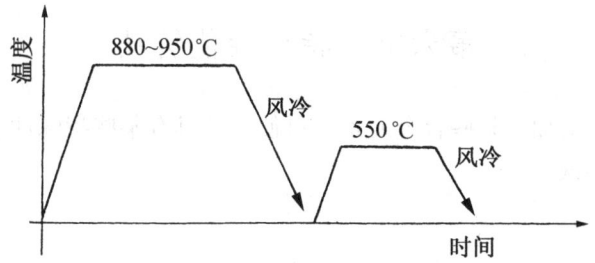

图 8-9　全奥氏体化正火

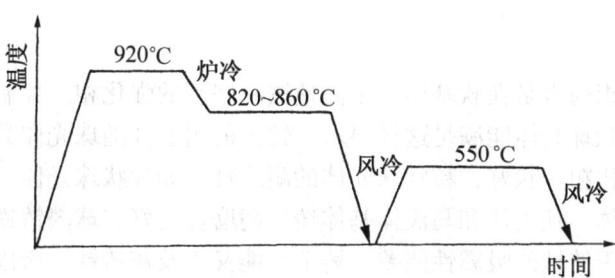

图 8-10　两阶段低碳奥氏体正火

示。两阶段低碳奥氏体正火后，在强度、塑性方面都较全奥氏体化正火高。

2. 退火

蠕墨铸铁退火的目的是为了获得 85% 以上的铁素体，或消除薄壁外的游离渗碳体。退火工艺分别如图 8-11、图 8-12 所示。

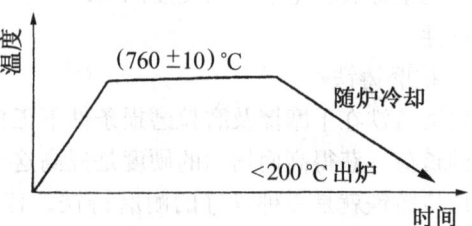

图 8-11　铁素体化退火

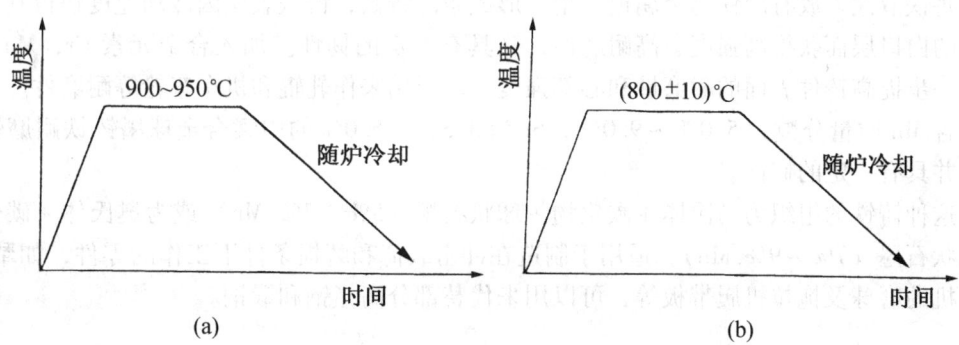

图 8-12　消除渗碳体退火
(a) 用于渗碳体较多时；(b) 用于渗炭体较少时

第六节 特殊性能铸铁

在普通铸铁基础上加入某些合金元素，可使铸铁具有某些特殊性能，从而获得一类具有特殊性能的合金铸铁。

一、耐磨铸铁

耐磨铸铁分为减磨铸铁和抗磨铸铁两类。前者在有润滑、受粘着磨损条件下工作，例如机床导轨、发动机缸套、活塞环、轴承等。后者在干摩擦条件下工作，例如轧辊、犁铧、磨球等。

1. 减磨铸铁

减磨铸铁的组织通常是在软基体上牢固地嵌有坚硬的强化相。控制铸铁的化学成分和冷却速度获得细片状珠光体能满足这种要求。铸铁的耐磨性随珠光体数量增加而提高，细片状珠光体耐磨性比粗片状好，粒状珠光体的耐磨性不如片状珠光体，故减磨铸铁希望得到细片状珠光体基体。托氏体和马氏体基体铸铁耐磨性更好。球墨铸铁的耐磨性比片状石墨铸铁的好，但球墨铸铁的吸震性能差，铸造性能又不及灰铸铁，所以减磨铸铁一般多采用灰铸铁。在普通灰铸铁的基础上加入适量的 Cu，Mo，Mn 等元素，可以强化基体，增加珠光体含量，有利于提高基体耐磨性；加入少量的 P 能形成磷共晶；加入 V，Ti 等碳化物形成元素形成稳定的，高硬度的 C，N 化合物质点，起支撑骨架作用，能显著提高铸铁的耐磨性。

2. 抗磨铸铁

抗磨铸铁在干摩擦及磨粒磨损条件下工作。这类铸铁不仅受到严重的磨损，而且承受很大的负荷。获得高而均匀的硬度是提高这类铸铁耐磨性的关键。

白口铸铁就是一种良好的耐磨铸铁，普通白口铸铁中加入 Cr，Mo，Co，V，B 等元素，形成珠光体合金白口铸铁，既具有高硬度和高耐磨性，又具有一定的韧性。加入 Cr，Ni，B 等提高淬透性元素可以形成马氏体合金白口铸铁，获得更高的硬度和耐磨性。

将铁液注入放有冷铁的金属模成型，形成激冷铸铁，铸铁表层因冷却速度快得到一定深度的白口层而获得高强度、高耐磨性，又具有一定的韧性。加入合金元素 Cr，Mn，Ni 可进一步提高铸件表面的耐磨性和心部强度，广泛用来作轧辊和机车车轮等耐磨件。

含 Mn 质量分数为 5.0%~9.0%，Si 为 3.3%~5.0% 的中锰合金球墨铸铁耐磨性很好，并具有一定的韧性。

这种铸铁的组织为马氏体+碳化物+球状石墨（5%~7% Mn）或为奥氏体+碳化物+球状石墨（7%~9% Mn），适用于制造在冲击载荷和磨损条件下工作的零件，如犁铧、球磨机的磨球及拖拉机履带板等，可以用来代替部分高锰钢和锻钢。

二、耐热铸铁

铸铁的耐热性是指在高温下铸铁抵抗"氧化"和"生长"的能力。氧化是铸铁在高温下与周围气氛接触使表层发生化学腐蚀的现象。生长是铸铁在反复加热和冷却时产生的不可逆体积长大的现象。铸铁生长的原因是由于氧化性气体沿石墨片边界或裂纹渗入铸铁内部发生了内氧化;铸铁中的渗碳体在高温下分解形成密度小而体积大的石墨以及在加热冷却过程中铸铁基体组织发生相变引起体积变化,铸件在高温和负荷作用下,由于氧化和生长最终会导致零件变形、翘曲,产生裂纹,甚至破裂。耐热铸铁就是在高温下能抗氧化和抗生长,并能承受一定负荷的铸铁。

加入 Cr,Al,Si 等元素可在铸铁表面形成 Cr_2O_3,Al_2O_3,SiO_2 等稳定性高、致密而完整的氧化膜,具有良好的保护作用,能阻止铸铁继续氧化和生长。Cr,Si,Al 等元素能提高铸铁的相变温度,促使铸件得到单相铁素体基体;加入 Ni,Mn 或 Cu 时,能降低相变温度,有利于得到单相奥氏体基体,从而使铸件在高温时不发生相转变。加入 Cr,V,Mo,Mn 等元素使碳化物稳定,在高温下不发生分解,以免发生石墨化过程。此外,通过加入球化剂和 Cr,Ni 等合金元素,促使石墨细化和球化,球状石墨互不连通可防止或减少氧化性气体渗入铸铁内部。白口铸铁无石墨存在,氧气渗入机会少。显然,白口铸铁、球墨铸铁的耐热性比灰铸铁好。

耐热铸铁分为硅系、铝系、铝硅系及铬系铸铁等。

牌号为 RTSi—5.5 的中硅耐热铸铁,硅质量分数为 5%～6%,高温下能形成 SiO_2 保护膜,同时能获得单相铁素体基体,其上分布细片状石墨,Si 还使铸铁的相变温度(A_{c1} 点)提高到 900℃以上,故在 850℃以下工作温度范围不发生 α→γ 转变,因此中硅耐热铸铁具有良好的耐热性。但是这种耐热铸铁的含硅量高,故硬度高,脆性大,适宜制造载荷较小、不受冲击的零件,如锅炉炉栅、横梁、换热器、节气阀等零件。

采用 RQTSi—5.5 中硅球墨铸铁可进一步提高中硅铸铁的耐磨性。这种铸铁的组织为铁素体 + 球状石墨(珠光体体积分数不大于 10%),由于石墨呈球状,不仅改善力学性能,铸铁的耐热性也明显提高,工作温度可提高到 900～950℃。

铸铁中加入 Al(20%～24%),形成高铝耐热铸铁,在高温下表面可形成 Al_2O_3 保护膜,能得到单相铁素体基体,因此具有很高耐热性,能在 950℃以下温度长期使用。用于制造加热炉炉底板、炉条、滚子框架等零件。同样,采用高铝球墨铸铁可以改善高铝耐热铸铁脆性较大的缺点,并使耐热温度提高到 1 000～1 100℃,用于制造炉管、热换器以及粉末冶金用坩埚等零件。

含 Si 质量分数为 4.0%～5.0% 和 Al 为 4.0%～6.0% 的铝硅耐热铸铁,铸造性能良好,耐热性能更高,可在 1 000～1 100℃ 高温下工作,是耐热铸铁中最常用的一种材料,广泛用于制造加热炉炉门、炉条、炉底板、炉子传送链及坩埚等。

含 Cr 耐热铸铁也具有很好的耐热性,铬含量越高,铸铁耐热性越好。例如,低铬铸铁(RTCr—0.8 和 RTCr—1.5)适用于 650℃ 以下工作。高铬铸铁(RTCr—28 和 RTCr—34)使用温度高达 1 000～1 200℃,可制作在 1 000℃ 下工作的热处理炉的运输链条等,但因价格贵,应用较少。

三、耐蚀铸铁

在石油化工、造船等工业中,阀门、管道、泵体、容器等各种铸铁件经常在大气、海水及酸、碱、盐等介质中工作,需要具备较高的耐蚀性能。普通铸铁是由石墨、渗碳体和铁素体组成的多相合金。在电解质溶液中,石墨的电极电位最高,渗碳体次之,铁素体最低。石墨和渗碳体是阴极,铁素体是阳极,组成微电池。因此,铁素体将不断被溶解,产生严重的电化学腐蚀。铸铁表面与水气接触,也能产生化学腐蚀作用。

耐蚀合金中加入 Si, Al, Cr, Mo, Ni, Cu 等合金元素可在铸件表层形成牢固、致密的保护膜（Si, Al, Cr）,能提高铸铁基体的电极电位（Cr, Si, Mo, Cu, Ni 等）,还可使铸铁得到单相铁素体或奥氏体基体（Cr, Si, Ni）,从而显著提高铸铁的耐蚀性。此外,减少石墨数量,形成球状或团絮状石墨等也能减少微电池数目,提高铸铁的耐蚀性。

常用的耐蚀铸铁有高硅、高铝、高铬、高硅钼等耐蚀铸铁。

高硅耐蚀铸铁的组织由铁素体、细小石墨和硅化铁（Fe_2Si 或 $FeSi$）组成。主要牌号有 NSTSi—15（高硅铸铁）和 NSTSi15Re（稀土高硅铸铁）。高硅铸铁硬度很高,强度和韧性很低,加工性能差。此外,流动性好,但吸气性大,线收缩和内应力较大,铸造时易于开裂。稀土高硅铸铁由于加入稀土合金处理,去气效果好,铸件致密度增加。稀土元素又能细化晶粒和改善石墨形态,因此合金强度和冲击韧性都有提高。高硅铸铁硅含量高,力学性能下降。为进一步提高铸铁强度,适当降低硅质量分数至 10% ~ 12%,再加入 1.8% ~ 2.0% 的 Cu, 0.4% ~ 0.6% 的 Cr, 仍用稀土合金处理,形成稀土中硅合金（NSTSi11CrCu$_2$Re）,虽然耐蚀性稍有下降,但力学性能显著提高,广泛用于耐蚀泵、管道、阀门等零件。

高铝耐蚀铸铁主要用作碳酸钠、氯化铵、硫酸氢铵等设备上的耐蚀材料,如各类泵类零件。化学成分为 Al（4% ~ 6%）, C（2.8% ~ 3.3%）, Si（1.2% ~ 2.0%）, Mn（0.5% ~ 1.0%）, P（<0.2%）, S（<0.12%）。组织为珠光体 + 铁素体 + 石墨 + 少量的 Fe_3Al。质量分数为 4% ~ 6% 的 Al 可在铸铁表面形成 Al_2O_3 保护膜,因而高铝铸铁具有良好的耐蚀性能,同时具有一定的耐热性,其工作温度可达到 600 ~ 700℃。

高铬耐蚀铸铁中 Cr 质量分数高达 26% ~ 36%,能在铸铁表面形成 Cr_2O_3 保护膜,并能提高基体的电极电位。因此,高铬铸铁不仅具有优良的耐蚀性,同时具有优异的耐热性,而且力学性能也良好。主要缺点是耗铬量太多,常用来作离心泵、冷凝器、蒸馏塔、管子等各种化工铸件。

第九章　有色金属及其合金

工业上使用的金属材料，习惯上可分为黑色金属和有色金属两大类。钢及铸铁为黑色金属，其他非铁金属及合金，如铝、铜、镁、钛、锡、铅、锌等金属及其合金为有色金属。有色金属具有许多特殊性能，在机电、仪表，特别是在航空、航天及航海等工业中具有重要的作用。

第一节　铝及其合金

一、纯铝

纯铝的熔点为660℃，结晶后具有面心立方晶格，无同素异构转变，所以铝合金的热处理机理和钢不同。纯铝的密度约 $2.7 \times 10^3 \text{ kg/m}^3$（约相当于铁的1/3）。纯铝的导电性、导热性仅次于银、铜、金，但按单位重量导电能力计算，则铝的导电能力约为铜的两倍。铝与氧的亲和力很强，在空气中可形成致密的氧化膜（Al_2O_3），具有良好的抗大气腐蚀能力。但铝不能耐酸、碱、盐的腐蚀。

纯铝的强度很低（σ_b 仅为 80~100 MPa），但塑性很高（$\delta = 35\% \sim 40\%$，$\psi = 80\%$）。因此，纯铝和许多铝合金可以进行各种冷、热加工，轧制成很薄的铝箔和冷拔成极细的丝。

根据上述特点，纯铝的主要用途是：代替较贵重的铜制作导线；配制各种铝合金以及制作要求质轻、导热或抗大气腐蚀但强度要求不高的器具。

工业纯铝分冶炼产品（铝锭）和加工产品（铝材）两种。铝锭一般用于冶炼铝合金或轧制成铝材。铝锭中常存有害杂质是铁和硅。铝锭的牌号如下：特一号铝（L—00）；特二号铝（L—0）、一号铝（L—1）、二号铝（L—2）、三号铝（L—3）。牌号中数字越大，铝锭中杂质越多。"L"是"铝"字汉语拼音字首。

二、铝合金分类及热处理

为了提高铝的强度，可通过冷变形加工硬化方法（提高 σ_b 至 150~200 MPa），但最有效的方法是加入合金元素（如硅、铜、镁、锰及稀土元素等），形成铝合金。这些铝合金一般仍具有比重小、抗大气腐蚀、导热性好等特殊性能。

1. 铝合金分类及热处理

以铝为基的合金，其相图大多属共晶型，如图9-1所示。按合金成分和工艺特点可分为形变铝合金和铸造铝合金两大类。

（1）形变铝合金：成分在 D 点以左的合金，当加热至固溶线以上时，可得到均匀的单相固溶体，其塑性很好，适宜进行压力加工，故称为形变铝合金。

形变铝合金又可分为两类：成分在 F 点以左的合金，其 α 固溶体的成分不随温度变化而变化，故不能用热处理方法使之强化，称为热处理不能强化的铝合金；成分在 $D \sim F$ 点之间的铝合金，其 α 固溶体的成分随温度而变化，可用热处理方法强化，故称热处理强化铝合金。

（2）铸造铝合金：成分位于 D 点右边的合金，由于有共晶组织的存在，适于铸造，故称为铸造铝合金。

铸造铝合金中的 α 固溶体成分也随温度的变化而变化，所以也能用热处理方法强化。但成分距 D 点越远的合金 α 相相对愈少，强化效果愈不明显。

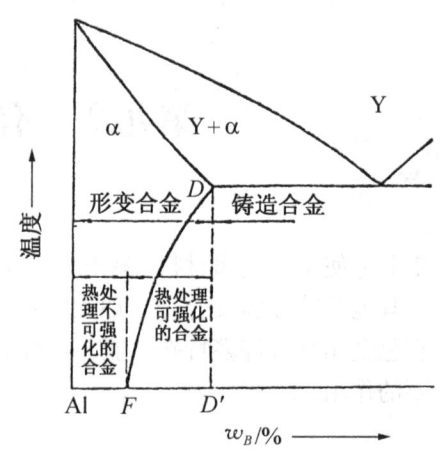

图 9-1　铝合金相图的一般类型

2. 铝合金的时效硬化

时效硬化是铝合金强化的主要途径。许多合金元素在铝中的溶解度随着温度下降而减小（脱溶）。可是通过淬火获得的过饱和溶体，在其脱溶时并不是都能产生时效硬化。决定性的因素是，合金中是否存在时效强化相，这个相在脱溶过程中的某些中间状态具有特殊的晶体结构，起着硬化作用。下面以 Al-4.5%Cu 合金为例进行介绍。

Al-4.5%Cu 合金室温平衡组织为 $α+CuAl_2$。时效强化包括两个过程：固溶处理和时效处理。

（1）固溶处理：固溶处理是将铝合金加热至单相区（约 530℃），使强化相 $CuAl_2$ 溶于 α 固溶体中，保温以达到均匀化后，置于水（热水）中急冷至室温，获得过饱和 α 固溶体。铝合金的固溶处理也叫淬火。

固溶处理产生了强化作用，但作用并不明显（$σ_b = 240 \sim 250$ MPa），只有经过时效处理后，硬度、强度才有明显的提高。

（2）时效处理：固溶处理后的铝合金置于低温长时间保温过程称为时效处理。保持温度为室温的时效叫自然时效，加热高于室温的时效叫人工时效。

过饱和 α 固溶体在时效的初期阶段发生铜原子在母相｛100｝晶面上富集，形成铜原子的富集区，称为 GP［Ⅰ］区。GP［Ⅰ］区的结构与基体 α 相相同，两者保持共格界面。由于 GP［Ⅰ］区中 Cu 原子浓度高，Cu 原子又比 Al 原子小，故使 GP［Ⅰ］区周围的母相产生严重的晶格畸变，阻碍位错运动，因而使合金的硬度、强度升高。

随着时效过程的继续，铜原子在 GP［Ⅰ］区基础上继续富集，GP［Ⅰ］区不断增大并发生有序化，即溶质原子和溶剂原子按一定的规律排列。这种有序化的富集区称为 GP［Ⅱ］区，又称 θ″相。由于 GP［Ⅱ］区仍以｛100｝晶面与母相保持共格，故使其周围基体产生比 GP［Ⅰ］区更大的弹性畸变，对位错运动的阻碍更大，因而产生更大的强化效果。通常由于 θ″相的析出，使合金达到最大强化阶段。

GP［Ⅱ］区形成以后，随着时效过程的进一步发展，铜原子在 GP［Ⅱ］区进一步富集，进而形成过渡相 θ′。θ′相与 $CuAl_2$ 化学成分相当，并仍以｛100｝晶面与母相保持共格，所以对于含铜 4.5% 的 Cu-Al 合金来说，当开始出现 θ′时硬度达到最大值，以后随着 θ′相增多、增厚，与母相的共格关系开始破坏，由完全共格变为局部共格，故合金硬度开始降低，发生"过时效"现象。可见，时效形成 θ″相（GP［Ⅱ］区）后期与过渡相 θ′相析出初期，具有最大的强化效果。

在时效后期，合金进入过时效阶段，过渡相 θ′和母相 α 固溶体共格关系被破坏，过渡相完全从母相脱溶，形成稳定的 θ 相（$CuAl_2$）和平衡的 α 固溶体。由于 θ 相与母相脱离共格关系，弹性畸变消失，合金开始软化，随着 θ 相的聚集长大，合金硬度和强度进一步下降。

上述铝合金时效时组织结构的变化过程，可简要地归纳为四个阶段：过饱和 α 固溶体→形成富铜区→形成铜原子有序化的 θ″相→形成过渡相 θ′→最后形成稳定相。可见，铝合金时效过程实质上是过饱和 α 固溶体分解与强化相 θ 析出的过程。这过程必须通过溶质原子的扩散，因此，时效过程与温度和时间有关。

应当指出，上述过饱和 α 固溶体和时效脱溶过程的四个阶段并不是截然分开的，由于时效温度和时间不同，几个阶段可以交叉进行，在一定温度和时间内，则以某一阶段为主。

总之，在铝合金时效过程中，当形成 GP［Ⅰ］区时，由于质点引起一定的应力场，所以强度升高；当形成共格应变场最大的 θ″相时，强度达到最高值；出现 θ′或 θ 相时，由于过时效，强度反而降低。

3. 形变铝合金

我国变形铝合金的新牌号采用国际四位数字体系牌号命名方法。牌号的第一、三、四位为阿拉伯数字，第二位为英文大写字母。第一位数字为 2～9，表示变形铝合金的组别，其中 2×××表示以铜为主要合金元素的铝合金，其余依次为：3×××——以锰为主要合金元素，4×××——以硅为主要合金元素，5×××——以镁为主要合金元素，6×××——以镁和硅为主要合金元素，7×××——以锌为主要合金元素，8×××——以其他合金元素为主要合金元素，9×××——备用合金组。牌号的第二位大写字母表示原始合金的改型情况，A 表示原始合金，B～Y 表示为原始合金的改型合金，其化学成分略有变化。最后两位数字为合金的编号，无特殊意义，仅用来区分同一组中不同的铝合金。例如，2A01 表示铝铜原始合金。

形变铝合金分为不能热处理强化的和能热处理强化的两类。

（1）不能热处理强化的形变铝合金：这类铝合金主要包括 Al-Mn 系和 Al-Mg 系合金。因其性能特点是具有优良的抗蚀性，故称为防锈铝合金。此外，这类合金还具有良好的塑性和焊接性，适宜制造需深冲、焊接和在腐蚀介质中工作的零件。防锈铝合金的主要牌号、化学成分、力学性能及用途见表 9-1。

（2）能热处理强化的形变铝合金

工业上广泛应用的热处理强化形变铝合金不是二元合金，而是成分更复杂的三元和四元系合金。主要有 Al-Cu-Mg 系、Al-Zn-Mg 系合金（硬铝）；Al-Zn-Mg-Cu 系合金（超硬铝）；Al-Mg-Si-Cu 系合金（锻铝）。这些合金系都靠时效强化提高合金强度。常用硬铝、超硬铝和锻造铝合金牌号、化学成分和力学性能见表 9-1。

①硬铝：Al-Cu-Mg 系合金是使用最早、用途最广、具有代表性的一种硬铝合金，由于合金强度和硬度高，故称为硬铝，又称杜拉铝。

表 9-1 变形铝合金的牌号、化学成分、力学性能和用途

类别	牌号(旧牌号)	化 学 成 分①	热处理状态	σ_b/MPa	δ/%	HB	用 途 举 例
防锈铝合金	3A21(LF21)	Al - 1.3Mn	退火	130	23	30	贮液体用焊接件、管道、容器等
	5A02(LF2)	Al - 2.4Mg - 0.3Mn	退火	180	23	45	油管、焊接油箱和管道配件
	5A03(LF3)	Al - 3.5Mg - 0.5Mn - 0.7Si	退火	200	15	—	高强度焊接结构(板、带、棒)
	5A06(LF6)	Al - 6.3Mg - 0.7Mn - 0.02Ti - 0.003Be	退火	320	15	—	焊丝、铆钉及挤压制品
硬铝合金	2A01(LY1)	Al - 2.6Cu - 0.4Mg	淬火+自然时效	320	24	70	中等强度、工作温度不超100℃的铆钉
	2A11(LY11)	Al - 4.3Cu - 0.6Mg - 0.6Mn	淬火+自然时效	380	18	100	中等强度的零件和构件,如骨架、螺旋桨、叶片、铆钉
	2A12(LY12)	Al - 4.4Cu - 1.5Mg - 0.6Mn	淬火+自然时效	480	17	131	高强度构件及150℃以下工作的零件,如梁、铆钉等
	7A04(LC4)	Al - 6Zn - 2.3Mg - 1.7Cu - 0.4Mn - 0.18Cr	淬火+人工时效	600	12	150	受力构件及高载荷零件,如飞机大梁、起落架
	7A09(LC9)	Al - 5.6Zn - 2.5Mg - 1.6Cu - 0.15Mn - 0.23Cr	淬火+人工时效	680	7	190	受力构件及高载荷零件,如飞机大梁、起落架、蒙皮
锻铝合金	6A02(LD2)	Al - 0.4Cu - 0.7Mg - 0.25Mn - 0.8Si	淬火+人工时效	330	16	95	中等载荷零件、形状复杂锻件、模锻件
	2A70(LD7)	Al - 2.2Cu - 1.6Mg - 1.3Fe - 1.3Ni - 0.06Ti	淬火+人工时效	440	13	120	内燃机活塞及高温下工作的零件
	2A50(LD5)	Al - 2Cu - 0.6Mg - 0.6Mn - 0.25Si	淬火+人工时效	420	13	105	中等载荷的航空零件,如叶轮、接头
	2A14(LD10)	Al - 4.4Cu - 0.6Mg - 0.7Mn - 0.9Si	淬火+人工时效	480	19	135	高载荷锻件及模锻件

① 表中元素前面的数值表示各元素的质量分数 w。

旧牌号 LY 中,"L"、"Y"分别是汉语"铝"、"硬"拼音字首。LY12(2A12)是航空工业应用最广泛的一种高强度硬铝合金。这类合金抗海水和大气腐蚀性能差。为了提高合金的耐蚀性,通常在硬铝板材表面通过热轧包一层工业纯铝,称之为包铝。包铝的 LY12 常用于制造飞机蒙皮、桁条和梁及动力骨架和建筑结构等。

②超硬铝:Al - Zn - Mg - Cu 系合金是形变铝合金中强度最高的一类合金,经时效硬化后强度高达 588~686 MPa,超过硬铝合金,故此得名"超硬铝"。旧牌号 LC 中"L"、"C"分别是汉语"铝"、"超"拼音字首。

LC4（7A04）是超硬铝代表性牌号，具有较高的综合力学性能，是使用最早最广泛的一种超硬铝合金。和硬铝一样，为提高耐蚀性，超硬铝也需包铝保护，但由于超硬铝电位比纯铝低，包铝材料只能采用电位更低的 Al-Zn 合金（1.0% Zn）。超硬铝是航空工业中的主要结构材料之一。

③锻造铝合金：Al-Mg-Si-Cu 系合金具有优良的热塑性，适于生产各种锻件或模锻件，故称锻造铝合金。旧牌号 LD 中"L"、"D"分别是汉语"铝"、"锻"拼音字首。锻铝合金的主要强化相是 Mg_2Si，在室温下析出速度很慢，故通常采用人工时效。

4. 铸造铝合金

（1）牌号及性能：常用的铸造铝合金有 Al-Si 系、Al-Cu 系、Al-Mg 系和 Al-Zn 系四大类。其中 Al-Si 系合金是航空工业中应用最广的铸造铝合金，该合金具有良好铸造性能、抗蚀性能和力学性能。

铸造铝合金的化学成分及牌号见表 9-2。牌号 ZL 符号中"Z"、"L"分别是汉语"铸"、"铝"拼音字首，后跟的 3 位数字，首位是合金系别，后两位是序号。Al-Si 系代号为"1"，Al-Cu 系代号为"2"，Al-Mg 系代号为"3"，Al-Zn 系代号为"4"。例如，ZL102 表示 Al-Si 系 2 号铸造铝合金。

表9-2 常用铸造铝合金的代号（牌号）、化学成分、力学性能和用途（摘 GB/T 1173—1986）

类别	代号（牌号）	化学成分/%						铸造方法与合金状态	力学性能(不低于)			用途
		Si	Cu	Mg	Mn	Zn	Ti		σ_b/MPa	δ/%	HBS	
铝硅合金	ZL101 (ZAlSi7Mg)	6.5~7.5	—	0.25~0.45	—	—	—	J，T5 S，T5	210 200	2 2	60 60	形状复杂的砂型、金属型和压力铸造零件，如飞机、仪器的零件，抽水机壳体，工作温度不超过185℃的化油器等
	ZL102 (ZAlSi12)	10.0~13.0	—	—	—	—	—	J SB，JB SB，JB，T2	160 150 140	2 4 4	50 50 50	形状复杂的砂型、金属型和压力铸造零件，如仪表、抽水机壳体，工作温度在200℃以下，要求气密性承受低载荷的零件
	ZL105 (ZAlSi2Cu1Mg)	4.5~5.5	1.0~1.5	0.40~0.6	—	—	—	J，T5 S，T5 S，T6	240 200 230	0.5 1.0 0.5	70 70 70	砂型、金属型和压力铸造的形状复杂，在225℃以下工作的零件，如风冷发动机的气缸头、机匣、液压泵壳体等
	ZL108 (ZAlSi5Cu2Mg1)	11.0~13.0	1.0~2.0	0.4~1.0	0.3~0.9	—	—	J，T1 J，T6	200 260		85 90	砂型、金属型铸造的、要求高温强度及低膨胀系数的高速内燃机活塞及其他耐热零件

续表 9-2

类别	代号（牌号）	化学成分/%						铸造方法与合金状态	力学性能(不低于)			用途
		Si	Cu	Mg	Mn	Zn	Ti		σ_b/MPa	δ/%	HBS	
铝铜合金	ZL201 (ZAlCu5Mn)	—	4.5~5.3	—	0.6~1.0	—	0.15~0.35	S, T4 S, T5	300 400	8 4	70 90	砂型铸造、在175~300℃以下工作的零件，如支臂、挂架梁、内燃机汽缸盖、活塞等
	ZL202 (ZAlCu10)	—	9.0~11.0	—	—	—	—	S, J S, J, T6	110 170	— —	50 100	形状简单、对表面粗糙度要求较高的中等承载零件
铝镁合金	ZL301 (ZAlMg10)	—	—	9.5~11.0	—	—	—	S, T4	280	9	60	砂型铸造、在大气或海水中工作的零件，承受大震动载荷，工作温度不超过150℃的零件
铝锌合金	ZL401 (ZAlZn11Si7)	6.0~8.0	—	0.1~0.3	—	9.0~13.0	—	J, T1 S, T1	250 200	1.5 2	90 80	压力铸造零件，工作温度不超过200℃，结构形状复杂的汽车、飞机零件

注：铸造方法与合金状态的符号：J—金属型铸造；S—砂型铸造；B—变质处理；T—热处理代号（共 8 种）。

（2）铸造铝合金的变质处理：二元 Al-Si 合金（ZL102），又称硅铝明，硅的含量为 11%~13%，为共晶成分合金（图 9-2）。该合金结晶后获得粗大硅晶体和铝基 α 固溶体组成的共晶体（α+Si）及少量块状初晶硅。由于共晶硅呈粗大针状，使合金变脆。生产上常用变质处理的方法改善组织和性能。即在浇注前加入钠盐变质剂（2/3 NaF + 1/3 NaCl）处理，变质剂加入量占合金重量的 2%~3%。

钠的变质作用一般认为是由于钠离子吸附在正在生长着硅晶体表面的某些晶体学部位，阻碍硅晶体长成片状，而使其生成空间连续的表面凹凸不平的弯扭细条晶体，金相磨面上具

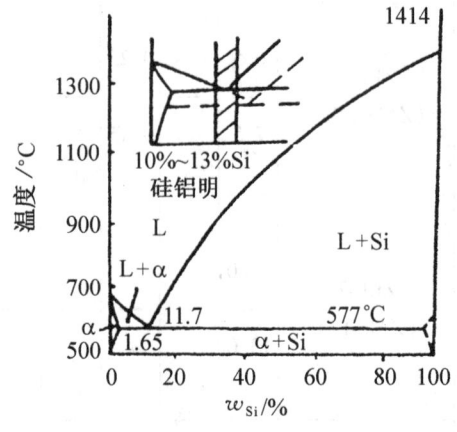

图 9-2 Al-Si 合金相图

有细粒状组织（图 9-3）。钠的存在不改变硅的生长率，但降低硅晶体的生长速度，使结晶得以在较大的过冷度下进行，共晶体的另一个相 α 固溶体则获得优先结晶的条件。如此作用结果，细化了硅晶体，同时使共晶点右移。因此，w_{Si} = 12%~13% 的过共晶合金变成了亚共晶合金，结晶后获得亚共晶组织。变质处理后，合金的强度和塑性均得到显著提高。

为了进一步提高 Al-Si 合金的力学性能，通常需加入 Cu，Mg，Mn 等合金元素，造成更多的复合的强化相，显著提高时效强化效果，形成所谓特殊硅铝明。

（3）耐热铸造铝合金：耐热铸造铝合金主要用来制造内燃机活塞，又称活塞铝合金。活塞材料要求密度小，高温疲劳强度大，热膨胀系数小，导热性、耐热性及耐磨性好。活

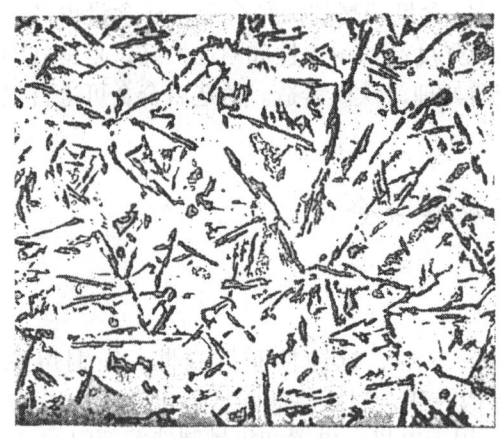 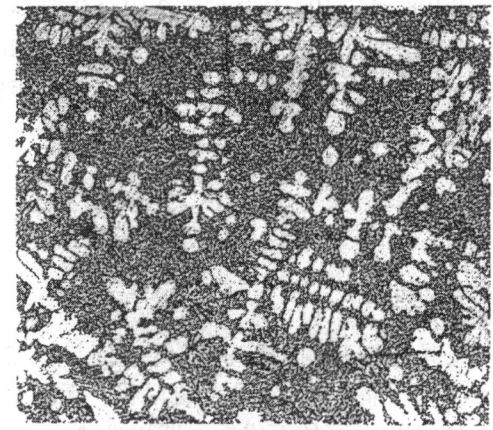

(a) 未经变质处理　　　　　　　　　(b) 经过变质处理

图 9-3　ZL102 合金的铸态组织

塞材料通常在二元 Al-Si 合金（ZA102）基础上分别加入一定量的 Cu，Mg，Ni，Mn 及稀土元素，组成多元 Al-Si 铸造合金。常用耐热铸造铝合金牌号及其化学成分见表 9-3。

表 9-3　常用耐热铝合金的牌号及化学成分

合金类型	合金名称	合金系	合金牌号	化学成分/%									杂质总量（不大于）w/%
				w_{Cu}	w_{Mg}	w_{Mn}	w_{Si}	w_{Fe}	w_{Ni}	w_{Ti}	w_{Zn}	w_{Re}	w_{Al}	
耐热变形铝合金	耐热硬铝	Al-Cu-Mn	LY2	2.6~3.2	2.0~2.4	0.45~0.7	—	—	—	—	—	—	余量	0.8
			LY16	6.0~7.0	—	0.4~0.8	—	—	—	0.1~0.2	—	—	余量	1.05
			LY17	6.0~7.0	0.25~0.45	0.4~4.8	—	—	—	0.1~0.2	—	—	余量	0.8
	耐热锻铝	Al-Cu-Mg-Fe-Ni	LD7	1.9~2.5	1.4~1.8	—	1.0~1.5	1.0~1.5	0.02~0.1	—	—	—	余量	0.95
			LD8	1.9~2.5	1.4~1.8	0.5~1.2	1.1~1.6	1.0~1.5	—	—	—	—	余量	0.6
			LD9	3.5~4.5	0.4~0.8	0.5~1.0	0.5~1.0	1.8~2.3	—	—	—	—	余量	0.6
耐热铸造铝合金	活塞铝合金	Al-Si-Cu-Mg	ZL110	6.0~7.0	0.3~0.5	—	5.5~6.5	<0.5	<0.30	—	—	—	余量	1.5
			ZL108	1.0~2.0	0.4~1.0	0.5~0.9	11.0~13.0	<0.7	<0.05	<0.25	1.0	—	余量	0.8
		Al-Si-Cu-Mg-Ni	ZL109	0.5~1.5	0.7~1.3	0.2~0.5	11.0~13.0	<1.6	2.0~3.0	<0.25	0.35	—	余量	1.0
		Al-Si-Cu-Mg-Re	66-1	1.5~2.0	0.4~0.7	0.35~0.40	10.0~12.0	<0.3	—	≤0.20	<0.40	1.0~1.3	余量	
			69-1	1.5~2.0	0.4~0.6	<0.5	16.0~18.0	<1.5	—	0.2	—	1.0~1.5	余量	

ZL108 和 ZL109 合金是铸造铝合金中 Cu，Mg 含量较高的两种合金，Si 含量也高。因此合金铸造性能好，线膨胀系数小，硬度和高温强度高，耐磨性和耐蚀性好，是良好的铸铝活塞材料。这两种合金铸造活塞通常要作变质处理，铁模铸造。铸造后合金可进行热处理强化。

第二节　铜及其合金

一、纯铜

纯铜又称紫铜。纯铜有良好的导电性、导热性、抗蚀性和抗磁性。纯铜熔点为 1 083℃，结晶后具有面心立方晶格，无同素异构转变，塑性高而强度低，$\delta=50\%$，强度 $\sigma_b=240$ MPa。可加工成板、带和线材，广泛应用于电机、电器和机械制造等部门。

工业纯铜分冶炼产品（铜锭）及加工产品（铜材）两种。铜锭按杂质含量分为一号铜、二号铜、三号铜、四号铜，它们的代号分别是 Cu—1、Cu—2、Cu—3、Cu—4。代号中数字越大，铜的杂质越多。铜锭中杂质主要有铅、铋、氧、硫、砷等。

铜合金分为黄铜、青铜和白铜。白铜是铜镍合金，它主要用来制作精密机械、仪表中抗蚀零件及电阻器、热电偶等。普通机器制造业中，应用较广泛的是黄铜和青铜。

二、黄铜

黄铜是以锌为主加元素的铜锌合金。

1. 普通黄铜

简单的 Cu-Zn 合金称为普通黄铜。图 9-4 是 Cu-Zn 合金相图。图中有 5 个包晶转变和 6 个单相区。α 相是 Zn 在铜中的固溶体，具有面心立方晶格，塑性良好，适宜进行冷、热加工。β 相是以电子化合物 CuZn 为基的固溶体，具有体心立方晶格。当温度下降至 456~468℃时，发生有序化转变，成为有序固溶体 β′。高温无序固溶体 β 相塑性好，可进行热加工。β′相很脆，难以承受冷加工，因而室温单相 β′合金实用意义不大。

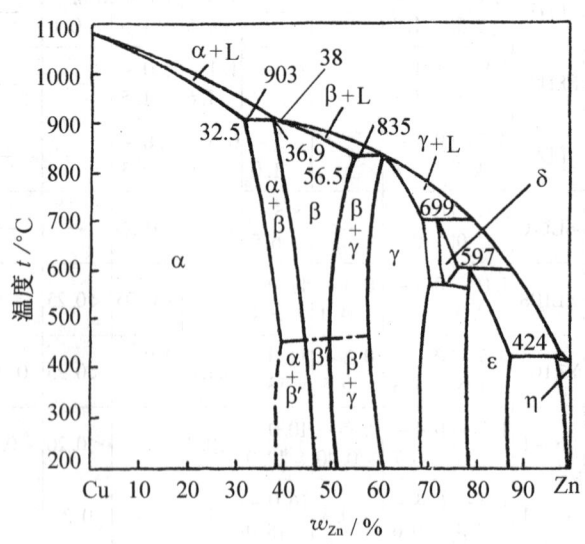

图 9-4　Cu-Zn 合金相图

普通黄铜用"黄"字汉语拼音字首"H"表示,其后附以数字表示平均含铜量。如 H62 表示平均铜的质量分数为 62% 的普通黄铜。

工业中应用的普通黄铜,按其平衡状态的组织可分为以下两种类型:当锌质量分数少于 39% 时,室温下组织为单相 α 固溶体,称为单相黄铜;当锌质量分数为 39%~45% 时,室温下的组织为 α+β′,称为双相黄铜。

(1) 单相黄铜:单相黄铜又称 α 黄铜。它的塑性很好,可进行冷、热压力加工,适宜制造冷轧板材、冷拉线材以及形状复杂的深冲压零件。单相黄铜在铸态下化学成分不均匀,有树枝状偏析,经变形和再结晶退火后可得到带有退火孪晶的多边形晶粒(图 9-5)。常用的 α 黄铜典型牌号有 H80, H70, H68。

 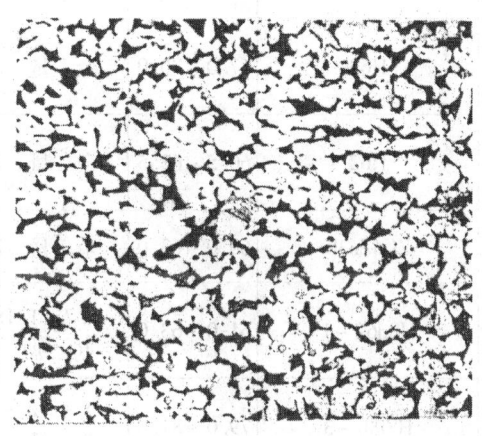

图 9-5　退火单相 α 黄铜(H68)显微组织　　图 9-6　铸态 α+β′两相黄铜(H62)显微组织

(2) 双相黄铜:双相黄铜又称 α+β 黄铜。典型牌号有 H59, H62。由于 β 相高温塑性好,所以双相黄铜适宜热加工。图 9-6 为 H62 的铸态组织。双相黄铜一般轧成棒材、板材,再经切削加工制成各种零件。

黄铜的抗腐蚀性能与纯铜相近,在大气和淡水中是稳定的,但在海水、氨、铵盐和酸类存在的介质中抗蚀性较差。黄铜最常见的腐蚀形式是"脱锌"和"季裂"。

脱锌是指黄铜在酸性或盐类溶液中,由于锌优先溶解受到腐蚀,使工件表面残存一层多孔(海绵状)的纯铜,合金因此受到破坏。α+β 黄铜脱锌比 α 黄铜更显著。为防止 α 黄铜脱锌,可加入少量砷(0.02%~0.06%),或添加元素镁,形成致密的 MgO 薄膜。

季裂是指黄铜零件在潮湿大气中,特别在含铵盐的大气、汞和汞盐溶液中受腐蚀而产生的破坏现象。这种现象一般发生在多雨的春季,因此得名。产生季裂的原因主要是零件内部存在残余的加工应力,产生应力腐蚀破坏造成的。防止季裂的措施是加工后的黄铜零件应在 260~300℃ 进行去应力退火或用电镀层(如镀锌、镀锡)加以保护。

2. 特殊黄铜

在普通黄铜基础上添加 Al, Fe, Si, Mn, Pb, Ni 等元素形成特殊黄铜。按添加第二主加元素不同分别称为铝黄铜、铁黄铜、硅黄铜、锰黄铜、铅黄铜、镍黄铜。它们具有比普通黄铜更高的强度、硬度、抗腐蚀性能和良好的铸造性能。锰黄铜、铝黄铜、锰铁黄铜等常用来制造螺旋桨、压紧螺母等许多重要的船用零件及其他耐磨零件,在造船、电机及化学工业中得到广泛应用。

特殊黄铜仍以"H"表示，后跟添加元素的化学符号和平均成分。如 HSn90-1 表示平均成分为 90% Cu，1% Sn，余为锌的锡黄铜。

常用黄铜的化学成分及用途见表 9-4。

表 9-4 常用黄铜的代号、化学成分、力学性能及用途
（摘自 GB/T 2040—2008，GB 1176—1987，GB/T 5231—2001）

组别	代号或牌号	化学成分		力学性能①			用途②
		w_{Cu}/%	$w_{其他}$/%	σ_b/MPa	δ/%	HBS	
普通黄铜	H90	88.0~91.0	余量 Zn	$\frac{245}{392}$	$\frac{35}{3}$	—	双金属片、供水和排水管、证章、艺术品（又称金色黄铜）
	H68	67.0~70.0	余量 Zn	$\frac{294}{392}$	$\frac{40}{13}$	—	复杂的冷冲压件、散热器外壳、弹壳、导管、波纹管、轴套
	H62	60.5~63.5	余量 Zn	$\frac{294}{412}$	$\frac{40}{10}$	—	销钉、铆钉、螺钉、螺母、垫圈、弹簧、夹线板
	ZCuZn38	60.0~63.0	余量 Zn	$\frac{295}{295}$	$\frac{30}{30}$	$\frac{59}{68.5}$	散热器、螺钉
特殊黄铜	HSn62-1	61.0~63.0	0.7~1.1Sn 余量 Zn	$\frac{249}{392}$	$\frac{35}{5}$	—	与海水和汽油接触的船舶零件（又称海军黄铜）
	HSi80-3	79.0~81.0	2.5~4.5Si 余量 Zn	$\frac{300}{350}$	$\frac{15}{20}$	—	船舶零件，在海水、淡水和蒸汽（<265℃）条件下工作的零件
	HMn58-2	57.0~60.0	1.0~2.0Mn 余量 Zn	$\frac{382}{588}$	$\frac{30}{3}$	—	海轮制造业和弱电用零件
	HPb59-1	57.0~60.0	0.8~1.9Pb 余量 Zn	$\frac{343}{441}$	$\frac{25}{5}$	—	热冲压及切削加工零件，如销、螺钉、螺母、轴套（又称易削黄铜）
	ZCuZn40Mn3Fe1	53.0~58.0	3.0~4.0Mn 0.5~1.5Fe 余量 Zn	$\frac{440}{490}$	$\frac{18}{15}$	$\frac{98}{108}$	轮廓不复杂的重要零件，海轮上在 300℃ 以下工作的管配件、螺旋桨
	ZCuZn25Al6Fe3Mn3	60.0~66.0	4.5~7（Al） 2~4（Fe） 1.5~4.0（Mn） 余量 Zn	$\frac{725}{745}$	$\frac{7}{7}$	$\frac{166.5}{166.5}$	压紧螺母、重型蜗杆、轴承、衬套

①力学性能中分母的数值，对压力加工黄铜来说是指硬化状态（变形程度 50%）的数值，对铸造黄铜来说是指为金属型铸造时的数值；分子数值，对压力加工黄铜为退火状态（600℃）时的数值，对铸造黄铜为砂型铸造时的数值。
②主要用途在 GB 标准中未作规定。

三、青铜

青铜分为锡青铜和无锡青铜，无锡青铜又称特殊青铜。以铝、硅、铬、铅、铍和钛等为主要合金元素的特殊青铜分别叫做铝青铜、硅青铜、铬青铜、铅青铜、铍青铜和钛青铜。青铜的牌号以"青"字汉语拼音字首"Q"表示，其后附上主添加元素的元素符号

和除铜以外所加元素的成分数字组。如 QSn4-3 代表含 4% Sn 和 3% Zn 的锡青铜。

1. 锡青铜

以锡为主加元素的铜合金称为锡青铜。Cu-Sn 合金相图如图 9-7 所示。

在一般铸造条件下，锡质量分数少于 5%~6% 的锡青铜其室温组织为单相 α 固溶体。α 固溶体是锡在铜中的固溶体，为面心立方晶格，塑性良好。锡质量分数大于 5%~6% 的锡青铜，室温组织为 α+δ。δ 相是以电子化合物 $Cu_{31}Sn_8$ 为基的固溶体，系复杂立方晶格，硬而脆。此时，合金的塑性开始下降。当锡质量分数大于 20% 时，由于出现过多的 δ 相，使合金变得很脆，强度也迅速下降。因此，工业用锡青铜锡质量分数一般

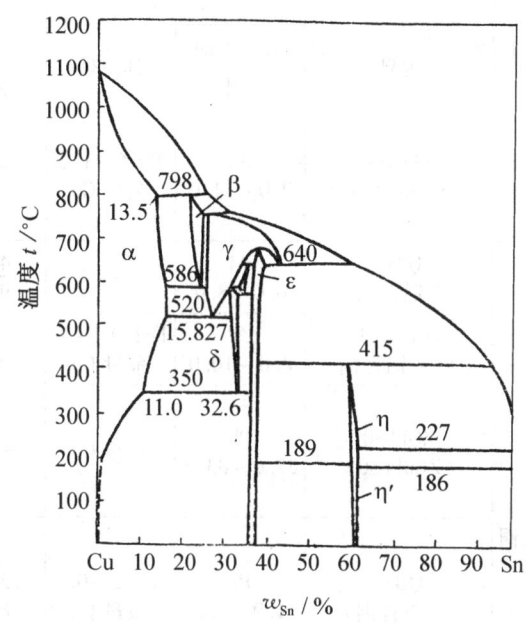

图 9-7 Cu-Sn 合金相图

为 3%~14%。变形用锡青铜塑性要求高，故锡的质量分数一般应低于 5%~7%；锡的质量分数大于 10% 的青铜适用于铸造。

锡青铜在大气、淡水、海水及高压过热蒸汽中的抗腐蚀性比纯铜及黄铜更高。但锡青铜抗酸类的腐蚀能力较差。

锡青铜在铸造凝固时，由于结晶温度范围很宽，冷凝后体积收缩很小（<1%），有利于获得尺寸极接近于铸型的铸件，这是锡青铜在铸造时突出的特点。但锡青铜液态合金流动性较差，偏析倾向较大，易形成分散的缩孔，铸件致密程度较差，锡青铜制成的容器在高压下易渗漏。

按加工方法，锡青铜可分为压力加工锡青铜与铸造锡青铜两类。其牌号、成分、力学性能和用途见表 9-5。

表 9-5 常用青铜的代号（牌号）、成分、力学性能及主要用途

类 别	代 号（牌号）	w_{Me}/% 第一主加元素	其 他	力学性能[①] σ_b/MPa	δ/%	HBS	主 要 用 途
压力加工锡青铜	QSn4-3（4-3锡青铜）	Sn 3.5~4.5	Zn2.7~3.3 余量 Cu	$\dfrac{350}{550}$	$\dfrac{40}{4}$	$\dfrac{60}{160}$	弹性元件、管配件、化工机械中耐磨零件及抗磁零件
	QSn6.5-0.1（6.5-0.1锡青铜）	Sn 6.0~7.0	P0.1~0.25 余量 Cu	$\dfrac{350~450}{700~800}$	$\dfrac{60~70}{7.5~12}$	$\dfrac{70~90}{160~200}$	弹簧、接触片、振动片、精密仪器中的耐磨零件

续表 9-5

类别	代号（牌号）	$w_{Me}/\%$ 第一主加元素	其他	力学性能 σ_b /MPa	$\delta/\%$	HBS	主要用途
铸造锡青铜	ZQSn10-1（ZCuSn10Pb1）	Sn 9.0~11.0	P0.6~1.2 余量 Cu	220/250	3/5	80/90	重要的减摩零件，如轴承、轴套、蜗轮、摩擦轮、机床丝杆螺母
特殊青铜	QAl7（7铝青铜）	Al 6.0~8.0	—	470/980	70/3	70/154	重要用途的弹簧和弹性元件
特殊青铜	QAl9-4（9-4铝青铜）	Al 8.0~10.0	Fe2.0~4.0 余量 Cu	550/900	40/5	110/180	齿轮、轴套等
特殊青铜	ZQPb30（ZCuPb30）	Pb 27.0~33.0	余量 Cu	—	—	—/245	大功率航空发动机、柴油机曲轴及连杆的轴承、减摩件
特殊青铜	QBe2（2铍青铜）	Be 1.9~2.2	Ni0.2~0.5 余量 Cu	500/850	40/3	HV 90/250	重要的弹簧与弹性元件，耐磨零件以及在高速、高压和高温下工作的轴承
特殊青铜	QSi3-1（3-1硅青铜）	Si 2.75~3.5	Mn1.0~1.5 余量 Cu	350~400/650~750	50~60/1~5	80/180	弹簧、在腐蚀介质中工作的零件及蜗轮、蜗杆、齿轮、衬套、制动销等

2. 铝青铜

以铝为主加元素的铜合金称为铝青铜。图 9-8 为 Al-Cu 合金相图。由相图可见，在平衡条件下，铝质量分数小于 9.4% 的合金应为单相 α 组织。但在实际铸造条件下，铝的质量分数 8%~9% 的合金组织中常常就有一部分 α + γ_2 共析体。这是由于冷却速度比较快时，β → α 转变进行不完全，仍有一部分 β 相被保留，随后分解成 α + γ_2 组织。当铝质量分数超过 10% 时，由于出现含有脆性相 γ_2 的共析组织，不仅塑性降低，而且强度也降低。因此，变形铝青铜铝的质量分数不大于 7%。

工业上应用的有二元铝青铜和多元铝青铜两类合金。QAl5 及 QAl7 属于低铝青铜，退火后具有均一的 α 相组织，塑性好，抗蚀性高又有适当的强度，可在压力加工状态下使用，用于制造弹簧及要求高抗蚀性的弹性元件。

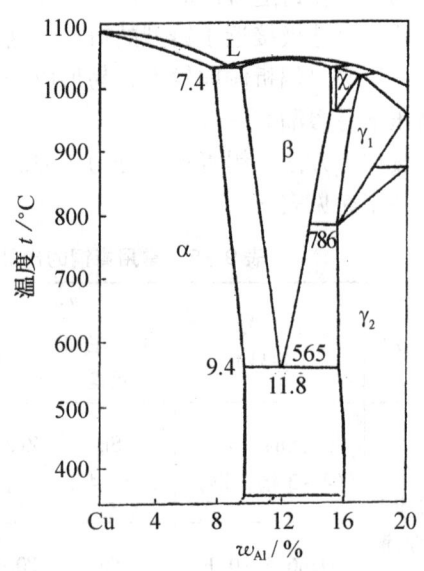

图 9-8 Al-Cu 合金相图

QAl9-2，QAl9-4，QAl10-3-1.5，QAl10-1-4 是航空工业中用得较多的复杂铝青铜。这些合金由于在铜铝基础上添加了铁、锰、镍等元素，使合金的强度、耐磨性及抗蚀性均显著提高，可用来制造在复杂条件下工作的高强度抗磨零件，如齿轮、轴套、摩擦片、蜗轮等。

3. 铍青铜

铍青铜是含铍量为 1.7% ~ 2.5% 的铜合金，是一种时效强化效果极大的铜合金。通过热处理可以获得很高的强度和硬度，σ_b = 1 250 ~ 1 500 MPa，HB = 350 ~ 400，远远超过其他所有铜合金，甚至可以和高强度钢相媲美。与此同时，铍青铜的弹性极限、疲劳极限、抗磨性、抗蚀性也都很优异。此外，铍青铜的导热性、导电性、低温韧性也非常好，同时还有抗磁、受冲击时不产生火花等特殊性能。

铍青铜主要用来制造精密仪器、仪表中各种重要弹性元件、抗磨零件（如钟表齿轮、高温高压高速工作的轴承和轴套）、航海罗盘仪零件、电焊机电极及防爆工具。但铍青铜价格昂贵，工艺复杂，限制了它的使用。

工业铍青铜的主要牌号有 QBe2，QBe2.5，QBe1.7 和 QBe1.9。QBe1.7 和 QBe1.9 中 w_{Ti} = 0.1% ~ 0.25%，减少了贵重金属铍的质量分数，改善了工艺性能，提高了周期强度，减少了弹性滞后，还保持很高的强度和硬度，因此我国推荐以 QBe1.9 和 QBe1.7 代用 QBe2.5。

第三节　镁及其合金

一、纯镁

纯镁为银白色，密度为 1.74 g/cm³，熔点为 649℃，具有密排六方结构。纯镁在空气中易氧化，高温下（熔融态）可燃烧，耐蚀性较差，在潮湿大气、淡水、海水和绝大多数酸、盐溶液中易受腐蚀；弹性模量小，吸振性好，可承受较大的冲击和振动载荷，但强度低、塑性差。纯镁不能用作结构材料，主要用于制作镁合金、铝合金等。纯镁的牌号以 Mg + 数字表示，数字表示 Mg 的质量分数，如 Mg99.95。

二、镁合金

为了提高镁的强度，可在纯镁中加入合金元素制成镁合金。镁合金的合金化原则与铝合金基本相同，主要是通过固溶强化和时效硬化来提高其强度，但效果不如铝合金那么显著。另外，镁合金易于出现晶粒粗大和分布不均匀的问题，因此添加适当的合金元素起细化晶粒的作用，也是改善镁合金性能的重要途径。镁合金加入的合金元素主要有 Al，Zn，Mn，Zr 及稀土元素等。

镁合金的主要特点是密度小，比强度和比刚度高，并有高的抗震能力，能承受比铝合金更大的冲出载荷，且切削性能良好，在需要减轻重量的结构如飞机、导弹、人造卫星、汽车等某些部件上，使用镁合金是有利的。但镁合金的最大缺点是耐蚀性较差，在潮湿大气或稀释介质中，其耐蚀性都比铝合金低，必须适当保护才能使用。

根据镁合金的成分和生产工艺特点，可将镁合金分为变形镁合金和铸造镁合金两大类。

1. 变形镁合金

变形镁合金的牌号以英文字母（最主要的合金元素代号）+ 数字（最主要合金元素的

大致的质量分数) +英文字母(标识代号)的形式表示。如 AZ91D 表示含 Al 和 Zn 分别为 9%和1%的镁合金。变形镁合金主要有 Mg – Mn 系、Mg – Al – Zn 系和 Mg – Zn – Zr 系三类。

Mg – Mn 系合金中 Mn 的质量分数为 1.2% ~2.5%,其牌号有 M2M 和 ME20M 等,其中 ME20M 是 M2M 的改型,即在其中加入 0.15% ~0.35%Ce,细化再结晶晶粒并提高合金的强度。这类合金塑性好,可以进行冲压、挤压、锻压等压力加工成形,并且具有良好的耐蚀性能和焊接性能,适用于制造外形复杂、要求耐蚀的零件。

Mg – Al – Zn 系合金中 Al 是主要合金元素(质量分数为 3% ~9%),锌为辅助强化元素(质量分数为 0.5% ~3.0%),其主要牌号有 AZ40M,AZ41M,AZ61M,AZ62M,AZ80M。这类合金强度较高、塑性较好,但耐蚀性较 Mg – Mn 系合金稍差,屈服强度和耐热性也不够高。其中 AZ40M 和 AZ41M 等低合金化镁合金强度虽低,但具有高的热塑性、好的焊接性,且应力腐蚀倾向小,适于生产形状复杂的锻件和模锻件。AZ61M,AZ62M,AZ80M 三种合金含 Al 量依次提高,强度较高,但应力耐蚀倾向较明显,主要用于制造承受大载荷的零件。

Mg – Zn – Zr 系合金中 Zn 质量分数一般为 5% 左右,并加入少量 Zr,目的在于细化晶粒和提高力学性能。其牌号有 ZK61M,该合金系高强度合金,是航空工业中应用最多的变形镁合金,但其焊接性能差,主要生产挤压制品和锻件。

常用变形镁合金的牌号、化学成分及力学性能见表 9 – 6。

表 9 – 6 变形镁合金的牌号、化学成分及力学性能

	牌号[①]	旧牌号	化学成分[②] w/%					状态	力学性能		
			Al	Zn	Mn	Zr	RE		σ_b /MPa	$\sigma_{0.2}$ /MPa	δ /%
MgAlZn	AZ40	MMB2	3.0 ~ 4.0	0.2 ~ 0.8	0.15 ~ 0.50	—	—	退火板	230	120	12
	AZ41	MMB3	3.7 ~ 4.7	0.8 ~ 1.4	0.30 ~ 0.60	—	—	退火板	240	140	10
	AZ61	MMB5	5.5 ~ 7.0	0.5 ~ 1.5	0.15 ~ 0.50	—	—	锻件	260	170	15
	AZ62	MMB6	5.0 ~ 7.0	2.0 ~ 3.0	0.20 ~ 0.50	—	—	锻件	310	215	8
	AZ80	MMB7	7.8 ~ 9.2	0.2 ~ 0.8	0.15 ~ 0.50	—	—	锻件	330	230	11
MgMn	M2M	MB1	≤0.20	≤0.30	1.30 ~ 2.50	—	—	退火板	170	90	5
MgZnZr	ZK61M	MB15	≤0.05	5.0 ~ 6.0	≤0.10	0.3 ~ 0.9	—	成型+时效棒	305	235	6
MgZnRE	ME20M	MB8	≤0.20	≤0.30	1.30 ~ 2.20	—	0.15 ~ 0.35Ce	退火板	220	110	10

注:① 代号:A—铝,Z—锌,M—锰,K—Zr,E—稀土。② Mg 余量。

2. 铸造镁合金

铸造镁合金的牌号由 ZMg + 主要合金元素的化学符号及其平均质量分数的百分数组成

(其中"Z"是"铸"字的汉语拼音字首)。当合金元素的平均质量分数大于1%时,该数字用整数表示;当合金元素的平均质量分数小于1%时,一般不标数字。例如 ZMgAl8Zn 表示 Al 的平均质量分数为8%、Zn 的平均质量分数<1%的铸造镁合金。铸造镁合金的代号用"铸镁"的汉语拼音字首 ZM+顺序号表示,如 ZM1、ZM2 等。铸造镁合金分为高强度铸造镁合金和耐热铸造镁合金两大类。

高强度铸造镁合金包括 Mg-Al-Zn 系的 ZMgAl8Zn(ZM5),ZMgAl10Z(ZM10) 和 Mg-Zn-Zr 系的 ZMgZn5Zr(ZM1),ZMgZn4RElZr(ZM2),ZMgZn8AgZr(ZM7)。这些合金具有较高的室温强度、良好的塑性和铸造性能,但耐热性差。其中 ZM5 强度高,塑性好,易于铸造,可焊接,也能抗蚀,是航空和航天工业中应用最广的高强度铸造镁合金,用于制造飞机、发动机、卫星及导弹仪器舱中承受较高载荷的结构件或壳体。ZM1 因热裂倾向大,故不宜焊接,只能用于铸造形状较简单的零件;ZM2 的铸造性和可焊性明显改善,可用于制造200℃以下工作而要求强度高的零件;ZM7 的力学性能进一步提高,但铸造、焊接性能差,用于制造承受较大载荷的零件。

耐热铸造镁合金有 Mg-RE-Zr 系的 ZMgRE3ZnZr(ZM3)、ZMgRE3Zn2Zr(ZM4)、ZMgRE2ZnZr(ZM6),这些合金具有良好的铸造性能,显微疏松和热裂倾向小,耐热性好,但室温强度和塑性较低。其中 ZM3 和 ZM4 在 150~250℃下具有良好的力学性能,适于制造有温度要求但承载不大的零件;而 ZM6 在 250℃下的综合性能优于 ZM3 和 ZM4,可用于制造 250℃下承受较高载荷的零件。

常用铸造镁合金的牌号、化学成分及力学性能见表 9-7。

表 9-7 铸造镁合金的牌号、化学成分及力学性能

	牌号	代号	化学成分[①] w/%					热处理状态[②]	力学性能		
			Al	Zn	Mn	Zr	Re		σ_b /MPa	$\sigma_{0.2}$ /MPa	δ_5 /%
MgAlZn	ZMgAl8Zn	ZM5	7.5~9.0	0.2~0.8	0.15~0.50	—	—	T6	230	100	2
	ZMgAl10Z	ZM10	9.0~10.2	0.6~1.2	0.10~0.50	—	—	T6	230	130	1
MgZnZr	ZMgZn5Zr	ZM1	—	3.5~5.5	—	0.5~1.0	—	T1	235	140	5
	ZMgZn4RE1Zr	ZM2	—	3.5~5.0	—	0.5~1.0	0.75~1.75	T1	200	135	2
	ZMgZn8AgZr	ZM7	—	7.5~9.0	—	0.5~1.0	(0.6~1.2Ag)	T6	275	—	4
MgREZnZr	ZMgRE3ZnZr	ZM3	—	0.2~0.7	—	0.4~1.0	2.5~4.0	F、T2	120	85	1.5
	ZMgRE3Zn2Zr	ZM4	—	2.0~3.0	—	0.5~1.0	2.5~4.0	T1	140	95	2
	ZMgRE2ZnZr	ZM6	—	0.2~0.7	—	0.4~1.0	2.0~2.8	T6	230	135	3

注:①Mg 余量。②热处理状态代号:F—铸态,T1—人工时效,T2—退火,T6—固溶处理+人工时效。

第四节 轴承合金

机器轴承可分为滚动轴承和滑动轴承两种。如前所述，制造滚动轴承的材料一般是钢铁材料（GCr15），这里说的轴承合金是指制造滑动轴承的材料，是非钢铁材料。

一、轴承合金的性能及组织要求

1. 力学性能要求

滑动轴承支承着轴进行工作，轴在轴瓦中高速旋转时，发生强烈摩擦，同时轴瓦还要承受轴颈传给它的周期性负荷，造成轴和轴承的磨损。因轴是重要零件，制造工艺复杂，成本较高，故在磨损不可避免的情况下，应确保轴受到最小的磨损，必要时可更换轴瓦而继续使用轴。因此，轴承合金必须具备如下性能：

（1）良好的减摩性：即低的摩擦系数和好的磨合性能。这就要求轴承材料硬度低、塑性好。低的硬度可使外界落入轴承的较硬杂质陷入软基体，减小对轴的磨损。

（2）具有足够的力学性能，特别是要有足够的抗压强度和疲劳极限。

此外，轴承合金还应具有良好的导热性，使轴承不至于因温升太高而软化或熔化。同时要有良好的耐蚀性以抗润滑油的腐蚀。

2. 金相组织要求

根据轴承的工作条件和性能要求，轴承合金常常有如下两类组织：

（1）在软的基体上孤立地分布着硬质点（一般为化合物），其体积占15%~30%，如图9-9所示。

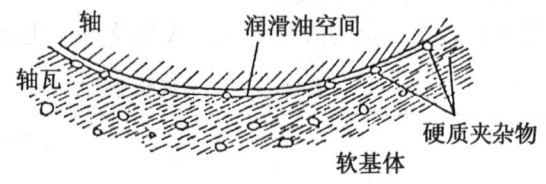

图9-9 轴承合金组织示意图

当轴在轴承中运转时，轴承合金软的基体易于磨损而凹陷，使硬质点突出于表面以承受载荷，并抵抗自身的磨损；凹陷下去的地方可储存润滑油，保证有低的摩擦系数。同时，软的基体有较好的磨合性与抗冲击、抗震动的能力。但这类组织难以承受高的载荷，属于这类组织的轴承合金有巴氏合金。

（2）在硬的基体上分布着软的质点。当然，基体硬度应低于轴的轴颈硬度。这类组织也具有低的摩擦系数，并能承受较高的载荷，但其磨合性较差。属于这类组织的轴承合金有某些铜基和铝基轴承合金，以及灰铸铁。

二、常用的轴承合金

常用的轴承合金有锡基与铅基轴承合金、铜基轴承合金和铝基轴承合金等。

1. 锡基与铅基轴承合金（巴氏合金）

锡基与铅基轴承合金的牌号表示方法：ZCH + 基体元素与主加元素化学符号 + 主加元素与辅加元素的含量（%）。"ZCH"是"铸"、"承"两字汉语拼音字首。例如，ZCHSnSb8-4为铸造锡基轴承合金，主加元素锑的质量分数为8%，辅加元素铜的质量分数为4%，余量为锡。

常用的锡基与铅基轴承合金的牌号、化学成分与用途见表9-8。

表9-8 铸造轴承合金牌号、成分与用途

类别	牌号	化学成分/%					硬度HBS(不小于)	用途举例
		Sb	Cu	Pb	Sn	杂质		
锡基轴承合金	ZSnSb12Pb10Cu4	11.0~13.0	2.5~5.0	9.0~11.0	余量	0.55	29	一般发动机的主轴承,但不适于高温工作
	ZSnSb11Cu4	10.0~12.0	5.5~6.5	—	余量	0.55	27	1500kW以上蒸汽机、370kW涡轮压缩机、涡轮泵及高速内燃机轴承
	ZSnSb8-4	7.0~8.0	3.0~4.0	—	余量	0.55	24	一般大机器轴承及高载荷汽车发动机的双金属轴承
	ZSnSb4-4	4.0~5.0	4.0~5.0	—	余量	0.50	20	涡轮内燃机的高速轴衬
铅基轴承合金	ZPbSb16-16-2	15.0~17.0	1.5~2.0	余量	15.0~17.0	0.6	30	110~880kW蒸汽涡轮机、150~750kW电动机和小于1500kW起重机及重载荷推力轴承
	ZPbSb15Sn5Cu3	14.0~16.0	2.5~3.0	C 1.75~2.25 As0.6~1.0 Pb余量	5.0~6.0	0.4	32	船舶机械、小于250kW电动机、抽水机轴承
	ZPbSb15Sn10	14.0~16.0	—	余量	9.0~11.0	0.5	24	中等压力的机械,也适用于高温轴承
	ZPbSb15Sn5	14.0~15.5	0.5~1.0	余量	4.0~5.5	0.75	20	低速、轻压力机械轴承
	ZPbSb10Sn6	9.0~11.0	—	余量	5.0~7.0	0.75	18	重载荷、耐蚀、耐磨轴承

(1) 锡基轴承合金:锡基轴承合金是以锡为基础,加入锑、铜等元素组成的合金。显微组织如图9-10。图中暗色基体是锑溶入锡所形成的α固溶体(HB30),作为软基体;硬质点是以化合物SnSb为基的β固溶体(HB110,呈白色方块状)以及化合物Cu_6Sn_5(呈白色针状或星状)。化合物Cu_6Sn_5首先从液相中析出,其比重与液相接近,可

形成均匀的骨架，防止比重较轻的 β 相上浮，以减少合金的比重偏析。

这种合金具有良好的减摩性、抗蚀性、导热性和韧性，但疲劳极限较低。其工作温度不能超过150℃。由于锡较稀缺，故锡基轴承合金价格昂贵。

锡基轴承合金常用于最重要的轴承，如汽轮机、发动机、压气机等巨型机器的高速轴承。

图9-10 锡基轴承合金显微组织

图9-11 铅基轴承合金显微组织

（2）铅基轴承合金：铅基轴承合金是以铅-锑为基础，加入锡、铜等元素组成的合金。显微组织如图9-11。软基体为（α+β）共晶体（HB7~8）；硬质点是初生的 β 相（白色方块状，HB30）及化合物 Cu_2Sb（白色针状）。α 相是锑溶入铅所形成的固溶体，β 相是以 SnSb 化合物为基的含铅的固溶体。

铅基轴承合金的硬度、强度、韧性均较锡基合金低，且摩擦系数较大，但价格较便宜。铅基轴承合金常用来制造承受中、低载荷的中速轴承，如汽车、拖拉机的曲轴、连杆轴承及电动机轴承。

无论是锡基还是铅基轴承合金，它们的强度都比较低，不能承受大的压力，故需将其镶铸在用钢冲压成型的轴瓦上（常用08钢），形成一层薄而均匀的内衬，才能发挥作用。这种工艺称为"挂衬"，挂衬后就形成所谓双金属轴承。

双金属轴承材料生产方法可分为铸造法和粉末冶金法两大类。铸造法难度大，成本高，未能广泛使用。目前主要使用合金粉末烧结法，图9-12为生产铝铅轴承材料示意图。该法是将铅、

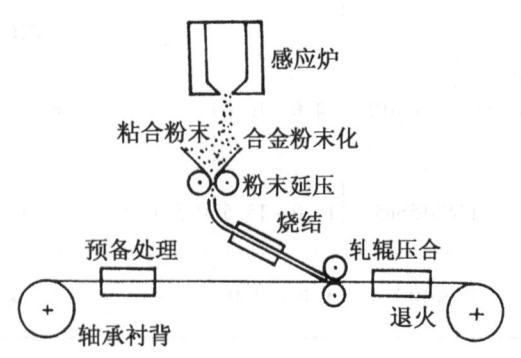
图9-12 粉末烧结法生产轴承材料示意图（挂衬）

硅、锡、铜的合金粉末与作为粘合层的铝粉末一道，通过粉末轧制法制成复合板，然后再

将该复合板轧制到轴承衬背（08 钢）上。

2. 铜基轴承合金

铜基轴承合金有锡青铜、铅青铜等。常用的铜基轴承合金有 ZQSn10-1 和 ZQPb30。

ZQSn10-1 合金是在 ZQSn10 锡青铜成分中加入 0.8%～1.2% 磷。其显微组织中，α 固溶体是软基体，δ 相及 Cu_3P 化合物是硬质点。因此含锡量为 10% 左右的锡青铜是优良的轴承合金之一，它适于制造高速、重负荷的柴油机轴承。

锡青铜可直接制成轴瓦，但与其配合的轴颈应具有较高的硬度（HB300～400）。

ZQPb30 是含铅 30% 的铅青铜。铜和铅在固态时互不溶解。铅青铜的显微组织同其他轴承合金不同，是在硬的基体（铜）上均匀分布着大量软的质点（铅晶粒）。硬基体起支撑抗磨作用，软质点可贮存润滑油。铜和铅比重差别很大，铸造冷却缓慢时铅将呈网状分布或发生比重偏析。增加铸造冷却速度，例如采用离心浇注前仔细搅拌，浇注后快冷均可使铅细小均匀地分布在铜的基体上。加入锑、硫等元素或微量稀土元素或碱金属也得到均匀细小的铅晶粒。

ZQPb30 具有高的疲劳极限和承载能力，同时还有高的导热性（约为锡基巴氏合金的 6 倍）和低的摩擦系数，并可在较高温度（250℃）下正常工作。因此，该合金适宜制造高负荷、高速度、重要的轴承，如航空发动机、高速柴油机及其他高速机器的主轴承。

铅青铜的强度较低，也需要在钢瓦上挂衬，制成双金属轴承。

3. 铝基轴承合金

常用的铝基轴承合金有 Al-Sb-Mg 合金和 Al-Sn 合金。

（1）Al-Sb-Mg 轴承合金：其成分中 w_{Sb} = 3.5%～5%，w_{Mg} = 0.3%～0.7%，余为 Al。显微组织为金属化合物（AlSb 和 Mg_3Sb_2）硬质点 + 以铝为基的软基体 α 固溶体。加入镁可形成锑镁化合物硬质点并能使针状的 AlSb 变成片状，改善合金的塑性、韧性和强度。

Al-Sb-Mg 轴承合金有高的抗疲劳性能及耐磨性，可取代铅青铜 QPb30。但其承载能力不大，只能用于中等负荷的内燃机上。

（2）Al-Sn 轴承合金：高锡铝基轴承合金的化学成分为 w_{Sn} = 20%，w_{Cu} = 1%，余为 Al。锡在铝中的溶解度极小。w_{Sn} = 20% 的 Al-Sn 合金的共晶组织较多，锡呈网状包围着铝晶粒，大大降低合金的力学性能。为了消除网状共晶体，可进行 350℃ 退火，则锡被球化。因此，该合金的实际组织是在硬的铝基体上均匀分布着软的粒状锡质点。Al-Sn 合金适宜制造高速、重载的发动机轴承，目前已在汽车、拖拉机、内燃机车上推广使用。

Al-Sn 轴承合金与钢的粘结性较差，在跟钢瓦挂衬时，必须将其与纯铝箔轧制成双金属，然后再与钢一起轧制，最后成品是由钢-铝-高锡铝基轴承合金 3 层所组成。

除上述轴承合金外，珠光体灰铸铁也常作滑动轴承材料。它的显微组织是由硬基体（珠光体）与软质点（石墨）组成，石墨还有润滑作用。铸铁轴承可承受较大的压力，价格低廉，但摩擦系数较大，导热性差，故只适宜制造低速的不重要的轴承。

第十章　机械工程非金属材料

第一节　概　　述

用于机械工程上的非金属材料，种类很多，按材料来源可分为天然材料（天然橡胶、棉、麻等）和人工材料（合成橡胶、合成纤维等）。由于天然材料受资源和性能的局限，工业上主要使用人工合成材料。按化学组成分类，可分为有机非金属材料（如塑料、橡胶、纤维等）和无机非金属材料（如陶瓷、耐火材料等）。

高分子合成材料的发展仅约一百年的历史，其中发展最快、应用最广的是塑料。从电器工业中大量应用的用酚醛树脂（俗称电木）制的绝缘材料，到汽车、拖拉机的刹车板，以及将树脂涂于玻璃布上而层压制成的齿轮和轴承等，用途越来越广泛。同时用纤维来增强塑料制成复合材料，更大大地提高了塑料的力学性能，从而扩大了其应用范围，前景十分广阔。

高分子材料有如下的性能特点：

（1）原材料来源丰富。20世纪40年代以来，高分子合成材料不再只用农副产品作原料，它可以大量使用煤、石油和天然气作为它的原料。

（2）成型加工容易，生产力高。如一台普通注塑机，可年产15万只塑料齿轮，相当于20台滚齿机和5台车床的生产能力，尚不算其毛坯生产所消耗的设备、能源和工时。

（3）构件质轻、比强度高。高分子材料都比金属轻，具有高的比强度。

（4）耐磨、自润滑性良好。这对于难以进行人工润滑条件下工作的摩擦件，更为有效。

（5）耐腐蚀性好。塑料对于一般的酸、碱等介质均有良好的抗腐蚀能力，被称为"塑料王"的聚四氟乙烯甚至置于"王水"中煮沸都不会被腐蚀。

（6）具有良好的电绝缘性、消声性和减震性等。

（7）可制成胶粘剂，部分地取代机器中的螺接、焊接、铆接，简化了连接工艺。

缺点是：力学性能和工作温度较钢铁为差，且易于老化。

而在无机非金属材料中，作为结构材料，发展最快的是现代陶瓷，它是20世纪50年代才发展起来的，有高强度陶瓷、高温陶瓷、高韧性陶瓷、光学陶瓷、耐酸陶瓷等等。在国防、化工、建筑等部门发挥了它独特的作用。

第二节　高分子材料

一、基本概念

1. 高分子化合物的含义

相对分子质量大是高分子化合物的特征。低分子化合物的分子所含的原子数一般只有几个、几十个至多几百个,其相对分子质量大多在 500 以下,而高分子化合物的分子所含的原子数一般均超过 1 000,相对分子质量大多在 5 000 以上,通常为几万、几十万甚至几百万。因而"高分子"也叫"大分子"。

当然,是否为高分子,主要由它们的物理、力学性能来决定。一般说来,高分子化合物具有较好的强度和弹性,而低分子化合物则没有。而且当化合物的相对分子质量达到一定值之后,其物化性能基本不因相对分子质量不同而变化。这时的化合物,便可称为高分子化合物。

2. 高分子化合物的组成

高分子的相对分子质量虽然很大,但它的化学组成一般却比较简单,通常由 C,H,O,N,S 等构成。其中主要是碳氢化合物及其衍生物。它们往往是由一种或几种低分子化合物的成千上万个原子以共价键形式重复连接而成的大分子所组成。

能够形成高分子的低分子化合物称为单体。由单体变成高分子的过程称为聚合反应,简称聚合。如聚氯乙烯就是由单体氯乙烯 $CH_2 = CH$ 经聚合反应而形成的,其反应式为:
$\qquad\qquad\qquad\qquad\quad |$
$\qquad\qquad\qquad\qquad\ \ Cl$

$$nCH_2 = CH \longrightarrow \cdots —CH_2—CH—CH_2—CH—CH_2—CH— \cdots$$
$\qquad\quad\ |\qquad\qquad\qquad\quad\ \ |\qquad\qquad |\qquad\qquad\ \ |$
$\qquad\quad Cl\qquad\qquad\qquad\quad\ Cl\qquad\quad\ Cl\qquad\quad\ Cl$

这种很长结构的大分子,称为"分子链",一般简写成 $-[CH_2—CH]_n-$。可见,聚氯
$\qquad\qquad\qquad\qquad\qquad\qquad\qquad\qquad\qquad\qquad\qquad\qquad\ \ |$
$\qquad\qquad\qquad\qquad\qquad\qquad\qquad\qquad\qquad\qquad\qquad\qquad\ Cl$
乙烯是由 $—CH_2—CH—$ 这样的结构单元重复连接而成的。这种与单体类似的结构单元
$\qquad\qquad\qquad\ \ |$
$\qquad\qquad\qquad\ Cl$
称为"链节"。高分子化合物就是含有许多链节的聚合物,因此又称为高聚物。

高聚物内所含链节的数目(即上式中的 n)叫做该聚合物的聚合度,可见,高分子化合物的相对分子质量大小与聚合度 n 有直接关系。常用下式表示:

$$M = n \cdot m$$

式中 M——大分子的相对分子质量;

$\qquad m$——链节的化学式量;

$\qquad n$——大分子的聚合度。

不过,一般说来,同一种高分子化合物中各个分子的聚合度(即所含链节的数目)是不同的。因此,合成高分子化合物实际上是相对分子质量大小不同的同系混合物,它们的相对分子质量或聚合度通常是在一定范围之内的,也可以说是指平均相对分子质量或平均聚合度。例如,聚氯乙烯的相对分子质量就是在 $(2 \sim 16) \times 10^4$ 范围内。

高分子化合物中相对分子质量大小不等的现象,称为高分子的多分散性(即不均一性)。这在低分子中是不存在的。因此,多分散性是高分子化合物和低分子化合物的另一显著差别。

3. 高分子化合物的结构

高分子化合物的基本结构,按其几何形状可分为线型结构和体型(包括网型)结构两种。而根据其分子在空间排列的规整程度又可分为结晶型和无定型(非结晶)两类。

(1) 线型结构：线型高聚物同时具有结晶型和无定型两种类型，当其内部分子排列规整有序时，称为线型结晶型高聚物，如若分子排列杂乱无规，则称为线型无定型高聚物。线型高聚物的大分子的基本链节相互连成一个长链分子（不少还有支链），其直径与长度之比可达

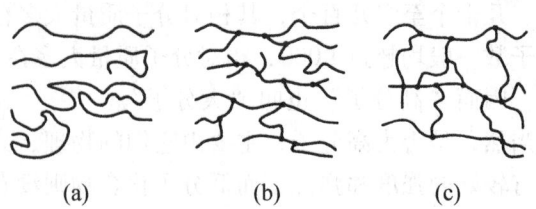

图 10-1 高聚物结构示意图
(a) 线型结构；(b) 支链型结构；(c) 体形或网型结构

1：1 000 以上，要使长链的每一部分都作规整有序的排列是非常困难的，所以通常条件下，线型高聚物属于部分结晶或无定型的。这种细长的线型分子链，在较高温度下或稀溶液中易呈卷曲状，如图 10-1a、b 所示，但在拉伸时则呈直线形状。各长链大分子之间借助物理作用（即靠范德华力或氢键）结合在一起。但在热和溶剂的作用下，结合力减弱甚至消失，会呈现可熔、可溶的特性。

具有线型结构的高聚物，加工成型时分子链时而卷曲收缩时而伸长，十分柔顺，表现出良好的可塑性和高弹性。

属于这种结构的高聚物有聚乙烯、聚丙烯、聚酯、未经硫化的天然橡胶、接枝型 ABS 树脂和耐冲击型聚苯乙烯等。

(2) 体型结构：体型结构高聚物，由于分子链间有大量的交联，分子链不可能产生有序排列，通常是无定型的。

体型结构是在线型（或带支链）的长链大分子之间以强的化学键交联在一起，形成网络状或向空间发展的大分子结构。其形成往往分阶段进行，即线型—网型—体型。因此，具有体型结构的高聚物，加工时只能一次成型。

体型高聚物是一个"巨型分子"，性质与线型高聚物完全不同，它们对热和溶剂的作用都比较稳定，呈现不熔、不溶的特性，如酚醛树脂、环氧树脂、硫化橡胶等都属于这种类型的结构。

4. 高分子化合物的分类与命名

(1) 分类：高分子化合物的种类繁多，按不同原则可分为下列几类，见表 10-1。其中应用最多、最为重要的是按化学结构进行的分类。

表 10-1 高分子化合物常见的分类方法

分类的原则	类 别	举 例 与 特 性
按聚合物的来源	天然聚合物	如天然橡胶、纤维素、蛋白质等
	人造聚合物	经人工改性的天然聚合物，如硝酸纤维、醋酸纤维（人造丝）
	合成聚合物	完全由低分子合成的，如聚氯乙烯、聚酰胺
按生成聚合物的化学反应	加聚物	由加成聚合反应得到的，如聚烯烃
	缩聚物	由缩合聚合反应得到的，如酚醛树脂
按聚合物的性质	塑料	有固定形状及一定的热稳定性与机械强度，如工程塑料
	橡胶	具有高弹性，可做弹性材料与密封材料
	纤维	单丝强度高，可做纺织材料

续表 10-1

分类的原则	类别	举例与特性
按聚合物的热行为	热塑性聚合物 热固性聚合物	加热后线型结构仍不变 加热后线型结构变体型结构
按聚合物的化学结构（即按聚合物分子的结构）	碳（均）链聚合物	一般为加聚物，主链全部为碳原子，侧基可以是各种各样的，如聚烯烃
	杂链聚合物	一般为缩聚物，主链除碳原子外，还有 O, N, S 等其他原子，如聚酰胺
	元素有机聚合物	一般为缩聚物，主链中不一定有碳原子，而由 Si, Al, Ti, B 等与有机元素 O 构成主链，主链中的原子与有机机团相连接，兼有硅盐特有的耐热性和有机高聚物的易加工性、弹性、蹭水性和高绝缘性，如二甲基硅橡胶
	无机高聚物	主链和侧链基团均由无机元素或基团构成，如无机耐火橡胶

（2）命名：目前高分子化合物的名称仍处于习惯命名阶段。最常用的是按聚合物的链节所含单体结构单元的名称来命名，即在单体名称前加"聚"字，如聚乙烯、聚氯乙烯、聚甲基丙烯酸甲脂（有机玻璃）等或在单体名称后加"树脂"两字，如酚醛树脂、环氧树脂等。

此外，还可见许多商品名称及表示符号，商品名称各国不统一，如聚丙烯腈（人造羊毛），外国叫奥纶，我国叫腈纶。符号表示法多以英文名称缩写字头表示，如 PS 为聚苯乙烯；PVC 为聚氯乙烯等。

二、高聚物的基本特性

1. 大分子链间作用力

大分子链内原子间的作用力主要是共价键键合力，而分子间的作用力是范德华力。因大分子链的链节很多，相邻两分子间，每对链节产生的范德华力等于单体分子间的范德华力，大量链节的范德华力就是各单体分子间范德华力的简单加和。高聚物的聚合度达几千几万，所以分子间的范德华力往往超过分子内的共价键键合力。相对分子质量越大，分子间力越大，材料的强度越高。

2. 大分子的构象与柔顺性

大分子链总是处于不停的热运动之中，在热运动过程中，大分子链的空间形象称为构象。大分子主链是由成千上万个原子经共价键连接而成，分子链在保持共价键键长和键角不变的前提下进行旋转，如图 10-2 所示。图中—C_1—C_2—C_3—C_4—为碳链高分子中的一段，b_1, b_2, b_3 为

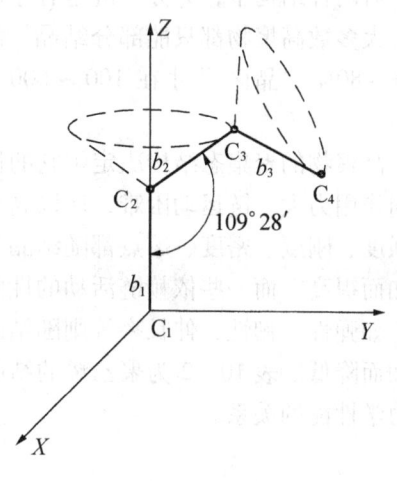

图 10-2 大分子链内旋转示意图

键长、键角均为 $109°28'$。当 b_1 自旋转时，b_2 沿着以 C_2 为顶点的锥面上旋转，同样 b_3 可以在以 C_3 为顶点的锥面上运动，这样在极高频率的 C—C 键内，旋转随时改变着链的构象。整个分子链时而伸长，时而卷曲，但伸直构象的几率是极少的，而呈卷曲构象的几率则较大，即长链分子可在很大程度上卷曲。高分子链能够改变其构象的这种特性，称为大分子链的柔顺性。组成和结构不同的大分子链，内旋转能力是不同的，内旋转容易，构象变化也容易，大分子链的柔性就好。大分子链的柔性对高聚物的性能影响很大。柔性分子链的高聚物弹性和韧性好，而强度和硬度差。

影响大分子链柔性的因素比较复杂，主要有以下两个方面：

（1）不同元素组成的大分子链内旋转特性不同，例如 C—O 键、C—N 键和 Si—O 键内旋转要比 C—C 键容易得多，C=C 双键内旋转则更难。

（2）大分子链上带有其他原子团或支链时，链的柔性就差。如聚苯乙烯大分子链上，由于支链上苯环的影响，内旋转阻力就比聚乙烯链大，柔性不如聚乙烯链。所以聚苯乙烯硬而脆，聚乙烯软而韧。当苯环直接链接在主链上时（如聚苯醚），形成僵硬的刚性链，内旋转无法进行，此类高聚物特别耐高温。

3. 大分子链的聚集状态

了解高聚物聚集态结构特征与性能的关系，对于合理使用高聚物材料非常重要。

高聚物大分子链的聚集状态主要有三种结构，如图 10-3 所示。

（1）无规则排列的无定型结构。众多长短不一的大分子链像杂乱的线团一样聚集在一起，属非晶态结构（图 10-3a）。

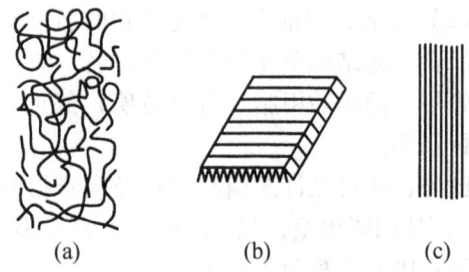

图 10-3 大分子链三种聚集态结构示意图
(a) 非晶态；(b) 折叠链片晶；(c) 伸直链晶体

（2）折叠链片晶结构。分子链呈横向有序排列（图 10-3 b）。

（3）伸直链晶体结构。分子链平行排列，成纵向有序伸直链（图 10-3 c）。

后两种结构中，大分子链呈有序规则排列的聚集态，故均属于晶态结构。

大多数高聚物都只能部分结晶。结晶度（即结晶部分所占体积或重量百分数）可达 30%~80%。晶区尺寸在 100~600 Å 之间，形状各异的晶区分布在非晶态结构的基体中。

高聚物的聚集态结构决定了它的性能，由于晶态结构的分子链规整而紧密地排列，分子间作用力大，链运动困难，所以高聚物的强度、刚度、密度、熔点都随结晶度的增加而提高。而一些依赖链活动的性能指标，如弹性、韧性、伸长率等则随结晶度增加而降低。表 10-2 为聚乙烯的结晶度与力学性能的关系。

表 10-2 聚乙烯的结晶度与力学性能的关系

结晶度	抗裂强度/MPa	伸长率/%
40%~53%	7~16	90~800
60%~80%	20~39	15~100

三、高聚物的物理状态

高聚物在不同的温度下呈现出不同的物理状态,因而具有不同的力学性能,这对高聚物的成型加工和使用具有重要意义。图 10-4 为线型无定形高聚物的温度-形变曲线(又称热-机械曲线)。由图可见,其在不同温度范围内呈现三种状态,即玻璃态、高弹态和粘流态。

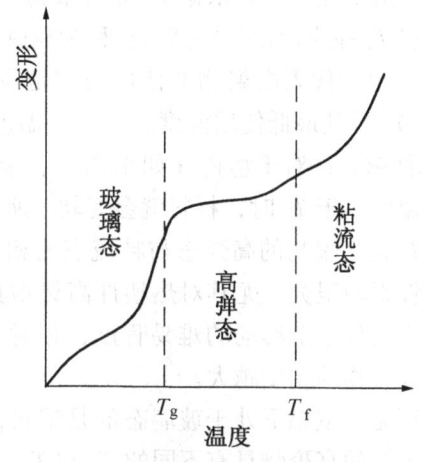

图 10-4 线形无定形高聚物的温度-变形曲线

1. 玻璃态

当温度低于 T_g(玻璃化温度)时,高聚物的大分子链热运动几乎被冻结,只有链节的微小振动及链中链长和键角的弹性变形。在外力作用下,形变很小($\delta < 1\%$),应变与应力成正比,符合虎克定律。玻璃态是塑料的应用状态,形变困难而硬度较高。作为塑料使用的高聚物,它的 T_g 应该越高越好。如聚氯乙烯的 T_g 为 87℃,而作为工程材料使用的聚碳酸酯的 T_g 为 150℃。

2. 高弹态

当温度处于玻璃化温度 T_g 与粘流化温度 T_f 之间时,高聚物处于高弹态。这时高聚物的分子链动能增加,链间的自由体积也由于热膨胀而增大,大分子链段(几个或几十个链节组成)热运动可以进行,但整个分子链并没有移动。当受外力作用时,原来卷曲链沿受力方向伸展,结果产生很大的弹性变形($\delta = 100\% \sim 1000\%$),这种变形的回复不是瞬时的,须经过一定时间才能完全回复。高弹态是橡胶的应用状态,故橡胶的 T_g 都低于室温,且越低越好。如天然橡胶的 T_g 为 -73℃,合成的顺丁橡胶 T_g 为 -105℃,一般橡胶的玻璃化温度为 -40~120℃。

3. 粘流态

当温度升高到粘流化温度 T_f 时,大分子链链段的热运动加剧,可以自由运动,进而引起整个大分子链之间沿作用力方向的相互滑移,宏观上表现为形变猛然剧增,形变不可逆,即发生塑性变形。这时,高聚物在外力作用下便发生粘性流动。

粘流态不是高聚物的使用状态,而是工艺状态。由单体聚合生成的高聚物原料一般为粉末状、颗粒状或块状,将高聚物原料加热至粘流态后,通过喷丝、吹塑、挤压、模铸等方法,加工成各种形状的零件、型材或纤维等。

若线型无定型高聚物中有部分结晶区域时,则当温度升高到 T_g 以上与结晶体的熔点以下时,非结晶区域仍保持线型无定型高聚物高弹态特性,而结晶区域的分子链排列规整,链段无法运动,表现出较高硬度,两者复合组成了既韧又硬的皮革态。部分结晶高聚物的这种特性,为通过调整和控制结晶度来改变材料的性能提供了可能的条件。

必须指出,如果在粘流态下再继续加热,则聚合物将发生断链而分解,导致高聚物的破坏。

线形无定型高聚物的上述三种物理状态,其转化过程是可逆的,即:

$$\text{玻璃态} \underset{\text{降温}}{\overset{\text{升温}}{\rightleftharpoons}} \text{高弹态} \underset{\text{降温}}{\overset{\text{升温}}{\rightleftharpoons}} \text{粘流态}$$

玻璃化温度 T_g 是高聚物的特征温度之一。不同的高聚物，其 T_g 是不同的，因此在高分子合成工业中，常依据 T_g 对高聚物进行分类：通常将 T_g 在室温以上的高聚物称为塑料；将 T_g 在室温以下的高聚物称为橡胶。

T_g 也常代表高聚物的使用温度范围。对于橡胶类高聚物（各种天然橡胶或合成橡胶），T_g 是其最低使用温度。当使用温度低于 T_g 时，材料就会变脆，因此，这类材料的 T_g 越低越好；对于塑料（如聚乙烯、聚氯乙烯、聚苯乙烯等），T_g 是其最高使用温度，使用温度高于 T_g 时，材料就会变软，所以这类材料的 T_g 则越高越好。

T_f 是高聚物的高弹态与粘流态的相互转化温度，称为粘流温度，它对高聚物的成型工艺性影响很大，尤其对热塑性高聚物具有更加重要的理论和实际意义。T_f 的高低取决于整个大分子链移动的难易程度，相对分子质量越大，大分子链相对滑移越困难，T_f 越高，高聚物的粘度越大。

可见，室温下处于玻璃态的是塑料，处于高弹态的是橡胶，处于粘流态的是流动树脂。不同的高聚物具有不同的 T_g 和 T_f，而通过 T_g 和 T_f 可以确定材料的使用温度范围以及在什么温度下进行熔融加工。

下面，对常用的高聚物材料塑料和橡胶作一简要介绍。

四、塑料

塑料是目前机械工业中使用最广的高聚物材料。它是以天然或合成树脂为主要成分，在一定条件（温度、压力）下可加工成型，且在常温下能保持其形状不变的材料。

1. 塑料的组成

（1）合成树脂：有热塑性（如聚甲醛、聚苯乙烯、聚酰胺等）和热固性（如醇酸树脂、酚醛树脂、环氧树脂）两类，是决定塑料性能和使用范围的主要组成物，起粘结其他组分的作用。在塑料中，合成树脂含量一般为 30%～100%（不含添加剂的塑料称单组分塑料，其余称多组分塑料）。

（2）添加剂：

①填料：起调整塑料的物理化学性能，提高强度，扩大使用范围的作用，并可减少合成树脂的用量，降低成本。填料不同，塑料的性能便不同。如加入银、铜等金属粉末，可制成导电塑料；加入磁铁粉，可制成磁性塑料等。这是塑料制品品种繁多、性能各异的主要原因之一。

②增塑剂：起提高合成树脂可塑性的作用。并可赋予制品以柔韧性及弹性（如在聚氯乙烯树脂中加入邻苯二甲酸二丁酯，可得到像橡胶一样的软塑料）。常用的增塑剂是液体的或低熔点固体的有机化合物，用量通常在 30% 以下。

③稳定剂：其作用是确保高聚物大分子链结构稳定，防止塑料老化。如在聚氯乙烯树脂中加入硬脂酸盐，可防止热成型时的热分解。在塑料中加入碳黑作紫外线吸收剂，可提高其耐光辐射的能力。

④固化剂：其作用是将热塑性的线型高聚物加热成型时，使受热可塑的线型结构，交联成网状体形高聚物并固接硬化，制成坚硬稳定的塑料制品。

⑤其他添加剂：如润滑剂（成型时便于脱模）、着色剂、发泡剂、阻燃剂等等。上述各种添加剂的加入与否以及加入量的多少，则视塑料制品的性能和用途不同而异。

2. 塑料的分类

按塑料的应用情况和性能可分为：

（1）通用塑料：通用塑料是一种非结构材料，产量大，价格低。常用的有聚乙烯、聚氯乙烯、聚丙烯、聚苯乙烯等，它们通常制成管材、棒材、板材和薄膜等制品，用于制作一般小型机械零件和日常生活用品。

（2）工程塑料：工程塑料可作为结构材料。具有比较优良的力学性能、电性能、化学性能以及耐热性、耐磨性及尺寸稳定性等，可部分代替金属特别是有色金属制作机械零件和工程构件。

常用的工程塑料有聚酰胺（尼龙）、聚甲醛、聚碳酸酯、聚砜、ABS、聚四氟乙烯、环氧树脂等。

3. 塑料的性能

（1）力学性能：

①强度、刚度、韧性：与金属相类似，可以利用应力-应变曲线来评价塑料的力学性能。常用塑料的应力-应变曲线大致有以下四种基本类型，如图9-5所示。

A. 硬而韧的塑料（图10-5中1）。具有高的弹性模量、屈服强度、抗拉强度和较大的伸长率（百分之几十至几百）。如ABS、尼龙、聚甲醛、聚碳酸酯、聚砜、硬聚氯乙烯等。

B. 硬而脆的塑料（图10-5中2）。这类塑料具有高的弹性模量和抗拉强度。但在很小的伸长率（<2%）下就会断裂而无任何屈服点。有机玻璃、聚苯乙烯、酚醛树脂、脲醛树脂等热固性塑料均属此类。

C. 硬而强的塑料（图10-5中3）。这类塑料也具有高的弹性模量和抗拉强度，伸长率为2%~

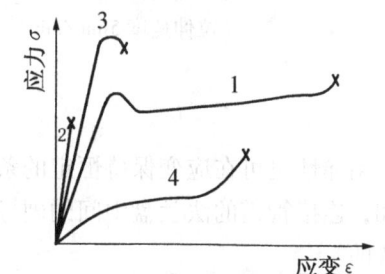

图10-5 塑料拉伸时的应力-应变曲线
1—硬而韧的塑料；3—硬而强的塑料；
2—硬而脆的塑料；4—软而韧的塑料

5%。聚甲醛和大部分长玻璃纤维增强热固性塑料以及某些配方的硬聚氯乙烯塑料等属于此类。

D. 软而韧的塑料（图10-5中4）。这类塑料的弹性模量和屈服点低，而伸长率很大，为25%~1000%，断裂强度较高。如橡胶、四氟塑料、高压聚乙烯和高增塑的聚氯乙烯等均属此类。

但总的来说，塑料的强度、刚度和韧性都较低，如45钢正火σ_b为700~800 MPa，而塑料的σ_b为30~150 MPa，刚度仅为金属的1/10，所以塑料只能制作承载不大的零件。但由于塑料的密度小（为钢的1/4~1/8），所以塑料的比强度、比模量还是很高的。

塑料无加工硬化现象，但温度对性能影响很大，图10-6为聚甲基丙烯酸甲酯（有机玻璃）在不同温度的应力-应变曲线。由图可见，温度只有几十度的差别，就从弹性模量较高的脆性断裂转变为弹性模量很低的塑性断裂。

②蠕变与应力松弛：塑料在外力作用下表现出的是一种粘弹性的力学特征，即在应力保持恒定的条件下，应变随时间的延长而增加，这种现象称为蠕变。如架空的聚氯乙烯电线管会缓慢变弯。金属材料一般在高温下才产生蠕变，而高聚物材料在常温下就有这种现象。不同的塑料在相同温度下抗蠕变的性能差别很大，如图10-7所示。机械零件应选用蠕变较小的塑料。

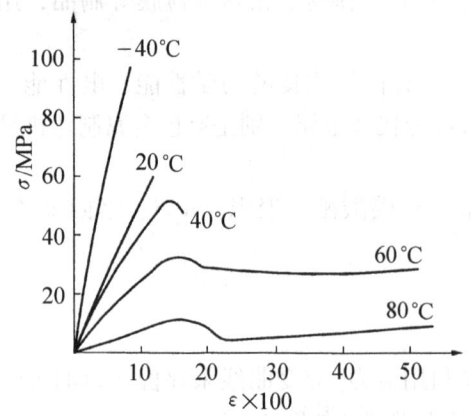

图10-6 有机玻璃应力-应变曲线
（拉伸速度5mm/min）

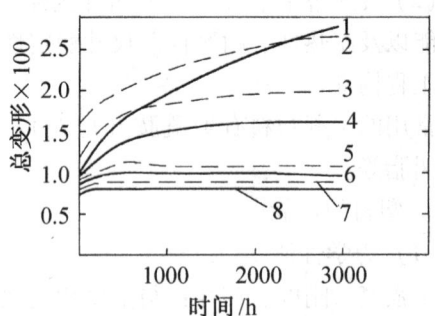

图10-7 几种塑料的蠕变曲线
1—聚砜；2—聚苯醚；3—聚碳酸酯；
4—改性聚苯醚；5—耐热ABS；
6—聚甲醛；7—尼龙；8—ABS

粘弹性也可在应变保持恒定的条件下导致应力的不断降低，这种现象称为应力松弛。例如，连接管道的法兰盘中间的硬橡胶密封垫片，经一段时间失效泄漏，就是应力松弛所导致的。

(2) 物理性能：

①耐热性：耐热性指保持使用性能的最高工作温度。它与塑料的玻璃化温度 T_g 及晶态熔点 T_m 有关。一般来说，热固性塑料的耐热性比热塑性塑料高。常见的热塑性塑料如聚乙烯、聚氯乙烯、尼龙等长期使用温度在100℃以下（只有少数品种如聚苯醚、聚砜达150℃左右）；而热固性塑料如酚醛塑料可达130~150℃；耐高温塑料如有机硅等可在200~300℃下使用。

②导热性：塑料的大分子链细长、卷曲且互相纠缠在一起，在热和声波作用下，分子振动困难，因而具有良好的绝热性及消音吸振性。塑料的导热系数较小，一般为金属的1/100~1/150，易摩擦发热，这对于工程上有散热要求的运转零件是不利的。

塑料的热膨胀系数比较大，约为钢的10倍，所以塑料零件的尺寸精度不够稳定，受环境温度影响较大。

此外，塑料是良好的电绝缘体；化学稳定性高，能耐酸、碱、油、水及大气的侵蚀；而且摩擦系数小，有良好的自润滑性能，因此在无润滑或少润滑的摩擦条件下，其减摩性能是金属所无法比拟的。

4. 常用的工程塑料

如表 10-3 所示。

表 10-3　常用工程塑料的性能特点及应用

类别	名　称	代号	性　能　特　点	应　用　举　例
热塑性塑料	聚酰胺（尼龙1010）	PA	具有高强度，良好的韧性、刚度、耐磨、耐疲劳、耐油、耐水、抗腐蚀、无毒，以及较好的自润滑性。但吸水性很大，影响尺寸稳定性，并使一些力学性能下降	可用来制作各种轴承、齿轮、凸轮、泵叶轮、风扇叶片、储油容器、传动皮带、密封圈等
	聚甲醛	POM	有较高的强度、硬度、刚性、减摩性和疲劳强度，较小的蠕变性，较好的电绝缘性，吸水性低，尺寸稳定性好。但密度较大，耐酸性和阻燃性不理想	减摩耐磨的传动件，如轴承、衬套、齿轮、叶轮、阀以及管道、化工容器等
	聚碳酸酯	PC	密度较小，具有优异的冲击韧性、耐热性及尺寸稳定性	在机械、电气、建筑、医疗及日用品等方面有广泛的应用。如齿轮齿条、蜗轮蜗杆、防弹玻璃、电容器、医疗手术器械、人工内脏等
	聚砜	PSF	具有优良的耐热、耐寒、抗氧化性、抗蠕变及尺寸稳定性，耐酸、碱、有机溶剂及高温蒸汽，优良的力学性能，高温下仍具有优良的介电性能	可用于制作精密结构及传动件，特别是既要求强度高又要耐热和尺寸准确性的制品。如精密齿轮、真空泵叶片、仪表壳、仪表盘、印刷电路板等
	共聚丙烯腈-丁二烯-苯乙烯	ABS	较好的综合性能，质硬、刚性好、耐冲击、耐磨，尺寸稳定性好，容易成型加工和电镀，耐热性和耐腐蚀性也较好。但在有机溶剂中能溶解、易胀或应力开裂	在机械工业中用来制造齿轮、轴承、电机及各类仪表外壳、储慣内衬等。在汽车工业中，可作挡泥板、扶手、小轿车车身等
	聚甲基丙烯酸甲酯（有机玻璃）	PMMA	透明度高、密度小、强度高、韧性好、耐紫外线和防大气老化，但硬度低，耐热性差，易溶于极性有机溶剂	在飞机、汽车上作为透明的窗玻璃和罩盖，在建筑、电气机械等领域制造要求一定强度和透明度的制品
	聚四氟乙烯	PTFE（F-4）	在较宽的温度范围内有良好的力学性能。具有极强的耐化学腐蚀性，有"塑料王"之称。摩擦系数极低，静摩擦系数为塑料中最小，此外也是优良的电绝缘材料。但其抗蠕变性、耐辐射性差	在防腐化工机械上制造各种零部件，如管道、泵、内衬、腐蚀介质过滤器等，加入各种填料的F-4制品被应用在各种要求自润滑、耐磨的轴承、活塞环等零件上
热固性塑料	酚醛塑料	PF	强度高、刚性大、不易变形，有较高的耐热性（100~140℃）、耐磨、耐腐蚀，绝缘性良好，成型加工简单，价格低廉。但质脆，耐光性差，有毒，色调有限（只能制成黑或棕色）。俗称"电木"	电气绝缘件、齿轮、滑轮、轴承、耐酸泵、刹车片、仪表外壳等
	氨基塑料	UF（MF）	有优良的电绝缘性，硬度高、耐磨，能抗弱酸、弱碱、有机溶剂、脂肪等，难燃，着色性好，对光稳定	一般机械零件、绝缘件、建筑装饰件、家具等
	环氧树脂	EP	在各种固化剂作用下，能交联而变线形为体形结构。比强度高，耐热性、耐腐蚀性、绝缘性好，易加工成型	可制作模具、量具、电子仪表装置、各种复合材料。此外，还是很好的胶粘剂

5. 塑料制品的成型加工

可塑性和可调性是塑料的最大特点。可塑性是指用简单的成型工艺制造出大量形状复杂的制品；而可调性是指在生产过程中可以用改变工艺、变换配方等各种方法来调节各类塑料的性能。

因为成型加工过程会影响高聚物的聚集态结构，因而是决定高聚物制品使用性能的主要因素之一。即使是同样链结构的同一种高聚物，成型加工的方法和条件不同，其制品的使用性能也会有很大的差别。所以，成型加工不但是塑料制品的成型手段，而且也是改进和提高塑料制品性能的有效方法。

成型加工是用由单体聚合成的高聚物（一般为粉末状、颗粒状或液体的半成品），加入适量的添加剂，在一定的温度和压力下加工成型，再经冷却、修整而成塑料制品。

（1）塑料制品常用的成型工艺：

①压制成型：又称模压法或压塑法，是古老而又最常用的方法。通常用于热固性塑料（如酚醛塑料、氨基塑料等）。它是将粉状、片状或颗粒状的塑料放入具有一定温度的模具中，然后闭模加压，使其在模具中成型并硬化（图10-8）。此法的缺点是多为间歇成型、周期长、效率低、模具成本也较高。

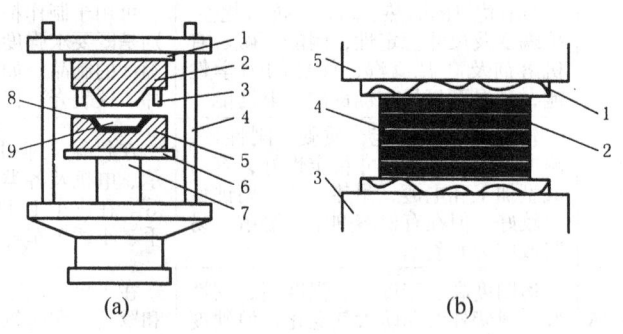

图10-8 模压、层压示意图
（a）模压机及模具示意图　　　　（b）层压制品示意图
1—上模板；2—上模；3—导合钉；　　1—帆布石棉垫布；2—高聚物层；
4—支柱；5—下模；6—下模板；　　　3—下模板；4—不锈钢或其他垫板；
7—柱塞；8—物料；9—模腔　　　　　5—上模板

②注射成型：又称注塑成型，是热塑性塑料的主要加工成型方法之一。一般在专用的注塑机上进行，其原理见图10-9，将颗粒状或粉状塑料置于注塑机料筒内加热熔融，以柱塞或螺杆加压，并以较快速度经喷嘴注入闭合模具内，冷却脱模即获所需形状的塑料制品。

注射成型自动化程度高、生产速度快、制品尺寸精确，可压制形状复杂、薄壁和带金属嵌件的塑料制品。一次注射制件的质量可从几克到几千克，甚至几十千克。目前某些热固性塑料也有采用注射成型的。其缺点是设备及模具成本较高，清理缸筒较困难。

③挤压成型：又称挤出成型或挤塑法，也是热塑性塑料中最主要的成型方法之一，是所有加工方法中产量最大的一种。成型原理见图10-10，将塑料加入挤出机缸筒内加热熔融呈粘流态，借助螺杆的旋转推进力将塑料挤压，经不同的模嘴获得各种型材，如管、

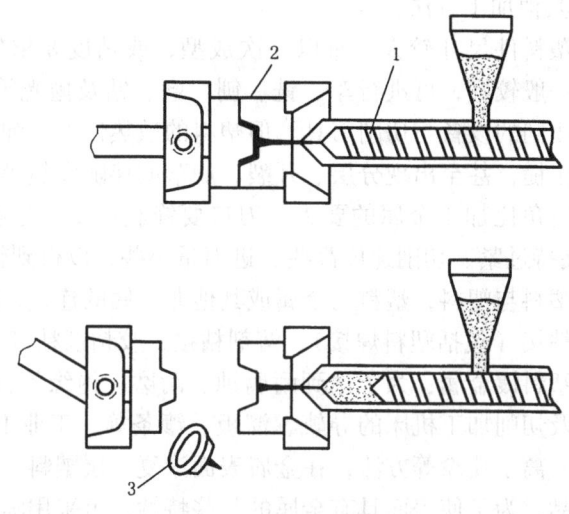

图 10-9 注射成型原理示意图
1—注射机螺杆；2—模具；3—制品

棒、条、板、薄膜等。

挤压成型法效率高，可自动化连续生产，经济性也好。缺点是制品尺寸公差较大，一般不能用于热固性塑料。

④吹塑成型：吹塑成型只限用于热塑性塑料的成型加工。它是先用挤压法或注射法将塑料熔融成坯型塑料，切断后置于模型中吹入一定温度的空气，此时塑料处于高度弹性变形的温度而又低于流动温度下，使塑料膨胀贴在模腔上，冷却后即成所需的中空制品。

吹塑法常用于瓶、罐、筒类制品的加工。图 10-11 是挤压吹塑薄膜机示意图。

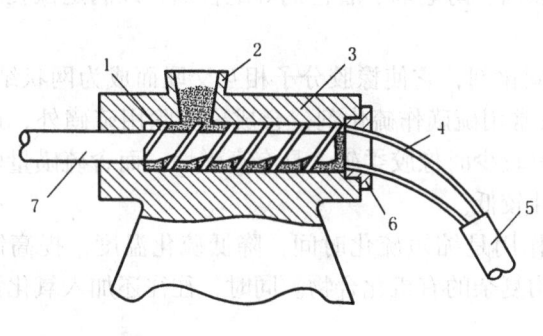
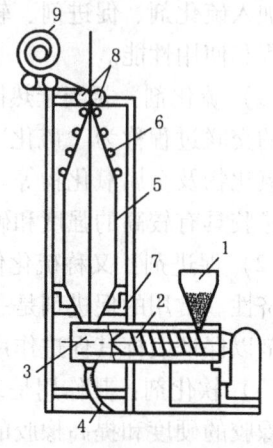

图 10-10 挤出成型示意图
1—螺杆；2—加料斗；3—料筒；4—芯；
5—挤出管；6—型模；7—旋转轴

图 10-11 吹塑薄膜示意图
1—料斗；2—螺杆；3—吹塑机夹；
4—空压管；5—吹塑薄膜；6—导轮；
7—冷却系统；8—夹膜辊；9—缠绕辊

⑤浇铸成型：将有填料或不加填料的液态树脂倾注入一定形状的模具中，在一定温度和压力的条件下逐渐固化成型。如环氧、酚醛等热固性塑料宜用此法。

(2) 塑料制品的其他加工方法：

①机械加工：当塑料件尺寸较大、难以一次成型，或精度要求较高时，常需机械加工。塑料的加工性能一般较好，可进行车、铣、刨、磨、钻及抛光等各种形式的机加工，并可采用与金属加工相同的设备与切削刀具。但塑料的散热性差、弹性大，加工时容易引起工件的变形和表面粗糙，甚至出现分层、开裂、崩落或伴随发热等现象。因此，塑料切削加工的刀具前角与后角比加工金属的要大，刀口要锋利；要有足够的冷却（风冷或水冷）；精加工时不宜夹持过紧、切削速度高些、进刀量小些，以得到较高的表面粗糙度。

②塑料的连接：塑料与塑料，塑料与金属或其他非金属的连接，除用一般的机械连接方法外，还可用热熔粘接（包括塑料焊接）、溶剂粘接、胶粘剂粘接等。

③金属涂塑料或塑料镀金属：为了达到耐腐蚀、耐磨、绝缘等目的，对于化工容器、管道、泵、滑动轴承及切削加工机床的导轨、溜板、镶条等，工业上常采用火焰喷涂法、沸腾床法、静电喷涂、离子喷涂等方法，在金属表面涂复一层塑料。

对于某些塑料制品，为了使表面具有金属的某些特性，可采用喷镀、电镀等方法，在塑料表面镀上金属铬、银、铜等。

五、橡胶

橡胶在很宽的温度范围内（-50~150℃）处于高弹态，具有优良的伸缩性和积蓄能量的作用，是常用的弹性材料、密封材料、减震防震材料和传动材料。

1. 橡胶的组成

生胶是橡胶制品的重要组成部分。生胶是未经硫化的天然橡胶，属天然树脂，是橡胶树上流出的胶乳经凝固、干燥等工序加工而成的弹性固状物，其主要成分是聚异戊二烯。生胶的性能会随温度的变化而变化，如高温时发粘、低温时变脆，且能为溶剂所溶解。因而需加入硫化剂、促进剂、软化剂、补强剂、防老剂、着色剂等配合剂，以满足橡胶的加工过程和使用性能。

(1) 硫化剂：相当于热固性塑料的固化剂，它使橡胶分子相互交联而成为网状结构。橡胶的交联过程称为"硫化"。天然橡胶常用硫磺作硫化剂，合成橡胶除用硫磺外，还可用过氧化物及金属氧化物等。当含硫磺量较少时橡胶柔软，具有高弹性；而含硫磺量较多时，橡胶具有较高的强度和硬度，但弹性较低。

(2) 促进剂：又称硫化促进剂。其作用是缩短硫化时间，降低硫化温度，提高制品的经济性。常用的促进剂是一些化学结构复杂的有机化合物。同时，往往还加入氧化锌等活化剂以保证发挥其促进作用。

(3) 软化剂：其作用是改善橡胶的塑性和粘附力，使之能和各种配合剂混合；同时降低橡胶的硬度和提高橡胶的耐寒性。常用的软化剂有硬脂酸、精制蜡、凡士林及一些酯类和油类。

(4) 补强剂：指能提高硫化橡胶的强度、硬度、耐磨性等力学性能的配合剂。常用的有炭黑、白炭黑等。

(5) 填充剂：其作用是增加橡胶的强度和降低橡胶的成本。有粉状填料和织物填料。在粉状填料中，主要起提高力学性能的称活性填料；主要起减少橡胶用量或使橡胶具有某种特性的称非活性填料。常用的活性填料有碳黑、氧化硅、白陶土、氧化锌、氧化镁等；

非活性填料有滑石粉、硫酸钡等。

（6）着色剂：其作用是使橡胶制品具有各种不同的颜色。常用的是有机着色剂以及钛白、铁丹、锑红、镉钡黄、铬绿、群青等无机着色剂。

2. 橡胶制品的成型工艺——塑炼、混炼、成型、硫化

（1）塑炼：是将生胶置于塑炼机中，通过具有不同温度、不同转速且方向相反的两个空心滚筒，使生胶发生氧化作用和机械摩擦、挤压、剪切作用，而达到分子裂解、产生塑化的过程。它有利于橡胶制品的进一步加工。

（2）混炼：是把各种配合剂按一定顺序混入塑炼后的生胶中，经混炼机进行均匀混合的过程。所得混合物称为胶料或混炼胶。

（3）成型：胶料经挤出机或压延机等加工后得到各种半成品（如胶条、胶管、胶片等），再经剪裁、贴合、组合而成所需形状制品的工艺过程。

（4）硫化：是橡胶制品生产最重要也是最后的工艺过程。它是将成型后的橡胶制品放入硫化罐内，在一定的条件（温度、压力、时间）下，使硫原子产生"矫健"作用而使橡胶分子由线型结构转变成网型结构的交联过程。其目的是改善生胶易于发生塑性变形的缺点，提高橡胶的物理性能和力学性能，同时保持橡胶良好的弹性。显然，硫化是决定橡胶制品质量的关键工序。

3. 橡胶的分类、性能及用途

根据原料来源不同，橡胶可分为天然橡胶和合成橡胶。按应用范围可分为通用橡胶和特种橡胶。

天然橡胶属于天然树脂。天然橡胶的抗拉强度与回弹性比多数合成橡胶好，但耐热老化性和耐大气老化性较差，不耐臭氧、油和有机溶剂，且易燃。天然橡胶一般用作轮胎、电线电缆的绝缘体和通用制品等。

合成橡胶是指具有类似橡胶性质的用人工合成的各种高分子化合物。它们常用作各种机械中的密封圈、减震器、电器用绝缘体以及轮胎等。

几种常用的橡胶种类、性能及用途见表10-4。

表10-4 常用橡胶的种类、性能及用途

类别	名称	代号	抗拉强度/MPa	伸长率/%	使用温度/℃	回弹性	耐磨性	耐碱性	耐油性	耐老化	用途
通用橡胶	天然橡胶	NR	25~30	650~900	-50~120	好	中	中	差		轮胎、通用制品
	丁苯橡胶	SBR	15~20	500~800	-50~140	中	好	中	差	好	轮胎、胶布、胶板、通用制品
	顺丁橡胶	BR	18~25	450~800	~120	好	好	好	差		轮胎、耐寒运输带
	丁腈橡胶	NBR	15~30	300~800	-35~175	中	中	好	好	中	耐油垫圈、密封圈、油管
	氯丁橡胶	CR	25~27	800~1000	-35~130	中	中	好	好	好	胶管、胶带、管道、电线包皮
特种橡胶	聚氨酯橡胶	UR	20~35	300~800	~80	中	好	差	好		胶辊、耐磨制品
	三元乙丙橡胶	EPDM	10~20	400~800	~150	中	中	好	差	好	散热管、绝缘体
	氟橡胶	EPM	20~22	100~500	-50~300	中	中	好	好	好	高级密封件、高真空耐蚀件
	硅橡胶		4~10	50~500	-70~275	差	差	好	差		耐高低温零件、绝缘体

第三节 陶瓷材料

陶瓷是无机非金属材料,大致可分为传统陶瓷(普通陶瓷)和特种陶瓷两类。传统陶瓷是用粘土、石英、长石等天然原料,经粉碎、成型和烧结而成。主要用于日用品、建筑和卫生洁具,以及工业上的低压和高压瓷瓶、耐酸容器、过滤制品等。特种陶瓷是以人工制造的纯度较高的金属氧化物、碳化物、氮化物、硅酸盐等化合物为原料,经配制、烧结而成,这类陶瓷具有独特的力学、物理、化学等性能,能满足各种特殊需要。

若按性能特点和用途分类,传统陶瓷可分为:日用陶瓷、建筑陶瓷、电器绝缘陶瓷、化工陶瓷、多孔陶瓷(过滤、隔热用瓷)等;特种陶瓷可分为:电容器陶瓷、压电陶瓷、磁性陶瓷、光电陶瓷、高温陶瓷等。

一、陶瓷的组成相及其结构

陶瓷的组织结构非常复杂,一般由晶体相、玻璃相和气相组成。各种相的组成、结构、数量、形态及分布等都会影响陶瓷的性能。

1. 晶体相

晶体相是陶瓷材料中最主要的组成相,它往往决定了陶瓷的力学、物理、化学性能。

(1) 晶体相的结构:陶瓷晶体相结构中,最重要的有氧化物结构和硅酸盐结构两类。

①氧化物结构:大多数氧化物结构是氧离子排列成简单立方、面心立方和密排六方晶体结构,金属离子位于其间隙中。它们主要是以离子键结合的晶体。图 10-12 为 MgO 与 Al_2O_3 的晶体结构。

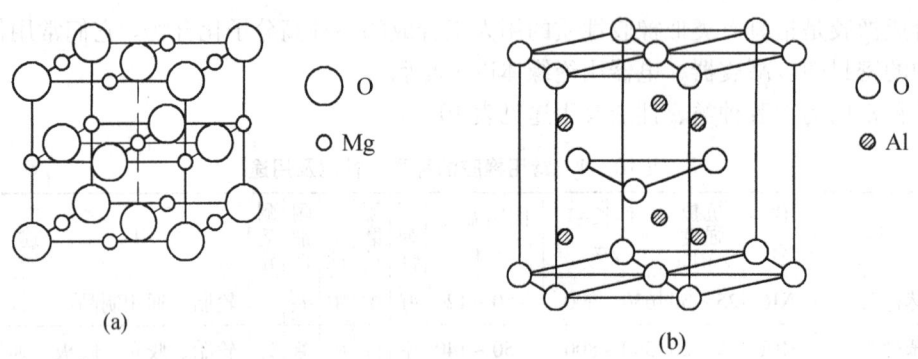

图 10-12 氧化物的晶体结构
(a) MgO 的晶体结构; (b) Al_2O_3 的晶体结构

②硅酸盐结构:硅酸盐是传统陶瓷的主要原料,同时又是陶瓷组织中的重要晶体相,它由硅氧四面体 [SiO_4] 为基本结构单元所组成。如图 10-13 所示。

(2) 晶体相的同素异构转变:随温度的不同,陶瓷的晶体相也会发生同素异构转变,如陶瓷材料中最重要的化合物 SiO_2 便具有多种同素异构体:

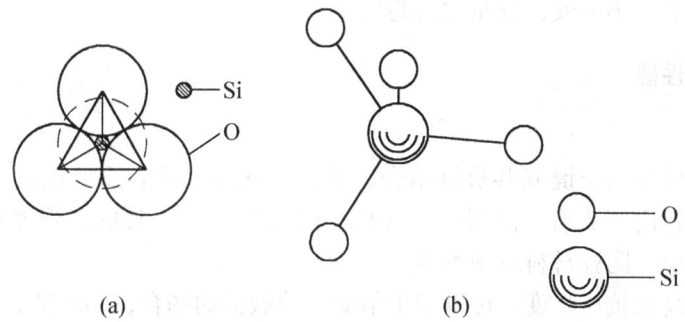

图 10 - 13 [SiO$_4$] 四面体
(a) 示意图；(b) 模型

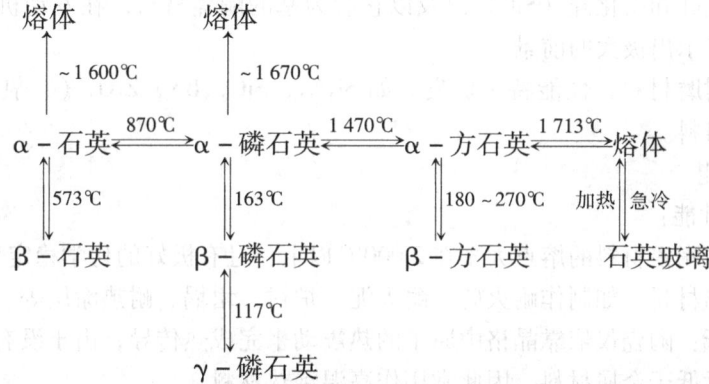

在转变过程中，由于不同结构的晶体密度不同，故转变时总伴随有体积的变化。

实际陶瓷材料大多由两种或两种以上组元组成，组元之间可形成固溶体、化合物等不同相，并可利用相图分析各相存在条件以及成分 - 组织 - 性能的变化规律。

(3) 陶瓷晶体的结构缺陷：陶瓷材料一般是多晶体。与金属一样，陶瓷晶体中也有偏离理想结构的各种点缺陷（空位、间隙原子等）、线缺陷（各种类型的位错）和面缺陷（晶界、亚晶界）。晶体缺陷的存在，会使陶瓷材料的力学、物理和化学性能发生相应的变化。

2. 玻璃相

玻璃相是指从熔融状态冷却时不进行结晶的非晶态固体。在陶瓷材料中，玻璃相的作用是将晶体相粘结起来，填充晶体相之间的间隙，提高材料的致密度；降低陶瓷的烧结温度，加快烧结过程；阻止晶体相转变，抑制其长大；获得一定程度的玻璃特性（如透光性等）。但玻璃相对陶瓷的强度、电绝缘性、耐热耐火性是不利的，所以玻璃相含量不可太大，一般为 20% ~ 40%。

3. 气相

气相是指陶瓷组织内部残留下来的孔洞。通常的残留气孔量为 5% ~ 10%，特种陶瓷在 5% 以下。陶瓷的性能与气孔的含量、形状、分布有密切的关系。气孔使陶瓷材料的强度、热导率、抗电击穿强度下降，介电损耗增大，而且会使光线散射而降低陶瓷的透明度（因而透明陶瓷中微小的气孔也需消除）。但在制作密度小、绝热性能好的陶瓷时，则希望获得尽可能多的大小一致、分布均匀的气孔。

二、陶瓷的性能

1. 力学性能

由于陶瓷晶体是离子键或共价键结合，滑移系比金属少得多，因此塑性和韧性非常低；而且因为陶瓷内部缺陷（微裂纹、气孔、位错等）多，其抗拉强度也很低。所以在工程和机械结构中，陶瓷材料应用不多。

陶瓷具有较高的抗压强度，可以用于承受压缩载荷的场合，如地基、桥墩、大型结构与重型设备的底座等。

陶瓷的硬度是各类材料中最高的，大多在HV 1 500以上（而淬火钢为HV 500～800，高聚物都低于HV 20）。其中氮化硅（Si_3N_4）和氮化硼（BN）就具有接近金刚石的硬度。

目前，氮化硅和碳化硅（SiC）以及以它们为基的陶瓷材料，在发动机、燃气轮机等方面的应用已显示出极大的前景。

陶瓷作为耐磨材料，性能特别优良。如Si_3N_4，SiC，BN，ZrO_2（二氧化锆）就是很好的陶瓷刀具材料。

2. 物理性能

（1）热学性能：

①高熔点：陶瓷材料的熔点大多在2 000℃以上，且有极好的化学稳定性和抗氧化性，被广泛用作高温材料，如制作耐火砖、耐火泥、炉衬、坩埚、耐热涂层等。

②导热率低：陶瓷仅依靠晶格中原子的热震动来完成热传导，由于没有自由电子的作用，导热能力远低于金属材料，因此常用作高温绝热材料。

③热膨胀系数低：陶瓷的线膨胀系数比高聚物低，比金属更低，一般为10^{-5}～10^{-6}/K。

（2）电学性能：大多数陶瓷材料是良好的绝缘体，因而大量用来制作从低电压（1 kV以下）到超高电压（110 kV以上）的各种隔电瓷质绝缘器件。

铁电陶瓷（钛酸钡$BaTiO_3$和其他类似的钙钛矿结构）具有极高的介电常数，用它们来制作的电容器体积小、电容量大。铁电陶瓷还具有很好的压电特性（在外加电场的作用下改变其外形尺寸的能力），因而可用作扩音机、电唱机中的换能器，不透明材料和结构无损检验用的超声波仪器，以及声纳与医疗用的声谱仪等。

少数陶瓷材料还有半导体性质，如高温烧结的氧化锡就是半导体，可作整流器。

（3）光学性能：具有特殊光学性能的陶瓷是重要的功能材料，如固体激光材料、激光调制材料、光导纤维材料、光储存材料等。这些材料在通讯、摄影、计算技术等领域有广泛的应用。

近代透明陶瓷的出现是光学材料的重大突破，可用于高压钠灯管、耐高温及高温辐射的工作窗口和整流罩等。

（4）磁学性能：常用的有铁淦氧磁性陶瓷材料，它们在音像制品、电器、计算机等领域用途广泛。

常用特种陶瓷的种类、性能及应用见表10-5。

表 10-5 特种陶瓷的种类、性能及应用

种类		性能特点	例	应用举例
结构材料	耐热材料	热稳定性高	MgO,ThO_2	耐火件
		高温强度高	SiC,Si_3N_4	燃气轮机叶片,火焰导管,火箭燃烧室内壁喷嘴
	高强度材料	高弹性模量	SiC,Al_2O_3	复合材料用纤维
		高硬度	TiC,B_4C,BN	切削刀具,连续铸造用模,玻璃成型高温模具
功能材料	介电材料	绝缘性	Al_2O_3,Mg_2SiO_4	集成电路基板
		热电性	$PbTiO_3$,$BaTiO_3$	热敏电阻
		压电性	$PbTiO_3$,$LiNbO_3$	振荡器
		强介电性	$BaTiO_3$	电容器
	光学材料	荧光、发光性	Al_2O_3CrNd玻璃	激光
		红外透过性	$CaAs$,$CdTe$	红外线窗口
		高透明度	SiO_2	光导纤维
		电发色效应	WO_3	显示器
	磁性材料	软磁性	$ZnFe_2O$,$\gamma-Fe_2O_3$	磁带、各种高频磁芯
		硬磁性	$SrO \cdot 6Fe_2O_3$	电声器件、仪表及控制器件的磁芯
	半导体材料	光电导效应	CdS,Ca_2S_x	太阳能电池
		阻抗温度变化效应	VO_2,NiO	温度传感器
		热电子放射效应	LaB_6,BaO	热阴极

第四节 复合材料

在工程上,复合材料是指由两种或两种以上的化学成分不同的物质,用人工的方法均匀地结合而成的多相材料。其主要优点是能根据人们的要求来改善材料的使用性能,使各种组成材料保持各自的最佳特性,互相弥补单一材料的某些弱点,从而充分发挥材料的综合性能,更有效地利用材料。例如,由热固性树脂和玻璃纤维复合而成的玻璃钢,其强度和刚度显著高于树脂,而脆性远远低于玻璃纤维。材料经复合后,有的性能往往超过组成材料性能的总和。因此复合材料的研制和应用必将愈来愈广泛。

一、复合材料的分类

复合材料的分类至今仍不统一,常见的分类方法有:

1. 按基体和增强材料分类

(1) 以基体为主的:如称为塑料基复合材料、金属基复合材料、橡胶基复合材料和

陶瓷基复合材料等。

（2）以增强材料为主的：如称为玻璃纤维增强复合材料、碳纤维增强复合材料和硼纤维增强复合材料等。

（3）基体和增强材料并用的：如称为不饱和聚酯树脂-玻璃纤维层压板、木材-塑料复合材料等。

2. 按复合性质分类

（1）合体复合（物理复合）材料：在复合前后，原材料的性质、形态和含量大体上没有变化，如玻璃纤维增强塑料等。

（2）生成复合（化学复合）材料：在复合前后，原材料的性质、形态和含量发生显著变化；在复合过程中形成多相结构，如单向结晶的硬质合金。这种复合材料为数尚少。

3. 按增强材料的物理形态分类

可分为纤维增强复合材料、颗粒增强复合材料等。

4. 按材料的用途分类

可分为结构复合材料和功能复合材料两大类。

结构复合材料是通过复合使力学性能显著提高的复合材料，如玻璃纤维增强复合材料。

功能复合材料主要利用其物理性能（光、电、声、热、磁等），如雷达用玻璃钢天线罩就是具有良好透过电磁波的磁性复合材料；双金属片就是利用不同膨胀系数的金属复合在一起而成的具有热功能性质的材料等。

二、复合材料的性能特点

1. 比强度和比模量高

比强度（强度与比重之比）和比模量（模量与比重之比）是评价材料承载能力的重要指标。比强度和比模量高可以降低零件的自重。如碳纤维-环氧树脂复合材料的比强度高达 1.03×10^5 m；比模量可达 0.97×10^7 m，超过一般钢材和铝合金。

2. 良好的抗疲劳性能

多数金属的疲劳极限是拉伸强度的 40%~50%，而碳纤维增强的复合材料则可达 70%~80%。这是由于复合材料基体中密布着大量纤维，疲劳断裂时，裂纹的扩展常要经历非常曲折而复杂的路径，所以疲劳强度很高。

3. 具有良好的减摩、耐磨和自润滑性能

例如，聚四氟乙烯（或聚甲醛）和多孔青铜层、钢板组成的三层复合材料，就可以制成性能良好的滑动轴承。

4. 工作安全性好

例如，纤维复合材料在每平方厘米截面上，存在着几千或更多根的纤维，当其中一部分纤维断裂时，其应力会很快重新分布到未破坏的那部分上，不至于造成零件的突然断裂。

5. 可改善高温性能

例如，一般铝合金在 400℃ 时弹性模量降低到接近于零，强度也显著下降。但碳（或硼）纤维增强铝合金制成的复合材料，在此温度下强度和模量基本不变。这就为高温服役的零件开辟了选材的新途径。

此外,复合材料还具有良好的化学稳定性、隔热性、阻燃性以及电、光、磁等特殊性能。在制品制造时,适合一次整体成型,具备良好的加工工艺性能。

三、复合材料的应用

1. 纤维增强复合材料

纤维增强复合材料是复合材料中最为重要、应用最广的。其性能主要取决于纤维的特性、含量和排布方式。

纤维增强材料按化学成分可分为有机纤维和无机纤维,有机纤维有聚酯纤维、尼龙纤维等,无机纤维有玻璃纤维、碳纤维、碳化硅纤维及硼纤维等。

纤维增强复合材料的性能具有方向性,例如,在纤维方向上的强度可超过垂直方向的几十倍。

纤维增强复合材料的种类、特性和应用见表10-6。

表10-6 纤维增强复合材料的种类、特性和应用

纤维种类	基体	性能特征	应用举例
玻璃纤维	合成树脂	俗称玻璃钢,具有优良的抗拉、抗弯、抗压、抗蠕变、耐冲击性能,电绝缘性好	制作减摩、耐磨的机械零件,密封件、仪表仪器零件、管道、泵阀、船舶与汽车壳体,以及建筑结构、飞机制造等
聚芳酰胺纤维(芳纶纤维)	合成树脂	密度低、韧性好、弹性模量高,但耐压强度及弯曲疲劳强度较差	制作雷达天线罩、高压防腐蚀容器、高强度绳索(如降落伞)、游艇的船体等
碳纤维	合成树脂陶瓷金属	比强度、比模量高,耐磨,自润滑性好,热膨胀系数小,耐热性高,且耐急冷、急热性好	在航天、航空、原子能工业中制造燃气轮机叶片、发动机体、轴瓦、齿轮、卫星结构等,还可作人工关节
硼纤维	合成树脂金属	弹性模量高 耐热性能好	航天航空飞行器结构件、涡轮机、推进器零件
碳化硅纤维	合成树脂	强度高,高温化学稳定性好	涡轮机叶片
石棉纤维	合成树脂	耐热、耐酸、耐磨,吸湿性小,电绝缘性好	制作密封件、制动件,以及作绝热材料

近年来,用晶须代替纤维组成复合材料发展很快,成为新型的高强度增强材料。所谓晶须,就是直径几微米的纤维状晶体,它基本上是完整的单晶,断面常呈多角形。晶须包括金属晶须和陶瓷晶须。陶瓷晶须和金属晶须相比,兼备强度高、密度低、弹性模量高和耐热性好等特点,所以它成为宇航、航空上应用的复合材料中优良的增强材料。但由于这类晶须产量低、价格高,在制造复合材料时也存在一定的困难,故目前应用还比较少。

2. 颗粒增强复合材料

颗粒增强复合材料是由一种或多种颗粒均匀地分布在基体材料内所组成的材料。其中颗粒作为增强粒子以阻止基体的塑性变形(金属材料)或大分子链的运动(高分子材

料)。粒子的直径要选择得当,太小会形成固溶体,太大容易引起应力集中,降低增强效果。一般选取粒子直径在 0.01~0.1 μm 范围内,其增强效果最好。

按化学组分的不同,颗粒主要分为金属颗粒和陶瓷颗粒。不同的金属颗粒起着不同的功能。如需要导电、导热性时,可以加银粉、铜粉;需要导磁性能时可加入 Fe_2O_3 磁粉;加入 MoS_2 可提高材料的减摩性。

陶瓷颗粒增强金属基复合材料又称为金属陶瓷,它是用韧性好的金属把耐热性好、硬度高但不耐冲击的陶瓷相粘结在一起,从而弥补了各自的缺点,突出了各自的优点,具有高硬度、高强度、耐热、耐磨、耐腐蚀的特点。金属陶瓷中的陶瓷相主要为氧化物(Al_2O_3,MgO,BeO)和碳化物(TiC,SiC,WC 等),金属基体主要为 Ti,Cr,Ni,Co,Mo,Fe 等。金属陶瓷可以用来制作高速切削刀具(如常用的钨钴类硬质合金)、重载轴承及火燃喷管的喷嘴等高温工作的零件。

第十一章 机械零件选材及加工路线分析

机械工程技术人员，不论从事机械设计制造还是使用维修，都会遇到金属材料的选用和加工路线安排问题。如何合理地选用材料与安排加工路线，使之既能满足机械零件使用性能的要求，又能提高零件生产过程的经济效益，这是一个细致复杂又必须解决的问题。

选材是指选择材料的成分、组织状态、冶金质量及力学和物理化学性能。在选材料时应根据零件的工作条件、失效形式，找出该零件选用材料的主要力学性能指标。而且因为性能与工艺有很大关系，因此在选材的同时必须考虑相应的热处理方法。

第一节 机械零件的失效形式

机械零件在使用过程中如果发生了以下三种情况中的任何一种，即认为该零件已失效：①完全破坏不能使用；②虽然能工作但不能满意地起到预定的作用；③损伤不严重但继续工作不安全。

一般机器零件常见的失效形式有过量变形、断裂和表面损伤三种。

一、过量变形

过量变形包括过量弹性变形、塑性变形和蠕变等。除了弹簧之类的零件之外，大多数零件必须限制过量弹性变形，要求有足够的刚度。如镗床的镗杆，弹性变形大就不能保证精度。

表征材料刚度的是弹性模量 E。弹性模量 E 和密度 ρ 的比值称为比模量，是近代工程材料的重要参数。例如铝的弹性模量 E 是 72 000 MPa，而钢为 214 000 MPa，但铝的比模量大于钢，因此铝被大量用作飞机材料。

过量的塑性变形是机械零件失效的重要形式，轻则使机器工作情况变坏，重则使它不能继续运行，甚至破坏。如齿轮的塑性变形会使啮合不良，甚至卡死、断齿。

在恒定载荷和高温下，蠕变一般是不可避免的，通常是以金属在一定温度和应力下，经过一定时间所引起的变形量来衡量。

二、断裂

断裂包括静载荷或冲击载荷下的断裂、疲劳断裂以及应力腐蚀破裂等。

断裂是金属材料最严重的失效形式，特别是在没有明显塑性变形的情况下突然发生的脆性断裂，往往会造成灾难性事故。

防止零件脆断的方法，是准确分析零件所受的应力、应力集中的情况，选择满足强度要求并具有一定塑性和韧性的材料。

三、表面损伤

表面损伤包括过量磨损、腐蚀破坏、疲劳麻坑等。据资料介绍，70%的机器是由过量磨损而失效的。磨损不仅消耗材料，损坏机器，而且耗费大量能源。

机械零件失效的原因涉及到零件的结构设计、材料的选用、加工制造、装配、维护等各个方面，而合理选用材料是从材料应用上去防止或延缓失效的发生。

表11-1列出几种零件和工具的工作条件、失效形式及要求的力学性能。

表11-1 几种零件（工具）工作条件、失效形式及要求的力学性能

零件（工具）	工作条件			常见失效形式	要求的主要力学性能
	应力种类	载荷性质	其他		
普通紧固螺栓	拉、切应力	静		过量变形、断裂	屈服强度及抗剪强度
传动轴	弯、扭应力	循环、冲击	轴颈处摩擦，振动	疲劳破坏、过量变形、轴颈处磨损、咬蚀	综合力学性能
传动齿轮	压、弯应力	循环、冲击	强烈摩擦，振动	磨损、麻点剥落、齿折断	表面硬度及弯曲疲劳强度、接触疲劳抗力，心部屈服强度、韧性
弹簧	扭应力（螺旋簧）、弯应力（板簧）	循环、冲击	振动	弹性丧失、疲劳断裂	弹性极限、屈强比、疲劳强度
油泵柱塞副	压应力	循环、冲击	摩擦，油的腐蚀	磨损	硬度，抗压强度
冷作模具	复杂应力	循环、冲击	强烈摩擦	磨损、脆断	硬度，足够的强度、韧性
压铸模	复杂应力	循环、冲击	高温度、摩擦、金属液腐蚀	热疲劳、脆断、磨损	高温强度、热疲劳抗力、韧性与红硬性
滚动轴承	压应力	循环、冲击	强烈摩擦	疲劳断裂、磨损、麻点剥落	接触疲劳抗力、硬度、耐磨性
曲轴	弯、扭应力	循环、冲击	轴颈摩擦	脆断、疲劳断裂、咬蚀、磨损	疲劳强度、硬度、冲击疲劳抗力、综合力学性能
连杆	拉、压应力	循环、冲击		脆断	抗压疲劳强度、冲击疲劳抗力

第二节 选材的基本原则

选材的一般原则是在满足力学性能的前提下，综合地考虑材料的工艺性和经济性。

一、材料的力学性能

1. 材料的最终性能应满足零件的技术要求

金属材料的力学性能指标主要有：σ_s ($\sigma_{0.2}$)，σ_c，σ_b，δ，ψ，a_k，HB（HRC），E，

σ_{-1}, K_{Ic} 等。从表 11-1 可看出，零件的实际受力条件是比较复杂的，有时还受到短时过载、润滑不良、材料内部缺陷等因素的影响。因此选材时必须根据具体情况，找出关键性指标，同时兼顾其他性能。

通常以 σ_s（$\sigma_{0.2}$）作为零件的设计强度指标。提高强度指标可以减轻机器质量，延长使用寿命，但通常会使塑性、韧性有不同程度降低，当过载时零件就会有脆性断裂的危险。

塑性指标（δ，ψ）不能直接用于设计计算，它的主要作用是增加零件的抗过载能力，提高零件的安全性。若塑性不足，应力集中处（台阶、键槽、螺纹、内部夹杂等）将产生裂纹，导致脆性破坏。如金属具有足够塑性，则在静载荷的作用下能通过局部塑性变形削弱应力峰值，加之加工硬化提高零件的强度，从而保证了零件使用安全。

硬度一般是表示材料抵抗局部塑性变形的能力，它在本质上与强度属于同一范畴。它们的关系可用下式表示：

$\sigma_b \approx 0.36\ HB$（低碳钢）　　　　$\sigma_b \approx 0.34\ HB$（高碳钢）

$\sigma_b \approx 0.33\ HB$（合金调质钢）　　$\sigma_b \approx (HB - 40)/6$（铸铁）

由于材料的强度 σ_b 与其他力学性能都存在一定的关系，所以通过硬度也可以间接表示强度、塑性、韧性。同时，由于测定硬度的方法最为简便，因此，大多数零件在图纸上只标出所要求的硬度值，以综合体现零件所要求的力学性能。

2. 使用力学性能数据时应注意以下几个问题

(1) 金属材料的尺寸效应：金属材料的力学性能不仅取决于化学成分，还与它们尺寸大小有密切关系。例如钢材零件，它们的截面大小不同，即使热处理相同，其力学性能也有差别。随着截面尺寸的增加，其力学性能将降低，这种现象称为尺寸效应。尺寸效应除与大截面材料内部产生冶金缺陷的可能性增大外，对钢材而言，还与淬透性有密切关系。淬透性低的钢（如碳钢），尺寸效应特别明显。当截面增大时，力学性能指标显著下降，特别是 σ_s 下降约 30%，α_k 下降约 50%。在材料手册中，钢材的力学性能数据一般都用淬透的小尺寸（15 或 25 mm）试样获得，故在使用这些数据时，只有在零件的直径（或厚度）与材料临界淬透直径相近时才可用手册上的数据作为设计和选材的依据。如果设计零件的截面尺寸大于该材料的临界淬透直径，则应改变其热处理方案或另选淬透性较大的材料；否则，零件热处理后实际上达不到所要求的性能，而造成早期失效。

(2) 数据的可靠程度：由于同一牌号材料的化学成分不完全相同，仅是一个范围，而且制造工艺（浇注、轧制等）也不完全相同，因此性能也不会完全相同。

手册上的材料数据是以很多试样的试验用统计方法计算出来的，最后性能的表示方法不尽相同。通常用三种表示方法：①标出性能范围；②标出最低性能值；③标出平均性能值。一般说来，在国际、部颁标准和技术条件中，通常标注材料性能范围或性能最低值是经过大量的数据得出的，可靠性比较大。大多数技术资料的数据采取平均值，而且试验次数有限，因而可靠性差。此外，国家标准（GB）只规定材料在热轧或正火状态的性能标准。

(3) 试样本身的尺寸、形状等因素的影响：试样的尺寸、形状、取样部位、试验方法及热处理状态，对某些性能数据有显著影响。例如，测定的 a_k，σ_{-1}，K_{Ic} 等指标，试样的尺寸和形状对数据的影响很大，而且数据比较分散，因此只有相同试样的性能数据才能进行比较。拉伸试验时，不同试样对 σ_s，σ_b 及 ψ 的性能数据影响不大，但对伸长率 δ 则有很大差别。

二、材料的工艺性能

材料的工艺性能表示材料加工的难易程度。金属材料的加工工艺路线复杂，要求的工艺性能较多，通常包括铸造性能、可锻性能、焊接性能、可加工性能以及热处理工艺性能，现简述如下。

1. 铸造性能

金属材料的铸造性能包括流动性、收缩性、偏析倾向以及吸气性、熔点等方面性能。表 11-2 列出了常用金属材料的铸造性能。比较起来，铸造铝合金和铜合金的铸造性能优于铸铁和铸钢；铸铁又优于铸钢，而其中以灰铸铁为最好。在钢铁材料中，碳钢的铸造性能又比合金钢好。

表 11-2 常用金属材料的铸造性能

材料		铸造性能						
		流动性	收缩性		偏析倾向	熔点	对壁厚(冷却速度)的敏感性	其他
			体收缩	线收缩				
灰铸铁		很好	小	小(0.5%~1.0%)	小	较低	较大，厚处强度低	—
球墨球铁		比灰铸铁稍差	大(与铸钢相近)	小	小	较低	较灰铸铁小	易形成缩孔、缩松，白口倾向较大
可锻铸铁		比灰铸铁差，比铸钢好	很大(比铸铜大)	退火后比灰铸铁小	小	较灰铸铁高	较大	—
铸钢		差(低碳钢更差)	大	大(2%)	大	高	小，壁厚增加，强度无明显降低	含碳量增加，收缩率增加，导热性差，高碳铸钢易发生冷裂，低合金铸钢比碳素铸钢易裂
铸造铜合金	黄铜	较好	小	小	较小	比铸铁低	—	易形成集中缩孔
	锡青铜	较黄铜差	最小	不大		比铸铁低		易产生缩松
	特殊青铜	好	大	—	较小	比铸铁低		易吸气及氧化并形成集中缩孔
铸造铝合金		尚好	—	小	大	比铸铁低	大，强度随壁厚增大，显著下降	易吸气、氧化

2. 可锻性

材料的塑性高，变形抗力小，则可锻性能好。按热锻性能比较，在碳钢中，低碳钢的可锻性能最好，中碳钢次之，高碳钢较差。低合金钢的可锻性近于中碳钢，高合金钢的较差，它的变形抗力比碳钢大好几倍，硬化倾向大，塑性低，而且导热性差。高合金钢的锻造温度范围窄，仅100～200℃（碳钢一般为350～400℃），从而增加了锻造时的困难。铝合金虽可锻造成各种形状锻件，但它的塑性较差，而且锻造温度窄（一般为100～150℃），所以可锻性能并不很好。铜合金的可锻性一般较好。黄铜在20～200℃及600～900℃下有较高的塑性，因而热态、冷态均可锻造，锻造所需的能量较碳钢低。

必须指出，工厂所用金属材料大多由冶金厂轧制成一定规格的型材（圆形、方形、六角形、L型、工字型、槽形及管、板和其他异形断面）供应。型材经压力加工，组织致密，力学性能好，但由于有纤维组织而呈明显方向性，使用时必须注意。

钢型材在出厂时已经正火或退火（包括球化退火）处理，所以切削加工前不需再进行预备热处理。有色金属型材有退火、加工硬化、淬火＋时效等几种状态供应。

3. 焊接性能

金属的焊接性指它在生产条件下接受焊接的能力。一般用焊缝处出现裂纹、脆性、气孔等缺陷的倾向来衡量。说焊接性优良，指除了焊接时不易产生裂纹和其他各种缺陷外，焊接工艺还应简单，焊接处还应有足够的强度和韧性。

影响钢的焊接性能主要是含碳量和合金元素的含量。含碳量和合金元素含量越高，焊接性能越差。低碳钢和含碳量低于0.18%的合金钢有较好的焊接性能；含碳量大于0.45%的碳钢和含碳量大于0.35%的合金钢焊接性能较差；高合金钢的焊接性能最差。

灰铸铁的焊接性能很差，在焊接时易产生裂纹，故灰铸铁一般只进行补焊；球墨铸铁的焊接性能比灰铸铁还差。

铜合金、铝合金的焊接性一般都比碳钢差，因为它们焊接时易产生氧化物而形成脆性夹杂物，易吸气而形成气孔，膨胀系数大而易变形。由于这两种金属的导热性大，故需要功率大而集中的热源或采取预热。

4. 可加工性

材料的可加工性一般用允许的切削速度、切削抗力的大小、零件加工后的表面粗糙度、断屑能力及刀具的耐用度来衡量。

钢的可加工性的好坏与其化学成分、金相组织和力学性能（硬度）有关。

一般来说，硬度在170～230 HBS范围内可加工性好。为此，生产上w_C≤0.25%的低碳钢大多在热轧或正火状态（或冷塑性变形状态）进行切削加工；w_C＞0.60%的高碳钢，一般进行球化退火获得球化组织，使硬度适当降低之后再加工；对w_C=0.25%～0.60%的中碳钢，为了获得较好的表面粗糙度，常采用正火处理得到较多的细片状珠光体，使硬度适当提高；对w_C＞0.50%以上的中碳钢，宜采用一般退火或调质处理以获得比正火略低的硬度来满足加工性能的要求。为了降低表面粗糙度，硬度可提高到250 HBS。但过高的硬度不但难于加工，而且刀具很快磨损。当硬度大于300 HBS时，可加工性能显著下降。

表11-3列出了常用结构钢热处理后的硬度、组织与表面粗糙度的关系。不难看出，通过热处理方法来改变材料的加工性能是一个重要的途径。

表 11-3 常用结构钢热处理后的硬度、组织与表面粗糙度的关系

钢 号	热处理	硬度 HBS	组织	加工表面粗糙度
20Cr	正火	156~179	铁素体 + 索氏体	车削、拉、插尚好
20Cr	调质	187~207	回火索氏体 + 铁素体	车削好，拉、插不良或尚好
20CrMnTi	正火	160~207	铁素体 + 索氏体	车削好，拉、插不良
45	正火	170~230	铁素体 + 索氏体	车削、拉、插尚好
45	调质	220~250	回火索氏体 + 少量铁素体（<10%）	车削好，拉、插不良
40Cr	正火	179~229	索氏体 + 少量铁素体（<5%）	车、拉、插均良好
40Cr	调质	230~250	回火索氏体 + 少量铁素体	车削好，拉、插不良或尚好
25SiMn	正火	187~229	铁素体 + 索氏体	车、拉、插均良好

5. 热处理工艺性

材料的热处理工艺性包括淬透性、淬硬性、变形开裂倾向、过热敏感性、回火脆性倾向以及氧化脱碳倾向等方面性能。

由于合金元素能提高淬透性，淬火时可用油冷，从而减少变形开裂倾向，而且合金元素有细化晶粒的作用，过热敏感性低，因此合金钢的热处理工艺性比碳钢好。对碳钢来说，随着碳含量由低至高，淬火后的马氏体由板条状变为片状。片状马氏体过饱和度大，比容大，组织应力大，因此含碳量高的钢比含碳量低的钢的变形与开裂倾向大。

在选择弹簧材料时，要特别注意材料的氧化和脱碳倾向；在选择渗碳钢时，要注意材料的过热敏感性；选择调质钢作调质处理时，应注意材料的高温回火脆性。

必须指出，一些产品中，在满足使用性能的前提下工艺性能甚至成为选材的主要标准。例如汽车发动机箱体，它对材料的力学性能要求不高，但结构复杂，而且成批生产，制造方法便成为保证产品质量的关键，所以一般用铸造方法生产，选材只能考虑铸铁。

三、选材的经济性

材料的经济性是选材的一条重要原则。在保证力学性能和加工性能的条件下，尽量选择便宜的材料，把总成本降至最低，取得最大的经济效益，使产品在市场上具有最强的竞争力，始终是工程技术和设计的一项十分重要的课题。

产品成本包括初始成本（原材料、加工、管理费用等）和附加成本（维护、修理、更换零部件等）。这两种成本有着密切关系，如图 11-1 所示。具有正常生产和管理水平的工厂，一般机器出厂时的初始成本高，表示产品用材考究，加工精细，质量优良，保证寿命。这种机器在出厂的使用过程中附加成本低（图 11-1 中的 A 类产品）。相反一些机器初始成本低，但要很多附加成本，需经常更换零件、停机维修，变成了 C 类产品，使用户购置后难

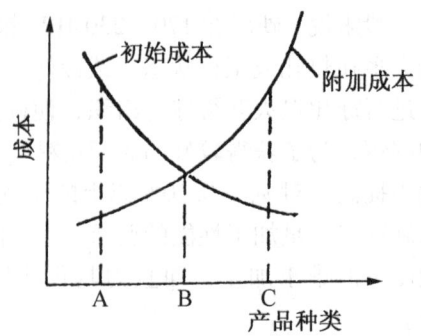

图 11-1 材料的初始成本与附加成本

于正常使用，甚至成为完全无用的机器。由此可见，产品成本是一个综合性技术经济指标。

材料价格是选材经济性的一个重要因素。表11-4列出我国常用金属材料相对价格，以便读者在选材时参考。同时，还要估算和比较加工费用的投入，如工时、工艺装备费、材料利用率等。只有综合权衡两方面的费用，才能降低生产成本。

表11-4 我国常用金属材料的相对价格

材　料	相对价格	材　料	相对价格
碳素结构钢	1	碳素工具钢	1.4~1.5
低合金结构钢	1.2~1.7	低合金工具钢	2.4~3.7
优质碳素结构钢	1.4~1.5	高合金工具钢	5.4~7.2
易切削钢	2	高速钢	13.5~15
合金结构钢	1.7~2.9	铬不锈钢	8
铬镍合金结构钢	3	铬镍不锈钢	20
滚动轴承钢	2.1~2.9	普通黄铜	13
弹簧钢	1.6~1.9	球墨铸铁	2.4~2.9

注：相对价格摘自1990年上海冶金工业局钢材出厂价格汇编所规定价格，并以碳素结构价格为基数1，钢材为热轧圆钢（$\phi 25 \sim 160$ mm）；有色金属为圆材。球墨铸铁按市场价确定。

此外，材料的经济性不仅表现在价格上，还应看所选材料是否能按时供应（否则会造成停工待料损失）、材料质量的稳定性、材料的运输、零件的生产批量等方面。

综上所述，合理选材是力学性、工艺性和经济性综合平衡的结果。出现矛盾时，应在保证力学性能的前提下，兼顾其他因素。

在实际工程中，零件选材可根据需要采用不同步骤进行。在设计、制造新产品或重要零件时，要严格进行设计计算、实验分析、小量试制、台架试验等步骤。根据试验结果，优化选择材料。但对于成熟产品的同类零件、通用或简单零件，大多采用经验类比法来选择材料。

第三节 热处理方案的选择及热处理技术条件的标注

一、热处理方案的选择

选择热处理方案应根据所选用材料和国内工业水平，尽量采用当前比较先进的热处理工艺来改进零件的性能。选择热处理方案可以遵循以下原则。

1. 要求综合力学性能好的零件

对要求综合力学性能好的零件通常采用调质处理以获得回火索氏体。对于小能量多次冲击的零件，也可选低碳钢进行淬火处理。因为调质处理的多次冲击抗力不如低碳钢淬火态的板条马氏体。

2. 要求弹性好的零件

对要求弹性好的零件，如果不要求很大的弹性变形量，如各种弹簧，可选用弹簧钢。采用淬火+中温回火（大截面弹簧）或者去应力退火（小截面的冷拔弹簧）。如果要求大的弹性变形量，如敏感元件，则应选用铜基合金（E 值小），热处理可用消除应力退火或淬火+时效处理。

3. 要求耐磨的零件

零件的耐磨性通常与硬度有关。这类零件的使用组织状态一般为回火马氏体+颗粒状碳化物，因此热处理为淬火+低温回火。低碳钢零件（如汽车齿轮）需进行渗碳+淬火+低温回火。中碳钢零件（如机床齿轮）进行表面感应加热淬火+低温回火。有些零件也可以采用渗氮处理。

4. 要求特殊物理性能的零件

这类零件应根据工作环境和对零件提出的性能要求，选用不锈钢、耐热钢等，并根据技术要求进行相应的处理。

二、热处理技术条件的标注

根据零件的性能要求确定热处理的技术条件是制订热处理工艺、指导热处理生产和进行质量检验的依据。其内容一般包括热处理方法和硬度、变形量、表面质量要求等。一般零件提出硬度指标，较重要的零件如兵器和航空零件，还需标注其他强度指标和塑性指标。在标注硬度时要求给出合理的波动范围，布氏硬度（HBS）一般为 30~40 个单位，洛氏硬度（HRC）一般为 5 个单位。如调质 220~250 HBS，淬火回火 40~45 HRC。表面热处理零件通常应提出零件表面和心部硬度、渗层或硬化层深度、变形量要求。

热处理技术条件作为整体热处理的一般标注在零件图纸的标题栏上方；作为局部热处理的一般用细实线限定，并在引线上标注。

热处理技术条件可用文字简要说明，也可用表 11-5 所列热处理工艺符号表示。

表 11-5 热处理代号及标注方法

热处理	中国符号	表 示 方 法 举 例
退　　　火	Th	退火表示方法为：Th
正　　　火	Z	正火表示方法为：Z
调　　　质	T	调质至 220~250 HB，表示方法为 T235
淬　　　火	C	淬火回火至 15~50 HRC，表示方法为：C43
油 中 淬 火	Y	油中淬火后回火至 30~40 HRC，表示方法为：Y35
高 频 淬 火	G	高频淬火后回火至 50~55 HRC，表示方法为：G52
调质高频淬火	T-G	调质后高频淬火回火至 52~58 HRC，表示方法为：T-G54
火 焰 淬 火	H	火焰加热淬火后回火至 52~58 HRC，表示方法为：H54
碳 氮 共 渗	Q	氰化淬火后回火至 56~62 HRC，表示方法为：Q59
渗　　　氮	D	氮化层深度至 0.3 mm，硬度大于 HV 850，表示方法为：D0.3~900
渗 碳 淬 火	S-C	渗碳层深度至 0.5 mm，淬火后回火至 56~62 HRC，表示方法为：S0.5~C59
渗碳高频淬火	S-G	渗碳层深度至 0.9mm，高频淬火后回火至 56~62 HRC，表示方法为：S0.9~G59

注：回火、发蓝用文字标注。

第四节 预防和控制热处理变形的方法及措施

热处理过程中，产生一定程度的变形是不可避免的，严重的甚至会开裂。变形主要是由于热处理产生内应力引起的。内应力包括热应力和组织应力。对于淬火零件内应力更为突出。

热应力是指由于冷却（加热）过程中零件表面与中心冷却（加热）速度不同，造成温度不同，其体积收缩（膨胀）在表面和中心也就不一样。这种由于温度差而产生体积收缩（膨胀）量不同所引起的内应力叫做热应力。同样地，由于零件表面和中心冷却（加热）速度不同，零件截面上各处组织转变先后不同，其体积变化各处不同。这种由于组织转变而产生体积变化不同所引起的内应力叫做组织应力。当内应力大于钢的屈服极限时，便会引起零件的变形。

为了减少零件变形，提高产品质量，避免经济损失，设计人员必须在保证合理设计零件结构外形的同时，还应充分考虑零件结构的热处理工艺性。在设计淬火零件时，应考虑下述基本原则：①零件结构形状的合理性；②材料选用的合理性；③热处理技术条件的合理性。

一、改进设计

合理的零件结构，其截面尺寸应该分布均匀，使其在加热时均匀受热，冷却时均匀散热，从而可以减少淬火应力和变形。因此，设计时应采取如下措施：

1. 消除冷却不均匀的因素

消除冷却不均匀的因素，应避免厚薄悬殊的结构，可采取开工艺孔、加厚零件太薄部分、合理安排孔洞位置或变不通孔为通孔等方法，尽量采用封闭、对称结构。

2. 消除局部应力集中的因素

消除局部应力集中的因素，应避免尖角、棱角，代之以圆角、倒钝锐边。

二、合理安排工艺路线

图 11-2 所示齿轮，有 6 个 $\phi 35$ 孔靠近齿根，在高频淬火后发现靠近孔处的节圆直径会下凹，因此这 6 个孔只能在高频淬火后作出。

由此可见，凡高频淬火的齿轮、长轴套、垫圈等零件，在允许的情况下最好将齿轮、长轴套的内孔、键槽、垫圈上的孔都留在高频淬火之后再进行拉、插、钻等加工。

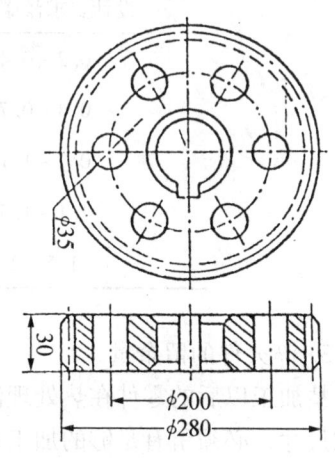

图 11-2 高频加热淬火后钻孔

三、预留加工余量

由于热处理特别是淬火时零件不可避免会有变形，因此，在零件加工过程中必须留有合理的加工余量，既可简化热处理操作，又不使随后机械加工（特别是磨削加工）时增加过大的工作量。

1. 调质件的留余量

轴类调质件在淬火时会出现变形、氧化、脱碳等缺陷，因此，无论是原材料还是锻件，在调质前均必须留有加工余量。表 11-6 为调质件直径上的加工余量。

表 11-6　调质件直径上的加工余量　　mm

直 径	长 度			
	<500	500~1 000	1 000~1 800	>1 800
10~20	2~2.5	2.5~3.0	—	—
22~45	2.5~3.0	3.0~3.5	3.5~4.0	—
48~70	2.5~3.0	3.0~3.5	4.0~4.5	5.0~6.0
75~100	3.0~3.5	3.0~3.5	5.0~5.5	6.0~7.0

2. 渗碳件的留余量

对局部渗碳零件在不需要渗碳部分或有配作孔处，可以采取留加工余量的办法，在渗碳后淬火前切除这部分渗碳层。此时必须参考设计要求的渗碳层深度来留此处的加工余量，见表 11-7。

表 11-7　不渗碳局部加工余量　　mm

设计要求渗碳深度	不渗碳表面每面留余量
0.2~0.4	1.1+淬火时留余量
0.4~0.7	1.4+淬火时留余量
0.7~1.1	1.8+淬火时留余量
1.1~1.5	2.2+淬火时留余量
1.5~2	2.7+淬火时留余量

3. 淬火件的留余量

精加工以后的零件在热处理淬火操作时不可避免会产生变形，为了能在淬火后磨削到要求尺寸，必须留有足够的加工余量。

轴类零件与轴套、环类零件内孔在热处理时的磨削余量见表 11-8 及表 11-9；渗碳零件磨削余量见表 11-10。

第十一章 机械零件选材及加工路线分析

表 11-8 轴、杆、楔条类零件热处理时磨削余量 mm

直径或厚度	长度										
	<50	51~100	101~200	201~300	301~450	451~600	601~800	801~1 000	1 001~1 300	1 301~1 600	1 601~2 000
<5	0.35~0.45	0.45~0.55	0.55~0.65								
6~10	0.30~0.40	0.40~0.50	0.50~0.60	0.55~0.65							
11~20	0.25~0.35	0.35~0.45	0.45~0.55	0.50~0.60	0.55~0.65						
21~30	0.30~0.40	0.30~0.40	0.35~0.45	0.40~0.50	0.45~0.55	0.50~0.60					
31~50	0.35~0.45	0.35~0.45	0.35~0.45	0.35~0.45	0.40~0.50	0.40~0.50	0.55~0.65				
51~80	0.40~0.50	0.40~0.50	0.40~0.50	0.40~0.50	0.40~0.50	0.40~0.50	0.50~0.60	0.60~0.70			
81~120	0.50~0.60	0.50~0.60	0.50~0.60	0.50~0.60	0.50~0.60	0.50~0.60	0.50~0.60	0.55~0.65	0.60~0.70		
121~180	0.60~0.70	0.60~0.70	0.60~0.70	0.60~0.70	0.60~0.70	0.60~0.70	0.60~0.70	0.65~0.75	0.65~0.80	0.70~0.80	0.85~1.00
181~260	0.70~0.90	0.70~0.90	0.70~0.90	0.70~0.90	0.70~0.90	0.70~0.90				0.75~0.90	0.85~1.00

注：①粗磨后需人工时效的工件应上表增加 50%；
②此表为断面均匀，且全部淬火零件的余量，特殊零件另行协调解决；
③全长 1/3 局部淬火者可取下限，淬火长度大于 1/3 时按全长处理；
④φ80 mm 以上短实心轴可取下限；
⑤高频淬火件可取下限。

表 11-9 轴、套、环类零件内孔热处理时磨削余量 mm

孔径公称尺寸	<10	11~18	19~30	31~50	41~80	81~120	121~180	181~260	261~360	361~500
一般孔余量	0.20~0.30	0.25~0.35	0.30~0.45	0.35~0.50	0.40~0.60	0.50~0.75	0.60~0.90	0.65~1.00	0.80~1.10	0.85~1.30
复杂孔余量	0.25~0.40	0.35~0.45	0.40~0.50	0.50~0.65	0.60~0.80	0.70~1.00	0.80~1.20	0.90~1.35	1.05~1.50	1.15~1.75

注：①碳素钢工件一般用水淬或水淬油冷，孔变形较大，应选用上限；
②合金钢薄壁零件 $\left(\dfrac{外径}{内径}<1.25\text{ 者}\right)$ 应取上限；
③合金钢零件渗碳后采用两次淬火者，应以大孔计算；
④同一工件上有大小不同的孔，对称、形状简单，孔是光滑圆孔或花键孔，复杂孔是指形状复杂、不对称、薄壁件、孔形不规则；
⑤一般孔指零件形状简单、对称，孔是光滑圆孔或花键孔，复杂孔是指形状复杂、不对称、薄壁件、孔形不规则；
⑥外径/内径 <1.5 之高频淬火件内孔留余量应减少 40%~50%，外圆加大 30%~40%；
⑦特殊零件协商解决。

表 11-10　渗碳零件磨削余量　　　　　　　　　　　　mm

公称渗碳深度	0.3	0.5	0.9	1.3	1.7
放　磨　量	0.15~0.20	0.20~0.25	0.25~0.30	0.35~0.40	0.45~0.50
实际工艺渗碳深度	0.4~0.6	0.7~1.0	1.0~1.4	1.5~1.9	2.0~2.5

四、修改技术条件

1. 改变工艺

图 11-3 为加工钢珠的刀具锉板，用 GCr15 钢制造，要求齿部硬度大于 HRC 60，采用整体淬火因变形大无法使用。后改用高频感应加热淬齿，硬度大于 HRC 60，变形小于 0.1 mm，较好地解决淬火变形问题。

同样地，不少的齿轮或钢套类零件可以采用碳氮共渗代替渗碳，减少因高温加热引起的变形。

2. 更换材料

由于结构形状的原因，在采取其他措施仍不能减少变形、防止开裂的情况下，可以考虑更换材料。一般用合金钢取代碳钢，用高淬透性钢取代低淬透性钢。

实践表明，为减少零件变形除上述措施外，减少零件粗糙度和预留变形量的方法也是很有成效的。

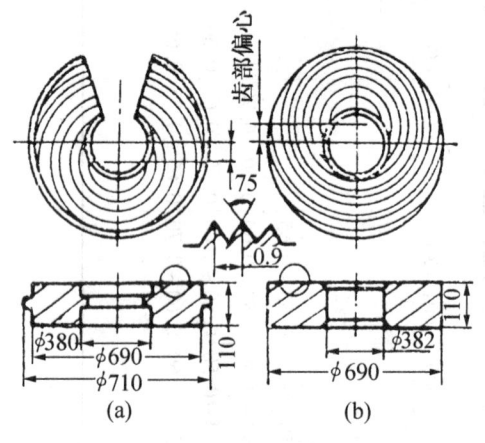

图 11-3　锉板结构图
(a) 上锉板；(b) 下锉板

第五节　典型零件选材与工艺分析

金属材料、高分子材料、陶瓷材料及复合材料是目前的主要工程材料，它们各有自己的特性，所以各有其合适的用途。金属材料具有极优良的综合力学性能和某些物理、化学性能，因此它被广泛地用于制造各种重要的机械零件和工程构件，目前仍是机械工程中最主要的结构材料。从应用情况来看，机械零件的用材主要是钢铁材料。下面将作重点介绍。

一、齿轮类零件

齿轮几乎存在于所有的机器中，它是一个极普通而又十分重要的零件。

1. 齿轮的工作条件和对性能的要求

（1）齿轮的工作条件：

①齿部承受很大的交变弯曲应力。

②换挡、启动或啮合不均匀时承受冲击力。

③齿面相互滚动、滑动，并承受接触压力。

在上述情况下工作的齿轮的损坏形式主要是齿的折断、齿面的剥落及过度磨损。

(2) 齿轮的性能要求：

①高的弯曲疲劳强度和接触疲劳强度。

②齿面有高的硬度和耐磨性。

③齿轮心部应有足够高的强度和韧性。

齿轮的选材主要是由齿轮的具体工作条件（如工作时的圆周速度、载荷性质与大小以及精度要求等）来确定的，如表 11-11 所列。

表 11-11 机床、汽车、航空齿轮的选材及热处理

齿轮工作条件	材料牌号	热处理工艺	硬度要求
低载，要求耐磨、小尺寸机床齿轮	15	900~950℃渗碳 780~900℃淬火	58~63 HRC
低速（<0.1 m/s）、低载不重要变速箱齿轮和挂轮架齿轮	45	840~800℃正火	156~217 HBS
低速（<1 m/s）、低载机床齿轮（如溜板）	45	820~840℃水淬 500~550℃回火	200~250 HBS
中速、中载或高载机床齿轮（如车床变速器次要载荷齿轮）	45	高频淬火，水冷，300~340℃回火	45~50 HRC
高速、中载，要求齿面硬度高的机床齿轮（如磨床砂轮箱齿轮）	45	高频淬火，水冷，180~200℃回火	54~60 HRC
中速（2~4 m/s）、中载高速机床走刀箱、变速箱齿轮	40Cr, 42SiMn	调质，高频淬火，乳化液冷却，260~300℃回火	50~55 HRC
高速、高载、齿部要求高硬度机床齿轮	40Cr, 42SiMn	调质，高频淬火，乳化液冷却，260~300℃回火	54~60 HRC
高速、中载、受冲击的机床齿轮（如龙门铣床的电动机齿轮）	20Cr, 20Mn2B	900~950℃渗碳，直接淬火，或 800~880℃油淬，180~200℃回火	58~63 HRC
高速、高载、受冲击的齿轮（如立式车床重要齿轮）	20CrMnTi, 20SiMnVB	900~950℃渗碳，降温至 820~850℃直接淬火，180~200℃回火	58~63 HRC
汽车变速齿轮及圆锥齿轮	20CrMnTi 20CrMnMo	900~950℃渗碳，降温至 820~850℃直接淬火，180~200℃回火	58~64 HRC
航空发动机大尺寸、高载、高速齿轮	18Cr2Ni4WA 37Cr2Ni4A 40Cr2NiMoA	调质、氮化	>850 HV
航空高速齿轮	12CrNi3A 12Cr2Ni4A	900~920℃渗碳 850~870℃一次淬火，油冷 780~800℃两次淬火，油冷 150~170℃回火	58~63 HRC

2. 汽车、拖拉机齿轮

汽车、拖拉机齿轮主要分装在变速箱和差速器中。在变速箱中，通过它来改变发动机、曲轴和主轴齿轮的转速；在差速器中，通过齿轮来增加扭转力矩，且调节左右两车轮的转速，并将发动机动力传给主动轮，推动汽车、拖拉机运行，所以传递功率、冲击力及摩擦压力都很大，工作条件比机床齿轮繁重得多。因此，耐磨性、疲劳强度、心部强度和冲击韧性等方面都有更高的要求。

(1) 性能要求及选材：图 11-4 为解放牌载重汽车变速箱一速齿轮简图。

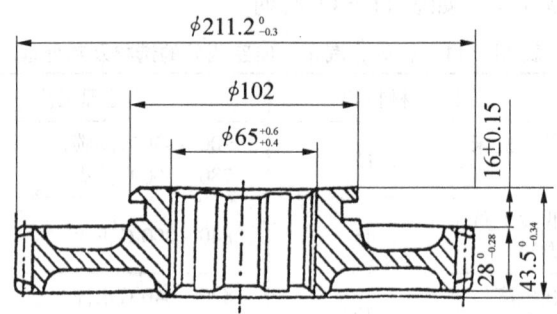

图 11-4　解放牌载重汽车变速箱一速齿轮简图

根据计算与试验，要求齿轮表面有较高的耐磨性与疲劳极限，硬度为 HRC 58~60；心部保持较高的强度与韧性，$\sigma_b > 1\,000$ MPa，$a_k > 60$ J/cm^2，硬度 HRC 35~40。

从表 11-11 中选出 20CrMnTi 钢。该钢渗碳淬火后 $\sigma_b \approx 1\,100$ MPa，$a_k > 60$ J/cm^2；渗碳淬火后表面硬度 HRC 58~62，心部硬度 HRC 33~48，能满足性能要求。从工艺性能上考虑，20CrMnTi 钢的可锻性好；有较好的淬透性，油中淬火 30~40 mm 能淬透；钢中有 Ti，对过热不敏感，在渗碳后可直接延时淬火，变形较小。而且价格不贵，适宜大批生产。

(2) 工艺路线及其分析：根据材料和性能要求制定工艺路线如下：

下料→模锻→正火→机械加工（留磨量）→渗碳（孔防渗）、淬火→低温回火→喷丸→磨至尺寸。

由于该齿轮属于大批量生产，并考虑其形状结构特点，应该采用模锻件以提高生产率，节约金属材料，并可使纤维分布较为合理，以提高其力学性能。

正火后能获得细片状珠光体（+铁素体）组织，较之退火硬度略有提高，有利于随后的机械加工。

渗碳的目的是使表面碳浓度增加，要求 $w_C = 0.8\% \sim 1.05\%$，渗层深度 0.8~1.3 mm。渗碳后延时淬火，表层为高碳马氏体+碳化物，心部为低碳马氏体，达到表硬（HRC > 58）内韧（HRC > 38）的性能要求。

低温回火的目的是消除淬火引起的内应力，稳定组织，齿轮仍保持高的硬度。

喷丸的作用是使齿轮表层产生压应力，提高其疲劳极限，延长使用寿命。

3. 机床齿轮

机床齿轮的工作条件和汽车、拖拉机中的齿轮相比，其运转较平稳，载荷较小，是属工作条件较好的齿轮。

(1) 选用材料：由表 11-11 可知，机床齿轮常用的材料中有中碳钢或中碳合金结构钢和低碳低合金结构钢（渗碳钢）两类。中碳钢或中碳合金结构钢中，最常用的材料是 45 钢和 40Cr 钢。一般 45 钢用于中小载荷齿轮，如主轴箱齿轮、溜板箱齿轮等。40Cr 钢用作中等载荷齿轮，如铣床工作台变速箱齿轮等。这两种钢经高频淬火及低温回火后，硬度均为 52~58 HRC；合金渗碳钢如 20Cr、20CrMnTi、20Mn2B、12CrNi3 等材料，一般用作承受高速、高载荷和有冲击作用的齿轮。

(2) 工艺路线及其分析：对中碳钢或中碳合金结构钢齿轮常采用的加工工艺路线为：

下料→锻造→正火→机械粗加工→调质→机械精加工→高频感应加热淬火、低温回火→精磨至尺寸。

正火的作用是消除锻造应力，细化晶粒。组织为细片状珠光体（索氏体）+铁素体。

调质的作用是获得具有良好综合力学性能的回火索氏体组织。

高频感应加热淬火、低温回火后，齿轮表层（约 2 mm）得到回火马氏体，心部仍保持调质状态的回火索氏体，从而达到"表硬内韧"的性能要求。

选用渗碳钢的高载荷机床齿轮，其加工工艺路线与汽车、拖拉机齿轮相同。

二、轴类零件

轴类零件是各种机器中关键性的基础零件。所有运转零件（如齿轮、带轮、螺旋桨等）都要装在轴上，轴在机器中的功用是支持运转零件并传递动力和扭矩。轴的质量直接影响机械的运转精度和工作寿命。

轴类零件一般按强度、刚度计算和结构要求两方面进行零件设计、选材及热处理。通过强度、刚度计算保证轴的承载能力，防止过量变形和断裂失效；结构要求是保证轴上零件的可靠固定与拆装，并使轴具有合理的结构工艺性和运转的稳定性。

1. 轴类零件工作条件和性能要求

(1) 轴类零件的工作条件：轴类零件工作时承受弯曲和扭转应力的复合作用（如转轴），也有只受弯曲应力的心轴和只受扭转应力的传动轴。其中除固定心轴外，所有做运转的轴所受应力都是对称循环变化的，即在对称交变应力状态下工作。

(2) 轴的使用性能要求：轴类零件应具有如下的性能要求：①具有高的强度、足够的刚度及良好的韧性，以防止断裂和过量变形；②具有高的疲劳极限，防止过早的疲劳断裂；③在相对运动的摩擦部位，如轴颈、花键等处，应具有高的硬度和耐磨性。

2. 轴类零件选用材料

制造轴类零件的材料主要是碳素结构钢和合金结构钢，一般是以锻件或轧制型材为毛坯。

根据承载能力的大小选用材料：①轻载、低速、不重要的轴，可选用 Q235，Q255，Q275 等普通碳素结构钢，这类钢通常不进行热处理。②受中等载荷而精度要求不高的轴类零件，常用优质碳素结构钢，如 35，40，45，50 钢，其中 45 钢应用最多。为改善其力学性能，一般进行正火、调质处理。为提高表面的耐磨性，还可进行表面淬火及低温回火。③对于受较大载荷或要求精度高的轴，以及处于高、低温等恶劣条件下工作的轴，应选用合金钢，常用的有 20Cr，40MnB，40Cr，40CrNi，20CrMnTi，12CrNi3，38CrMoAl，9Mn2V，GCr15 等。热处理根据选材不同而不同，包括调质、表面淬火、渗碳、渗氮等，以充分发挥合金钢的性能潜力。

近年来，球墨铸铁和高强度铸铁已愈来愈多地作为制造轴的材料，如汽车发动机曲轴、普通机床的主轴等用铸铁材料，热处理方法主要是退火、正火及表面淬火等。

3. 轴类零件加工工艺路线及其分析

（1）汽车发动机凸轮轴：

①凸轮轴工作条件及性能要求：图 11-5 为 BJ 2023 型汽车的 492QA 发动机的凸轮轴。凸轮轴上主要配置有各个缸的进、排气凸轮，用以使气门按一定的工作次序和配气相位及时开闭，并保证气门有足够的升程。凸轮受到气门间歇性开启的周期性冲击载荷，因此对凸轮表面要求耐磨，对凸轮轴要求

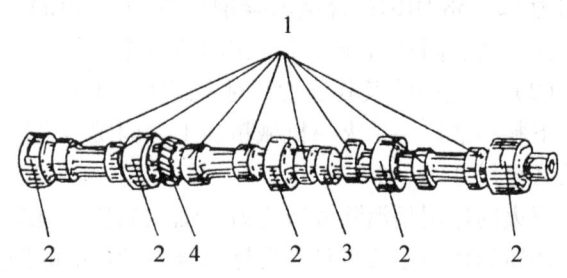

图 11-5　四缸四冲程汽油机凸轮轴简图
1—凸轮；2—凸轮轴轴颈；3—偏心轮；4—螺旋齿轮

有足够的韧性和刚度。为保证配合精度，轴颈处需有较高的硬度和耐磨性。

热处理技术要求：整体调质后硬度为 200～230 HBS；凸轮及轴颈部位为 48～53 HRC。

②选用材料及加工路线：选用 45 钢，加工路线：下料→模锻→正火→机械粗加工→调质→机械精加工→高频感应加热淬火、低温回火→磨至要求尺寸。

考虑到批量生产，采用模锻提高生产率，而且能形成合理的加工流线，提高力学性能。

45 钢属于中碳结构钢，在这里退火和正火作为预先热处理都合理，但从经济性考虑选用正火更好一些。正火的作用是消除锻造应力和细化组织，得到珠光体+铁素体组织。

调质得到良好综合力学性能的回火索氏体，使凸轮轴具有足够的强度、韧性和塑性。

感应加热淬火用于各凸轮及轴颈，使凸轮及轴颈表层获得高硬度的马氏体组织，满足耐磨性要求。

（2）镗床镗杆：图 11-6 为 T611 镗床镗杆结构图。

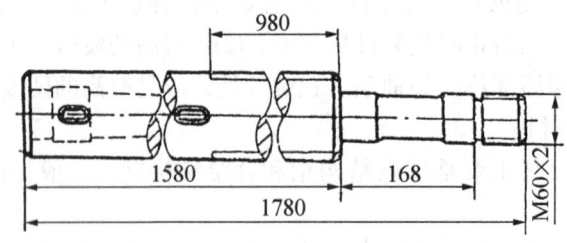

图 11-6　T611 镗床镗杆结构图

①工作条件和性能要求：

a. 镗杆在重负荷条件下工作，承受冲击载荷；

b. 精度要求极高，≤0.005 mm，并在滑动轴承中运转；

c. 内锥孔和外锥圆经常有相对摩擦。

因此，表面要求有极高的硬度（HV850以上），心部有较高的综合力学性能。

②选用材料及加工工艺路线：

根据镗杆的工作条件和性能要求，选用38CrMoAl钢。这是一种调质渗氮钢，钢中含有Cr，Mo，Al元素，对形成合金氮化物有利，进行渗氮处理可使镗杆表层获得极高的硬度。

镗杆加工工艺路线：下料→锻造→退火→粗加工（留调质余量）→调质→精加工（留磨削余量）→去应力退火→粗磨→渗氮→精磨、研磨。

各热处理工序的作用：

退火——消除锻造组织缺陷，细化晶粒。组织为珠光体+铁素体。由于钢中含有一定的合金元素，该钢的预先热处理宜采用完全退火，不用正火。正火硬度偏高，难于机械加工。

调质——淬火+高温回火后获得回火索氏体组织，具有良好的综合力学性能。

去应力退火——消除精加工产生的加工应力，零件在释放应力时产生的变形用后工序粗磨消除，保证镗杆精度。

渗氮——表层获得高硬度的氮化层（细小、均匀分布的AlN，CrN，MoN等），渗氮后不需要进行回火处理。通常渗氮温度比调质处理的回火温度低，因此心部组织不变，仍保持回火索氏体组织。渗氮后安排研磨，确保镗杆的精度。

（3）内燃机曲轴：

①内燃机曲轴工作条件和性能要求：图11-7为解放CA6102型发动机曲轴简图。

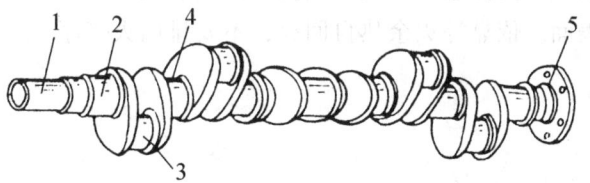

图11-7　解放CA6102型发动机曲轴简图
1—前端轴；2—主轴颈；3—连杆轴颈（曲柄销）；
4—曲柄；5—后端凸缘

内燃机曲轴的功用是承受连杆传来的力，并由此造成绕其本身轴线的力矩。在发动机工作中，曲轴受到旋转质量的离心力、周期性变化的气体压力和往复惯性力的共同作用，使曲轴承受弯曲与扭转载荷。因此要求曲轴具有足够的刚度和强度，各工作表面要耐磨而且润滑良好。

②曲轴的选用材料：曲轴要求用强度、冲击韧性和耐磨性都比较高的材料制造。中小功率内燃机曲轴最常用的材料是45，40Cr，45Mn2等钢和球墨铸铁。对于高速大功率曲轴，一般采用合金调质钢如35CrMo，50CrMo等作为曲轴材料。

球墨铸铁制造曲轴，既可以解决锻造设备不足的困难，又能充分发挥球墨铸铁的力学性能。球墨铸铁正火后有较高的疲劳强度、较好的减震性、小的缺口敏感性，经小能量多次冲击抗力试验表明，当曲轴所受应力不大于380MPa时，球墨铸铁比45钢好。对于强度要求更高的可以采用加入少量合金元素Mo，Cu等的合金球墨铸铁。目前，小型内燃机的曲轴以球墨铸铁用得较多。

曲轴按制造工艺分为锻钢曲轴和铸铁曲轴。

③曲轴的加工工艺路线及其分析：

a. 锻钢曲轴（如 CA10B 型解放牌 4 t 载重汽车发动机曲轴），选用 45 钢。其加工工艺路线：下料→锻造→正火→粗车→调质→精车→中频感应加热表面淬火、低温回火→磨至要求尺寸。

加工工艺路线与上述凸轮轴基本相同。轴颈和曲柄销表面中频感应加热淬火，硬化层较深，可达 3~4.5 mm。最终组织和性能：基体为回火索氏体，硬度 220~250 HBS；轴颈和曲柄销表层为回火马氏体，硬度 55~58 HRC。

锻钢曲轴目前多采用全纤维模锻件毛坯，保证内部纤维组织连续，受力状态分布合理，以提高曲轴承载能力和使用寿命。

b. 铸铁曲轴（内燃机车柴油机曲轴），选用 QT 700-2 铸铁。其加工工艺路线为：铸造→检验→正火（喷雾冷却）、去应力退火→机械加工→高频感应加热表面淬火→磨至要求尺寸。

最终组织与性能：基体为细片状珠光体（索氏体）+ 球状石墨，硬度 250~300 HBS；轴颈表面为回火马氏体（自回火）+ 球状石墨，硬度 55~60 HRC。

铸造后的检验是保证曲轴质量的关键，只有在球化情况、金相组织等都符合要求的前提下，才能进行下一步的正火工序。

正火的目的是细化珠光体组织，提高其抗拉强度、硬度和耐磨性。表面淬火用于与滑动轴承接触的轴颈表面。依靠淬火余热自回火，不安排回火工序。

三、模具

1. 热作模具

（1）工作条件及性能要求：图 11-8 为铝合金压铸模的料套结构图。工作时铝液由料套上部开口处注入，用活塞推送到挤压模挤压成型，每分钟送料 6~10 次。铝液温度为 640~650℃。

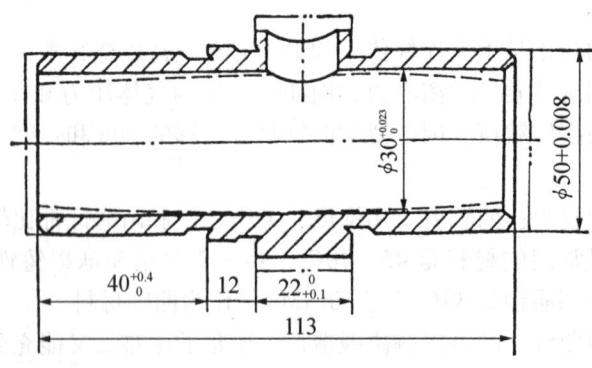

图 11-8　铝合金压铸模的料套结构图

料套在工作时反复接触炽热金属,承受压应力和强烈的摩擦,因此,料套必须具有:①高的回火稳定性;②高的抗热疲劳性能;③足够的强度、韧性以及硬度和耐磨性。

(2) 选材及加工工艺路线:选用 4Cr5MoSiV1 钢(H13 钢)。其加工工艺路线:下料→锻造→球化退火→机械加工→淬火、中温回火→粗磨内孔→渗氮→精磨内孔至要求尺寸。

H13 钢由于合金元素使其共析点左移,属于过共析钢。锻造的作用是细化晶粒及使碳化物均匀化。球化退火的作用使钢中渗碳体变成球状(颗粒状),以利于切削加工及为最终淬火处理做好组织准备。中温回火的温度应高于零件的使用温度,否则,零件在使用过程中会发生不均匀回火产生内应力而导致开裂。为提高零件的热疲劳强度及耐磨性,进行渗氮表面处理。

最终组织与性能:基体为回火托氏体(或回火索氏体),硬度为 45~50HRC;表层为渗氮层(≥0.3 mm),硬度为 750~800 HV(63~65 HRC)。

2. 冷作模具

图 11-9 为用于生产建筑陶瓷,习惯上称为陶瓷模具(凹模)的形貌。模具尺寸为 280 mm × 260 mm × 35 mm,内有多个方格。

(1) 工作条件和性能要求:模具在工作时,把陶瓷粘土置于模具方格内,凸模将粘土压至紧密,加工成陶瓷坯料。粘土中含有高硬度的硅、铝氧化物,模腔受到摩擦发生磨损,因此模具需具有高的硬度和耐磨性;此外,粘土在压紧时模具承受压应力,而且是一种周期交变应力,因此模具需具有足够的强度和抗疲劳破坏的性能。

图 11-9 生产建筑陶瓷材料的模具

(2) 选材及加工工艺路线:选用 Cr12MoV 钢(SKD11)。其加工工艺路线:下料→锻造→球化退火→机械加工→淬火、低温回火→磨平→线割加工。

Cr12MoV 钢为高碳高合金钢,钢中有大量的碳化物,原材料中的碳化物往往是呈带状或网络状分布,对使用寿命危害极大。为改善碳化物分布状态,提高模具使用寿命,锻造必须充分(3 火以上)。球化退火的作用是使碳化物球化,改善机械加工性能和热处理工艺性能。为保证精度,线割加工作为最后工序。

最终组织与性能:组织为隐晶回火马氏体 + 粒状碳化物,硬度为 HRC 58~60。

为进一步提高模具疲劳强度特别是腐蚀疲劳强度,可线割加工后安排渗氮处理。

四、机座及箱体类零件

1. 机座及箱体类零件的工作条件及性能要求

机座和箱体类零件是整台机器或部件装配的基础，机器的全部重量和载荷通过它们传至基础上，一般受力比较复杂（拉压、弯曲、扭转可能同时存在）。强度和刚度是评定机座和箱体零件工作能力的基本指标。锻压机床等一类机器的机座尺寸，主要由强度条件决定，其损坏形式一般为断裂；对于金属切削机床及其他要求精度高的机器，其尺寸主要由刚度决定，零件的损坏形式一般是变形或磨损。

机座和箱体类零件的力学性能要求：①足够的抗压强度和刚度；②良好的减震性能。

2. 机座和箱体类零件常用材料及热处理

（1）选用材料：机座和箱体类零件一般具有形状复杂、体积较大、壁薄的特点，一般选用铸造毛坯。对工作平稳和中等载荷的箱体，一般选用灰铸铁 HT 150、HT 200、HT 300 等材料。要求质量轻、散热良好的箱体，例如飞机发动机气缸体，多采用铝合金铸造。如果在强度方面有特别的要求，载荷较大、承受冲击的箱体，如轧钢机机架、汽轮机机座等，可采用铸钢材料，常用牌号为 ZG 230~450，ZG 270~500 等。对于要求减震性好的机座如机床床身，只能选用灰铸铁，不能采用钢铁，因为钢铁材料的减震性能不及灰铸铁的十分之一。

对于单件生产的机座或箱体，为了制造简便、缩短制造周期和经济，可采用焊接结构，如用 Q235，16Mn 等制造；对于有些机器，如挖掘机底座、支架、船用万匹柴油机底座等，为了减轻重量，也都采用焊接结构；汽车底盘虽然大量生产，也采用焊接结构。

（2）热处理：铸造和焊接的机座和箱体都存在着残余应力，对于精度要求较高的必须进行去应力退火。普通零件可经一次去应力退火，安排在粗加工后进行，因为粗加工会增加工件的内应力。对于精度要求高的零件，如精密机床床身等，一般应经两次去应力退火，第一次安排在粗加工后，第二次安排在精加工后。

五、塑料零件的选材

1. 塑料零件选材的特殊性

塑料零件的选材原则除应在使用性能、工艺性能、经济性等方面考虑外，由于塑料性质与金属材料不同，同一种材料在温度变化或不同介质环境下工作，其力学性能可能相差很大。这是因为塑料的导热性差，不易散热，受热易膨胀变形，是非刚性材料，容易产生蠕变等。例如用尼龙6或尼龙66制造的齿轮，在温度波动不大的环境下工作，能运转良好，而在温度波动大时，运转情况就可能变坏；在南方使用的轴承，在北方就不一定适用。塑料的各种性能之间的相互关系比金属材料密切，所以在分析选择材料能否满足使用要求时，不能孤立地校核某个性能就作结论。

塑料零件的选材目前尚无系统的理论和完整的方法，大多数依靠生产经验初选，然后进行反复试验，最后作出结论。

2. 几种主要类型塑料零件的选材

表 11-12 给出了几种主要类型塑料零件的选材。塑料零件的选材是否合理与零件设计、成型方法与正确使用有密切关系，因此，选材的过程常是三者相互协调的过程。

表 11-12 几种主要类型塑料零件的选材

类 型	典型零件	工作特点	可选用的材料
一般零件	仪器仪表外壳、底座、支架、手柄、手轮、盖子、化工容器、管道、各种生活用品	低负荷、不受冲击的装饰件	低压聚乙烯、聚丙烯、改性聚苯乙烯、聚氯乙烯、ABS塑料、有机玻璃等
普通传动件	齿轮、蜗轮、凸轮、螺母	较高强度、韧性、耐磨性、耐疲劳性、耐热性和尺寸稳定性	各种尼龙、聚甲醛、聚碳酸酯、增强酚醛塑料
摩擦零件	轴承、导轨、密封元件或腐蚀介质中工作的摩擦零件	受力较小，运动速度较高，在干或湿摩擦条件下工作的耐磨零件	聚四氟乙烯及充填聚四氟乙烯、聚甲醛、尼龙1010等
耐蚀零件	化工设备、管道及仪表零件、阀座等	能在常温或较高温度下承受强酸、强碱或其他腐蚀性介质	硬聚氯乙烯、氟塑料（温度较高用）、低压聚乙烯、聚丙烯、聚四氟乙烯

附表 1 国内外常用钢号近似对照表

类别	中国 GB	德国 DIN	W-Nr	法国 NF	日本 JIS	俄罗斯 ГОСТ	瑞典 SS14	英国 BS	美国 ASTM/AISI	美国 UNS
碳素结构钢	Q195	S185	1.0035	S185	—	Ст·1кп	—	S185	A285MGrB	—
	Q235A	S235JR	1.0037	S235JR	SS400	Ст·3кп-2	1311	S235JR	A570Gr·A	K02501
	Q255A	St44-2	1.0044	E28-2	SM440A	Ст·4кп-2	1421	43B	A709MGr·36	—
	10	C10	1.0301	C10	S10C	10	1265	040A10	1010	G10100
	15	C15	1.0401	C12	S15C	15	1350	040A15	1015	G10150
	20	C22E	1.1151	C22E	S20C	20	1435	C22E	1020	G10200
	30	C30E	1.1178	C30E	S30C	30	—	C30E	1030	G10300
	45	C45E	1.1191	C45E	S45C	45	1660	C40E	1045	G10450
	60	C60E	1.1221	C60E	—	60	1678	C60E	1060	G10600
	20Mn	21Mn4	1.0469	20M5	—	20Г	1434	080A20	1022	G10220
	40Mn	40Mn4	1.1157	40M5	SWRH42B	40Г	—	080A40	1039	G10390
	60Mn	60Mn3	1.0642	—	S58C	60Г	1678	080A62	1062	—
合金结构钢	20Mn2	20Mn6	1.1169	20M5	SMn420	20Г2	—	150M19	1320	—
	45Mn2	46Mn7	1.0912	45M5	SMn443	45Г2	—	—	1345	G13450
	35SiMn	37SiMn5	1.5122	38MS5	—	35СГ	—	En46	—	—
	40MnB	—	—	38MB5	—	—	—	185H40	—	—
	15Cr	15Cr3	1.7015	12C3	SCr415	15Х	—	523A14	5115	G51150
	20Cr	20Cr4	1.7027	18C3	SCr420	20Х	—	527A20	5120	G51200
	40Cr	41Cr4	1.7035	42C4	SCr440	40Х	2245	530A40	5140	G51400
	20CrMo	20CrMo5	1.7264	18CD4	SCM420	20ХМ	—	CDS12	4118	G41180
	35CrMo	34CrMo4	1.7220	35CD4	SCM435	35ХМ	2234	708A37	4135	G41350
	42CrMo	42CrMo4	1.7225	42CD4	SCM440	—	2244	708M40	4140	G41400
	38CrMoAl	41CrAlMo7	1.8509	40CAD6.12	—	38Х2МЮА	2940	905M39	—	—
	50CrVA	51CrV4	1.8159	50CV4	SUP10	50ХФА	2230	735A50	6150	G61500

附表1 国内外常用钢号近似对照表

续附表1

类别	中 国 GB	德 国 DIN	德 国 W-Nr	法 国 NF	日 本 JIS	俄罗斯 ГОСТ	瑞 典 SS₁₄	英 国 BS	美 国 ASTM/AISI	美 国 UNS
合金结构钢	20CrMn	20MnCr5	1.7147	20MC5	SMnC420	20ХГ	—	—	5120	G51200
	40CrMnMO	42CrMo4	1.7225	—	SCM440	40ХГМ	—	708A42	4142	G41420
	20CrMnTi	—	—	—	—	18ХГТ	—	—	—	—
	40CrNi	40NiCr6	1.5711	—	—	40ХН	—	640M40	3140	G31400
	12CrNi3	14NiCr14	1.5752	14NC12	SNC815	12ХН3А	—	665A12	3310	G33100
	30CrNi3	31NiCr14	1.5755	30NC11	SNC836	30ХН3А	—	653M31	3435	—
	20Cr2Ni4	14NiCr14	1.5752	18NC13	~SNC815	20Х2Н4А	—	665M13	3316	—
	20CrNiMo	21NiCrMo2	1.6523	20NCD2	SNCM220	20ХНМ	2506	805M20	8620	G86200
	40CrNiMo	36CrNiMo4	1.6511	40NCD3	SNCM439	40ХНМ	—	816M40	4340	G43400
	Y15	15S20	1.0723	15F2	SUM32	—	—	220M07	1115	—
	Y40Mn	—	—	40M5	SUM42	А10Г	1922	212M44	1141	G11410
	65Mn	—	—	—	—	65Г	—	080A67	1066	—
	60Si2Mn	60Si7	1.0909	60S7	SUP6	60С2	—	—	—	—
	60CrMnMoA	51CrMoV4	1.7701	51CDV4	SUP13	—	—	705H60	4160	G41600
	55Si2Mn	55Si7	1.0904	5557	—	55С2	2085	250A53	9255	G92550
	60CrMnBA	58CrMnB4	—	—	SUP11A	55ХГР	—	—	51B60	G51601
轴承钢	GCr6	100Cr2	1.3501	100C2	—	ШХ6	SKF9	—	50100	G50986
	GCr9	105Cr4	1.3503	100C5	SUJ1	ШХ9	SKF13	—	E51100	G51986
	GCr15	100Cr6	1.3505	100C6	SUJ2	ШХ15	SKF3	535A99	E52100	G52986
	GCr15SiMn	100CrMn6	1.3502	100CM6	—	ШХ15ГС	SKF2	—	—	—
	C20CrNiMo	21NiCrMo2	1.6523	20NCD2	SNCM220	—	SKF152	805A20	A534/8020H	—
	9Cr18Mo	X102CrMo17	1.3543	Z100CD17	SUS440C	—	SKF577	—	A756/440C	—

续附表 1

类别	中国 GB	德国 DIN	德国 W-Nr	法国 NF	日本 JIS	俄罗斯 ГОСТ	瑞典 SS₁₄	英国 BS	美国 ASTM/AISI	美国 UNS
碳素工具钢	T7A	C70W1	1.1520	C70E2U	—	y7A	—	—	—	—
	T8A	C80W1	1.1525	C80E2U	—	y8A	—	—	—	T72301
	T9	—	—	C90E2U	—	y9	—	—	W1A-8½	—
	T10	C105W2	1.1645	~C105E2U	SK4	y10	1880	BW1B	W1A-9½	T72301
	T11	C110W2	1.1654	C105E2U	SK3	y11	—	—	W1A-10½	T72301
	T12	C125W2	1.1663	C120E3U	SK2	y12	1885	BW1C	W1A-11½	T72301
	T13	C130W2	1.1673	—	SK1	y13	—	—	—	—
	T12A	C125W2	1.1550	—	—	y12A	1885	—	—	—
	T8Mn	C85Ws	1.1830	—	SK5	y8Γ	—	—	—	—
高速钢	W18Cr4V	S18-0-1	1.3355	HS18-0-1	SKH2	P18	2750	BT1	T1	T12001
	W18Cr4VCo5	S18-1-2-5	1.3255	HS18-1-1-5	SKH3	P18K5Ф2	2754	BT4	T4	T12004
	W6Mo5Cr4V2	S6-5-2	1.3343	—	SKH10	P10K5Ф5	—	BT15	T15	T12015
	W12Cr4V5Co5	S12-1-4-5	1.3202	HS12-1-5-5	SKH4	—	2756	BT5	T5	T12005
合金工具钢	9SiCr	90CrSi5	1.2108	—	—	9XC	2092	—	—	—
	Cr06	140Cr3	1.2008	130Cr3	SKS8	X05	—	—	—	—
	5CrW2Si	45WCrV7	1.2542	45WCrV8	—	5XB2C	2710	BS1	S1	T41901
	Cr12	X210Cr12	1.2080	X200Cr12	SKD1	X12	—	BD3	D3	T30403
	Cr12MoV	X165CrMoV12	1.2601	—	SKD11	X12M	2310	—	—	—
	Cr12Mo1V1	X155CrMoV12-1	1.2379	X160CrMoV12	—	—	—	BO2	D2	T30402
	9Mn2V	90MnCrV8	1.2842	90MnV8	—	—	—	BO2	O2	T31502
	CrWMn	105WCr6	1.2419	105WCr5	SKS31	XBΓ	—	—	—	—
	5CrNiMo	55NiCrMoV6	1.2713	55NiCrMoV7	SKT4	5XHM	2550	BH224/5	L6	T61206
	3Cr2W8V	X30WCrV9-3	1.2581	X30WCrV9	SKD5	3X2B8Ф	2730	BH21	H21	T20821
	4Cr3Mo3SiV	X32CrMoV3-3	1.2365	32CrMoV12-28	—	3X3M3Ф	—	BH10	H10	T20810
	4Cr5MoSiV	X38CrMoV5-1	1.2343	X38CrMoV5	SKD6	4X5MФC	—	BH11	H11	T20811
	4Cr5MoSiV1	X40CrMoV5-1	1.2344	X40CrMoV5	SKD61	4X5MФ1C	—	BH13	H13	T20813
	3Cr2Mo	35CrMo4	1.2330	35CrMo8	—	—	2234	BP20	P20	T51620
	—	X37CrMoW5-1	1.2606	X35CrWMoV5	SKD62	—	—	BH12	H12	T20812

附表1 国内外常用钢号近似对照表

续附表1

类别	中国 GB	德国 DIN	德国 W-Nr	法国 NF	日本 JIS	俄罗斯 ГОСТ	瑞典 SS₁₄	英国 BS	美国 ASTM/AISI	美国 UNS
不锈钢及耐热钢	1Cr18Ni9	X12CrNi18 8	1.4300	Z10CN18.09	SUS302	12X18H9	—	302S25	302	S30200
	0Cr19Ni9	X5CrNi18 10	1.4301	Z6CN18.09	SUS304	08X18H10	2332	304S15	304	S30400
	00Cr18Ni10N	X2CrNiN18 10	1.4311	Z2CN18.10Az	SUS304LN	—	2371	304S62	304LN	S30453
	1Cr18Ni9Ti	X12CrNiTi18 9	1.4878	Z6CNT18.12	SUS321	12X18H10T	2337	321S20	321	S32100
	0Cr18Ni9Cu3	X3CrNiCu18 9	1.4567	Z3CNU18.10	SUSXM7	—	—	—	XM7	—
	0Cr19Ni13Mo3	X5CrNiMo17 13 3	1.4449	—	SUS317	—	—	317S16	317	S31700
	0Cr18Ni11Nb	X6CrNiNb18 10	1.4550	Z6CNNb18-10	SUS347	08Z18H12Б	2338	347S17	347	S34700
	0Cr23Ni13	X7CrNi23 14	1.4833	Z15CN24-13	SUS309S	—	—	—	309S	S30908
	0Cr25Ni20	X12CrNi25 21	1.4845	Z12CN25-20	SUS310S	—	2361	304S24	310S	S31008
	0Cr13	X6Cr13	1.4000	Z6C13	SUS405	—	—	—	405	S40500
	1Cr13	X10Cr13	1.4006	Z12C13	SUS410	12X13	2302	410S21	410	S41000
	2Cr13	X20Cr13	1.4021	Z20C13	SUS42J1	20X13	2303	420S37	420	S42000
	3Cr13	X30Cr13	1.4028	Z30C13	SUS420J2	30X13	2304	420S45	—	—
	4Cr13	X38Cr13	—	Z40C14	—	40X13	—	—	—	—
	1Cr17Ni2	X20CrNi17 2	1.4057	Z15CN16-02	SUS431	14X17h2	2321	431S29	431	S43100
	9Cr18	—	—	—	SUS440C	95X18	—	—	440C	S44004
	0Cr13Al	X6CrAl13	1.4002	Z6CA13	SUS405	—	2302	405S17	405	S40500
	1Cr17	X6Cr17	1.4016	Z8C17	SUS430	12Z17	2320	410S15	430	S43000
	00Cr27Mo	X1CrMo26 1	1.4131	Z01CD26-01	SUSXM27	—	—	—	XM27	S44625
	4Cr9Si2	X45CrSi 9-3	1.4718	Z45CS9	SUH1	40X9C2	—	41S45	HNV3	S65007
	4Cr10Si2Mo	X40CrSiMo10-2	1.4731	Z40CSD10	SUH3	40X10C2M	—	—	—	—
	4Cr14Ni14W2Mo	X50NiCrWV13-13	1.2731	Z35CNWS14-14	SUH37	—	—	381S34	EV4	S63017

附表2 洛氏、布氏、维氏硬度及强度对照表

洛氏硬度		布氏硬度	维氏硬度	强度(近似值)	洛氏硬度		布氏硬度	维氏硬度	强度(近似值)
HRC	HRA	HBS$_{10/3000}$	HV	σ_b/MPa	HRC	HRA	HBS$_{10/3000}$	HV	σ_b/MPa
65	83.6	—	798	—	36	(68.5)	331	339	1140
64	83.1	—	774	—	35	(68.0)	322	329	1115
63	82.6	—	751	—	34	(67.5)	314	321	1085
62	82.1	—	730	—	33	(67.0)	306	312	1060
61	81.5	—	708	—	32	(66.4)	298	304	1030
60	81.0	—	687	2675	31	(65.9)	291	296	1005
59	80.5	—	666	2555	30	(65.4)	284	289	985
58	80.0	—	645	3435	29	(64.9)	277	281	960
57	79.5	—	625	2315	28	(64.4)	270	274	935
56	78.9	—	605	2210	27	(63.8)	263	267	915
55	78.4	538	587	2115	26	(63.3)	257	260	895
54	77.9	526	659	2030	25	(62.8)	251	254	875
53	77.4	515	551	1945	24	(62.3)	246	247	845
52	76.9	503	535	1875	23	(61.7)	240	241	825
51	76.3	492	520	1805	22	(61.2)	235	235	805
50	75.8	480	504	1754	21	(60.7)	230	229	790
49	75.3	469	489	1685	20	(60.2)	225	224	770
48	74.8	457	475	1635	(19)	(59.7)	221	218	755
47	74.2	445	461	1580	(18)	(59.1)	216	213	740
46	73.7	433	448	1530	(17)	(58.6)	212	208	725
45	73.2	422	435	1480	(16)	(58.1)	208	203	710
44	72.7	411	423	1440	(15)	(57.6)	204	198	690
43	72.2	400	411	1390	(14)	(57.1)	200	193	675
42	71.7	390	400	1350	(13)	(56.5)	196	189	660
41	71.1	379	389	1310	(12)	(56.0)	192	184	645
40	70.6	369	378	1275	(11)	(55.5)	188	180	625
39	70.1	359	368	1235	(10)	(55.0)	185	176	615
38	(69.6)	349	358	1200	(9)	(54.5)	181	172	600
37	(69.0)	340	348	1170	(8)	(53.9)	177	168	590

洛氏硬度		布氏硬度	维氏硬度	强度(近似值)	洛氏硬度		布氏硬度	维氏硬度	强度(近似值)
HRB	HRA	HBS$_{10/1000}$	HV	σ_b/MPa	HRB	HRA	HBS$_{10/1000}$	HV	σ_b/MPa
100	61.3	(255)	237	805	79	(48.3)	132	144	500
99	60.7	(216)	230	785	78	(47.8)	130	141	490
98	60.0	(207)	222	765	77	(47.2)	128	139	480
97	59.3	(199)	216	745	76	(46.7)	126	137	475
96	58.7	(193)	209	725	75	(46.1)	124	134	465
95	58.1	(187)	203	710	74	(45.6)	122	132	460
94	57.4	(181)	198	690	73	(45.1)	120	130	450
93	56.8	(176)	193	675	72	(44.5)	118	128	445
92	56.1	(172)	188	660	71	(44.0)	117	126	435
91	55.5	(168)	184	645	70	(43.5)	115	123	430
90	54.9	(164)	179	630	69	(43.0)	113	121	425
89	54.2	(160)	176	615	68	(42.5)	111	121	420
88	53.6	(157)	172	600	67	(42.0)	110	118	410
87	53.0	(154)	168	590	66	(41.5)	108	116	405
86	52.4	(151)	165	575	65	(41.1)	107	114	400
85	51.8	(148)	161	565	64	(40.6)	105	112	400
84	51.2	(145)	158	550	63	(40.1)	104	110	395
83	50.6	(142)	155	540	62	(39.6)	102	108	390
82	50.0	(140)	152	530	61	(39.2)	100	107	385
81	49.4	137	149	520	60	(38.7)	99	105	380
80	48.9	135	147	510					

参 考 文 献

1. 史美堂主编. 金属材料及热处理 [M]. 上海：上海科学技术出版社，1989.
2. 沈莲主编. 机械工程材料 [M]. 北京：机械工业出版社，2007.
3. 郑明新主编. 工程材料 [M]. 北京：清华大学出版社，1991.
4. 崔忠圻主编. 金属学及热处理 [M]. 北京：机械工业出版社，1989.
5. 房世荣主编. 工程材料与金属工艺学 [M]. 北京：机械工业出版社，1994.
6. 赵忠主编. 金属材料及热处理 [M]. 北京：机械工业出版社，1995.
7. 腾长岭编. 中国钢分类 [M]. 北京：中国标准出版社，1997.
8. 陈金德，邢建东主编. 材料成型技术基础 [M]. 北京：机械工业出版社，2000.
9. 曹宏深，赵仲治主编. 塑料成型工艺与模具设计 [M]. 北京：机械工业出版社，1993.
10. 全国热处理标准化技术委员会编. 金属热处理标准应用手册 [M]. 北京：机械工业出版社，1994.
11. 谢希文，材料工程基础 [M]. 北京：北京航空航天大学出版社，1999.
12. 束德林主编. 金属力学性能 [M]. 第 2 版. 北京：机械工业出版社，1995.
13. 何世禹主编. 机械工程材料 [M]. 哈尔滨：哈尔滨工业大学出版社，1994.
14. 王建安. 金属学及热处理 [M]. 北京：机械工业出版社，1980.
15. 胡赓祥. 金属学 [M]. 上海：上海科学技术出版社，1980.
16. 李泉华. 热处理实用技术 [M]. 北京：机械工业出版社，2000.
17. 李智诚. 世界金属材料使用手册 [M]. 北京：中国物资出版社，1997.
18. 杨慧智主编. 工程材料及成形工艺基础 [M]. 北京：机械工业出版社，1998.
19. Gulyaev A. Physical Metallurgy. Moscow，1980.
20. William D. Callister JR. Materials Science And Engineering. Second edition. The University of Utah，1990.
21. 于永泗. 机械工程材料 [M]. 大连：大连理工大学出版社，2010.
22. 崔振铎. 金属材料及热处理 [M]. 长沙：中南大学出版社，2010.